TRAITÉ COMPLET

DE LA PARTURITION

DES PRINCIPALES FEMELLES DOMESTIQUES.

LYON, IMPRIMERIE DE MOUGIN-RUSAND,

Halles de la Grenette.

TRAITÉ COMPLET

DE LA PARTURITION

DES PRINCIPALES FEMELLES DOMESTIQUES,

SUIVI

D'UN TRAITÉ DES MALADIES PROPRES AUX FEMELLES

ET AUX JEUNES ANIMAUX.

PAR J. RAINARD,

Directeur de l'École royale Vétérinaire de Lyon ;
Professeur de Pathologie générale et interne ; ancien Professeur de Clinique ;
Chevalier de la Légion-d'Honneur ;
Membre des Sociétés d'Agriculture, de Médecine, et Médicale d'Émulation de Lyon ;
Correspondant de l'Académie de Médecine,
de la Société centrale d'Agriculture ; des Sociétés Vétérinaires du Calvados,
et de l'Hérault ; de celles de Londres et de Belgique.

TOME SECOND.

PARIS,

Mme Vve BOUCHARD-HUZARD, IMPRIMEUR-LIBRAIRE,
Rue de l'Éperon, 7 ;

LABÉ, LIBRAIRE, place de l'École de Médecine, 4.

LYON,

DORIER, LIBRAIRE, quai des Célestins, 31 ;

L'AUTEUR, A L'ÉCOLE VÉTÉRINAIRE.

1845.

TRAITÉ COMPLET
DE LA PARTURITION

DES

PRINCIPALES FEMELLES DOMESTIQUES.

CHAPITRE XII.

DE LA DYSTOCIE.

ARTICLE 3.

Positions compliquées de la tête et des membres et présentations du tronc.

J'ai montré qu'il fallait considérer le fœtus comme un ovoïde qui peut se présenter à l'entrée du bassin par ses deux extrémités ou par sa partie moyenne. De ces deux extrémités, il y en a une antérieure et une postérieure. La poitrine représente la portion fixe de l'extrémité antérieure ; comme la croupe la portion fixe de l'extrémité postérieure.

J'ai bien établi la nécessité de considérer ainsi ces deux points fixes, la poitrine et la croupe, comme étant bien réellement les deux extrémités du fœtus.

1

En effet, dans une présentation antérieure, qu'est-ce qu'on trouve toujours à l'entrée du bassin? la poitrine. — Et dans une présentation postérieure? la croupe.

Il faut envisager la tête et les pieds de devant comme des appendices de l'extrémité antérieure du fœtus, appendices qui tantôt se trouvent en avant, tantôt repliés ou inclinés de diverses manières. La position de ces parties varie beaucoup; la poitrine ne peut pas se plier, se détourner, se renverser sur elle-même comme le font ces trois appendices. Ainsi une seule présentation antérieure doit être admise, c'est celle dans laquelle le devant de la poitrine, le poitrail apparaît à l'entrée du bassin, quelles que soient les positions de la tête et des membres antérieurs. Ces différentes positions constituent des complications de la présentation de la partie antérieure du fœtus, que nous diviserons en deux ordres : 1° positions compliquées de la tête; 2° positions compliquées des membres antérieurs.

De même pour l'extrémité postérieure du fœtus ; elle ne constitue qu'une seule présentation ; mais elle offre aussi deux appendices, la queue et les membres postérieurs qui, en se repliant, prennent des positions différentes, celle de la croupe et des fesses restant toujours la même. Admettons donc aussi une présentation postérieure unique, pour laquelle nous trouverons : 1° des positions compliquées des membres postérieurs ; 2° une position compliquée de la queue.

On n'oubliera pas que dans chacune de ces présentations il y a quatre positions simples qui se tirent des
rapports de chacune des extrémités du petit avec le
bassin de la mère. De ces quatre positions simples,
deux sont appelées naturelles parce que l'accouchement est naturel, spontané, c'est-à-dire a lieu par les
seuls efforts de la mère. Ces positions sont celles dans
lesquelles le corps du fœtus est placé perpendiculairement, de champ, le dos de ce fœtus correspondant au
ventre de la mère, ou à la partie inférieure du dos de
la mère. Les positions transversales dans lesquelles le
dos du petit correspond aux côtés droit ou gauche de
la mère, ne peuvent se concilier avec un part spontané;
le fœtus ne peut traverser le bassin dans ces positions.
A ce titre elles méritent d'être rangées parmi les positions qui réclament des manœuvres particulières, et
d'appartenir à cette partie de l'obstétrique qu'on
appelle la dystocie. Du reste, elles ont rarement été
observées sur le vivant, mais elles ont lieu quelquefois
et doivent être décrites parce que les vétérinaires, pré-
venus de leur possibilité, examineront avec soin les
fœtus avant qu'ils ne se soient engagés dans le bassin
et finiront par les constater sur le vivant plus souvent
qu'on ne le croit vulgairement.

Nous verrons plus loin que, si elles ont été rarement
observées comme positions primitives, on les produit
à dessein, en réduisant les présentations des épaules.

On couche le fœtus sur un des côtés de son corps

pour manœuvrer sur lui , saisir sa tête, ses membres , sa queue, suivant les cas , et l'engager dans le bassin non en position transversale, il ne pourrait pas passer, mais après lui avoir fait subir une rotation qui le met en position verticale.

Enfin, les présentations du tronc peuvent se diviser en quatre ordres : 1° présentation de l'épaule, qu'on peut subdiviser encore en présentation de l'épaule droite et de l'épaule gauche ; 2° présentation du garrot; 3° présentation du dos et des lombes ; 4° présentation des membres postérieurs avec la tête ou les membres antérieurs. On a rattaché ces dernières aux présentations de l'extrémité antérieure, à tort, suivant moi. Evidemment la partie antérieure du fœtus ne peut pas se présenter franchement à l'entrée du bassin , lorsque avec la tête ou les membres de devant se présentent aussi un ou deux des membres de derrière. Si je ne me trompe , c'est là une espèce de présentation du ventre, et quelquefois cependant du dos , comme dans le cas de monstruosité dans lequel le ventre et la poitrine sont ouverts et les membres repliés du côté du dos, ainsi qu'on le verra plus loin.

Je crois être le premier qui, dans mes cours d'accou. chements faits aux élèves de l'école de Lyon, ai commencé à mettre de l'ordre dans l'étude des présentations et des positions du fœtus. Mes cours, transcrits par mes élèves sur mon manuscrit, sont en quelque sorte devenus publics sans avoir été imprimés. J'ai vu

plus tard avec satisfaction ces premières idées développées. Il n'y a pas longtemps qu'un vétérinaire distingué, M. Lecoq, de Bayeux, dont nous déplorons la
perte récente, a fait sur ce sujet un excellent mémoire
couronné par la société centrale d'agriculture (*Mémoires de la société vétérinaire du Calvados et de la Manche*, p. 1, n° 6), dans lequel j'ai pu puiser à mon tour
quelques nouveaux matériaux.

J'ajouterai encore deux réflexions à ces généralités :
1° relativement aux positions compliquées de la tête et
des membres ; elles coïncident avec l'une ou l'autre
des positions simples. Ainsi le fœtus étant en première position antérieure ou vertèbro-sacrée, le dos
en haut, la tête peut offrir ces différentes positions
compliquées, et de même les membres de devant. La
même chose a lieu lorsque le fœtus est en deuxième
position ou vertébro-pubienne (le dos en bas). Les
positions compliquées de la queue ou des membres de
derrière coïncident également avec la première position ou lombo-sacrée et avec la deuxième ou lombo-
pubienne de l'extrémité postérieure. Enfin les positions compliquées de la tête et des membres se retrouvent encore lorsque le fœtus est en position transversale, soit de l'extrémité antérieure, soit de la postérieure.

2° Au point de vue pratique, je ferai remarquer que
le vétérinaire doit s'attacher à détruire toutes les positions compliquées de la tête et des membres, de ma-

nière qu'en définitive le fœtus se trouve ramené aux présentations simples avec lesquelles le part est possible naturellement, c'est-à-dire par les efforts de la mère. Dans les cas où il est impossible d'y revenir, il doit chercher à s'en rapprocher le plus qu'il peut.

Les moyens à l'aide desquels il accomplira le part, dans les positions transversales simples, dans les positions compliquées de la tête et des membres, et dans celles du tronc, se divisent en quatre ordres : 1° manœuvres destinées à corriger les mauvaises directions; 2° moyens destinés à tirer de force le fœtus lorsqu'il oppose des obstacles qu'on n'a pu détruire, mais qui peuvent être surmontés en déployant une grande force ; 3° opérations par lesquelles on enlève une portion du fœtus dont on n'a pas pu changer la mauvaise direction ou par lesquelles on diminue le volume de ce fœtus pour lui permettre de s'engager au travers du bassin; 4° opérations par lesquelles on ouvre au fœtus un nouveau passage.

Le premier ordre de moyens doit seul trouver sa place ici ; les trois autres s'appliquant aussi aux différents cas de parturition difficile qui dépendent de l'état général ou local de la mère et de l'état du fœtus autre que les positions compliquées, comme son trop grand volume, etc., doivent être le sujet de paragraphes séparés, à la fin de tout ce qui concerne la dystocie.

CAUSES DES POSITIONS COMPLIQUÉES. — Elles résident dans le fœtus ou dans la mère, ou à la fois dans l'un et l'autre. Du côté du fœtus, les maladies qui se développent dans le jeune animal peuvent être la cause de mouvements violents, convulsifs, soit de tout le corps, soit d'un membre en particulier ou de la tête, qui les mettent dans des directions nouvelles, différentes de celles qu'ils ont habituellement.

Du côté de la mère, des secousses, des efforts, des chutes, des sauts, peuvent agir sur le fœtus, soit d'une manière mécanique, soit plutôt en excitant chez lui des mouvements désordonnés, tumultueux, comme on le voit dans les avortements à marche rapide, auxquels on donne le nom d'avortements tumultueux. Si l'on consulte les gens de campagne sur les antécédents d'une vache chez laquelle on observe une position défavorable du veau, on obtient généralement pour réponse que cette femelle a bondi, qu'elle a fait un saut ou une chute qui ont imprimé une vive secousse à son corps. Ces idées vulgaires auraient peut-être besoin d'être approfondies pour offrir quelque chose de positif.

Le plus souvent, les causes de troubles ressenties d'abord par la mère sont transmises de là au fœtus, par le trouble de la circulation placentaire qui amène des mouvements convulsifs. C'est ainsi qu'on voit le fœtus se mouvoir sous l'influence de boissons fraîches, prises par la mère, sous celle de la digestion, de courses rapides, de douleurs vives.

L'époque de la vie fœtale où ces déplacements du fœtus s'opèrent, est bien certainement dans les derniers

mois après que le système nerveux cérébro-spinal a
acquis assez de développement pour devenir sensible
aux impressions, et que le système musculaire a pris
assez de force pour obéir à l'action du système nerveux et produire des mouvements. C'est du sixième
au septième mois chez la jument, plus tôt chez la vache
et à une époque relative correspondante pour chaque
espèce à la durée de la gestation.

Cependant, il est peut-être permis de soupçonner
qu'à une époque antérieure de la vie intra-utérine la
seule action du saut, d'une chute, a pu déplacer mécaniquement le jeune animal.

MANOEUVRES RELATIVES AUX POSITIONS COMPLIQUÉES.

Avant d'entrer dans l'étude des positions qui exi-
gent l'intervention active du vétérinaire, il convient
de décrire d'une manière générale les différentes manœuvres auxquelles il est obligé de se livrer.

Le manuel opératoire de chacune de ces manœuvres,
quelle qu'elle soit du reste, se divise en quatre temps :
1° Introduction de la main ; 2° exploration de la position; 3° réduction de la position compliquée en une qui
puisse permettre le part facilement; 4° extraction du
fœtus avec ou sans l'aide de la mère.

1° INTRODUCTION DE LA MAIN. — Quelle position à
donner à la femelle pour accomplir ce premier temps?
quelles précautions générales à employer?

S'il s'agit d'une jument primipare peu docile, peu habituée aux attouchements de l'homme, il est évident qu'elle se laissera approcher pendant la violence de ses douleurs; elle se défendra dès qu'elles seront calmées. On ordonnera à l'homme chargé d'en avoir soin de fixer la tête, de lui parler et de la caresser de la main; l'application d'un serre-nez est utile pour détourner par la douleur l'attention loin de l'utérus et empêcher de ressentir l'introduction de la main. On est rarement forcé de maintenir, par une corde ou une plate-longe, un des membres de derrière, fixé au cou, pour empêcher les ruades; cependant, cela arrive quelquefois. On aura eu soin, en commençant, de retirer la femelle de sa stalle, quelque spacieuse qu'elle soit, pour la placer dans un endroit large, où l'on soit libre d'agir à son aise. Une abondante litière sera rangée sous elle pour parer à une chute.

Pour les vaches, on les mettra aussi au large, avec une bonne et large litière, la tête bien maintenue; elles se défendent moins énergiquement que la jument, supportent mieux l'exploration, et on est moins exposé aux accidents avec elles. On choisira pour les placer un plan incliné de la queue à la tête, pour que la masse intestinale soit portée par sa pesanteur vers le diaphragme, qu'elle ne comprime pas l'utérus, afin que celui-ci reste libre et mobile, qu'on puisse faire avec facilité les manœuvres dans son intérieur; le repousser en arrière si cela est nécessaire.

En général, c'est donc dans la station verticale

qu'on pratique le toucher, l'introduction de la main. Quelquefois la jument, et plus souvent la vache, vaincue par la douleur ou frappée de paraplégie temporaire, tombe sur la litière, et oblige le véterinaire à manœuvrer pendant ce décubitus. Cette position est à la fois moins avantageuse à la femelle et plus pénible pour l'accoucheur, puisqu'il est obligé de se coucher sur le sol pour pouvoir manœuvrer dans l'utérus. Dans le décubitus, l'inclinaison du corps de la queue à la tête, de telle sorte que la croupe soit plus élevée que la poitrine, est encore plus nécessaire, afin qu'à la position désavantageuse de l'accoucheur on n'ajoute pas la compression de l'utérus par les estomacs et les gros intestins. On doit également diminuer la pression latérale des viscères en plaçant les pieds plus bas que l'échine.

Plus on élèvera le lit d'une femelle en travail, lorsqu'elle est couchée, plus on se donnera de facilités pour agir. Par la même raison, si on accouche une petite femelle, il faut, si les manœuvres doivent durer, l'élever à la hauteur de la main de l'opérateur. On mettra la chèvre, la brebis sur plusieurs bottes de paille ; la chienne et la chatte sur une table couverte de paille ou de linge. Les deux premières n'exposent le vétérinaire à aucun accident, mais la chienne et la chatte ont besoin d'être maintenues si l'on veut éviter leurs griffes et leurs dents. En général, je l'ai déjà dit, les douleurs de la parturition rendent traitables les femelles les plus farouches, les plus difficiles à maîtriser.

Ces premiers soins remplis, il reste quelques indi
cations générales à satisfaire encore, si les accidents
ne pressent pas. On fait boire la femelle si elle est altérée ; on la fait promener un peu si elle conserve assez
de forces ; on fait des embrocations huileuses s'il y a
douleur, quelques injections huileuses par la vulve
pour lubrifier le vagin, si les eaux sont écoulées ; un
bain tiède pour la chienne et des injections pour débarrasser la vulve de la matière brune et fétide qui
s'en écoule pendant le part.

Si les douleurs sont vives et répétées, les contractions violentes, il faut tout de suite introduire la main ;
un plus long retard expose à perdre le petit, à voir arriver des déchirures, la mort même.

L'intromission de la main se fait avec des précautions particulières. Les anciens auteurs recommandent
expressément au praticien de couper préalablement ses
ongles au ras de la pulpe des doigts dans la crainte de déchirer, d'excorier le tissu muqueux du vagin ou de la
matrice. Cette précaution minutieuse n'est pas d'une très
haute importance. Il est bien de n'avoir pas les ongles
trop longs et pointus ; leur excès seul nuit ; car ils
peuvent être utiles dans plusieurs circonstances, en
remplaçant en quelque sorte l'instrument tranchant,
comme je l'ai déjà dit.

Une précaution plus importante est de s'oindre la
main et le bras d'huile, de graisse ou d'un corps mu-
cilagineux, qui puisse rendre leur introduction plus

facile, tels que l'huile d'olive, de noix, d'œillet; le beurre, la crême, la décoction de graine de lin; on évitera toutefois de s'enduire la paume de la main et la face interne des doigts, parce qu'on saisirait avec moins de solidité les parties, et qu'on glisserait plus facilement sur elles en les tirant. Vitet conseille même de se frotter le dedans avec du son. Le corps gras, placé sur les parties externes, outre qu'il rend le glissement plus aisé, peut mettre les petites excoriations de l'épiderme à l'abri de la pénétration par les liquides fétides qu'on peut trouver dans l'utérus, comme cela a lieu lorsque le fœtus est mort et décomposé.

La main sera introduite de champ, le bord radial en haut, correspondant au coccyx et au sacrum de la mère, le bord cubital en bas, au pubis. On présente ainsi le plus grand diamètre de la main, au plus grand de la vulve, qui est, au reste, toujours dilatée. Le pouce est appliqué le long de l'index dont il est rapproché, et les doigts serrés l'un contre l'autre en formant une concavité du côté de la paume de la main et une convexité du côté de la face dorsale.

2° EXPLORATION DE LA POSITION. — La tête n'offre point de difficultés; on la reconnaît de suite à sa forme, à la présence des mâchoires, de la bouche, des naseaux, des oreilles. Elle est unique, on ne peut la confondre avec aucune autre partie.

Les pieds et les membres sont plus difficiles à distinguer les uns des autres. La première chose à faire est

de les fixer au moyen d'un lacs , d'une corde pendante
à l'extérieur et maintenue par un aide ; une fois fixés
on procède à leur détermination, pour savoir s'ils sont
antérieurs ou postérieurs. On les repousse s'ils gênent
le passage de la main , bien sûr qu'on est de les retrouver puisqu'on les a fixés , et on continue l'exploration
jusqu'à ce qu'on arrive au corps du petit. Là , s'il restait quelques doutes sur la détermination des membres,
on s'assure bien quels sont ceux que l'on a saisis.

Les parties qui s'offrent les premières étant reconnues , on constate la présentation ; est-ce le devant , le
poitrail ? est-ce le derrière , la croupe ? est-ce le tronc
ou une de ses régions ? Voilà le deuxième point à déterminer.

Le troisième est de connaître la position. Est-ce en
position vertébro-sacrée, vertébro-pubienne, ou vertébro-iliaque (transversale) , pour la présentation antérieure ? Est-ce la position lombo-sacrée , lombo-pubienne , ou lombo-iliaque (transversale), pour la postérieure ?

Quand on introduit la main pour un accouchement
difficile , on doit donc se proposer trois choses à déterminer : 1° la position compliquée de la tête et des
membres ; 2° la partie du corps du fœtus qui se présente ; 3° la position de chaque extrémité du fœtus par
rapport au bassin. Ces choses une fois connues, on aura
toutes les données du problème pratique , qui consiste
à ramener le fœtus dans une des positions avec les-

quelles l'accouchement se fait par les seuls efforts de la mère.

Mais lorsque la main arrive au col utérin, elle peut le trouver dans trois états différents : 1° Le col est dilaté, les membranes rompues, les eaux en partie écoulées; on touche facilement les parties du fœtus, qui sont engagées ou qui se présentent à l'entrée du bassin.

2° Après plusieurs heures, un jour même de souffrances, il ne se montre hors de la vulve que la poche des eaux, plus ou moins volumineuse. La forme étroite ou plus large de cette poche, son volume plus ou moins considérable font préjuger de prime abord ce que la main confirmera plus tard, à savoir que l'orifice utérin est encore resserré ou qu'il est largement ouvert.

3° Il peut arriver après plus ou moins de temps que ni cette poche, ni aucune des parties du fœtus ne se présentent.

Premier cas. — J'ai indiqué plus haut comment il fallait fixer les pieds pour repousser ensuite le petit, lorsque les membres gênent la liberté des mouvements de la main. Si on reconnaît des parties appartenant à deux petits différents, on doit repousser celui dont les membres sont libres, si cela est possible, pour mettre l'autre dans une position simple.

Deuxième cas. Passage occupé par la poche. — La main sera portée à la naissance de la poche, c'est-à-dire au pourtour du col utérin, qu'on trouve alors plus ou moins dilaté. Si la poche des eaux est en forme de boudin , étroite , longue , peu volumineuse , on trouvera le col étroit et faisant une légère saillie dans le vagin. Si la poche est remplie en boule et considérable , on trouvera le col dilaté et affaissé.

Troisième cas. — Dans ce cas comme dans le précédent , c'est le col qui offre des difficultés au libre passage de la main et à la constatation des positions. Ce col peut être dirigé en haut vers le sacrum ; si la femelle a le ventre très pendant , si l'utérus s'est hernié à travers les parois abdominales et s'est logé dans les mamelles. 2° Le col est saillant , consistant ; on juge que le travail est peu avancé et qu'il faut attendre la dilatation naturelle, à moins que les accidents ne soient trop pressants. 3° S'il est dur, qu'il résiste beaucoup, ou bien on a à faire à l'état spasmodique du col que j'ai déjà décrit en parlant de l'obstacle au part ; par simple contraction spasmodique ; ou bien le col a subi une dégénérescence fibro-cartilagineuse , comme on l'observe quelquefois dans la vache ; mais ce cas est rare , et les jeunes vétérinaires le confondent trop souvent avec le précédent ; ou enfin le col a éprouvé la torsion signalée par Boutrolle , torsion qui est aussi trop souvent confondue avec la contracture spasmodique du col. J'en trouve la preuve dans les observations, où l'on voit le part d'abord impossible , et le vétérinaire attribuant cette impossibilité à la torsion du col ; puis , au bout de quelques mois , il peut extraire le fœtus mort, circonstance qui n'a jamais lieu du vivant de la vache, lorsqu'il y a torsion du col.

Toutes les fois que le col oppose un obstacle à l'introduction de la main dans l'utérus, qu'après avoir attendu un temps suffisant pour la dilatation, elle ne fait aucun progrès, il convient de pratiquer la dilatation forcée à l'aide de la main. On choisira pour l'opérer le moment où les douleurs se font sentir; la matrice fortement poussée en arrière vient en quelque sorte au-devant de la main qu'on lui oppose. On introduit d'abord l'index qu'on pousse, qu'on promène circulairement; puis on engage un deuxième, ensuite un troisième doigt, et enfin peu à peu le bout des doigts, réunis en cône; puis en dilatant toujours, on finit par passer la main toute entière, et on se trouve alors dans l'utérus, sur le fœtus, dont il s'agit de reconnaître la position. Pendant qu'on dilate le col, on repousse la matrice en avant avec la main; le vétérinaire se rappellera qu'il devra faire placer deux mains sous le ventre, pour appuyer sur le fond de la matrice, le repousser un peu en arrière pour rapprocher la matrice de la vulve, et par conséquent de la main exploratrice.

3° MUTATION. — Le temps pendant lequel on ramène les présentations, ou les positions compliquées à des positions simples, peut s'opérer sur le fœtus, lorsqu'il est encore entouré de ses membranes intactes, ou bien après que ses enveloppes ont été rompues et

que les eaux sont plus ou moins complètement écoulées. Dans le premier cas, on décolle les membranes,
on glisse la main entr'elles et l'utérus, le dos appuyé
sur l'utérus, la paume tournée vers le fœtus. Une fois
qu'on a bien constaté sa situation, qu'on a reconnu
les membres et la tête, on rompt les membranes, et
on termine rapidement le part en tirant sur le petit.
On ne peut pas manœuvrer sur le fœtus lorsqu'il est
entouré de ses enveloppes ; ces tissus fins, lisses, humectés, font glisser la main et ne permettent pas de
le saisir solidement. Voilà pourquoi il faut rompre
largement la poche des eaux au moment de manœuvrer.

Pour toutes les présentations, on peut dire d'une
manière générale qu'il faut les ramener à l'une des
deux simples ; que la présentation de l'extrémité antérieure étant celle dans laquelle l'accouchement est le
plus facile, c'est celle-là qu'on s'efforcera toujours
d'obtenir. Que s'il est impossible d'y parvenir, on
amènera les fesses, qui offrent un peu plus de difficultés au passage. Ainsi, deux espèces de mutations :
une de l'extrémité antérieure, mutation thoracique;
une de l'extrémité postérieure, mutation caudale.

La première est préférable, et devra surtout être
employée lorsque le petit étant volumineux, ou le
bassin rétréci, on craint avec raison d'éprouver des
difficultés dans l'extraction du petit. C'est évidemment
celle qui donne le plus d'aisance au passage qu'il faut

choisir; or c'est le cas où l'on se place en employant la mutation thoracique. Je ferai remarquer encore que dans la présentation de l'extrémité antérieure, on a trois appendices, la tête et les membres de devant, sur lesquels on peut faire tirer, ce qui est plus commode et permet de déployer plus de force que quand on agit sur les membres postérieurs et sur la queue. Une dernière raison se tire de ce que la poitrine est plus souple que la croupe et les fesses, qu'elle se laisse comprimer, rétrécir, ce qui permet de l'engager plus facilement; que si elle résiste on peut en diminuer le volume par diverses opérations qui sont bien plus difficiles à exécuter sur la croupe lorsque celle-ci se présente la première.

Lorsque le petit n'a pas trop de volume et que le bassin n'est pas trop étroit; que les contractions utérines se succèdent avec force et fréquence, on peut accoucher par l'extrémité du fœtus la plus rapprochée du bassin.

Manuel de la mutation. — Il se compose de trois ordres de mouvements, la rotation, la flexion et l'extension; faisons les comprendre par un exemple. Soit un fœtus placé en première position antérieure, le dos en haut, le sternum en bas et soit la tête pliée sous la partie antérieure du corps, de manière que cette tête soit placée entre le sternum du petit et le pubis de la mère, et en même temps la ganache tournée en haut et le front en bas. Ne comprend-on pas que, pour remettre cette tête telle qu'elle doit être

placée dans la première position antérieure ou vertébro-sacrée, il faut simplement *l'étendre* puisqu'elle est
fléchie, pliée en deux, et en l'étendant on la ramènera
naturellement dans sa position. Si la tête, étant placée dans la position que je viens d'indiquer, est
en outre dirigée de façon à croiser le sternum, l'on
comprend aussi qu'il faudra : 1° la tourner sur elle-
même, lui faire subir un mouvement de rotation qui
la rende parallèle au sternum; 2° l'étendre, la redresser.

Soit au contraire un pied, un membre étendu, on
veut introduire la main pour aller à la recherche de
la tête restée en arrière; le membre étendu gêne, on
éprouve le besoin de le faire rentrer. Or, pour le faire
rentrer dans l'utérus, il faut le plier, le fléchir après
l'avoir fixé avec une corde afin qu'on puisse le retrouver ensuite; voilà un exemple de *flexion*. Un membre
est-il replié sous le ventre ou la poitrine, et veut-on
le ramener en avant, voilà un exemple d'*extension*.

Ces temps s'opèrent souvent presque simultanément. Ainsi il arrive quelquefois qu'en même temps
qu'on étend la tête elle se redresse, elle opère d'elle-
même sa rotation.

Manière de faire l'extension des membres. — Supposons une présentation antérieure en première position
vertébro-sacrée. La tête seule est engagée dans le bassin, les membres de devant sont fléchis sur le côté du
corps, il faut aller à leur recherche. Voici le manuel :

La position reconnue, servez-vous, pour ramener le membre droit du fœtus, de la main gauche; et pour le membre gauche, de la main droite. Inutile de dire qu'on repousse un peu la tête en arrière si elle gêne le passage de la main. Introduisez la main entre l'utérus et le corps du fœtus, jusqu'à ce que vous ayez trouvé l'épaule; descendez vers l'avant-bras, saisissez-le à pleine main, le pouce étant en avant et les doigts en arrière; l'index regardant en haut vers l'articulation scapulo-humérale, le petit doigt en bas vers le pli du coude; servez-vous de l'avant bras comme d'un levier du premier genre, faites-le basculer de manière que son extrémité supérieure se porte en arrière et son extrémité inférieure en avant. Par ce mouvement de bascule vous avez repoussé le corps du fœtus : vous ne pouvez faire reculer l'extrémité supérieure de l'hume-rus et l'épaule sur laquelle le pouce prend un point d'appui, sans faire reculer en même temps le tronc. Ce mouvement rétrograde du tronc vous a donné de l'espace pour placer le membre étendu, et en même temps vous avez attiré en avant l'extrémité inférieure du radius et le genou. Par conséquent, le petit doigt vous a servi à pousser cette extrémité inférieure en avant, comme le pouce étendu le long de la partie antérieure de l'avant bras et de l'articulation scapulo-humérale vous a servi à pousser son extrémité supé-rieure en arrière; en un mot vous avez étendu l'avant-bras. Ce premier temps fini, vous glissez la main le long du membre au dessous du genou, vous saisissez le canon de la même manière que l'avant-bras, le pouce toujours placé en avant, les doigts en arrière, vous opérez le même mouvement de bascule, poussant le haut en arrière, le bas en avant et vous étendez.

Vous allez ainsi successivement à la recherche de la dernière portion du membre que vous ramenez tout entier dans l'extension et dont vous fixez l'extrémité avec un lien, pendant que vous allez de la même manière à la recherche de l'autre.

A l'égard de ce dernier le manuel présente quelques différences dans le mouvement de bascule. Allez de la même manière que précédemment à la recherche de l'avant-bras, que vous saisissez à pleine main, le pouce étant en avant, les doigts en arrière, l'index au niveau du coude; opérez un mouvement de bascule comme celui de tout-à-l'heure, repoussez en arrière le haut de l'avant-bras et le tronc en appuyant la base du pouce, l'éminence théuar sur l'avant-bras et ramenez le bout de l'avant-bras et le genou en avant, en pressant avec l'index placé en arrière. Conduisez-vous ensuite, pour le bas du membre, comme il a été dit.

Dans la présentation postérieure, ce sont des considérations analogues à produire. — 1re position, le dos en haut. Servez-vous de la main droite pour le membre droit; saisissez ce membre au devant de l'articulation fémoro-rotulienne, portez-la en arrière pour étendre la jambe, descendez ensuite au canon, puis au devant du boulet (articulation torso-phalangienne) et portez les phalanges fléchies en arrière pour étendre les jointures supérieures et engager le membre. Servez-vous de la main gauche pour le membre gauche et répétez la même manœuvre.

2ᵉ Position, le dos en bas. Servez-vous de la main droite pour le membre gauche, et réciproquement; portez la main d'abord au devant de la rotule, rapprochez cette jointure de vous en la redressant, glissez ensuite cette main devant le pli du jarret qui est fléchi et que vous ramènerez en arrière, pour que votre main puisse atteindre le boulet et le pied; dèslors en pressant pour fléchir toutes les jointures du membre, vous le porterez en arrière et l'étendrez ensuite dans le passage.

Si l'on réfléchit, on verra que cette règle qui prescrit de se servir tantôt d'une main, tantôt de l'autre, suivant la position, n'est point arbitraire et qu'elle repose sur la nécessité où l'on est d'avoir toujours le pouce sur la face antérieure du membre, et le poignet en dehors du membre entre lui et l'utérus. Si la main n'était pas ainsi placée, on n'aurait ni force de la main ni facilité à agir. Pour bien se pénétrer de ces principes essentiels au vétérinaire qui veut devenir un accoucheur habile, il faut prendre le bassin d'une femelle, y placer le squelette d'un fœtus dans les différentes présentations et positions, et on aura de suite la démonstration claire, évidente de ce que je viens de dire.

Lecoq, de Bayeux, propose une autre méthode pour l'extension du membre; elle consiste à saisir directement le pied avec les doigts, le paturon dans la paume de la main, à appuyer sur le devant du boulet avec le poignet de manière à repousser le haut de l'os en arrière, et à étendre ainsi cette jointure en même temps qu'on fléchit l'avant-bras sur le bras. Le pied une fois parvenu à la hauteur du col de l'utérus, saisir le paturon en laissant un peu glisser la main et tirer le membre avec force pour l'engager dans le bassin où on le fixe avec un lacs.

Je déclare que cette méthode me parait essentiellement vicieuse. 1° Il est souvent impossible d'atteindre le pied du premier coup, s'il est trop profondément situé; 2° la main telle qu'elle est placée n'a pas toute sa force; 3° il est plus difficile et plus pénible d'étendre tout le membre à la fois au lieu de chaque partie l'une après l'autre. Le seul cas dans lequel cette méthode me paraît applicable est celui où le membre est incomplètement porté en arrière, où le pied est rapproché de l'entrée de l'utérus et où la main peut aller jusqu'à lui.

On est gêné pour opérer par le poids du corps. — Dans le cas où l'on serait gêné par le poids du corps, et ce cas se présente souvent, si le corps est placé de champ, ou incliné plus ou moins d'un côté ou de l'autre, le membre replié se trouvant ainsi sous le corps, et qu'on eut de la peine à le dégager; on peut suivre deux procédés pour se mettre à l'aise. — *Procédé de Lecoq, de Bayeux.* On fait coucher la femelle sur le côté opposé à celui où le membre est retenu et comprimé. Ce procédé serait bon s'il était sans inconvénient de faire coucher de force, de violenter une femelle pleine; aussi le suivant est préférable, et parce que la femelle peut garder sa position, et parce que le vétérinaire peut se passer de plusieurs aides et d'entraves pour maintenir la femelle couchée.—*Procédé le plus généralement suivi.* On incline le corps du fœtus du côté opposé à celui du membre qu'on veut dégager. Ainsi si le pied droit est pris sous le corps, on portera celui-ci de droite à gauche, de manière à ce que le côté droit du corps étant élevé, on ne soit plus gêné pour attirer le pied.

Pour porter ainsi le corps d'un côté à l'autre, le bras est introduit, l'avant-bras et la main étant en supination, la face dorsale de l'avant-bras prend un point d'appui sur le bord des pubis; la main en supination et étendue se porte sous l'épaule ou sous la hanche du membre retenu qu'on veut dégager; entre eux et la paroi inférieure de l'utérus. Dans un premier temps la main soulève légèrement le corps du fœtus, dans un deuxième elle le fait tourner du côté opposé, et cela en relevant, en portant en haut et en dehors l'épaule ou la hanche sous lesquelles elle (la main) est placée.

Si le petit est vivant, cette manœuvre s'opère bien plus facilement que s'il est mort. Il s'aide dans le premier cas. Boutrolle conseille, pour faciliter ce replacement, de faire soulever le ventre de la femelle avec une sangle ou un drap plié en quatre et élevé de chaque côté par des aides, en même temps que l'opérateur agit. Si la tête ou un des membres est hors des passages, un aide intelligent qui agit sur ces parties peut seconder les efforts de l'accoucheur en lui aidant à opérer le mouvement de rotation.

MANIÈRE D'OPÉRER LE REDRESSEMENT ET LA ROTATION DE LA TÊTE. — Quelle position l'opérateur donnera-t-il à ses doigts, pour que la main agisse avec liberté et avec force? Lecoq, de Bayeux, ne donne aucune explication; on saisit la tête, se borne-t-il à dire; il n'ajoute rien à ce que tout le monde savait déjà. M. Bordonnat, qui a acquis une grande habileté dans la pratique des accouchements des grandes femelles, donne les conseils suivants : placer la main sous le menton qu'on reçoit dans la paume de la main; les doigts écartés embrassent un peu au dessus de ce point les deux côtés de la mâchoire, le pouce est introduit dans la bouche, sur le maxillaire, en arrière des dents incisives, où il trouve un point d'appui solide. Il a inventé un instrument (voir la planche 1, fig. 10) qui remplace la main dans la situation que je viens d'indiquer, et fonctionne d'après le même mécanisme, au moyen d'une corde par laquelle la branche mobile de cet instrument, représentant le pouce, s'applique en arrière des incisives et se rapproche de la double branche qui imite les doigts écartés. L'opérateur est alors dispensé de se servir de la tresse ou du lacs.

Quel que soit le moyen qu'on ait employé pour redresser la tête, elle a une tendance prononcée à se reporter dans la place qu'elle occupait. On recommandera donc à l'aide chargé de la tresse ou de la corde fixée au crochet, de la tenir modérément tendue pendant que le vétérinaire ira à la recherche du membre ou des membres restés dans l'utérus.

On verra un peu plus loin la manière de placer la corde et la tresse; quant au crochet, on l'implante par dessous la mâchoire, en arrière du menton. — Mais je décrirai le placement du crochet avec les opérations de la dystocie. — Je dirai ici seulement qu'on a renoncé au crochet à cause du peu de solidité du point d'appui, la symphyse se laissant écarter par des tractions un peu fortes.

On préfère avec raison se servir d'une corde au bout de laquelle on fait un nœud coulant qui embrasse la mâchoire.

Quand la tête est située bien profondément, le manuel est plus pénible. La première difficulté consiste dans la profondeur à laquelle se trouve la tête que le bras de l'opérateur n'est pas assez long pour atteindre; souvent le bras est enfoncé tout entier, le moignon de l'épaule touche la vulve , sans qu'on puisse arriver jusqu'à la tête. Il faut alors que des aides agissent sur l'utérus , le soulèvent et le portent en arrière pour faire rapprocher son col de l'entrée du bassin. Deux , ou même quatre aides s'il le faut , passent en avant du nombril des sangles ou un fort drap de lit plié en huit dont ils saisissent les bouts de chaque côté du ventre , et dont ils se servent à la fois pour relever l'utérus et le repousser en arrière. Si même on pensait que cela fût utile , on pourrait relever la partie antérieure du corps de la femelle, pour l'incliner en arrière.

L'opérateur ayant la main introduite fait repousser l'utérus en arrière jusqu'à ce qu'il ait atteint la mâchoire ; il passe aussitôt la tresse qu'il confie à un aide. Celui-ci, en tirant sur le lien , vient au secours de la main qui opère le redressement de la tête. Ce mouvement est très-difficile à opérer avec la main seule , quand il s'agit d'un muleton ou d'un ânon chez lesquels la tête a généralement plus de longueur que dans le poulain. Dès que la tête est saisie et liée, le vétérinaire ordonne aux aides de cesser leurs efforts pour que l'utérus se reporte en avant , dans un lieu plus large qui permette facilement le redressement de la tête.

Quelquefois il est impossible d'atteindre à la bouche du petit ; c'est alors à l'oreille qu'on s'adresse , puis à l'orbite au moyen de l'index ou d'un crochet mousse , si on a la certitude que le petit est mort. Toutefois le redressement de la tête s'opère rarement ainsi et je dirai bientôt pourquoi.

On a proposé aussi de faire passer une anse de corde autour du cou, vers le point où il se replie pour s'appliquer sur le côté du corps. Cette corde doit avoir une douzaine de pieds, quatre mètres, et se terminer par un nœud. On en fait d'abord passer le bout en bas, sous le bord inférieur de l'encolure; là on l'abandonne un moment, puis on ramène la main en haut au-dessus du bord supérieur de l'encolure où l'on va à la recherche du bout de corde qu'on a d'abord passé dessous; puis on tire le bout et l'anse est placée, après quoi on ramène les deux bouts de la corde au dehors. On va ensuite à la recherche des membres antérieurs qu'on amène au dehors et on tire par ces trois points d'appui à la fois, après avoir forcé la tête à s'étendre sur le cou. Le petit est presque toujours mort même avant l'opération, lorsqu'on a un renversement aussi considérable de la tête. M. Delafoy aîné à décrit le premier ce moyen d'extraction que j'employais déjà avant qu'il ne l'eût indiqué, ainsi que mes cours transcrits par mes élèves en font foi. J'ai dû un assez beau succès à cette méthode, il y a peu de temps. M. Delafoy (*Recueil de médecine vétérinaire*, 1832, p. 313.) recommande avec raison, quand on tord les deux bouts de la corde qui ont formé l'anse, de ne pas comprendre dans le torset des portions du placenta ou des cotylédons. Il n'explique pas les dangers d'une pareille méprise, qui s'explique cependant bien parce que l'extraction est rendue plus difficile, et qu'en déchirant le placenta on s'expose à des hémorragies, que peut suivre le renversement de l'utérus.

Tel est le manuel général; il a quelques différences suivant la position du fœtus; s'il est en première position de l'extrémité antérieure, le dos en haut, il faut se servir de la main droite si la tête est inclinée à gauche, et de la gauche si l'inclinaison est à droite. On saisit le menton, la paume de la main tournée en haut.

Si le fœtus est en deuxième position antérieure, on introduit la main droite pour le côté droit et la gauche pour le côté gauche; on va saisir aussi le menton du fœtus; et si le menton regarde en haut, la paume de la main qui l'embrasse se trouve ainsi dirigée en bas.

POSITIONS COMPLIQUÉES DE LA TÊTE.

Je vais, dans cet article, m'occuper uniquement de ce qui concerne la tête, mettant de côté toutes les complications que les membres antérieurs peuvent offrir en même temps. Je traiterai dans un deuxième article des complications apportées par la situation des membres, et dans un troisième je montrerai comment il faut se conduire dans les cas compliqués où avec une mauvaise direction de la tête ; on a aussi une mauvaise direction d'un ou de deux membres de devant.

J'admets cinq positions compliquées de la tête : 1° la tête est pliée et placée sous le cou, le front ou la nuque se présentant à l'entrée du bassin ; 2° elle est recourbée au dessous du sternum, encapuchonnée; 3° elle est courbée sur le côté, appuyée sur l'épaule ; 4° renversée en arrière ; 5° elle est couchée sur le côté et portée sur la hanche du côté opposé.

Causes. — *Lorsque la tête est enfoncée un peu profondément*, cela paraît tenir à une cause ancienne qui a persisté longtemps. Il est difficile d'assigner l'époque précise de la gestation, où s'opère ce déplacement ; mais on est autorisé à le regarder comme datant de plusieurs mois, quand on s'est assuré que les os eux-mêmes sont recourbés pour s'accommoder à leur position nouvelle. On trouve les os maxillaires courbés, pour s'adapter à la saillie de la hanche ou de l'épaule; les os de l'encolure sont aussi déformés, de telle sorte qu'il est impossible de redresser le cou et de lui faire garder la position rectiligne, même lorsque le petit est mort.

Ces déviations sont plus communes chez les jeunes monodactyles dont l'encolure est plus longue que celle des ruminants. On pense généralement que la cause en est purement mécanique ; que le colon engoué de la femelle, et surtout sa portion pelvienne, lorsqu'il est plein de matières dures, provenant de fourrages ligneux, repousse ainsi la tête sur le côté du corps, sur l'épaule. Aussi ces positions compliquées de la tête sont-elles en quelque sorte épizootiques, comme les causes qui les produisent sont générales, la disette, la mauvaise nourriture. On a vu en Franche-Comté le plus grand nombre des juments poulinières avorter près du terme de la gestation, ou éprouver des parts rendus très difficiles à cause de cette direction fâcheuse de la tête.

Un de nos anciens élèves, **M. Houssard**, m'a transmis des observations **nombreuses, qui constatent le fait précédent, avec un croquis qui représente un poulain la tête portée sur l'épaule.**

Un vétérinaire, **M. Courjon**, a constaté la fréquence de ces mêmes positions, sous l'influence des mêmes causes, à Meyzieux (Isère).

Cependant, j'hésite encore à me prononcer d'une manière absolue. Il serait possible que ces directions fâcheuses fussent dues à la convulsion des muscles, par suite de maladies du système nerveux. Les muscles convulsés restant ensuite contracturés par la persistance du mal; puis, devenant plus courts et comme fibreux, maintiennent ainsi la tête et l'encolure d'une manière fixe. On reconnaît que les muscles ont été convulsés et sont restés contracturés : 1° à ce qu'ils sont devenus à moitié fibreux. Le tissu musculaire disparaît de plus en plus. Cet état s'explique par cette loi de l'économie, en vertu de laquelle un muscle qui ne sert plus perd son caractère musculaire. Et, après avoir été convulsés, les muscles se paralysent, comme cela arrive dans les maladies du système nerveux, et paralysés ils ne servent plus; 2° ces muscles sont en même temps plus courts, parce que ne servant plus, ils se développent moins, se nourrissent moins que les muscles sains, et par conséquent ne s'agrandissent pas dans la même proportion; 3° on distinguera les muscles ainsi plus courts et devenus fibreux des muscles qui n'ont pas été convulsés, mais qui sont devenus inutiles parce que leurs insertions opposées se sont rapprochées, et qu'ils ne peuvent plus se contracter suffisamment pour les mouvoir; à ce que ces derniers sont devenus graisseux au lieu d'être fibreux.

M. le docteur Guérin, qui a développé le premier ces idées, a réussi à expliquer chez l'homme les déviations permanentes du cou, des membres et du tronc, qu'on avait longtemps attribuées à des causes mécaniques. C'est aux vétérinaires qui auront occasion de faire des autopsies à vérifier ce fait. L'influence de la mauvaise nourriture sur la production de ces déformations peut s'expliquer aussi bien par le développement de maladies nerveuses, qui ont ensuite agi sur les muscles, que par l'engouement du colon et le repoussement mécanique de la tête et du cou du fœtus.

1° *Tête repliée sous le cou et engagée dans le bassin. — Front en avant. — Bouche et naseaux tournés vers le poitrail.* — La tête a son volume ordinaire; elle est en-

gagée en partie dans le bassin, mais est susceptible
d'être repoussée en arrière. Cette mauvaise situation a
deux degrés : 1° c'est le front qui se présente le premier, la tête seule est recourbée ; 2° la tête et une
partie du cou sont repliés; c'est l'encolure qu'on trouve
la première en portant la main dans le bassin. Le vétérinaire Coquet (*Correspondance de Fromage*, t. 1,
p. 360) a cité des cas de ces genres de déplacement;
il conseille de tirer d'un côté sur le nez, de l'autre de
repousser le front en arrière, ce qui opère un mouvement de bascule. Ce que propose Coquet n'est possible que
lorsque la tête n'est que faiblement engagée; qu'elle reste
encore mobile ; qu'avec la main seule ou aidée du repoussoir on peut la ramener dans l'utérus et la replacer. Or, une fois que la tête est repoussée dans l'utérus, on la redresse assez facilement en tirant simplement sur l'extrémité des mâchoires. Ce conseil de
repousser le front en arrière est donc ou inutile si la
tête est dans l'utérus, sans compter qu'il n'est pas facile de mettre les deux mains dans cet organe, ou bien
il est impraticable si la tête est enclavée.

Si la tête est tellement engagée qu'on ne puisse pas
la repousser en arrière, si elle est enclavée, suivant
l'expression consacrée, et qu'on ne puisse pas non plus
par des efforts assez énergiques l'attirer en avant et
accoucher; comme dans ces cas, pour peu que ce travail se soit prolongé, le fœtus est mort, il faut chercher dans la médecine opératoire des moyens de ter-

miner. Ils consistent à opérer la décapitation , opération que je décrirai dans un article à part, et dans laquelle un des points les plus importants est de respecter
le vagin et l'utérus. La tête enlevée, on repousse le corps
pour aller à la recherche des pieds s'ils sont retenus ou
en mauvaise position ; on a soin de diriger avec la
main l'extrémité du cou privé de sa tête , pour qu'il
n'aille pas s'arc-bouter à l'entrée du bassin.

2° *La tête est recourbée en dessous.* — Elle est encapuchonnée , comme on dit en hippiatrique ; sa face inférieure correspond au sternum du fœtus et le front au
pubis ou au sacrum de la mère , suivant que le petit est
en première ou en deuxième position antérieure.

Voyons le premier cas. — La tête peut n'être que
peu profondément enfoncée ; la nuque se présente à
l'entrée du bassin, ou bien elle est engagée davantage
et au lieu de la nuque , c'est la face dorsale de l'encolure que l'on rencontre.

On commence par repousser en arrière le corps du
fœtus pour se donner de la liberté de mouvements ,
soit avec la main , soit avec le repoussoir qu'on tient
de la main qui est hors du bassin , ou qu'on confie à
un aide. Le petit écarté du rebord du bassin contre
lequel il est appuyé à l'époque du part, on va à la recherche de la tête en suivant l'encolure. On saisit la
tête d'abord par les oreilles, puis par les naseaux , les
mâchoires, et on la fixe avec un lacs ou la tresse.

Quelques praticiens , pour fixer plus solidement la

tresse ou la corde à la mâchoire, font une anse un peu plus grande qu'à l'ordinaire, et après l'avoir engagée dans la bouche par sa partie moyenne, la ramènent de chaque côté de la tête, derrière les oreilles, sur la nuque, où ils la fixent à la manière du montant de la bride. C'est une bonne manière de placer la tresse; elle tient solidement, mais il n'est pas toujours possible de la placer ainsi.

Lecoq, de Bayeux, conseille, dans ce cas, de renverser la femelle sur le dos, pour que la tête du poulain étant placée au dessus du tronc, on puisse la saisir et la redresser plus facilement. Je n'oserais recommander cette pratique, qui me paraît offrir des inconvénients réels : 1° parce qu'elle oblige l'opérateur à se coucher pour opérer; 2° qu'elle fatigue la femelle, l'expose à des violences; 3° enfin, elle ne me paraît pas d'une nécessité bien évidente.

On pourrait aussi essayer de tourner le poulain sur lui-même par la méthode que j'ai déjà indiquée, en agissant à la fois sur les membres avec un levier et sur la tête avec les mains.

Outre les deux degrés que je viens d'indiquer, il peut en exister un plus faible encore, d'après Favre, de Genève. La tête est très légèrement baissée, le front est à l'entrée du bassin, la partie extérieure du nez est arrêtée contre le bord pubien de l'excavation, si le fœtus est en première position antérieure, ou contre le sacrum s'il est en deuxième position ; le redressement s'opèrera bien facilement. Après avoir repoussé le corps, on saisit les mâchoires près du menton, et on les amène en avant en faisant repousser le petit en arrière avec le repoussoir, si on avait quelques difficultés avec la main seule.

Deuxième cas. — Le fœtus en troisième position ou vertébro-pubienne ; la tête étant au dessus du tronc, le vétérinaire a bien plus de facilité pour opérer le redressement, qui se fait, du reste, comme je l'ai indiqué plus haut.

3° *Tête appuyée sur l'épaule ou plus loin sur la hanche, du côté où le cou est replié.* — J'ai décrit dans les généralités le manuel à suivre pour aller à la recherche de la tête et la ramener ; j'ajouterai que lorsqu'on n'a pu redresser l'encolure et la tête et qu'on a passé l'anse autour de l'encolure pour tirer sur elle et aider à l'extraction, on éprouve une énorme difficulté à faire passer le corps à travers le bassin, parce que le diamètre transversal de la poitrine est augmenté par la présence du cou. Le vétérinaire Canu propose une opération qui a pour but de diminuer la capacité du thorax, lorsque, bien entendu, on n'a pas pu extraire autrement. On enlève le sternum avec un instrument tranchant ; les côtes des deux côtés s'appliquent alors les unes sur les autres, aux dépens du poumon, qu'on peut même extraire d'avance s'il ne permettait pas aux côtes de se rapprocher assez et de laisser une place suffisante à l'encolure et à la tête. J'y reviendrai en traitant de l'embryotomie.

4° *Tête renversée en arrière.* — L'encolure tordue ,
la mâchoire inférieure en dessus. Une position semblable rend bien évidemment le part impossible. La
tête s'arc-boutant fortement à la région sacro-lombaire,
de manière à augmenter le volume de la poitrine en
hauteur de toute l'épaisseur de l'encolure et de la tête.
Cette position de la tête est rarement produite spontanément par suite des contractions utérines, mais elle
est le plus souvent le résultat de l'impéritie de celui
qui veut aider à l'accouchement en tirant sur les pieds
sans ménagements, sans diriger la tête d'une manière
convenable dans le sens du bassin, et sans s'assurer qu'elle
suit. Il en résulte que la tête, refoulée par un point du
contour du bassin , se replie, comme je l'ai dit. Favre
ne propose contre cette complication d'autre méthode
que la séparation des épaules , sans doute afin de pouvoir repousser le corps en arrière , afin de redresser la
tête.

Plusieurs méthodes peuvent cependant être suivies :
1° on cherchera d'abord par tous les moyens possibles
à repousser le fœtus hors du bassin, si cela est possible , et on ira à la recherche de la tête , que l'on fera
glisser sur une épaule en saisissant une oreille et en
faisant subir à la tête un mouvement de rotation vers
cette épaule. La tête arrivée ainsi en deuxième position compliquée, on se conduira comme il a été dit
ci-dessus. 2° Après avoir réduit en deuxième position,
on peut faire la décapitation , ce qui enlève toute diffi-

culté. Cette opération est plus facile à exécuter que lorsque la tête est recourbée en sens inverse sur le cou et enclavée. Pourtant on n'en conseille pas d'autre dans cette dernière position. 3° Enfin, on a la méthode Favre, ou la double désarticulation.

5° *Tête placée sur l'épaule ou la hanche, du côté opposé à celui où le cou est plié.*—Cette situation augmente le diamètre supéro-inférieur ou vertébro-sternal du fœtus, diamètre qui déjà est plus long que celui qui mesure la hauteur du bassin ou sacro-pubien. Il devient complètement impossible de faire passer le fœtus ainsi placé.

Pour redresser la tête, suivre les procédés indiqués; si on ne peut y arriver, employer la corde en anse autour de l'encolure, puis l'enlèvement du sternum et des poumons, par le procédé de M. Canu; enfin, la décapitation.

POSITIONS COMPLIQUÉES DE LA TÊTE COÏNCIDANT AVEC DES POSITIONS COMPLIQUÉES DES MEMBRES ANTÉRIEURS. — 1° *Un des pieds se présente avec la tête.* — Il faut s'assurer d'abord de ce pied en attachant une corde qu'on laisse pendre hors de la vulve, ou qu'on confie à un aide; on en fait de même pour la tête, et pour rendre l'application du nœud coulant plus facile, on tire sur le pied pour rapprocher la tête de l'entrée du bassin. Cette seconde corde qui fait suite au nœud coulant est placée dans les mains de l'aide qui tient la précédente. C'est après avoir ainsi fixé ces parties pour être sûr de les retrouver quand il faudra tirer pour achever le part, qu'on procède à la recherche de l'autre membre.

2° *La tête seule se présente, les pieds repliés.* — On fixe la tête par un nœud coulant, une tresse; on la repousse, et on va dégager les deux pieds retenus. La rétropulsion de la tête se fait avec la main, ou bien avec un repoussoir, et dans ce cas nous avons vu qu'on peut la faire opérer par un aide ou la faire soi-même en appuyant le repoussoir contre la poitrine.

COMPLICATIONS APPORTÉES PAR LE CORDON OMBILICAL. — *La tête, retenue dans une des directions vicieuses que je viens de décrire, est embrassée par une anse du cordon ombilical.* — Cet accident est heureusement rare et ne peut être aperçu que lorsqu'on explore avec soin la position de la tête en parcourant successivement toute la surface de l'encolure. Il se présente plus rarement dans la vache que dans la jument, à raison de la moindre longueur du cordon ombilical. De quelle manière faut-il se conduire lorsqu'on constatera une pareille complication? C'est ce que je dirai en parlant des obstacles apportés au part, par le cordon ombilical.

POSITIONS COMPLIQUÉES DES MEMBRES ANTÉRIEURS.

Je ferai pour les membres, comme pour la tête, un article à part où je ne traiterai que des mauvaises directions des membres de devant, la tête étant supposée en bonne direction. Je rejetterai dans un deuxième article toutes les difficultés que soulève la coïncidence d'une mauvaise direction de la tête et des membres de devant à la fois; et dans un troisième je mettrai les complications qui résultent, pour cette même présentation antérieure, d'une mauvaise direction des membres de derrière.

Il est, je pense, inutile de redire encore que nous traitons ici de la présentation de l'extrémité antérieure; que cette extrémité peut s'offrir à l'entrée du bassin en quatre positions : vertébro-sacrée, vertébro-pubienne, vertébro-iliaque droite ou gauche; que ces deux dernières ont été rarement observées, et que les mauvaises directions que prennent les membres antérieurs peuvent exister dans ces diverses positions simples.

Les positions compliquées des membres de devant sont au nombre de quatre, qui présentent elles-mêmes des subdivisions, tirées des variétés de situations que peuvent prendre les membres ou les différentes parties de chaque membre.

1° L'AVANT-BRAS EN EXTENSION ET LE RESTE DES MEMBRES FLÉCHI ET REPLIÉ EN ARRIÈRE. — On procède à la recherche du membre en suivant la tête et l'encolure qui sont dans leur situation habituelle; on arrive à l'épaule et à l'avant-bras. L'avant-bras étant en extension on n'a qu'à mettre le reste du membre dans la même direction, c'est ce qu'on fait en suivant le procédé que j'ai donné dans les généralités; c'est-à-dire en étendant successivement le canon, puis le reste du membre. Lecoq, de Bayeux, conseille au contraire, de s'adresser d'abord au pied et de tirer sur lui pour étendre le membre. Cette méthode me paraît moins mauvaise dans ce cas que lorsque le membre est porté tout entier en arrière; parce que l'avant-bras étant déjà étendu on n'a plus qu'à étendre les deux autres parties du membre.

Ce que je viens de dire s'applique à la première position vertébro-sacrée. — Pour la deuxième, vertébro-pubienne, les manœuvres sont les mêmes, la direction seule de la main de l'accoucheur devra être changée.

2° Les membres sont étendus en totalité. — Plusieurs obstacles peuvent se présenter à l'accoucheur.

a) Un des membres, après avoir franchi l'utérus, s'est porté trop en haut; il vient presser sur la paroi supérieure du vagin et s'arrête, arc-bouté qu'il est contre le sacrum. J'ai déjà indiqué cette difficulté dans le part naturel.

b) Avant d'avoir franchi l'utérus, par l'effet de violentes contractions de cet organe ou de tractions mal dirigées, faites par des personnes inexpérimentées, un des pieds a pu perforer les parois de l'utérus et celles du rectum (Delwart). Une exploration attentive fait reconnaître que le pied est engagé dans un trajet anormal ; et on essaiera de le dégager en repoussant l'utérus en avant avec le repoussoir, et en opérant des tractions modérées sur la jambe pour la reporter aussi en avant et la dégager.

c) On trouve mentionnés, dans les auteurs, des cas où un des pieds s'est engagé dans le placenta, l'a perforé et s'est ainsi embarrassé de telle sorte que le part en devient impossible par les seuls efforts de la mère. Fromage (*Nouveau Cours d'agriculture*, 6me volume, article accouchements) cite un fait de cette nature à lui communiqué par le vétérinaire Lacueille. Après des tentatives nombreuses qui durèrent une heure, le praticien parvint à débarrasser le membre et à le remettre en bonne direction; la jeune vache rendit le veau et le délivre en même temps.

d) Un membre est placé sur la tête, derrière les oreilles ou sur le cou. — Favre, de Genève, a cité plusieurs cas de ce genre. Les difficultés sont moins grandes que dans les cas précédents et l'exploration plus facile.

Si le fœtus est en première position antérieure, le membre devra être recherché au dessus du cou, entre lui et le sacrum ; on le trouve en promenant la main depuis la tête jusqu'au garrot. Il faut suivre, pour le choix de la main et le manuel, les règles posées dans les généralités sur l'extension des membres. Il est bien entendu qu'on a commencé par le recul de la matrice qu'on a repoussée pour se ménager plus de liberté en la sortant du canal étroit formé par le bassin.

Le membre étant saisi par le canon on le fait glisser le long du cou, et par ce mouvement de rotation on le ramène sur le côté de la tête et un peu au-dessous.

Après qu'on aura amené le membre, et qu'on l'aura mis en position, on aura soin de bien le comparer à l'autre, afin d'être sûr qu'on a bien les deux membres de devant et qu'on puisse tirer sur eux sans craindre d'accidents. Je fus assez embarrassé la première fois que j'eus affaire à une complication de ce genre.

Dans le commencement de ma pratique, à l'école vétérinaire, je fus appelé auprès d'une ânesse en travail et chez laquelle le part ne pouvait se faire; la tête et un des membres de devant s'étant présentés seulement. J'amenai l'autre membre, le comparant à celui qui était en bonne direction; je le trouvai plus court et dans une fausse direction. J'allais procéder à une nouvelle exploration pour m'assurer de la position du deuxième pied de devant que je croyais toujours dans une mauvaise situation, mais l'ânesse m'en évita la peine et accoucha toute seule. Le petit était mort et le membre que j'avais trouvé court et mal dirigé était situé sur la partie supérieure du cou. Je m'expliquai mon embarras.

Il est certain que l'accouchement dans nne situation semblable du membre serait impossible si la tête était volumineuse.

3° **Un membre de devant est fléchi et porté en arrière, l'autre étant étendu.** — Cette complication est la plus fréquente de toutes celles des membres antérieurs. Le diagnostic est facile à établir chez une grande femelle, mais non chez une petite où le doigt a beaucoup de peine à arriver jusqu'au membre, même après qu'on a attiré en avant le fœtus, pour le rapprocher de l'orifice extérieur.

Le membre retenu peut occuper deux places différentes : (*a*) il peut être allongé sur le côté du corps et toucher à une des parois latérales du bassin et du ventre ; (*b*) ou bien il est placé en travers, sous ou sur le ventre, qu'il croise, et dans ce cas tantôt il se trouve entre le sternum du fœtus et le pubis, si le petit est en première position antérieure ; tantôt il se trouve entre le sternum et le sacrum, si c'est en deuxième position.

a) *Membre allongé le long et sur le côté de la poitrine.* — L'utérus est repoussé en arrière du bassin afin qu'on puisse glisser la main avec facilité. Si le ventre de la mère est tombant, le vétérinaire le fait relever au moyen d'un fort drap de lit plié en huit, que deux aides tiennent par les bouts après l'avoir placé sous le ventre de la femelle. L'opérateur profitant d'un intervalle où la matrice cesse de se contracter, introduit la main et étend le membre suivant les règles que j'ai indiquées. Je n'insisterai pas de nouveau sur les vices du procédé de Lecoq, de Bayeux, qui veut qu'on saisisse de prime abord le pied pour tirer sur lui et étendre ainsi tout le membre; le bras d'un homme ne serait certainement pas assez long pour l'atteindre.

Cette manœuvre ne peut convenir que quand le pied est rapproché de la main et facile à saisir.

Quand le membre est obtenu, redressé, on y fixe un lacs et on tire sur lui, sur l'autre et sur la tête.

b) *Membre allongé en arrière et placé en travers sous le sternum.* — Suivant que c'est la première ou la deuxième position, la première chose est toujours de repousser l'utérus pour dégager le bassin. On va à la recherche du membre et l'on suit les règles prescrites; cette opération est très difficile. J'ai dit déjà qu'outre la compression que le bras éprouve par suite du resserrement du col utérin pendant les contractions; on a encore à supporter la fatigue que cause tout le corps du petit pesant sur le bras de l'opérateur. C'est ici le cas d'appliquer le procédé Lecoq, de Bayeux, à savoir renverser la femelle sur le dos; ou le mien qui est aussi celui de beaucoup de praticiens et qui consiste à porter le corps du fœtus sur le côté.

Avant d'y avoir recours peut-être pourrait-on essayer le crochet mousse, monté sur un manche (planche I, fig. 3 et 4), ou celui qui termine chaque branche du forceps ordinaire dont la cuillère sert alors de manche; ou même d'un crochet terminé par une corde. On passe le crochet derrière l'avant-bras du membre retenu; on fait tirer sur lui, par un aide, avec modération; la main de l'accoucheur qui reste dans le vagin, suit les mouvements imprimés par le crochet, le place dans la position convenable pour que les efforts de traction soient plus fructueux; et lui-même y aide. La règle à suivre pour la position du crochet est de le mettre successivement derrière chacune des articulations du membre, en arrière du bras au dessus du coude, ensuite derrière le genou; et quand on a étendu le genou on met le crochet derrière le canon, puis derrière le pâturon. Chez les plus petites femelles, la chienne et la chatte (car pour peu que soient grandes la chévre et la brebis la main peut être introduite), dont l'entrée du vagin est si étroite qu'on peut à peine y passer l'index, on se sert de pinces pour aller saisir le membre, ou d'une airigne plate, ou même du doigt plié en crochet, si cela est possible, mais après avoir eu soin d'amener le fœtus aussi près que possible de l'extérieur, afin de diminuer la longueur de l'espace à parcourir; on a de la peine à réussir cependant dans le cas qui nous occupe. Le fœtus succombe toujours à cette opération, et la mère quelquefois, lorsqu'on ne peut réussir à changer la mauvaise direction du membre.

c) Membre allongé en arrière et placé en travers sur le sternum. — La complication est moins difficile; on n'a plus à supporter le poids du corps, le fœtus étant dans la deuxième position; on le ramène en position étendue. Je n'ai du reste rien à ajouter à la description des manœuvres auxquelles il faut se livrer.

4° *Les deux membres antérieurs sont retenus.* — Daubenton est, je crois, le premier qui ait écrit sur cette direction des membres dans la brebis (*Instruct. pour les bergers*, in-8, p. 128); Desplas, qui l'a observée ensuite dans la jument (ouvrage cité) la considère comme n'offrant aucune complication trop fàcheuse :
« Si la tète et les membres de devant, dit cet habile praticien, se présentent ensemble, les jambes s'aplatissent, s'effacent pour ainsi dire et offrent moins d'obstacles au passage ; ce qui est le contraire lorsque la tête se présente seule, les épaules forment quelquefois un point de résistance qui fatigue beaucoup la mère, quoiqu'il ne soit pas invincible. »

Je me range à l'avis de Desplas. Ce fait prouve, pour le dire en passant, que lorsque les membres de devant sont étendus, une partie de l'épaisseur de l'épaule, celle qui correspond à l'articulation scapulohumérale, vient se loger dans la dépression du cou, et diminue d'autant le diamètre transversal de la poitrine.

Favre, de Genéve (ouvr. cité), a observé plus souvent la rétention de deux membres dans les juments que dans les vaches, et les poulains qui naissent ainsi ont quelquefois leurs membres de devant si arqués, qu'ils ne peuvent se soutenir. Cette courbure dépend-elle de la position prolongée de ces membres dans l'utérus; des efforts violents de contraction de l'utérus; ou des tiraillements que le praticien aurait opérés sur eux pour les ramener dans le cas où ils gêneraient le part? C'est ce qu'il est peut-être difficile de dire. J'avoue cependant que la première opinion paraît plus probable; une pareille courbure ne peut être le résultat que d'une position longtemps prolongée. Et c'est sans doute encore le cas de rappeler la doctrine des raccourcissements musculaires par suite de maladies du système nerveux, raccourcissements qui produisent à la longue l'incurvation des articulations et des os.

Les deux membres retenus peuvent coïncider avec les quatre positions vertébro-sacrée, vertébro-pubienne ou vertébro-iliaque droite ou gauche, comme dans les cas précédents. On commence par repousser le corps de l'utérus par les raisons indiquées plusieurs fois; Lecoq, de Bayeux, conseille d'appuyer le repoussoir contre la poitrine, et après avoir éloigné l'utérus du bassin, de confier l'instrument à un aide pour qu'il maintienne les parties dans la position qu'on vient de leur donner. Ce procédé me paraît sans avantage. On peut confier d'emblée le repoussoir à un aide pendant que l'opérateur, ayant la main dans l'utérus, dirige et règle les mouvements de l'aide.

Ce qui est plus utile, c'est la disposition signalée par Lecoq, disposition qui consiste en ce que l'utérus embrasse les genoux du fœtus comme dans une poche, et qu'on a de la peine à les étendre. Aussi faut-il abaisser la portion de l'utérus qui fait saillie en avant des genoux, ce qu'on fait en pressant sur elle, soit avec le poignet pendant que les doigts de la même main saisissent le membre, soit avec la cuillère d'un forceps, ou un morceau de bois aplati par le bout en manière de spatule. Le reste du mécanisme est connu.

Dans les petites femelles, la chienne, la chatte, l'introduction de la main n'est pas possible; j'ai déjà dit comment il fallait se comporter avec elles; la mort n'est pas rare alors par suite de la difficulté de la réduction.

On connaît les règles particulières à suivre, suivant que le fœtus est en première, en deuxième position, ou en position transversale.

COMPLICATIONS APPORTÉES PAR LA PRÉSENCE OU LA MAUVAISE DIRECTION DE LA TÊTE. — *Présence de la tête en bonne position.* — Un des pieds paraît en même temps; la tête et le pied gênent par leur présence l'introduction de la main et des instruments, et les manœuvres auxquelles on se livre pour aller à la recherche de l'autre. Il faut donc les repousser hors du bassin, dans le ventre, ou plutôt à l'entrée du bassin; mais, pour que ces parties n'échappent plus et ne puissent pas gêner l'accouchement, on a soin de les fixer par une corde que l'on laisse pendante au dehors ou que l'on confie à un aide. Pour appliquer la corde, on commence d'abord par attirer le pied qui est en bonne position, on l'attache autour du canon, puis on saisit la mâchoire, on glisse dans la bouche la partie moyenne d'une corde, d'une tresse qu'on place

dans l'espace interdentaire, puis on l'attache solidement.

Voici le manuel à suivre pour placer une corde dans
la bouche et la fixer, lorsque la mâchoire est un peu
loin de la main, dans l'excavation pelvienne : On fait
un nœud coulant à une des extrémités d'une corde,
et on se ménage une anse. L'anse de la corde est placée
sur la main gauche, au niveau des deuxièmes phalanges ; la main droite, saisie des bouts de la corde,
la tend fortement, pour que, pressée sur les doigts,
l'anse puisse être introduite, sans glisser en arrière,
sur le dos de la main. La main arrive à la mâchoire,
l'écarte avec le bout des doigts, introduit ce bout des
doigts jusqu'à l'espace interdentaire ; là elle incline,
en rapprochant les doigts de la paume de la main,
comme si on voulait les fermer sans les plier, de façon
qu'en tirant sur l'extrémité de la corde placée au
dehors on fasse filer l'anse de corde sur la face dorsale
des doigts jusque dans l'espace interdentaire. L'anse
une fois appliquée, on tire sur le bout de la corde pour
que le nœud coulant de l'anse se serre et empêche tout
déplacement. On trouve dans le *Manuel de l'éleveur des
bêtes à cornes*, par M. Félix Villeroy (p. 331), une
gravure qui indique assez bien la position du lacs à
nœud coulant sur la main de l'accoucheur.

Tête en mauvaise direction. — La tête peut être enclavée, devenir immobile, sans qu'on puisse la déplacer pour aller à la recherche du membre ou des

membres retenus en arrière, et sans qu'on puisse achever le part en tirant de force le fœtus au dehors. C'est
ce qui a lieu lorsque la tête est fléchie et engagée dans
le bassin, de manière que le front se présente à l'ouverture, la tête étant repliée le long du cou. J'ai dit ce
qu'il fallait faire en pareil cas.

La tête et un des membres sont en mauvaise position.—
On fixe avant tout le membre sorti par un lacs ; on repousse ensuite le corps du petit et on explore pour
s'assurer de la situation et de la direction de la tête et
du membre retenus.

Par lequel des deux doit-on commencer la réduction? C'est là une question difficile. Si on commence
par le membre, en l'amenant dans l'excavation, on
la remplit en partie, on gêne le passage de la main
et le redressement de la tête, qui est lui-même difficile, et a besoin d'espace pour être accompli. Il paraît donc rationnel de s'adresser d'abord à la tête.

Favre, de Genève, dont la longue expérience
est une autorité en semblable matière, émet l'avis
suivant : « Si la tête plonge le museau en bas et en
avant, il faut commencer par amener le pied ; mais
si elle est contournée en arrière, c'est par elle qu'il
faut commencer, après s'être assuré du pied en y plaçant un lacs. » En effet, la règle est de remettre en
position le membre retenu si la présence de ce membre ne vient pas ensuite gêner la réduction de la tête.
Or, si la tête est encapuchonnée ou simplement flé-

chie sur le cou, la manœuvre par laquelle on fera l'extension de la tête peut encore s'opérer lorsque les deux
membres sont en place et logés dans le bassin ;
parce que la main peut se glisser entre les deux membres pour arriver à la tête même dans l'excavation
pelvienne, manœuvre qui ne pourrait être exécutée
dans le cas suivant ; car, si la tête est tournée et
appliquée sur un des côtés de l'encolure, comme
il faut beaucoup plus d'espace pour opérer la rotation de la tête, il est important que le bassin ne
soit pas encombré par la présence du second membre. Il y a plus, si on éprouvait par trop de difficultés à ramener la tête, je donne le conseil de repousser le membre qui est étendu après l'avoir lié, et
de le ramener dans l'utérus ; et après avoir réduit la
tête, on procèdera à la recherche des deux membres.

COMPLICATIONS APPORTÉES PAR LES MEMBRES POSTÉ-
RIEURS EN ABDUCTION FORCÉE. — Les membres de devant et la tête sont dans une bonne direction et engagés ; cependant l'accouchement ne se fait pas. L'obstacle peut consister dans une situation défectueuse du
train de derrière. D'après M. Canu, les cuisses du
petit, au lieu de se présenter dans leur direction ordinaire, sont sur leur plat, les membres écartés dans
le sens de l'abduction, de manière à s'arc-bouter
contre les bords latéraux de l'excavation.

On comprend qu'il faut aller corriger cette mauvaise
position ; mais, pour passer la main lorsque la tête et

les deux membres sont déjà dans le bassin, on comprend que cela est impossible. Il est donc nécessaire de faire rentrer en partie ces trois appendices de l'extrémité antérieure ; et cela est impossible si les eaux sont écoulées en quantité, si le fœtus s'est engagé jusqu'à la poitrine. Il ne reste plus alors qu'à enlever le sternum, à retirer de la poitrine les viscères ; puis, aplatissant fortement avec la main les parois thoraciques l'une sur l'autre et les maintenant appliquées par une branche du forceps, on s'ouvre ainsi un passage latéral par où l'on glisse le bras jusqu'à ce que la main rencontre les membres postérieurs ; on les saisit par la partie antérieure et supérieure, et on les ramène dans l'adduction.

Si ces manœuvres ne réussissent pas, il n'y a plus pour toute ressource qu'à extraire le fœtus par morceaux.

POSITIONS COMPLIQUÉES DES MEMBRES POSTÉRIEURS.

1° LES MEMBRES DE DERRIÈRE SONT PLIÉS AU JARRET ; ET C'EST LE BOUT DU CALCANÉUM QUI APPARAIT LE PREMIER. — *a) Les jarrets sont libres dans l'excavation pelvienne.* — On tâche de les attirer un peu au dehors s'ils ne le sont pas assez pour pouvoir les embrasser avec des lacs, des crochets mousses, et on tire ainsi sur les deux à la fois. On s'aide en même temps de la queue. Il ne faut pas songer à les remettre en extension ; la portion du membre de derrière qui s'étend du jarret au pied est trop longue pour qu'on puisse la redresser dans l'excavation pelvienne; surtout s'il s'agit du poulain, dont les jambes sont plus longues que celles du veau; car pour le veau il est possible de pratiquer cette extension dans l'excavation pelvienne; et le vétérinaire devra l'essayer. Cependant il arrive quelquefois que les pieds se dégagent spontanément, et on les saisit pour accoucher. S'ils ne peuvent se redresser, ce qui est le plus ordinaire, il se fait alors, au lieu de l'extension qu'on cherche, une flexion en totalité des membres qui se replient sous le ventre; et l'accouchement se termine par les fesses. Les membres étant repliés sous le ventre, contribuent à augmenter les diamètres de l'extrémité postérieure du corps, et par conséquent à rendre le part fort laborieux.

Lorsque le fœtus n'a pas son volume ordinaire, on comprend que cette position n'est plus un obstacle au part. C'est sans doute ce qui a eu lieu dans plusieurs cas où les vétérinaires ont vu l'accouchement se terminer facilement dans cette position.

b) *Les jarrets et les pieds sont arrêtés par les parois utérines qui forment une saillie transversale en avant des pubis et ne sont, par conséquent, pas encore engagés dans le bassin.* — Il deviendrait impossible de dégager les pieds de cette espèce d'enchatonnement, si on ne commençait pas par repousser le fœtus et la matrice un peu en arrière. On peut faire abaisser avec une des cuil-

lers du forceps cette saillie des parois utérines qui
coiffe les jarrets et les pieds; puis d'une main on procède à la recherche de chaque membre qu'on redresse
suivant les règles prescrites.

On se rappellera que pour opérer ce redressement
on doit toujours incliner le corps du fœtus sur le côté,
attendu qu'on manœuvre alors sur les côtés du ventre,
dans les flancs dont la capacité est plus grande et les
parois plus extensibles.

Pour ces diverses positions compliquées des membres
postérieurs, je ferai remarquer qu'on rencontre plus de
difficultés dans la jument que dans la vache. Le poulain a les membres plus longs que le veau; il est bien
plus pénible d'en opérer le redressement. Au reste,
qu'on se rappelle que dans toutes les positions compliquées de la tête, des membres, du tronc; après avoir
constaté avec certitude la position, s'être bien rendu
compte du mécanisme de la réduction, il faut agir
avec beaucoup de hardiesse, ne pas craindre d'irriter
la matrice qui est très souple, très extensible. On voit
les gens timides mal réussir dans ces cas, et d'autres
plus hardis terminer du premier coup un accouchement qui ne se faisait pas. Toutefois il est bien de ne
pas oublier qu'en poussant trop violemment l'utérus
en arrière pour l'éloigner du bassin, on s'exposerait à
le déchirer.

2° Un seul membre est en bonne position et engagé dans le bassin, l'autre est retenu. — Il se

présente deux cas, suivant qu'il est encore dans le ventre ou qu'il est déjà dans le bassin.

Premier cas. — On fixe avec un lacs le membre sorti, puis on va rechercher le membre retenu qu'on saisit par le pâturon, comme il a été dit en parlant de l'extension des membres retenus en mauvaise position ; et en l'étendant on lui fait subir ce mouvement de bascule par lequel la croupe est repoussée en haut et en arrière et le pied attiré en avant.

Deuxième cas. — Ce redressement est quelquefois bien difficile à opérer lorsque les hanches sont engagées à l'entrée du bassin et qu'on ne peut venir à bout de repousser le corps dans l'utérus. Dans cette position lorsqu'on fait effort pour redresser le membre, la pointe du jarret vient appuyer sur le sacrum, le pied est retenu par le bord antérieur du pubis. En un pareil cas il faut s'efforcer de terminer l'accouchement dans la position défavorable où est le membre. On passe un crochet mousse derrière le jarret et on tire sur lui, sur le membre qui est étendu et sur la queue.

Si le part ne peut se terminer ainsi après avoir fait des efforts suffisants, il faut attaquer le fœtus et diminuer l'épaisseur de la partie postérieure du corps en désarticulant un membre et en enlevant toute une fesse ; après quoi appliquant des crochets sur le contour de l'os des îles, le trou obturateur, les ligaments sciatiques, on fait de nouveaux efforts pour amener le petit au dehors.

3° **LES DEUX MEMBRES SONT RETENUS , REPLIÉS SOUS LE VENTRE ET PLACÉS DANS LA FLEXION EN TOTALITÉ. —** Le part a pu se terminer en pareil cas par les efforts combinés de la mère et de l'accoucheur, lorsque le fœtus est peu volumineux et que le bassin est bien conformé. Cela se voit aussi chez les brebis et les chèvres; beaucoup plus rarement chez la chienne, chez laquelle il est vrai on parvient toujours à redresser les membres en repoussant le fœtus et en le soulevant avec des pinces ou les cuillers d'un petit forceps ; puis on attire ses membres avec les doigts, avec des airignes mousses.

On devra toujours commencer par essayer de repousser la matrice et son contenu dans le ventre , afin de pouvoir agir dans un large espace à parois souples. Je possède beaucoup de cas qui démontrent la possibilité de cette rétro-pulsion , après laquelle rien n'est plus facile que le redressement des membres. J'ai même vu un cas où le poulain avait en outre la tête renversée sur le côté et la déformation des os de l'encolure et des parties molles telle que la position anormale ne pouvait être changée.

Voici comment on opère le refoulement du petit et de l'utérus dans toutes les positions postérieures. Le moment où l'utérus cesse de se contracter étant choisi, on se sert de la main, on l'applique en travers sous la queue, le pouce sur une fesse et les doigts sur l'autre; si on emploie le repoussoir qui est plus commode, on le place en travers des fesses. L'effort doit se faire de bas en haut, pour soulever la croupe en même temps qu'on la refoule. Pendant cette espèce de contre-extension, l'opérateur ou les aides tirent par des crochets mousses sur le jarret du membre retenu avec assez de force pour en opérer le redressement.

Quand on tente de refouler le petit des grandes femelles, on emploie le repoussoir en fer placé suivant la ligne du raphé, ou transversalement par rapport aux fesses. En faisant cette manœuvre il arrive souvent que le fœtus est repoussé de telle sorte qu'il se place en travers et que la partie antérieure, la tête, les membres de devant se rapprochent du bassin où on peut les saisir et faire la version. Par un mouvement en demi cercle on les amène à l'entrée, on les engage et on finit ainsi en première ou deuxième position antérieure un part commencé en deuxième position postérieure.

Ce que je viens de dire relativement aux manœuvres à faire pour toutes les positions postérieures s'applique également soit que ce soit la position lombosacrée ou lombo-pubienne. La seule différence à faire tient à ce que dans la deuxième, le ventre et les pieds regardant en haut s'arrêtent facilement au passage du bassin; et si on s'obstine à des efforts irréfléchis pour vaincre l'obstacle qu'ils opposent, on donne lieu à des déchirures de l'utérus, du vagin, de la cloison recto-vaginale.

COMPLICATIONS APPORTÉES DANS LES ACCOUCHEMENTS
PAR L'EXTRÉMITÉ POSTÉRIEURE, PAR LES COUDES ET PAR
LA TÊTE. — 1° *Coudes*. Si les membres antérieurs sont
portés en abduction, les coudes écartés de la poitrine, ils
s'arrêtent contre la circonférence du bassin et opposent
ainsi une vive résistance. On peut la surmonter par des
tractions énergiques si le petit est mort, mais bien plus
difficilement s'il est vivant. On suivra le manuel que
j'ai indiqué à propos des obstacles apportés par les
membres de derrière, dans la présentation antérieure.
D'une main on soulève le fœtus pour s'ouvrir un passage entre lui et les parois du vagin et on glisse l'autre
main qui va rechercher les coudes et les place l'un
après l'autre dans l'extension et l'adduction. Pour soulever la poitrine du fœtus on peut se servir aussi d'une
cuiller du forceps. Si on échoue on essaiera la rotation par mon procédé ; les membres pouvant se remettre en bonne position pendant le mouvement ;
après quoi la dernière ressource est l'extraction par
morceaux.

2° *Tête*. — La tête se présente la dernière pour
passer le bassin ; elle arrive par sa grosse extrémité et
est exposée à être arrêtée soit par le col de la matrice
qui se resserre sur elle et empêche son extraction, soit
par l'entrée du bassin. C'est surtout dans le veau et les
petites femelles qu'on rencontre cette difficulté. La
tête du veau est large sur les côtés et haute vers le
chignon.

Pour faciliter son passage, on devra alternativement tirer de droite à gauche et vice versa, puis de haut en bas ; pour l'engager successivement par tous ses diamètres. Cette difficulté est plus commune encore dans la chienne que dans le veau. J'ai vu plusieurs chiennes arriver dans nos infirmeries avec le corps d'un petit pendant hors de la vulve et ce petit arrêté par la tête. J'en ai vu aussi chez lesquelles des tractions trop fortes avaient amené la séparation de la tête qui était restée dans les passages.

Dans ce cas il faut avoir recours au bain émollient dans lequel on plonge le corps de la femelle, et au lieu de faire des efforts pour extraire, attendre le résultat du relâchement que doit produire le bain. J'ai vu plusieurs chiennes expulser d'elles-mêmes dans le bain le petit qu'on avait tenté en vain d'extraire auparavant.

Il est un moyen connu des praticiens depuis longtemps et qu'un vétérinaire allemand vient de recommander de nouveau, ce sont les injections émollientes tièdes que l'on pousse dans le vagin et même dans l'utérus.

Présentations du tronc.

La règle générale à suivre pour la réduction des présentations du tronc consiste à ramener toujours à l'entrée du bassin une des extrémités antérieures ou postérieures et particulièrement celle qui est la plus rapprochée ; l'antérieure pour les présentations de de l'épaule, du garrot; la postérieure pour celle des hanches, des fesses. Dans le cas où le ventre, le dos se présentent, comme on est à peu près aussi loin du devant que du derrière, il faut chercher à ramener l'extrémité antérieure, attendu que c'est celle qui donne l'accouchement le plus facile.

Tant que le petit est renfermé dans l'utérus entouré des eaux et des membranes, l'opération qui consiste à ramener une des extrémités et qu'on peut appeler la version, est d'une exécution facile ; elle l'est encore, quoiqu'un peu moins, lorsqu'une partie des eaux s'est écoulée, mais qu'il en reste encore ; lorsqu'au contraire toutes les eaux sont écoulées et que l'utérus est exactement appliqué sur le fœtus qu'il enveloppe de toutes parts, l'opération devient alors fort laborieuse.

Présentation de l'épaule. — Chacune des épaules peut se présenter à l'entrée du bassin ; de là deux présentations : 1° une pour l'épaule droite ; 2° une pour l'épaule gauche.

Le fœtus peut être placé très diversement dans l'utérus, pendant que l'une ou l'autre de ces présentations a lieu. Ainsi, dans la présentation de l'épaule droite, la tête peut se trouver en haut vers le dos de la mère, en bas vers le pubis, dans le flanc gauche ou dans le flanc droit ; voilà donc quatre positions différentes que peut prendre le corps du petit, quoique ce soit toujours la même présentation de l'épaule droite. En effet, on comprend bien que lorsque la tête est en haut vers le dos de la mère, la croupe doit être en bas sur les parois inférieures du ventre, et toucher plus ou moins au bord antérieur du pubis. De même si la tête est en bas, sur la paroi inférieure du ventre, la croupe du fœtus sera tournée en haut et correspondra aux lombes de la mère ; tandis que si la tête est à gauche, la croupe sera à droite, dans le flanc droit ; et que si la tête est dans le flanc gauche, la croupe sera dans le flanc droit.

Voilà quatre positions bien évidentes, qu'on ne peut méconnaître, dont on se rendra bien compte si on les étudie sur un bassin sec avec un squelette de fœtus qu'on mettra dans les situations indiquées. Pour donner des noms à chacune de ces positions, ayons recours aux points fixes du corps du fœtus et du contour du bassin dont je me suis déjà servi pour les autres présentations. Les vertèbres qui forment le *garrot* établissent un point saillant fixe et facile à reconnaître. Le contour du bassin de la mère nous offre quatre points : 1° en haut le sacrum, 2° en bas le pubis, 3° à droite le contour droit du bassin, ou bord iliaque droit ; 4° à gauche le contour gauche du bassin, ou iliaque gauche.

Pendant que l'épaule droite se présente, les vertèbres du garrot du fœtus peuvent être tournées vers l'un de ces quatre points du bassin de la mère ; de là les quatre positions : 1° vertébro-sacrée , les vertèbres du garrot regardent l'articulation sacro-lombaire , les lombes et le sacrum de la mère ; la tête est dans le flanc gauche , la croupe est dans le flanc droit ; le sternum repose sur le ventre de la mère, en avant du bord antérieur de la symphyse pubienne.

2° Position vertébro-pubienne : les vertèbres du garrot reposent sur le ventre , en avant du bord antérieur de la symphyse pubienne , le sternum est en rapport avec les lombes , l'articulation lombo-sacrée et le sacrum de la mère ; la tête est dans le flanc droit et la croupe dans le flanc gauche.

3° Position vertébro-iliaque droite : le garrot est en rapport avec un des points de la partie droite ou iliaque du bassin , le sternum regarde la partie gauche ; la tête est en haut vers la région lombaire, et la croupe en bas , sur la paroi inférieure du ventre.

4° Position vertébro-iliaque gauche : le garrot est en rapport avec un des points de la partie gauche ou iliaque gauche du bassin , le sternum est tourné à droite ; la tête est en bas , vers la paroi inférieure du ventre et la croupe en haut vers les lombes.

Le fœtus , dans chacune de ces quatre positions , est plié sur lui-même , courbé sur le côté gauche dans la présentation droite , de façon que le côté droit du corps forme une convexité tournée en arrière , du côté du bassin , et que le côté gauche forme une concavité qui regarde en avant, vers la partie antérieure du corps de la mère. C'est absolument le contraire dans la présentation de l'épaule gauche.

Maintenant qu'on a bien compris l'existence de nos quatre positions dans la présentation de chaque épaule, je vais donner les signes auxquels le vétérinaire qui pratiquera le toucher reconnaîtra chacune de ces présentations et de ces positions. On reconnaîtra la présentation d'une épaule à l'existence d'une surface aplatie, sur laquelle on sent une saillie dure et résistante, dirigée dans le sens de la longueur de cette surface; c'est la crête de l'acromion. En suivant cette même ligne , on arrive par une de ses extrémités à la naissance du membre et par l'autre à la saillie du garrot, au devant duquel on sent l'extrémité supérieure , saillante du scapulum; par les bords de cette ligne, on touche d'un côté la naissance de l'encolure , que l'on reconnaît à la dépression qui se trouve là; l'existence de cette dépression fait reconnaître la position de la tête ; de l'autre, les côtes et les espaces intercostaux. Ces signes , une fois constatés, on se rendra compte de la direction de la tête , de la croupe et des membres.

On reconnaîtra quelle est l'épaule qui se présente aux signes suivants : si le fœtus est en position vertébro-sacrée , dans la présentation de l'épaule droite , la tête sera à gauche et la croupe à droite : dans la présentation de l'épaule gauche , la tête sera à droite et la croupe à gauche. Si le fœtus est en position vertébro-pubienne dans la présentation de l'épaule droite , la tête sera à droite, dans le flanc droit, la croupe à gauche; dans la présentation de l'épaule gauche, ce sera le contraire. Si le fœtus est en position vertébro-iliaque droite, pour la présentation de l'épaule droite , la tête regardera plus ou moins en haut , et la croupe reposera plus ou moins complètement sur la paroi inférieure du ventre ; pour la présentation de l'épaule gauche , ce sera le contraire. Si le fœtus est en position vertébro-iliaque gauche , la tête regardera plus ou moins la paroi inférieure du ventre , et la croupe , les lombes et l'articulation lombo-sacrée. Pour la présentation de l'épaule gauche , ce sera le contraire.

Enfin , on reconnaîtra de la manière suivante les quatre positions lorsqu'on pratiquera le toucher. La position du garrot du fœtus étant connue , il ne reste plus qu'à porter la main sur le point le plus rapproché du contour antérieur du bassin , pour voir si le sommet de ce garrot correspond au sacrum , au pubis , ou à l'un des côtés , à l'un des bords iliaques droit ou gauche.

Première et deuxième positions de l'épaule , vertébro-sacrée et vertébro-pubienne. Lecoq, de Bayeux, les désigne en masse sous le nom de *position de l'épaule, la tête placée dans un des flancs.* Voici le manuel opératoire à suivre pour la réduction de ces positions compliquées. Il ne présente aucune différence, que ce soit l'épaule droite ou la gauche qui se présente, si ce n'est qu'on se servira de la main droite lorsque la tête sera située à droite, et de la main gauche lorsqu'elle sera à gauche.

Premier temps. — Repousser le fœtus en arrière, et en même temps porter l'épaule qui se présente dans le flanc opposé à celui qu'occupe la tête. Cette manœuvre a pour résultat de mettre le poitrail en plein détroit antérieur et de rapprocher la tête. —*Deuxième temps.* Rechercher la tête ; la ramener dans le bassin, la fixer par la tresse ou une corde à nœud coulant. — 3e *et* 4e *temps.* Ramener en extension et à l'entrée du bassin chacun des membres antérieurs, en commençant par celui qui est le plus rapproché de la main ; les fixer, comme il a été dit ; en un mot, suivre pour la tête et les membres toutes les règles indiquées pour les positions compliquées de ces parties.

Troisième et quatrième positions de l'épaule, ou vertébro-iliaque droite et vertébro-iliaque gauche, désignées par Lecoq, de Bayeux, sous le nom de position de l'épaule, la tête étant placée en haut vers les lombes, ou en bas vers l'abdomen. — *Mécanisme de réduction en quatre temps :* 1° Repoussement du fœtus en portant l'épaule qui se présente dans une direction opposée à celle de la tête, ce qui met le poitrail en regard de l'entrée du bassin ; 2° recherche de la tête, qu'on fixe, mais sans l'engager trop avant dans le bassin, parce qu'on serait gêné pour rechercher les membres, et les placer aussi en extension dans le bassin; 3° et 4°, recherche et fixation des membres en commençant par le plus rapproché, par celui qu'on saisit le plus facilement.

Maintenant, si l'on a bien réfléchi à la position où se trouve le fœtus, on voit qu'il est placé transversalement. Ainsi, son garrot correspond à un des côtés du bassin, son sternum à l'autre; si le garrot est sur le côté droit du bassin, nous appellerons cela troisième position antérieure, ou position vertébro-iliaque droite; s'il est à gauche, c'est la quatrième position, ou vertébro-iliaque gauche. Ainsi, les positions transversales que l'on ne rencontre presque jamais spontanément, que Lecoq, de Bayeux, n'a jamais vues; nous les produisons artificiellement lorsque nous réduisons une des positions supérieures ou inférieures de l'épaule.

Or, nous le savons, le part est impossible lorsque la poitrine se présente en travers; j'ai expliqué plusieurs fois le rapport des diamètres de la poitrine du fœtus et ceux du bassin de la mère. Il y a donc nécessité d'opérer la rotation du fœtus et de le ramener en première ou en deuxième position antérieure; c'est-à-dire de mettre son garrot en rapport avec le sacrum ou avec le pubis de la mère. J'ai déjà dit qu'il était plus commode de ramener en première position si le petit est vivant, parce que instinctivement il tend lui-même à se placer dans cette position : s'il est mort, on le ramènera à celle des positions vertébro-sacrée ou vertébro-pubienne dont il est le plus rapproché ; parce que ce sera évidemment la manœuvre qui demandera le moins de travail et sera exécutée avec le plus de promptitude. Voilà donc le cinquième temps , la version ; on l'exécutera par mon procédé , le bâtonnet placé entre les membres et servant de levier.

PRÉSENTATION DU GARROT. — J'ai plusieurs fois constaté les présentations du garrot et de la portion antérieure de la région dorsale. En pratiquant le toucher lorsque le travail est commencé , on tombe sur la rangée des apophyses épineuses du dos , sur le garrot qui est plus ou moins engagé au commencement de l'excavation pelvienne , la tête et les membres de devant fortement repliés. Ainsi le fœtus est plié en deux , non plus comme tout-à-l'heure ; ou c'est la tête et l'encolure qui s'inclinent sur un des côtés du corps ; il est courbé de façon que l'encolure et la tête s'appliquent sur le ventre du fœtus , il est courbé d'arrière en avant ; dans les présentations de l'épaule il était courbé de droite à gauche.

J'imagine qu'on voit de suite aussi que cette région du garrot , tout en se présentant au détroit , pourra se trouver en quatre positions différentes : Le dos correspondra 1° au pubis et au ventre de la mère ; 2° aux lombes et au sacrum de la mère ; ou 3° aux parois abdominales du côté droit, et au côté droit du bassin, la tête est vers le flanc gauche ; ou 4° aux parois abdo-

minales du côté gauche et au côté gauche de la circonférence du bassin. La tête est vers le flanc gauche ;
de là quatre positions que l'on peut appeler 1° dorso-
pubienne, dos du fœtus au pubis de la mère ; 2° dorso-
sacrée ; 3° dorso-iliaque droite ; 4° dorso-iliaque
gauche. On comprend bien qu'ici je suis obligé de
changer le point fixe du corps du fœtus qui en s'appliquant contre un des quatre points du bassin de la
mère, constitue nos quatre positions. Ici le garrot se
présente, il est plus ou moins dans le centre du détroit
antérieur, il ne correspond pas à un des points du bassin de la mère ; c'est le corps qui change de position
et non pas le garrot. Aussi ai-je été obligé de prendre
pour point de ralliement le dos du fœtus , la série des
apophyses épineuses du dos.

Ces deux dernières positions, *dorso-iliaque droite ou
gauche*, dans lesquelles le corps du petit repose par une
de ses faces latérales sur le ventre de la mère, sont assez communes dans les veaux et les jeunes ruminants ;
je les ai assez fréquemment rencontrées : le garrot, le
commencement du dos et le commencement de l'encolure sont engagés dans l'excavation. La fréquence de ces
positions chez les ruminants tient-elle à l'habitude
qu'ont ces animaux de se tenir couchés sur le côté ?
On peut le conjecturer.

On diagnostique la présentation du garrot et ses
quatre positions aux caractères suivants : 1° Le garro

lui-même forme une surface saillante , allongée , présentant des nodosités en manière de grains de chapelet ; le toucher fait reconnaître chaque apophyse épineuse ; 2° de chaque côté le prolongement cartilagineux des scapulums ; 3° en avançant vers la tête , les crins fins et encore peu nombreux de la crinière du poulain ; chez le veau quelques poils encore moins nombreux et moins longs ; 4° en arrière la ligne saillante du dos.

Première position, ou dorso-pubienne. La tête est en rapport avec la région sacro-lombaire , le dos en bas avec les pubis ; c'est la plus fréquente.

1ᵉʳ *temps.* — Refouler en arrière le garrot en le poussant dans la direction opposée à la tête , c'est-à-dire vers le pubis et les parois abdominales inférieures ; cette manœuvre rapproche l'encolure de la tête du bassin ; on amène la tête dans l'extension , on la fait entrer dans le bassin. La grande difficulté de cette manœuvre consiste dans les efforts expulsifs de la matrice qui repoussent le fœtus vers le bassin. On combattra la violence des contractions utérines en élevant la croupe de la jument , en se servant du serre-nez et du serre-oreille , en pesant sur les lombes avec une barre placée en travers et tenue par deux aides ; en un mot , comme lorsqu'il s'agit d'empêcher que la femelle repousse l'utérus quand on en opère la réduction.

La main suffit quelquefois seule pour opérer cette

manœuvre, après laquelle on saisit l'encolure pour abaisser la tête ; puis on prend les oreilles et enfin la bouche. Il est bien plus commode de se servir du repoussoir concave.

Pour redresser la tête on a souvent de la peine; si la main seule est impuissante, on doit essayer d'entourer l'encolure d'une tresse, d'une longe en cuir, d'un collier en fer (pl. II, fig. 19, 20 et 21). Quelque utiles que soient ces moyens, ils ont l'inconvénient d'asphyxier le petit, à cause de la compression de la trachée; on ne doit donc les employer qu'avec précaution, ou après qu'on s'est assuré que le petit est mort. Il est d'autres moyens encore plus dangereux et qui ne conviennent que quand on est certain que le fœtus a perdu la vie ou qu'on est décidé à le tuer, ce sont les crochets que l'on enfonce dans les chairs.

Lecoq, de Bayeux, raconte que la deuxième année de sa pratique, appelé auprès d'une jument chez laquelle les eaux s'étaient écoulées, le part ne se faisant pas, les forces de la mère étant épuisées, il appliqua des crochets sur l'encolure du poulain pour abaisser sa tête; il croyait le poulain mort, mais ses mouvements lui apprirent bientôt qu'il vivait encore; il put l'obtenir vivant; ses blessures guérirent en peu de temps. Il fait remarquer avec raison que les crochets sont un moyen qui ne convient qu'après la mort du poulain, mort qu'il ne put constater, faute d'expérience suffisante.

Je ne répéterai pas ici ce que j'ai dit ailleurs de la nécessité d'accompagner avec la main la tête et les membres dans la deuxième position antérieure, de peur qu'ils ne s'arrêtent contre le sacrum, ne déchirent l'utérus, le vagin, le rectum.

Deuxième position ou dorso-sacrée. — Rien de particulier : repousser le fœtus, amener la tête et les membres en première position antérieure, et terminer ainsi le part.

3ᵉ et 4ᵉ positions, ou dorso-iliaques droite ou gauche. — 1ᵉʳ *temps.* Refouler le petit en portant le garrot du côté opposé à la tête ; de la sorte on fait décrire au fœtus un mouvement en quart de cercle, qui éloigne le garrot du centre du bassin et en rapproche la tête. Le glissement se fera là sur les parois latérales de l'utérus, au lieu de se faire, comme dans les cas précédents, sur les parois inférieures ou supérieures. Rien de particulier sur la manière d'amener la tête, qu'on trouvera dans un des côtés du ventre. Rien non plus pour les membres qui sont dirigés vers l'autre flanc. Toutes les règles précédentes sont applicables à ces positions, si ce n'est que le deuxième membre est quelquefois difficile à trouver à cause de son éloignement. Il convient alors de tirer sur la tête et sur le membre qu'on a saisi pour rapprocher le deuxième de l'entrée du bassin et le mettre plus à la portée de la main. C'est dans ce sens aussi que l'élévation du ventre de la mère peut venir en aide à l'accoucheur. On a proposé, si ces manœuvres sont insuffisantes, de placer la femelle sur le dos. J'ai déjà fait connaître mon opinion sur ce moyen, qui est bon si la femelle est couchée déjà, mais qui est fort mauvais si la femelle est indocile et qu'il faille la coucher de force; il peut en résulter quelquefois une rupture de la matrice, toujours une perturbation fâcheuse.

Il est bien entendu qu'il faut finir par amener le fœtus en première position antérieure ou en deuxième, seul moyen de rendre l'accouchement facile.

PRÉSENTATION DU DOS ET DES LOMBES A LA FOIS. — M. Delwart a cité des exemples de cette présentation. Le fœtus est courbé en arc, d'avant en arrière, de manière que son dos et ses lombes présentent une forte convexité dirigée en arrière vers l'entrée du bassin; il peut être placé verticalement ou transversalement. Dans les positions verticales, la tête est en haut vers les lombes de la mère, ou en bas vers la paroi inférieure du ventre. Ces deux positions verticales me paraissent ne pas pouvoir exister, si ce n'est dans le cas où le fœtus serait moins volumineux que d'habitude.

Dans les positions transversales, le corps est placé sur un de ses côtés, la tête est dans le flanc droit ou dans le flanc gauche et la croupe du côté opposé. Ces deux positions transversales sont donc à peu près les seules que l'on rencontre; tandis que nous avons vu que dans toutes les autres présentations, c'étaient les positions verticales qui étaient les plus communes.

Diagnostic de la présentation. — La saillie du rachis est la première partie que la main rencontre; on suit tout le long la rangée des apophyses épineuses; d'un côté l'encolure, de l'autre la croupe et la queue.

Positions transversales, les seules observées; le dos courbé en arc, le corps reposant sur un de ses côtés, la tête dans un des flancs, la croupe dans l'autre.

Manœuvre. — Faire la rotation, décrire un quart de cercle qui rapproche la tête ou la croupe de l'entrée du bassin. On examinera dans quel sens le fœtus se meut le plus facilement, et c'est dans ce sens qu'on opérera la rotation. Le plus souvent, il est plus facile de repousser la croupe en avant et d'attirer le garrot, puis l'encolure par la crinière, les oreilles, la bouche.

Je ferai remarquer que toutes les règles relatives à l'extension de la tête, aux moyens à employer pour cela, au refoulement du corps, à la préhension et à l'extension des membres, sont applicables ici; on finira par tirer en première ou deuxième position antérieure. Cependant, il est bien de placer d'abord des crochets mousses sur l'encolure ou le collier en fer, ou une corde confiée à un aide, et de faire tirer pendant qu'on repousse en arrière.

Si c'est le derrière du corps qui est le plus rapproché et qui semble le moins pénible à obtenir, on tâche de saisir la queue, sur laquelle on tire pour arriver aux membres et pour obtenir ainsi la présentation de l'extrémité postérieure.

PRÉSENTATION DES LOMBES ET DE LA CROUPE. — *Diagnostic.*—Sur les côtés de la région, la rangée des apophyses transverses ; un peu en arrière la saillie de la hanche ; au milieu, les apophyses épineuses, après lesquelles on peut arriver jusqu'à la queue.

Quatre positions, deux verticales non observées, dorso-sacrée et dorso-pubienne ; deux transversales, dorso-iliaque droite et gauche. Ces deux dernières seules connues.

Presque toujours on est forcé d'accoucher par le derrière, quoiqu'il se présente quelquefois des cas où c'est le devant qu'on amène. Il m'est arrivé par deux fois sur des juments, qu'en repoussant la croupe encore contenue dans l'utérus, le petit, par suite de mouvements brusques, de contractions énergiqnes de la matrice, décrivit un demi-cercle presque entier, et au lieu de ses lombes, ce furent son garrot et son encolure que je rencontrai, ou bien la tête et les pieds de devant. L'accouchement est plus facile à terminer dans ce cas. On comprend que ce déplacement circulaire n'est pas possible dans les petites femelles.

Si l'on est obligé d'accoucher par le derrière, c'est à la queue qu'il faut s'en prendre d'abord et la confier ensuite à un aide quand on l'a prise ; puis, l'opérateur appuyant la main ouverte sur les lombes ou la croupe, fait glisser le corps sur son axe pour mettre le gros bout en regard de l'entrée du bassin ; il va ensuite rechercher les membres. Pour cela, il incline le petit sur le côté, pour que sa main parvienne à l'articulation fémoro-tibiale, et successivement à toutes les autres, qu'il étend suivant les règles indiquées.

PRÉSENTATION PAR UNE DES HANCHES. — Peu différente de la précédente, dont elle n'est qu'une modification peu importante; les mêmes considérations lui sont applicables.

PRÉSENTATION DU VENTRE. — Je crois qu'il est permis de désigner sous ce nom les présentations dans lesquelles la tête se trouve à l'entrée du bassin avec deux, trois ou quatre membres, pourvu que lorsqu'il n'y en a que deux, l'un de ces deux appartienne au train de derrière et l'autre au train de devant. Il me semble que les membres de devant ne peuvent se présenter en même temps que ceux de derrière, sans que ce soit le ventre du petit ou sa poitrine, en un mot, la partie inférieure du tronc qu'on rencontre à l'entrée du bassin. On ne peut concevoir le fœtus dans une situation autre que celle que je vais indiquer; il est replié fortement sur lui-même, dans la position du chien couché en rond; le bassin s'est rapproché de la poitrine et la tête touche aux membres de derrière; le corps présente donc un demi-cercle à concavité tournée vers le bassin, à convexité formée par le rachis et tournée vers le diaphragme de la mère.

Un second point bien important aussi à noter, c'est la position du corps du fœtus. Il repose sur une de ses faces latérales; un des côtés de son corps appuie sur les parois abdominales inférieures ; l'autre correspond au sacrum et aux lombes de la mère ; la tête est en rapport avec un des côtés de la circonférence du bassin et la queue avec le côté opposé. Il est donc placé par le travers ; c'est une position transversale. Ainsi, le fœtus qui, dans les présentations de l'extrémité antérieure ou postérieure, est toujours sur le ventre ou sur le dos, est le plus souvent sur le côté dans les présentations du tronc.

Diagnostic de la position. — 1° Saisir le premier membre qui se présente et suivre sa direction jusqu'à l'insertion au corps. Le membre postérieur conduira au ventre et celui de devant au poitrail ; si on a commencé par le membre de devant, on ira du poitrail sur l'épaule, on suivra la poitrine, le ventre, et on arrivera sur le membre de derrière. On suivra une marche inverse si l'on a commencé par ce dernier. Cette première exploration laissera reconnaître si les deux membres appartiennent au même fœtus ou à des fœtus différents. 2° Observer les différences anatomiques de chaque membre pour les distinguer les uns des autres. Dans le poulain, par exemple, le glissement de la main fera reconnaître la production cornée, dite châtaigne, située à la face interne de l'avant-bras pour les membres antérieurs, et pour les postérieurs à la face interne et supérieure du métatarse ou canon. Le genou se fléchit d'avant en arrière dans le même sens que les phalanges, dans les membres antérieurs ; dans les postérieurs, l'articulation correspondante se fléchit d'arrière en avant, dans un sens opposé à celui des phalanges.

Il y a six variétés différentes de présentations du ventre, pour chacune desquelles on peut admettre deux positions. En effet, le corps du fœtus étant posé transversalement sur une de ses faces latérales, la tête peut se trouver tantôt du côté droit, tantôt du côté gauche; ce qui fait bien deux positions pour chaque présentation.

1° *La tête se présente avec un membre de devant et un de derrière.*—Cette présentation comporte 2 positions: une dans laquelle la tête est dans le flanc droit, 1re position; et l'autre dans laquelle la tête est dans le flanc gauche, 2me position. Les manœuvres sont les mêmes dans les deux cas, seulement leur direction est différente, et on comprendra bien en quoi consiste cette différence. Aussi il suffira de décrire la manœuvre en admettant la tête à droite.

C'est par la tête qu'il faut accoucher; on attache le métacarpe du membre de devant qui se présente; on passe aussi une tresse ou une corde à nœud coulant dans la bouche pour fixer le maxillaire inférieur. — *Deuxième temps.* On repousse l'utérus et le petit, puis le membre postérieur engagé. — *Troisième temps.* On recherche le membre antérieur retenu; on l'étend, on l'attache. — *Quatrième temps.* On extrait; mais le corps étant en position transversale, il faut le redresser. J'ai déjà dit qu'on pouvait le

faire de deux manières : — 1° En ramenant en deuxième position antérieure. On tire la tête en bas en la
faisant tourner de droite à gauche et de haut en bas,
et l'on a amené aussi le garrot en bas vers le pubis.
On tire sur les membres de manière que du côté gauche où ils sont, on les amène en haut vers le sacrum,
en décrivant un quart de cercle en sens inverse de celui qu'a décrit le garrot. En résumé, faire rouler le
dos du fœtus sur le ventre de la mère, pour le rendre
directement inférieur et les membres supérieurs. Ainsi
la partie antérieure du corps se trouve placée en
deuxième position antérieure, le dos et le garrot en
bas, vers le pubis; le sternum et les membres en haut
vers le sacrum. Le part se termine avec les précautions
indiquées dans cette position. — 2° On ramène en
première position, le dos en haut, le sternum et les
membres en bas (c'est cette position que je conseille
de chercher à obtenir toutes les fois qu'il sera possible de le faire), en tirant d'un côté sur la tête pour
agir sur le rachis et lui faire décrire un quart de cercle d'une surface iliaque vers le sacrum, et en tirant
de l'autre sur les membres pour leur faire faire un
quart de cercle en sens opposé d'une surface iliaque
vers le pubis. C'est pour la facilité du part la meilleure
position à donner, et aussi la plus facile à obtenir,
pourvu toutefois que le petit soit vivant.

2° *La tête se présente avec les deux membres postérieurs.* — Le diagnostic établi, on doit commencer

par fixer la tête, repousser ensuite les membres de derrière , puis éloigner du rebord du bassin la tête et le reste du corps pour aller à la recherche des membres de devant qu'on étend et qu'on lie suivant les procédés indiqués, et terminer le part comme je viens de le dire dans la présentation précédente en ramenant le fœtus en première ou en deuxième position.

La difficulté qu'on éprouve à obtenir les pieds peut être surmontée, d'aprés Lecoq, de Bayeux, si on met la femelle sur le dos. Ce praticien si distingué s'est trompé dans le cas qui nous occupe ; le fœtus étant placé par un de ses côtés sur les parois abdominales inférieures, par l'autre touchant les lombes de la mère, si l'on met la mère sur le dos, le fœtus au lieu d'être couché sur un côté, se trouve couché sur l'autre ; mais ce changement de côté n'a rendu en aucune manière la recherche et l'extension des pieds plus faciles. Or comme l'accouchement est bien plus facile lorsque la femelle est debout, je pense qu'on n'hésitera pas à repousser la méthode de Lecoq dans cette présentation compliquée du ventre.

Si on éprouve trop de difficultés à saisir les membres de devant, on transformera la présentation du ventre en une présentation de l'extrémité postérieure ; on tirera sur la queue et les deux membres de derrière. Pour faire cette transformation, il faut distinguer plusieurs temps ; 1° saisir et fixer les membres de derrière ; 2° repousser la tête puis le ster-

num en avant et du côté opposée à celui qu'occupe la croupe, de manière à faire avancer cette dernière vers l'entrée du bassin par un mouvement de
bascule. Le fœtus se trouve placé en troisième ou en
quatrième position postérieure, c'est-à-dire, transversalement; 3° saisir la queue, transformer la position transversale en une première ou deuxième
verticale. Pour cela on décrira les mouvements de
rotation en quart de cercle que j'ai expliqués dans
l'alinéa précédent. Ici encore, il faut répéter ce que
j'ai déjà dit, à savoir que si le fœtus est vivant, on
doit chercher à le ramener le dos en haut et le ventre en bas, en position lombo-sacrée, attendu qu'il
tend de lui-même à prendre cette position; si le petit
est mort ou s'il est sans mouvement quoique vivant, on
le ramènera en deuxième position ou lombo-pubienne. Du reste on choisira la position de laquelle
le petit est le plus rapproché.

3° *La tête se présente avec trois membres dont deux de
derrière.* — J'en possède une observation qui m'a été
communiquée par M. Courjon. Le membre de devant
était celui du côté droit, la vache était dans un
grand état de faiblesse et dans l'impossibilité de se lever. Le vétérinaire fit élever son corps au moyen d'un
drap de lit plié en huit, par des aides qui purent
écarter du sol le derrière de la bête, et diminuer ainsi
ses efforts excessifs. Les membres postérieurs furent
convenablement fixés avec des cordes, un crochet muni

d'un lacet implanté dans l'orbite, on repoussa le troisième membre ou membre de devant, dans l'abdomen, et alors en faisant tirer sur tous les lacs qu'on avait placés, le vétérinaire parvint à extraire le veau. Ce veau était mort et offrait une monstruosité très curieuse dont on peut faire une présentation à part, sous le titre de présentation du dos, des membres et de la tête (Voir page 86).

4º *La tête se présente avec quatre membres.* — Lecoq, de Bayeux, déclare n'avoir jamais rencontré une pareille complication; mais le vétérinaire Vigney, qu'il cite, l'aurait observée deux fois. Après s'être assuré que les quatre membres qu'il rencontrait à l'entrée du bassin, appartenaient au même fœtus, il repoussa toute la masse, saisit les membres de derrière et accoucha par l'extrémité postérieure. Il ne dit pas pourquoi il a amené le derrière plutôt que le devant; ni s'il a amené le derrière les lombes en haut ou les lombes en bas. — Je répéterai qu'il faudra toujours essayer d'abord d'amener le devant du fœtus, à cause de la facilité plus grande que présente l'accouchement.

Le vétérinaire Canu, de Thorigny (Manche), a inséré plusieurs exemples de parts difficiles dans le *Recueil de Médecine Vétérinaire* (année 1837, page 130). Le cinquième fait cité par cet habile praticien se rapporte à la position compliquée que je décris en ce moment.

La mère est une jument de 10 ans, petite, mais bien

conformée, et qui avait plusieurs fois pouliné. Les quatre membres étaient déjà sortis quand M. Canu fut appelé ; ils étaient même avancés jusqu'au milieu des canons. L'introduction de la main fut difficile, puisque les quatre membres occupaient presque tout le bassin ; ce cas nouveau pour lui l'embarrassa beaucoup ; il fit de longs et vains efforts qui durèrent une demi-heure, pour attirer un membre et repousser l'autre. Il songeait à pratiquer l'embryotomie ; et dans cette intention il lia les deux membres de derrière avec une corde qu'il confia à un aide ; puis enfonçant les deux mains dans le canal et saisissant les membres de devant au-dessus des genoux, il les repoussa dans le ventre pour repousser en même temps le corps, l'éloigner du bassin pendant que les aides tiraient fortement sur les membres de derrière. Il s'aperçoit alors que le corps du petit s'allonge en cheminant, la croupe s'engage et les membres de devant dirigés vers la vulve, collés le long de l'abdomen , sortirent avec lui.

Cette observation intéressante laisse à désirer quelques détails. — Quels étaient les membres que M. Canu chercha vainement à attirer ou à repousser pendant une demi-heure ? voulait-il obtenir une présentation de l'extrémité antérieure ou de la postérieure ? Dans ce cas il y avait à s'assurer d'abord par la conformation des membres où se trouvait chacune des extrémités du corps du fœtus, afin qu'on pût amener dans le bassin le devant ou le derrière. Enfin comment le fœtus est-il sorti ? sa croupe correspondait-elle au sacrum ou au pubis de la mère ? était-ce en première ou en deu-xième position verticale ? c'est ce qu'il fallait dire pour qu'on sût si les membres de devant étaient supérieurs ou inférieurs, par rapport au corps du poulain. Je suis porté à croire qu'il était en première position, c'est-à-dire que les membres de devant étaient au-dessous du corps; car s'ils eussent été supérieurs, ils auraient op-posé des obstacles qui les auraient empêchés de rester appliqués le long du corps, et les auraient forcés de s'étendre dans le sens du cou et de la tête.

Un peu plus loin dans le même mémoire, il est ques-tion d'une présentation de six membres et de la tête, dans une vache. Cela évidemment appartient au dou-ble part.

5° *Les membres se présentent deux de devant et un de derrière.* — Cette observation me vient de M. Estampes. Les membres de devant furent liés, celui de derrière repoussé avec le corps; la main put aller à la re-cherche de la tête placée dans le ventre de la mère en rapport avec le pubis, et la ramener dans le bassin. Les efforts de la femelle et ceux des aides amenèrent un poulain qui paraissait avoir succombé avant le part.

6° *Trois membres, deux de derrière, un de devant, sans la tête.* — Cette présentation qui n'a pas été observée mérite d'être indiquée parce qu'elle est très possible.

Si nous résumons ce que nous avons dit sur les présentations de six ou quatre membres à la fois, on verra que le manuel est, au fond, le même que celui des autres présentations du tronc.

Premier temps. Faire choix de l'extrémité que l'on veut ramener à l'entrée du bassin; si la tête est engagée, il paraît naturel de ramener l'extrémité antérieure du fœtus; si deux pieds de devant se présentent, c'est également le devant du fœtus qu'on amènera; si ce sont deux pieds de derrière, on tirera pour amener l'extrémité postérieure du corps. On commencera toujours par appliquer des liens sur les parties qu'on veut amener à l'extérieur, et celles qui gêneront par leur présence dans le bassin on les repoussera pour aller à la recherche des autres qu'on aura soin de lier à leur tour.

Deuxième temps. Repousser avec la main ou avec le repoussoir, l'extrémité du corps du fœtus opposée à celle que l'on veut amener; la repousser non pas directement en avant, mais aussi de manière à lui imprimer un mouvement de bascule qui ramène, vers le bassin, l'extrémité du corps que l'on veut engager dans son excavation, pour terminer l'accouchement.

Troisième temps. Repousser le membre ou les membres du côté qu'on ne veut pas engager.

Quatrième temps. Attirer l'extrémité fœtale que l'on a amenée à l'entrée du bassin, l'attirer au moyen des liens qui ont été appliqués sur les diverses parties, la tête et les membres.

PRÉSENTATION DU DOS, LA TÊTE ET LES QUATRE MEM-

BRES ÉTANT ENGAGÉS A LA FOIS DANS LE BASSIN. — Cette présentation ne peut avoir lieu que dans le cas de monstruosité, comme celle qui a été décrite par M. Courjon, et qu'a mentionnée M. Neumann, directeur de l'école vétérinaire d'Utrecht (*Journal agricole et vétérinaire de Belgique*, année 1844, p. 76).

Le fœtus est plié en arc sur lui-même, les quatre membres rapprochés les uns des autres, mais au lieu que cette courbure se fasse en présentant une concavité du côté du ventre et une convexité du côté du dos, comme d'ordinaire ; c'est au contraire le dos qui est concave et le ventre qui présente la convexité ; la tête et les quatre membres, au lieu de regarder du même côté que le ventre, sont renversés et dirigés du même côté que le dos. Dans cette monstruosité, les parois de la poitrine et du ventre qui ne se sont point réunies sur la partie médiane, se sont renversées du côté du dos et les viscères contenus dans les cavités thoracique et abdominale dépourvues de parois, se trouvent ainsi placés en dehors.

Dans les monstruosités de ce genre, si le fœtus n'est point à terme et la gestation peu avancée, on peut amener à l'extérieur le fœtus plié en deux, en tirant sur les quatre membres et la tête. Mais pour peu que le fœtus approche de son volume normal, il est trop volumineux pour pouvoir traverser le bassin, ainsi plié en deux, et, pour terminer le part, on est forcé de pratiquer l'embryotomie. Les cas de ce genre n'ont encore été observés que sur des vaches. Cependant, je possède un cas de grossesse extra-utérine chez une chèvre dans laquelle le fœtus présentait une monstruosité de la même espèce.

ARTICLE 4.

Des opérations qu'on pratique dans les cas de dystocie.

J'ai décrit ailleurs tout ce qui concerne l'introduction de la main dans l'utérus, les changements de position du fœtus, etc. Il me reste dans ce chapitre à faire connaître : 1° les moyens mécaniques d'extraction, c'est-à-dire, les agents de diverses sortes avec lesquels on fixe les membres du petit pour les tirer de force à l'extérieur, soit par les mains des aides, soit même en employant des moyens plus énergiques comme le treuil ; 2° les diverses opérations chirurgicales qu'on pratique lorsque par l'emploi des moyens précédents on n'a pas pu réussir à terminer l'accouchement.

§ 1er Moyens mécaniques d'extraction.

Lorsque les seules contractions de l'utérus ne peuvent parvenir à chasser le fœtus, il faut aider à la mère en tirant sur le fœtus lui-même. Quelles sont les parties du fœtus sur lesquelles on vient appliquer les agents de l'extraction forcée ? par quel moyen les y fixe-t-on ? puis comment assujettit-on la mère pour qu'elle reste immobile pendant qu'on tire sur le train de derrière ? voilà les trois questions qu'on a à résoudre.

La première chose à faire est évidemment d'assujettir, de fixer solidement la mère, pour qu'elle ne puisse ni reculer ni tomber. On commence par attacher sa tête à un corps solide et résistant, de façon à ce qu'elle ne puisse se déplacer. Mais ce moyen ne suffirait pas s'il fallait faire des efforts de traction énergiques ; on courrait risque d'asphyxier la femelle en laissant supporter à la tête toute la contre-extension ; il faut prendre un point d'appui plus solide sur l'arrière-train, pour cela on passe, derrière ses fesses, une forte sangle en manière de fessière ; les deux bouts passent de chaque côté des flancs ; au niveau de la poitrine ils se fixent à une courroie qui fait tout le tour de cette région, de manière que ces bouts de la fessière soient maintenus en place, sur le côté du corps ; ils se terminent au-devant de l'encolure, en se prolongeant assez pour qu'on puisse les fixer à un anneau scellé dans le mur, un barreau de fer, un poteau, un arbre, en un mot, à un corps assez résistant pour que les aides qui tireront sur le fœtus n'entraînent pas la mère avec eux et trouvent une contre-extension suffisante.

Les parties du fœtus sur lesquelles on fixe les cordes

que l'on confie aux aides, sont la tête, le tronc les membres et la queue.

La tête offre trois points d'attache ou d'insertion pour les agents d'extension : 1° la mâchoire inférieure, dans l'espace interdentaire ; c'est là le point le plus convenable, le seul dont on se serve journellement ; 2° la symphyse du menton. Il fut un temps où les praticiens enfonçaient un crochet mousse dans les chairs, entre les branches du maxillaire inférieur, au niveau de leur réunion. On y a presque entièrement renoncé de nos jours, à raison du peu de solidité de ce point d'appui que des tractions un peu fortes font céder, de l'écartement de la symphyse qui en résulte, ensuite du déchirement des chairs. Une telle blessure est grave pour le jeune animal qu'on obtient vivant, car elle lui ôte la faculté de se nourrir. Je ne permettrais l'emploi de ces crochets mousses appliqués derrière la symphyse, que dans le cas où il serait impossible de placer un lacs autour de la mâchoire inférieure. — 3° Les orbites. On comprend qu'il n'est permis de prendre un point d'appui sur les orbites, avec des crochets, que dans le seul cas où le fœtus est mort. Cependant lorsqu'il n'y a que ce moyen de redresser la tête sur un veau vivant, il faut le tenter ; mieux vaut, disent quelques praticiens, avoir un veau borgne et vivant, que mort avec ses deux yeux intacts. Dans ce cas-là on trouve dans les orbites un point d'appui beaucoup plus solide que dans la symphyse du menton

Le tête peut encore être fixée par une anse solide d'un lacs que l'on pousse d'abord dans la bouche et ensuite au-dessus de la nuque comme la têtière du licou. Cette anse une fois bien établie fournit un point d'appui des plus solides.

Ajoutons que quand le jeune animal est mort , on a la ressource du nœud coulant que l'on passe autour du cou.

Le tronc ne peut offrir des points d'attache qu'à l'aide de crochets, lorsqu'on a pratiqué l'embryotomie , ou qu'on a enlevé les membres du fœtus ; on fixe les crochets sur les côtes, les arcs des vertèbres, les apophyses épineuses , ou même dans la peau et l'épaisseur des chairs.

Les quatre membres sont bien disposés par leur longueur, leur solidité , la facilité de les amener au dehors , la saillie des articulations ou du sabot qui retiennent les lacs, pour recevoir des liens destinés à être tirés par les aides.

Les moyens qu'on emploie pour fixer ces diverses parties du fœtus et permettre aux aides de tirer sur elles, sont : les crochets munis de cordes , des lacs offrant des nœuds coulants à une de leurs extrémités, le forceps.

Les crochets sont les uns mousses , les autres aigus pour être enfoncés dans les os ; des cordes sont fixées aux anneaux qu'ils présentent à leur base. Les lacs sont des cordes solides , pas trop minces , ayant au moins le volume *du petit doigt* ; ou bien de fortes tresses en chanvre portant à une de leurs extrémités un nœud coulant, à l'autre un court et solide morceau de bois auquel elle s'attache par le milieu et qu'on peut saisir de chaque côté à pleines mains pour tirer avec plus de solidité. Quant au forceps, j'en parlerai plus tard.

Voici comment on s'y prend pour fixer les nœuds coulants qui terminent les cordes, sur les parties du fœtus. On réunit les doigts de la main droite de manière à ce que les bouts se touchent et soient réunis, les articulations étant légèrement pliées ; ils forment ainsi une espèce de cône dont le bout des doigts constitue le sommet, et la paume de la main la base. L'anse, le nœud coulant, est placé sur le cône formé par les doigts, et on lui donne une largeur, une ouverture suffisantes pour qu'il puisse franchir l'extrémité du fœtus sur laquelle on veut le faire passer. Cette anse est maintenue ferme en place, sur les doigts, parce qu'on a soin de tirer le bout de la corde ; sans cette précaution elle serait repoussée en arrière lorsqu'on introduirait la main dans le vagin, et viendrait passer sur le poignet d'où on ne pourrait plus la faire glisser en avant.

Les doigts ainsi disposés, le nœud coulant placé autour au niveau des articulations des première et deuxième phalanges, on introduit la main après l'avoir huilée ; on va à la recherche de l'extrémité qu'il s'agit de fixer. Si ce sont les pieds, les doigts s'écar-

tent pour les embrasser ; puis pliant toutes les articulations des phalanges entr'elles , étendant au contraire
celles des phalanges sur le métacarpe ; on raccourcit
le cône formé par les doigts , on tire sur la corde de
manière à ce que le nœud coulant glisse sur eux jusque sur le pâturon , où on le fixe en tirant un peu
sur lui et en la confiant à un aide. La même manœuvre a lieu pour la mâchoire inférieure ; seulement on
a eu le soin de commencer par ouvrir la bouche.

C'est toujours la tête qu'il faut fixer la première
dans la présentation antérieure du corps : voici le mécanisme qu'il faut suivre. L'opérateur commence par
repousser le corps du fœtus et l'utérus qui le contient,
en avant des pubis ; on en comprend la raison ; l'excavation pelvienne n'est point assez large pour qu'on
puisse manœuvrer à son aise; au contraire, l'abdomen
donne toute latitude à cet égard, et on se sert du repoussoir pour maintenir l'utérus repoussé. Il me paraît presque inutile de dire que le procédé indiqué pour
fixer les membres, convient lorsqu'on ne peut amener
les membres au dehors. Toutes les fois qu'on pourra les
attirer, il sera bien plus prompt de le faire pour les
lier, sauf à les repousser s'ils gênent.

Le fœtus et la matrice repoussés, la tête et les membres fixés d'après le procédé indiqué, page 91, on
rentre les membres de devant l'un après l'autre, pour
mettre la tête seule en position ; l'aide chargé de la

corde qui s'y attache, tire sur elle et la fait avancer jusqu'à ce qu'elle soit bien engagée dans le bassin ; après elle viennent les pieds, sur lesquels il fait tirer, l'un après l'autre, jusqu'à ce qu'ils soient étendus et mis en position dans le bassin. Il ne faut pas que l'extrémité des pieds soit au niveau de la tête, mais qu'ils la dépassent; et voilà pourquoi après avoir engagé d'abord la tête, on tire sur les pieds, jusqu'à ce qu'on les ait convenablement étendus et qu'ils la dépassent; s'ils étaient tous trois au même niveau, ils se gêneraient par leur volume.

Lorsque ces trois extrémités sont ainsi mises en position, on fait tirer par trois aides simultanément, sans secousses, par une action continue et énergique. L'opérateur placé derrière la croupe de la mère, appuie avec les mains sur les lèvres de la vulve les déprime en bas avec le bord cubital de la main, pendant qu'avec le dos il les écarte, et prévient leur frottement par les cordes et leur déchirement. Les aides continuent à tirer en suivant une ligne droite ; ils dirigent cependant un peu de haut en bas leurs efforts, jusqu'à ce que le garrot soit engagé. En tirant ainsi un peu en bas, ils dépriment la saillie du garrot, et le font engager, le premier, avant le sternum ; or, le garrot est, comme on le sait, la partie la plus saillante de la partie antérieure du corps, celle qui présente le plus de difficultés, dans les parts laborieux. Le vétérinaire dirige ses efforts, il surveille la marche de la tête et des membres, introduit de temps en temps la main pour s'assurer des progrès du travail ; lorsque le garrot est engagé, il fait cesser la traction de haut en bas, c'est alors le sternum et les épaules qu'il faut faire avancer. Il faut donc tirer légèrement en haut pour faire franchir au sternum le bord antérieur des pubis, et comme cet os ne peut s'engager sans que les épaules n'avancent en même temps, il dirige aussi les efforts des aides d'un côté à l'autre, alternativement.

Ainsi, traction de haut en bas pour engager le garrot ; après lui, tirer de bas en haut, et en même temps de gauche à droite, pour faire pénétrer le sternum et une épaule. On comprend qu'on aura bien plus de facilité à n'engager qu'une épaule à la fois, que si on voulait les faire passer toutes deux de front. Lorsque le vétérinaire a constaté l'entrée dans le bassin du sternum et d'une épaule, il dégage l'autre épaule en dirigeant les tractions de ses aides, dans l'autre sens, de droite à gauche.

En agissant ainsi avec précaution, lentement, par des efforts continus, on parvient à terminer le part.

Il se présente ici une question importante, celle de savoir quelle force il est permis de déployer dans ces parts laborieux. Rien n'a été fait de précis dans ce genre ; et la seule règle qu'on puisse donner, c'est d'aller avec lenteur, de surveiller avec la main la marche du fœtus, de s'arrêter quand une déchirure semble sur le point de s'opérer ; de cesser par instants

les efforts, pour les reprendre au bout de quelques
temps, afin que la femelle ait le temps de se reposer
de ses efforts et de ses douleurs ; pour que les parties
de la mère aient le temps de se dilater, si c'était possible, et le fœtus au contraire de diminuer un peu par
la compression ; enfin, si les moyens d'extraction sont
insuffisants, de passer aux opérations dont je vais parler après.

Là aussi se présente une autre question importante ;
les aides doivent-ils être préférés aux machines ? Lorsqu'il faut déployer de grands efforts, vaut-il mieux
augmenter indéfiniment le nombre des aides qui tirent que d'avoir recours aux machines, au treuil, au
tour des voitures ? Hurtrel d'Arboval n'hésite pas à
condamner les machines comme étant des instruments
aveugles qu'on ne peut diriger à son gré. Mais il montre qu'il n'a jamais étudié cette question au point de
vue de la pratique, puisqu'il vante, dans le part laborieux, l'emploi du forceps, dont l'inutilité est constatée par tous les praticiens, et dont sans doute il ne
s'est jamais servi lui-même.

Je n'hésite pas à conseiller l'usage du treuil, ou du
tour des voitures, après qu'on a eu soin de bien caler
les roues pour les rendre immobiles. Ces machines
ont plusieurs avantages sur les aides : 1° La traction
se fait sans secousses ni saccades, ce qui n'a pas lieu
quand c'est la main de l'homme qui tire. 2° On peut
graduer bien davantage la force qu'on emploie. Les

hommes déploient des sommes de force bien variables, suivant l'énergie avec laquelle ils tirent. 3° On
peut faire durer l'effort pendant quelque temps, sans
l'augmenter ou le diminuer, tandis que les aides se
fatiguent de bonne heure.

L'inconvénient des machines est de ne pas permettre aussi facilement de varier les directions des
efforts de haut en bas ou de bas en haut, de gauche
à droite ou de droite à gauche, et cependant on peut
remédier en partie à cette immobilité de la machine
en faisant appuyer sur les cordes par des aides qui conduisent ainsi les mouvements dans le sens que l'on
désire.

Fromage, avant Hurtrel, avait blâmé l'emploi des
machines. Lecoq, de Bayeux, les a conseillées, se fondant sur son expérience qui était grande et bien rai-
sonnée, et sur celle de tous ses confrères des environs
qui en obtiennent journellement de bons résultats.
Leur opinion doit être adoptée dans la science.

Je rappellerai en finissant ce que j'ai à dire sur les
agents de traction, que dans la Camargue les gardiens
des troupeaux de juments, privés qu'ils sont des secours de vétérinaires instruits, se servent d'une autre
jument qu'ils attellent aux cordes avec lesquelles ils
ont attaché le fœtus. Ils remplacent ainsi les aides qui
leur manquent, mais avec des désavantages considérables, à cause de la difficulté de régulariser et de modérer les efforts de la bête qui tire. Aussi ce moyen

qui réussit souvent est-il quelquefois suivi du renversement de l'utérus. Du reste, ces hommes, privés de
connaissances anatomiques, agissant au hasard, ne
sachant pas mettre le fœtus dans une position convenable, obtiennent presque toujours le poulain mort
ou ont des accidents du côté de la mère. Lecoq, de
Bayeux, assure qu'en se servant du moulinet il a eu
rarement de pareils accidents.

Lorsque les moyens que j'ai indiqués pour fixer les
extrémités du fœtus sont insuffisants, si la tresse ou le
lien appliqués sur la mâchoire l'ont fracturée, comme
cela arrive, on est obligé de chercher un point d'appui plus solide sur la tête. En pareil cas, on sacrifie le
petit pour sauver la mère. On s'arme de deux crochets
pointus à chacun desquels est attachée une corde ; on
les implante dans les orbites et on recommence l'extraction avec ces nouveaux appuis, après avoir donné
un peu de repos à la femelle. Enfin, dans le cas
où ces nouveaux points d'appui sont insuffisants à
leur tour, on se décide à lier le cou avec une corde
ou à le saisir avec un des colliers en fer que j'ai repré-
sentés dans les planches, à propos desquelles j'en
donnerai la description. (Voyez planche II, figures 19,
29, 21.)

Lorsqu'on n'a pas eu recours aux moyens indiqués
dans l'alinéa précédent, les efforts de traction n'amènent pas la mort du fœtus, si on agit avec précaution,
avec ménagement. Il est évident que plus on est obligé

de les rendre énergiques, plus on a à redouter pour la
vie des jeunes animaux. On en a obtenu souvent pleins
de vie et qui ont continué à vivre. Mon confrère,
M. Bordonnat, de Belley, me mande qu'un veau qu'il
avait extrait par ces manœuvres eut le maxillaire frac-
turé par suite de la pression de la corde : force lui fut
de réséquer le bout de l'os dont il aurait été impossible
d'obtenir la consolidation. Il n'y eut point d'hémorragie, et ce veau, destiné à la boucherie et élevé artificiellement, fut vendu à l'âge ordinaire le même prix
que ses semblables.

Chez les femelles moins grandes, la brebis, la chèvre et la truie, il est fort rare que l'on soit obligé d'employer ces moyens d'extraction. La main suffit presque
toujours lorsqu'on a prise sur les membres. Il n'en est
pas ainsi de la chienne. Chez elle, les tractions, quelque bien combinées qu'elles soient, causent toujours
la mort du petit; souvent les membres ou la tête s'arrachent sans qu'on puisse extraire le corps. Il est peu
commun chez elle de voir le part présenter des difficultés à cause du volume de la tête, à moins qu'on ait
affaire à une présentation postérieure.

Les médecins seront étonnés que je ne mentionne
pas le forceps dont ils retirent de si grands avantages.
Cet instrument qui a prise sur une tête sphérique
comme celle de l'enfant, où chaque cuiller s'applique
exactement dans toute son étendue, en a beaucoup
moins sur la tête des animaux qui est allongée, apla-

tie sur les côtés, et du reste peu dépressible. Lorsqu'on applique le forceps sur le poulain et le veau, il glisse et devient inutile. Du reste, la facilité que l'on a d'attacher des cordes sur la mâchoire inférieure et sur les membres est bien autrement préférable à celle d'appliquer cet instrument. Que fait le forceps, sinon ce que font nos lacs, qui ont en outre cet avantage inappréciable de ne pas occuper de place dans l'excavation pelvienne? Le bassin de nos animaux est presque recligne; nous tirons en ligne droite avec nos cordes; à quoi nous servirait de plus le forceps? Nous introduisons librement la main entière dans l'excavation, et nous pouvons manœuvrer à notre aise. Rien de tout cela n'existe dans la manœuvre des accouchements de la femme.

Je possède cependant un forceps dont nous nous servons quelquefois dans la brebis et la chèvre (planche II, figures 13, 14 et 15). Mais il n'est pas d'un usage indispensable, puisque chez ces femelles nous pourrions encore introduire la main; et du reste la tête de l'agneau, comme celle du chevreau, n'offre pas non plus beaucoup de prise à cet instrument.

Quant à la chienne et à la chatte, nous remplaçons facilement le forceps par des pinces à polype dentelées ou cannelées.

On a imaginé plusieurs ferrements en forme de colliers, de crochets ou de pinces pour saisir les diverses parties du fœtus. Nous en avons représenté un certain nombre. (Voyez planches **I** et **II**, figures **10**, **11**, **12**, **19**, **20**, **21**, etc.) Ces ferrements qui se montent sur un manche en fer ou en bois que les mains peuvent solidement saisir, sont presque tous à coulants, de manière à ce que par leur manche on puisse les serrer ou les relâcher en dehors des parties de la femelle.

En général, il faut le dire, ces instruments qui sont lourds, point flexibles, ont l'inconvénient de contondre, déchirer les parties de la femelle si on ne sait pas bien les manier. Ils sont compliqués et fort chers. Aussi les praticiens ne les recherchent pas et s'en passent fort bien.

Nous en possédons toutefois qui ont leurs avantages pour les accouchements de la chienne et de la chatte. Ce sont des pinces de diverses formes appropriées au peu d'étendue des passages et au volume du corps et des membres du fœtus, et dont on fait usage pour atteindre les parties situées trop profondément pour que les doigts les saisissent. (On en verra les dessins planche III, figures **21**, **22**, **23**, **24**.)

On m'accusera peut-être d'avoir négligé de représenter la pince qu'a imaginée, il y a quelque temps, M. Leblanc, vétérinaire à Paris, et dont on trouve la représentation dans le 1ᵉʳ volume de la *Clinique vétérinaire*. Cet instrument est une sorte de pince dentée à mors recourbés, que l'on resserre ou que l'on écarte à volonté, au moyen d'une lisse tarraudée qui s'enfonce dans une gaine.

A mon avis, cet instrument a deux grands défauts :
le premier, de se rapprocher avec trop d'exactitude
par le bout de ses mors, ce qui expose l'opérateur à
pincer le vagin et le déchirer; le deuxième, d'être
construit en ligne droite au lieu de se recourber au
bout, comme la cuiller du forceps, ce qui empêche
aux doigts de l'opérateur de venir au secours de l'instrument.

J'ajoute que l'épaisseur de ses serres occupe trop de
place, ce que ne font pas le forceps et les pinces qui
l'imitent; en outre, il est trop cher pour le commun
des praticiens.

§ 2. OPÉRATIONS CHIRURGICALES QU'ON PRATIQUE DANS LE
CAS DE PART LABORIEUX.

Lorsque les moyens d'extraction ont été insuffisants
et qu'il est impossible de terminer le part par les voies
naturelles, dans leur état normal, on est réduit ou à
agrandir ces voies, ou à en ouvrir de nouvelles, ou à
diminuer le volume du fœtus. De là trois méthodes
qu'il s'agit de décrire et d'apprécier pour bien en comprendre les applications.

1° AGRANDIR LES VOIES NATURELLES. — Là se rangent deux opérations, l'une que j'ai décrite ailleurs,
qui borne son action au col utérin, qu'on appelle
hystérotomie vaginale et qui a pour but de débrider
l'orifice de l'utérus par deux ou plusieurs incisions pour

l'agrandir et le forcer à livrer passage. L'autre, qui consiste à agrandir l'excavation pelvienne elle-même en séparant les os qui forment la symphyse du pubis, et c'est la symphyséotomie.

Symphyséotomie.—Cette opération, si elle a été pratiquée en chirurgie vétérinaire, aurait été empruntée à la chirurgie de l'homme, dans laquelle elle est maintenant à peu près complètement tombée en désuétude, ne donnant qu'un élargissement insignifiant. Elle ne convient que dans les cas où le corps qui doit traverser le bassin n'a pas un volume trop considérable.

Cette opération doit être rayée de la chirurgie vétérinaire pour les raisons suivantes : 1° chez la vache, la symphyse est souvent en partie désunie ; cet écartement naturel a donné au bassin tout l'élargissement qu'il pourra prendre ; 2° les articulations sacro-iliaques étant souvent ossifiées, la section de la symphyse ne produirait aucun élargissement ; 3° la symphyse reste longtemps après à reprendre sa solidité, la guérison se fait longtemps attendre et presque toujours elle reste incomplète ; c'est-à-dire que la symphyse reste mobile, vacillante, ce qui gêne considérablement la marche ; d'autres fois elle s'enflamme et suppure, ainsi que les articulations sacro-iliaques. Le temps perdu et les dépenses faites dépasseraient la valeur de la femelle. Aussi vaudrait-il mieux la sacrifier de prime abord que de tenter cette opération.

Une pareille opération ne peut donc être tentée que

dans un but scientifique , et je ne sache pas qu'elle ait été jamais pratiquée.

2° OUVRIR DE NOUVELLES VOIES DE SORTIE AU FOETUS. —L'OPÉRATION CÉSARIENNE (GASTRO-HYSTÉROTOMIE) aurait été , au dire du grand Haller , connue et pratiquée par les vétérinaires anciens; il cite Jérocle et Absyrthe. Mais Brugnone réfute victorieusement cette assertion de Haller , et prouve par le texte même de ces vétérinaires que Ruel et Massé paraissent avoir mal interprété, qu'il ne s'agit nullement dans leur correspondance de l'extraction du poulain par une ouverture faite au ventre , mais de la provocation de l'avortement et de son extraction par les voies naturelles, après qu'on avait préalablement tué le fœtus. Ruini même , bien long-temps après , n'a pas dit autre chose.

C'est à Bourgelat qu'il faut arriver pour avoir quelques notions sur cette opération. Il est bon de faire remarquer toutefois que notre illustre fondateur ne dit pas l'avoir faite lui-même ; il la conseille seulement dans le cas où la jument portant un poulain à terme de race précieuse serait atteinte d'une maladie tellement grave qu'il ne resterait aucun espoir de la sauver. On se déciderait à la sacrifier pour conserver le poulain , que l'on retirerait rapidement de l'utérus pour lui faire éviter les dangers des passages. Le procédé qu'il propose , à l'imitation de celui qui est suivi en chirurgie humaine , prouve encore qu'il ne l'a jamais employé sur le vivant.

L'opération césarienne doit être envisagée au point
de vue des résultats qu'elle fournit pour le fœtus et
pour la mère. Dans les grandes femelles, elle est presque constamment mortelle pour la femelle ; la plaie
si grande qu'on est obligé de pratiquer aux parois
abdominales, l'ouverture du péritoine, l'épanchement
du sang dans son intérieur, amènent presque toujours
une péritonite mortelle. Le fœtus, au contraire, est le
plus souvent sauvé, si on la pratique de bonne heure,
et si on fait une assez large incision pour l'extraire
sans lenteur et sans manœuvres pénibles pour lui.
Sous ce rapport donc, il faut blâmer les praticiens qui,
dans l'espérance de sauver à la fois la mère et le fœtus,
feraient l'opération ou trop tard ou par des plaies trop
petites pour opérer rapidement l'extraction du fœtus.
Chez les petites femelles, l'opération aurait peut-être
plus de succès et devrait être considérée comme un
moyen de salut pour la mère.

La considération qui domine la chirurgie vétérinaire
est l'économie, c'est la raison sur laquelle les praticiens doivent se guider ; or, l'opération césarienne
compromet toujours la mère, qui est d'une valeur bien
supérieure au fœtus ; elle doit par conséquent être
généralement repoussée ; tandis que les opérations
qui ne compromettent que le petit doivent être d'un
usage habituel. Bourgelat a donc bien posé l'indica-
i on de cette opération lorsqu'il a dit qu'elle convenait
dans les cas où la femelle étant vouée à une mort cer-

taine, c'est le fœtus qu'il faut chercher à sauver. Il y a du reste ici une différence capitale à noter, suivant qu'on a affaire à une bète dont la viande peut ètre livrée à la consommation, comme la vache ou la brebis, ou à une autre comme la jument dont la chair n'a aucune valeur. Aussi, en parcourant ce que j'ai dit dans les divers chapitres de la dystocie, on a dû s'apercevoir que la gastro-hystérotomie peut s'appliquer plus souvent dans les premières femelles que dans la deuxième, parce que chez elles on pratique l'opération en même temps qu'on sacrifie la mère.

Il est du reste un cas où elle convient dans toutes les femelles sans exception, c'est celui où il est impossible d'obtenir le fœtus par les voies naturelles, comme dans le cas de hernie utérine, d'éventration. J'ai cité plusieurs cas de ce genre où il était impossible de saisir et d'extraire le fœtus ; et comme la mort de la mère est une conséquence nécessaire de la position anormale de la matrice, il n'y pas à hésiter sur le choix de la méthode à suivre ; il faut sacrifier la mère pour sauver le fœtus.

PROCÉDÉS POUR LE MANUEL DE CETTE OPÉRATION. — 1° *Incision à la partie inférieure du ventre.* — La jument étant entravée et couchée sur le dos, faire une incision cruciale à la partie moyenne et inférieure du ventre, d'environ 50 centimètres (1 pied et demi) en partant du pubis. Les gros intestins se présentent, on les écarte, et l'on aperçoit bientôt l'utérus.

On y fait une ouverture de la même grandeur que celle des parois abdominales, mais avec beaucoup de précautions, pour éviter de blesser le fœtus. On ouvre aussitôt les membranes qui l'entourent, les eaux s'écoulent et on retire sur-le-champ le jeune animal. Il s'agit ensuite de couper le cordon et d'en faire la ligature au moyen d'un fil plié en 5 ou 6 doubles, et que l'on a soin d'arrêter aux deux bouts par un nœud, à 11 ou 14 centimètres de l'ombilic; on coupe ensuite le cordon à trois centimètres au-dessous.

Bourgelat ne fait aucune mention de la suture de l'utérus et des parois abdominales, ni du bandage contentif, ni d'aucuns des soins qui sont nécessaires après l'opération. Pour lui, son but est atteint dès qu'on a obtenu le fœtus vivant; la mère est vouée fatalement à la mort.

Cette description laisse beaucoup à désirer. Brugnone est un peu plus explicite. L'incision sera, dit-il, pratiquée dans la ligne médiane du ventre, sur le muscle droit, s'étendra depuis le bord antérieur du pubis jusqu'à l'ombilic.

D'un premier temps on divise les téguments, puis les muscles de l'abdomen, ensuite le péritoine, et l'on pénètre dans la cavité abdominale. L'utérus se présentant d'abord à la face antérieure du corps, on pratique une semblable incision sur lui avec l'attention de ne pas offenser le fœtus. (*Trattato delle Razze de Cavalli*, page 407 et suivantes.)

Le reste de l'opération et des indications sont conformes à ce qu'a dit Bourgelat ; mais il ne s'agit pas d'incision cruciale dans cet écrit pas plus que dans le manuel qu'a décrit Bourgelat.

Disons que si l'on voulait tenter de sauver la mère, l'incision d'un seul trait serait préférable à celle en croix dont la suture résisterait moins au poids très considérable des viscères de l'abdomen.

Cette opération ainsi décrite n'est applicable qu'aux femelles unipares, à cause de l'incision cruciale. Chez les femelles multipares, qui ont des mamelles ventrales, on serait obligé de couper celles-ci au travers. Mais c'était pour Bourgelat un inconvénient bien secondaire, puisqu'il considérait la perte de la mère comme inévitable.

C'est par un des flancs, un peu au-dessous des apophyses transverses, des vertèbres lombaires et en avant des muscles de la cuisse, que l'on pénètre dans l'abdomen pour atteindre à l'utérus chez ces femelles, pour lesquelles, à la vérité, on a fort peu traité de l'opération césarienne dans le but que se proposait Bourgelat.

Il faudrait du reste mettre hors du ventre les deux cornes du viscère, peut-être même parvenir à sa portion unique, dite *Corps*, tout à fait au voisinage de la cloison du vagin, pour extraire tous les fœtus, puisque, comme on sait, ils se développent l'un à la suite de l'autre dans les cornes ou branches, d'où ils passent successivement dans le corps pour se présenter à l'orifice utérin.

C'est aux flancs que l'on s'adresse pour pratiquer la castration de la chienne ou de la truie. S'il s'agissait d'extraire les fœtus, ce qui est quelquefois arrivé, par méprise ou autrement, on aurait soin de proportionner l'ouverture au volume du corps des petits. On s'est permis même de faire l'amputation presque complète des deux cornes, sans autre accident, pour la truie, que de l'empêcher de se reproduire (Voir dans le *Recueil de Médecine vétérinaire* les observations de MM. Chanel et Sorillon, t. 6, p. 628).

Il est un cas pourtant où elle pourrait être mise en usage, c'est celui de la hernie d'une corne du côté des mamelles ou de la vulve, l'extraction des petits qui y sont renfermés pourrait devenir un moyen de salut pour la mère.

Le procédé de Bourgelat est vicieux et inadmissible chez les grandes femelles, lorsqu'on cherche à sauver la mère à la suite de l'opération : en effet, l'incision se faisant sur la partie moyenne et inférieure du ventre, il faudrait pouvoir tenir la femelle plusieurs jours sur le dos, sinon le poids des viscères ferait céder la suture, quelque forte qu'elle fût. Or, le décubitus en supination est difficile à maintenir, et ne permettrait pas à la femelle de vivre le temps nécessaire pour qu'on pût obtenir même un commencement de cicatrisation. Donc s'il faut la laisser lever dès que ses forces le permettront, ce n'est pas sur la face inférieure du ventre qu'il faut pratiquer l'incision, mais sur un point plus élevé de l'abdomen, où le poids des viscères se fasse moins sentir, et où les sutures et le bandage contentif puissent résister à leurs efforts. Aussi dans les femelles de ruminants a-t-on choisi avec raison le flanc droit, qui est opposé au rumen et très rapproché de l'utérus et qui présente tous les avantages dont je viens de parler.

2° *Incision sur le flanc droit.* — Gohier raconte qu'il pratiqua sur le flanc droit d'une brebis une incision longitudinale dans le sens de l'axe du corps, d'environ quinze centimètres de longueur. Les muscles furent coupés couche par couche après la peau. Les intestins s'échappèrent par la plaie et furent réduits et maintenus par des aides, puis écartés, et la matrice incisée dans le même sens. A la faveur de cette ouverture, on put extraire l'agneau, puis le placenta. On la réunit ensuite par la suture du pelletier ; un bandage contentif fut appliqué. Le lendemain la brebis mourut.

J'ai fait quatre fois cette opération sur la brebis, la chèvre et la chienne, et je n'ai jamais pu conserver la vie au fœtus ni à la mère. Cela tient peut-être à ce que je ne m'y décidai qu'après avoir exécuté toutes les manœuvres imaginables pour extraire le petit par les voies naturelles, la mère étant alors dans un état désespéré.

On trouve dans le livre de Gohier, à la suite de l'observation que j'ai rapportée plus haut, l'histoire d'une autre tentative de gastro-hystérotomie, qui lui

fut communiquée par le vétérinaire Morange, exerçant à Lestern (Lot-et-Garonne). Il s'agit d'une vache
de dix ans, chez laquelle on ne put opérer la dilatation du col, et qui, pendant trente-sept jours, sup-
porta les douleurs du part. Le petit était évidemment
mort, et l'on désirait sauver la vie de la mère. Le flanc
droit ouvert, il s'en échappa une énorme quantité de
sérosité légèrement colorée en rouge; une quantité
abondante de sérosité ordinaire s'écoula aussi après
l'ouverture de l'utérus. Le fœtus mort fut extrait, ainsi
que le placenta et les bords de la plaie réunis par une
suture à points continus. Comme le vétérinaire ne dit
pas si c'était l'utérus ou les parois abdominales qui
furent suturés, Gohier pensa que ce fut le viscère seul;
chose dont on peut se dispenser, dit-il, puisque la
plaie s'en ferme rapidement. Mais Gohier oubliait que
l'utérus se roule d'abord sur lui-même, les bords de la
plaie ne se réunissent pas aussi rapidement qu'il le dit,
lorsque l'orifice utérin est fermé, parce que le sang
et les sécrétions muqueuses de la face interne de
l'utérus et les débris du placenta se répandent dans
l'abdomen et causent une péritonite mortelle, comme
le prouvent les faits de M. Chrétien, que je vais
citer.

Quoi qu'il en soit de la suture, la vache de M. Morange
se leva au bout de quelque temps, après qu'on lui eût
fait prendre une boisson cordiale. On lui donna pendant quelques jours des toniques amers et des ali-

ments analeptiques, *bien qu'elle fût a la diète*, et ne prît que de l'eau blanchie par de la farine ou le son de froment. Dès le surlendemain de l'opération, l'appétit revint, puis la rumination se rétablit; l'on pouvait espérer un succès complet, quand une indigestion, causée par de la luzerne, la fit périr.

Je n'élève pas un doute sur la véracité de ce vétérinaire, et cependant cet épanchement énorme dans l'abdomen, qui fut constaté à l'ouverture du péritoine, semble annoncer qu'il y avait déjà une péritonite générale. L'autopsie ne fut pas faite.

On trouve aussi dans le premier volume du *Journal pratique*, p. 231, trois observations de M. Chrétien, de Vermanton (Yonne). Il s'agit de vaches dont le part ne put s'accomplir par les voies naturelles. L'une avait dépassé de vingt jours le terme ordinaire; tous les moyens usités pour faciliter la dilatation du col ayant été employés sans succès, ce vétérinaire crut devoir préférer l'opération césarienne au débridement du col. La vache étant debout, le flanc droit fut incisé à cinq centimètres en avant de la hanche, dans une étendue de quinze à dix-huit centimètres, l'incision étant dirigée de haut en bas et un peu d'arrière en avant. La peau et les parois musculaires ouvertes, les deux premiers doigts de la main gauche furent introduits pour repousser les intestins et servir de conducteur au bistouri boutonné qu'on faisait glisser dans leur écartement. Ensuite ayant fait une ouverture à l'utérus, il l'agrandit au moyen du bistouri *caché* dans l'étendue de quatorze à seize centimètres. Les pieds et la tête du veau, qui était vivant, furent saisis et on le retira. Mais M. Chrétien ne dit pas s'il opéra l'extraction du placenta, chose importante, puisque le col utérin était très resserré. La plaie de la matrice fut réunie par la suture du pelletier, les intestins réduits après qu'on les eut bien essuyés et débarrassés du sang qui les souillait. La vache mourut neuf heures après, et l'on trouva dans l'abdomen cinq à six litres de sang et de sérosité.

Une autre vache avait le bassin fort rétréci par un cal volumineux, suite d'une fracture de l'ilion qu'elle s'était faite un an auparavant. On jugea l'accouchement impossible par les voies naturelles. Le même procédé fut suivi ; mais, instruit par l'expérience de la première vache, M. Chrétien, pour empêcher le sang de séjourner dans l'abdomen, ménagea à la partie la plus déclive de la plaie des parois abdominales une ouverture par laquelle on pouvait faire passer deux doigts. Vingt jours après, aucun accident fâcheux n'était survenu, et la guérison paraissait devoir être complète ; mais alors que l'embonpoint se refaisait, le propriétaire de la vache craignant le retour d'un pareil accident à une nouvelle gestation, la vendit au boucher. Les recherches faites sur le cadavre apprirent que la plaie de l'utérus était fermée par un bourrelet peu épais et qu'aucune lésion capable d'entraîner la mort n'avait eu lieu. Le col de l'ilion était fort gros et les fragments dirigés en dedans de manière à rétrécir considérablement le diamètre transversal du bassin.

Enfin, une troisième vache ayant dépassé son terme de vingt-sept jours et s'épuisant en efforts pour vêler, présenta un veau ayant à la fois les quatre pieds dans les passages et le corps plié sur le côté droit, de façon à ne pouvoir être redressé ni extrait. Elle fut opérée par le même procédé. On ne put extraire le fœtus qu'en séparant le corps en deux. La moitié antérieure fut extraite la première, et la postérieure, qui faisait obstacle à la sortie, fut retirée ensuite. La suture des muscles de l'abdomen fut faite comme dans les deux premiers cas ; mais M. Chrétien ménagea dans l'angle inférieur de l'incision une ouverture bouchée par un tampon d'étoupes qu'on avait soin de retirer toutes les quatre heures pour donner issue à la sanie qui s'écoulait de l'abdomen. Le propriétaire, inquiet de ce que sa vache resta six heures sans manger ni boire et craignant de la voir périr, fit, à l'insu du vétérinaire, appeler le boucher pour l'abattre. Toutefois, M. Chrétien étant survenu, put encore assister à l'autopsie, dont il rend compte comme il suit : Le péritoine et les intestins sont un peu enflammés, la membrane interne de l'utérus l'est davantage, et cependant beaucoup moins qu'on aurait pu s'y attendre.

Quant au succès de l'opération, M. Chrétien énonce

du doute, attendu, dit-il, que cette vache aurait dû être opérée vingt-quatre heures plus tôt. Au reste, il assure que les femelles qui l'éprouvent ne souffrent pas autant qu'on pourrait le croire; à l'exception de l'incision de la peau, les autres sont peu douloureuses. La patiente ne cherche point à se coucher, et il ne faut que quinze minutes pour la faire.

En 1832, M. Pradal de Castres a pratiqué cette opération à cause d'un rétrécissement considérable du col qui permettait cependant le passage des fluides contenus dans l'utérus. Le veau fut retiré vivant, et la mère, qui était en chair, fut vendue au boucher. L'opinion de M. Pradal est que toutes les fois que le veau est vivant et la mère en bon état de chair, si le part présente des difficultés assez sérieuses pour menacer leur vie, il vaut mieux pratiquer, à l'exclusion de toute autre, cette opération qui sauve le petit et permet de vendre la mère au boucher.

En résumé, l'opération césarienne a été pratiquée un petit nombre de fois; le fœtus a été extrait vivant lorsqu'on n'a pas attendu trop longtemps; la mère a presque toujours succombé, sauf le deuxième cas de M. Chrétien, encore fut-elle vendue au boucher avant guérison définitive.

C'est presque toujours pour des resserrements du col qu'on l'a faite, et on peut se demander s'il ne valait pas mieux tenter d'abord l'hystérotomie vaginale, c'est-à-dire le débridement multiple du col. Je n'hésite pas à adopter cette dernière opinion ; et je crois qu'on peut poser en règle formelle qu'on ne doit tenter l'opération césarienne qu'après que le col n'a pu être dilaté par deux, trois ou quatre incisions.

Dans le cas d'obstacle matériel dans l'excavation pelvienne, comme une tumeur, je pense qu'il faudrait faire l'embryotomie, qui ne sacrifie en général que le fœtus et permet le plus souvent de sauver la mère.

Il ne reste pour indication positive de la gastro-hystérotomie que celle posée par Bourgelat d'une jument en danger de mort et portant un petit de race précieuse, et celle que j'ai indiquée, page 105, 2e alinéa.

Quant au manuel opératoire, on suivra les conseils donnés par M. Chrétien. On fera son incision oblique, commençant par une petite ouverture des parois abdominales d'abord, puis de l'utérus, qu'on agrandira ensuite avec le bistouri boutonné glissé entre l'index et le médius gauche ; on aura soin d'extraire le placenta ; on réunira l'utérus complètement par la suture du pelletier ; puis les parois abdominales, en laissant, au point le plus déclive, une ouverture qu'on maintiendra par une tente pour laisser écouler les liquides qui s'échapperont de l'abdomen.

L'incision d'un seul trait, assez étendue pour qu'en la dilatant elle puisse livrer passage au fœtus, est préférable à l'incision cruciale, qui est bien loin après la suture d'offrir, comme la première, assez de résis-

tance au poids et aux efforts des viscères de l'abdomen, la femelle devant rester debout.

3° Diminuer le volume du fœtus, ou détruire la
position vicieuse de ses membres en le mutilant. —
L'embryotomie, ou section de l'embryon, est cette opération par laquelle on sépare les diverses parties du fœtus lorsqu'on ne peut l'extraire en entier, à cause de
son volume, de l'étroitesse du bassin, d'une position vicieuse du fœtus. Le but que se propose l'accoucheur
en pratiquant cette opération est donc tout différent de
celui de la gastro-hystérotomie. Il s'agit ici de sacrifier le fœtus pour sauver la mère.

Il n'est pas nécessaire de séparer toutes les parties
du fœtus pour pouvoir l'extraire. On peut n'avoir à
retrancher que certaines parties; ce peut être la tête,
ou bien les épaules, ou bien la croupe et les membres
de derrière.

Amputation de la tête. — Lorsque la tête du fœtus,
soit par son volume, ce qui arrive chez la vache et
rarement chez la jument, soit par une position vicieuse, oppose au part un obstacle que n'ont pu surmonter les efforts de traction, il est nécessaire d'en
faire l'amputation.

L'amputation présente des différences dans le manuel opératoire, suivant que la tête 1° est enclavée
dans l'excavation pelvienne, d'où on ne peut la repousser; 2° est retenue dans l'abdomen en avant

du détroit antérieur, dans lequel elle n'a point pénétré.

Pour le premier cas, la cause réside dans le volume exagéré de la tête, et pour le deuxième dans une position de cette partie telle que la main, si elle l'a atteinte, ne peut l'amener en position convenable.

1° *La tête est enclavée dans l'excavation du bassin.* — L'opérateur, muni d'un fort bistouri, commence une incision circulaire vers la partie moyenne de la tête, en avant des oreilles; il dissèque, décolle la peau avec les doigts, en arrière de ce point, jusqu'à ce qu'il soit parvenu à l'articulation atloïdo-occipitale. Au moyen de l'instrument tranchant, il sépare cette jointure et, s'il se peut, toutes les parties moins résistantes qui unissent la tête au cou. On comprend qu'il est important de couper les ligaments seulement; quant aux parties molles, elles se laisseront facilement déchirer par les efforts de traction. Pour empêcher que les vertèbres du cou, qui sont mises à découvert par la décollation, ne puissent blesser l'utérus ou le vagin par leurs parties saillantes, on aura soin de les recouvrir avec la peau que l'on a disséquée et que l'on attache en avant en forme de sac, par une ligature serrée. Ainsi enveloppé, le bout de l'encolure sera dirigé par la main de l'accoucheur, au milieu des passages, pendant que les aides porteront le corps au dehors.

Les efforts auxquels la mère s'est livrée préalablement, les tiraillements des aides, les frottements du bras de l'opérateur ont nécessairement tuméfié le bulbe du vagin et les lèvres de la vulve; il serait à craindre que l'espèce de bourrelet que forment ces parties ne fût repoussé violemment en arrière ou ne fît obstacle à la sortie du fœtus, il faut agrandir l'orifice du vagin et tenir les lèvres écartées avec les deux mains, comme je l'ai déjà dit en parlant des obstacles que cette partie peut présenter au part.

Mais après que la tête a été enlevée, il faut placer des crochets sur les lames des vertèbres, ou, si on peut, sur les côtes mêmes, parce que les membres n'offriraient pas une résistance suffisante si on tirait sur eux seuls, et surtout aussi parce qu'en ne tirant que sur eux on ne ferait pas avancer à la fois tout le corps du fœtus; on n'agirait que sur le sternum et non sur le garrot qu'il est si important de faire pénétrer le premier dans l'excavation.

2° *La tête est retenue dans l'abdomen, en avant du dé-troit antérieur dans lequel elle n'a point pénétré.* — Ce cas s'est présenté depuis peu de temps à M. Villate, chez une jument. Les membres du poulain étaient repliés sur le corps et la tête portée à droite vers le flanc. L'encolure seulement se présentant et aucune espèce de déplacement des parties du jeune animal n'étant possible, ce vétérinaire se décida à séparer la tête du tronc.

Un bistouri à lame courbe convexe en partie, enveloppé d'étoupes, servit à cette opération. On commença à droite de la nuque à inciser la peau et les parties sous-jacentes jusqu'à l'articulation atloïdo-occipitale que l'on désarticula; et après s'être assuré que l'on avait même partagé le larynx, la main put saisir la partie antérieure de la tête, la mettre en position et l'extraire.

On comprend qu'on aurait plus d'avantage pour cette extraction, si le volume de la tête était considérable, en se servant d'un lacs que l'on placerait autour de la mâchoire inférieure, et de crochets dans les orbites.

Dans un cas semblable, **M.** Gaven se décida à séparer l'encolure presque toute entière du tronc, qu'il parvint ensuite à extraire au moyen d'un lacs à nœud coulant. Il ne lui fut jamais possible de redresser cette encolure sur la tête après l'avoir sortie, tellement les muscles étaient rétractés.

La brebis et la chèvre n'offrent presque jamais l'occasion d'employer les procédés que je viens de conseiller. Il peut arriver cependant qu'il soit nécessaire d'y avoir recours, surtout lorsqu'il y a deux têtes réunies sur un même tronc. Du reste, on se conduira de même.

Chez la chienne et la chatte, on peut se servir d'une méthode qu'il est impossible d'employer chez les autres femelles, c'est le broiement de la tête. Elle est trop solide et trop résistante chez elles pour se laisser écraser, à moins pourtant qu'on ne se décide à confectionner un instrument analogue à celui qu'on appelle forceps céphalotribe, en chirurgie humaine (*céphalai*, tête; *tribô*, je brise). C'est un instrument à branches très fortes, avec lequel on développe une grande puissance de compression, au moyen d'une vis qui fait rapprocher les branches. Des pinces à polypes ou à cuiller suffisent chez la chienne et la chatte pour broyer la tête.

J'ai eu l'occasion de faire cette dernière opération dans le cas de présentation postérieure, quand la tête ne peut franchir le passage.

2° *Amputation des épaules.* — Que la tête tienne au tronc ou qu'elle en ait été séparée, il peut devenir nécessaire d'enlever une ou les deux épaules. On commence par mettre les membres antérieurs en position, après les avoir attachés séparément; on fait tirer sur le membre que l'on veut détacher pour le tendre.

Les anciens praticiens se contentaient de faire tirer énergiquement sur le membre qu'ils voulaient enlever, à l'aide du treuil, du tourniquet, jusqu'à ce qu'il fût arraché. Fromage (*Cours d'agriculture*, 1er vol., art. accouchement) rapporte que Texier père avait arraché ainsi nombre de fois les membres antérieurs des poulains et des muletons qu'il ne pouvait extraire. La séparation de chaque membre avait toujours lieu entre le scapulum et le thorax par le déchirement des muscles qui unissent les parties. Il assure avoir ainsi sauvé aux mères la vie qu'elles auraient perdue sans cela. Ces femelles se rétablissaient par la suite et donnaient même après de beaux produits. Texier préférait l'arrachement à l'amputation, sûr qu'il était de ne pas blesser la mère avec l'instrument tranchant. Je suis assez porté à être de l'avis de Texier, qui est partagé aussi par un bon nombre de praticiens ; je l'admets toutes les fois que le corps du petit a été diminué dans la résistance de ses tissus, par quelque maladie, qu'il est infiltré, emphysémateux, ou qu'il commence à se décomposer.

La plupart des praticiens actuels, moins timides que les anciens, ne craignent pas de faire usage de l'insstrument. On a proposé un certain nombre d'instruments différents pour pratiquer cette désarticulation. Les uns se servent d'un bistouri ordinaire, les autres d'un couteau. Quant au bistouri, il le faut à coulant ou à ressort, pour qu'il n'y ait pas de danger de le voir fermer une fois qu'on l'a introduit ; ou bien que la lame soit bien assujétie avec de l'étoupe ou du chanvre, au point de jonction avec le manche, Je préfère un couteau à tranchant convexe au bistouri en serpette, que l'on a beaucoup trop vanté. On doit à M. Thibeaudeau d'avoir fait connaître (*Recueil de Médecine vétérinaire*, t. VIII, p. 152) un couteau de son invention, dont la lame à double tranchant, placée dans une gaîne en acier, peut sortir et rentrer à volonté. Je suis de l'avis de ce vétérinaire qui trouve à son instrument une supériorité incontestable sur tous les autres.

Voici les procédés qu'on suit dans la désarticulation. Le premier et le plus ancien consistait à diviser la peau et les muscles le plus près possible de l'articulation, et à séparer ensuite de vive force, par des tractions, les os encore unis par leurs ligaments. Vers 1830, M. Huvelier proposa un autre procédé (*Recueil de Médecine vétérinaire*, 1830, p. 449). Il consiste à faire une incision cruciale à la peau d'un des membres sortis, vers le milieu d'un des métacarpes ou canons, puis à fendre la peau à la surface interne du membre, continuant l'incision le plus près possible de l'épaule ; ensuite à disséquer la peau avec le bistouri, ou mieux avec la main, en la poussant toujours avec force devant soi, jusqu'à l'épaule, et en redescendant ensuite, par des mouvements circulaires, jusqu'à l'incision.

Lecoq, de Bayeux, au contraire, commence son incision à la partie supérieure de l'épaule, la prolonge en descendant le long de la crête de l'acromion, sur le côté de l'avant-bras et en suivant, sur le canon ou métacarpe. C'est au milieu de cette région qu'il termine l'incision perpendiculaire par une incision circulaire. Il commence la dissection de la peau de bas en haut, et fait ensuite l'arrachement. Ce procédé est peut-être plus commode que le précédent, et expose moins à blesser l'utérus.

Si la désarticulation d'un seul membre ne suffit pas,
il faut s'adresser au deuxiéme ; dans ce cas, il me semble plus facile de diviser d'abord la peau et les muscles qui fixent au sternum le membre restant, ensuite
on disséquera la peau au moins jusqu'à l'articulation
scapulo-humérale.

Chez la chèvre et la brebis, on est rarement obligé
d'en venir à cette opération. Au reste, si l'on ne peut pas
agir librement dans l'excavation chez elles, l'arrachement des parties qui se présente est aussi moins pénible.

L'extraction du corps des petits chiens et chats présente souvent de grandes difficultés. Lorsque les épaules
opposent un obstacle, on les arrache aussi. Pour cela,
on tâche d'avancer le corps aussi près que possible de
l'ouverture du vagin ; ensuite, avec le doigt recourbé
en manière de crochet ou avec une airigne, on accro-
che une des pattes, puis l'autre ; on les arrache successivement, et ensuite on tire de force le corps ; on
est même souvent obligé de le morceler. Chez ces femelles, au reste, après qu'on a enlevé une ou les deux
épaules, il est bien, lorsqu'on ne peut extraire le tronc,
de suspendre le travail, de mettre la femelle dans un
bain chaud, et de lui faire prendre une infusion de tilleul ou de feuille d'oranger pour calmer ses douleurs.
Il arrive que, quelques heures après le bain, le corps
du petit est rendu ; ou bien un ou deux jours se passent,
les contractions de l'utérus se réveillent et le tronc du
fœtus est rendu comme macéré, diminué dans sa con-

sistance et son volume. Nous donnons quelquefois à la chienne, dans une infusion de rue des jardins, 50 centigrammes, et jusqu'à 1, 2 et 4 grammes d'ergot de seigle pour exciter les contractions utérines; mais si la chienne est faible, et que l'utérus soit enflammé, ce qui est commun, la mort de la mère ne se fait pas attendre.

3° *Ablation du sternum et arrachement des viscères thoraciques.* — Lorsqu'après l'arrachement d'un membre ou des deux membres on ne peut extraire le fœtus, on détache le sternum et on arrache les viscères contenus dans le thorax; ce qui fait disparaître tout obstacle du côté de cette cavité. Pour cela l'opérateur, tenant dans la main son bistouri, ou mieux son couteau, incise les cartilages des côtés à leur insertion au sternum, ouvre la poitrine dans toute sa longueur, et après arrache les viscères avec la main.

4° *Désarticulation des membres de derrière.* — Lorsque la croupe présente des obstacles insurmontables au passage, la conduite à tenir varie suivant que le fœtus se présente par l'extrémité antérieure du corps ou par la postérieure.

Par l'extrémité antérieure, il arrive quelquefois que les hanches et la croupe présentent des difficultés au part qu'on peut vaincre par des manœuvres non sanglantes. Tantôt les cuisses sont écartées et couchées sur le plat, arcboutées en avant du rebord pubien, position qu'on corrige facilement; tantôt, lorsque le fœtus arrive en deuxième position , le sommet de la croupe, qui est fort élevé, est arrêté en avant du cercle pubien. M. Delwart conseille, pour lever cet obstacle, de saisir le fœtus par la peau du ventre et de lui faire décrire un mouvement de rotation, à la suite duquel la croupe s'engage.

On peut concevoir cependant que la croupe puisse offrir un obstacle plus grand, et qu'on soit obligé de diminuer son volume pour la faire engager.

Séparation du tronc en deux parties. — Hurtrel d'Arboval a écrit que le volume de la croupe du poulain et du veau n'est jamais un obstacle invincible au part. La pratique donne un démenti formel à cette assertion. Lecoq, de Bayeux, MM. Veret père et fils, et bien d'autres praticiens, se sont convaincus de la vérité de ce fait (Voir le *Recueil de Méd. vétér.*, tom. XIV, pag. 292 et 299). Ce dernier vétérinaire, ainsi que son père ont été plusieurs fois obligés d'opérer la séparation du corps du fœtus, dans le cas d'étroitesse du bassin chez des jeunes femelles, surtout lorsque les parties molles des passages étaient fortement tuméfiées. Cette opération se pratique comme il suit : Le devant du corps du jeune animal étant sorti autant que possible des parties de la mère, l'opérateur, armé d'un bistouri à forte lame ou d'un couteau , incise en travers de la colonne épinière au niveau de la dernière vertèbre dorsale et de la première vertèbre lombaire , d'abord la peau, puis les ligaments qui unissent ces deux vertèbres, ensuite les muscles situés sur les parties latérales du rachis. Un simple effort, opéré alors sur la partie antérieure du corps de haut en bas, suffit pour séparer l'articulation des deux vertèbres. Puis soulevant, autant que possible, le corps du fœtus, il prolonge l'incision commencée sur le rachis tout autour du ventre pour diviser la peau seulement; quelques tractions, exercées ensuite sur la partie antérieure du corps, suffisent pour la séparer du reste.

Dès-lors, on repousse la partie enclavée avec la main ou avec le repoussoir dans le ventre; la main va à la recherche des pieds de derrière, que l'on lie et on l'extrait en deuxième présentation. Si même alors on éprouve des difficultés, on fait tirer sur un seul des membres, et on le désarticule du bassin; dès-lors tout obstacle a cessé.

Quand la croupe se présente la première, soit que les membres de derrière soient repliés sur le ventre, soit que le fœtus ait acquis un grand volume normal ou morbide, si on ne peut le tirer par force, on est obligé de diminuer la croupe. Nous ne possédons qu'une seule observation de ce genre; elle est due à M. Drouard, vétérinaire à Montbard (Côte-d'Or). Le poulain était en première position de la croupe; il était mort depuis plusieurs jours, hydrocéphale et devenu emphysémateux au point de distendre l'utérus et de ne pouvoir pénétrer dans le bassin. Le poulain avait les membres repliés le long de l'abdomen et on n'avait jamais pu parvenir à les étendre. Le procédé suivi par ce vétérinaire a consisté à enfoncer des crochets pointus au travers de la peau et des gros muscles de la cuisse jusqu'au devant des fémurs ; puis six à sept personnes, s'attachant aux cordes qui étaient fixées à ces crochets, ont pu arracher les deux membres l'un après l'autre (*Recueil de Médecine vétérinaire*, t. 19, p. 41).

CHAPITRE XIII.

DES MALADIES DES FEMELLES APRÈS LE PART.

On ne trouve nulle part une histoire complète de maladies propres aux femelles et survenant après l'accomplissement de cette fonction, dont nous venons d'étudier le mécanisme habituel et les difficultés, de la parturition. Il est bien important de se faire une idée nette et pratique des conditions particulières dans lesquelles se trouvent les femelles pendant la gestation, puis après le part : cette étude des modifications qu'éprouve leur organisme, doit éclairer toute l'histoire de leurs maladies.

Après cet article, je traiterai des suites immédiates et normales du part, comprenant les lochies et la fièvre de lait, et successivement des maladies des mamelles dont je crois avoir présenté une description aussi complète que l'état actuel de la science le permet, puis des maladies de la vessie, du vagin, de l'utérus, de la moelle épinière, en tant que ces maladies sont la conséquence du part.

ARTICLE 1er

Modifications de l'économie pendant et après la gestation.

Les femelles éprouvent dans leur organisme des modifications particulières pendant la gestation, puis après le part. Des conséquences thérapeutiques se tirent de la connaissance de ces modifications.

ETAT GÉNÉRAL DE L'ORGANISATION PENDANT LA GESTATION. — On peut rapporter à cinq espèces les modifications qu'elle subit : 1° la pléthore générale, ou production plus abondante de sang; 2° la pléthore locale, ou afflux plus abondant de ce sang dans l'utérus, et par suite aussi dans les parties voisines; 3° une modification particulière des principes élémentaires du sang; 4° la compression des viscères; 5° le développement de l'impressionnabilité nerveuse.

1° *Pléthore générale.* — La nutrition devient plus active, et comme la femelle est obligée de fournir le plus souvent et du lait et à la fois du sang pour la nourriture d'un ou plusieurs petits qu'elle porte, il faut de toute nécessité que le sang se produise en plus grande abondance. Aussi après le calme qui succède à la fougue des chaleurs, il se montre une tendance à l'engraissement dont savent tirer parti les éleveurs de bestiaux pour vendre au boucher les fe-

melles âgées ou celles dont, pour tout autre motif, on
ne veut plus tirer race.

Les causes de cette pléthore se trouvent : 1° dans
l'augmentation de l'appétit et dans la plus grande
quantité de nourriture qu'on a l'habitude de donner
aux femelles à cette époque; 2° dans la tendance au
repos qui leur permet de faire de bonnes digestions, et
qui empêche la grande déperdition de forces qui se
fait lorsque l'appareil locomoteur est actif. On sait
que l'exercice, l'activité musculaire font maigrir;
3° dans une moins grande activité de la peau; or la sécrétion cutanée est la source la plus abondante par où
s'écoulent l'eau, le sérum et des matières grasses du
sang.

2° *Pléthore locale.* — En même temps que le sang se
renouvelle et se reproduit en plus grande quantité, il
afflue vers l'utérus principalement, puisque c'est là
qu'il doit s'en faire une plus grande dépense. Cet abord
plus considérable du sang peut rester purement physio-
logique, c'est-à-dire, sans maladie; il peut aussi, sous
l'influence de causes très-diverses, devenir trop fort,
et il en résulte une congestion morbide ou une inflammation de la matrice, l'avortement.

Mais le sang ne peut pas affluer plus abondamment
vers l'utérus, sans que toute la partie postérieure du
corps n'en reçoive aussi davantage, puisque l'aorte
postérieure est le tronc par lequel il arrive à l'utérus
et au train de derrière ; il résulte de là que la partie

postérieure du corps , la moëlle , les régions lombaires et les membres de derrière sont plus exposés à
devenir le siége de congestions morbides ou d'inflammations. C'est là une des causes qui expliquent la fréquence de la myélite avec paraplégie et des rhumatismes des lombes.

3° *Etat particulier du sang.* — Non-seulement il est
augmenté dans sa quantité , mais la proportion de ses
éléments est aussi changée. Des expérimentateurs ont
constaté que le sang de la brebis contenait moins de
globules (c'est là qu'est la matière colorante) et de
fibrine que dans l'état normal (Delafond , *Recueil de
Médecine vétérinaire*, 1842 , p. 886). M. Andral a fait
la même remarque dans le sang de la femme (*Essai
d'hématologie*, p. 59). D'autres ont trouvé dans le sang
de la femme une diminution de l'albumine du sérum
avec augmentation du sérum lui-même (eau et sels
solubles) , des matières phosphorées grasses, rouge et
blanche (*Gazette médicale*, n° 47). Ce point de science,
la proportion des éléments du sang dans la gestation,
n'est évidemment pas encore suffisamment éclairci ,
mais les deux faits que je viens de citer suffisent à prouver qu'elle n'est pas la même que dans l'état normal.

4° *Compression des viscères.* — L'utérus à mesure
qu'il augmente de volume se développe dans la cavité
abdominale qu'il occupe presque toute entière. Bien
que la distension des parois de cette cavité l'agran-
disse elle-même considérablement, cet agrandisse-

ment n'est pas en rapport avec le volume de la matrice , de sorte que les viscères abdominaux sont comprimés , et ceux même de la poitrine , le cœur et les
poumons par suite du refoulement du diaphragme qui
est repoussé en avant. De là , des troubles du côté de
la digestion. L'estomac comprimé lorsqu'il vient à être
rempli par les aliments, est une cause de gêne. Aussi la
femelle a-t-elle besoin de repos. Comme je vais le dire
pour les intestins, la panse des ruminants est exposée
à se remplir de matières dont elle ne peut se débarrasser ; pour les intestins , le cours des fécés est nécessairement ralenti ; c'est ce qu'on observe surtout
dans la jument. Pour peu que les matériaux des digestions soient difficiles à digérer , qu'ils résistent à l'action du suc gastrique , qu'ils laissent beaucoup de résidu , il survient facilement de la constipation , c'est-
à-dire que les matières s'arrêtent dans les intestins ,
s'y durcissent , ballonnent le ventre , compriment
l'utérus à leur tour et deviennent une cause d'avortement. J'ai insisté ailleurs sur l'importance de cette
cause des avortements.

La gêne de la respiration est encore plus sensible.
De là nécessité d'éviter aux femelles , dans les derniers temps de la gestation , les efforts prolongés ,
les longs trajets et surtout les courses un peu rapides.

La compression des artères et des veines produit
pour les premières la plénitude du pouls qu'on observe

dans la grossesse; pour les deuxièmes, les gonflements de la veine sous-cutanée de l'abdomen et des veines des membres. Les œdèmes qui se montrent le long du trajet de ces veines en sont une nouvelle preuve. Pour les sécrétions rien de particulier par suite de la compression; mais l'excrétion urinaire est en général plus fréquente par suite de la compression de la vessie. Cet organe est forcé de chasser plus souvent le liquide contenu dans son intérieur. Du côté des nerfs, je citerai les crampes, les douleurs du train et des membres de derrière qui sont assez communes dans les derniers temps de la plénitude des juments, et qui tiennent à la compression des nerfs du bassin.

5° *Développement de l'impressionnabilité nerveuse.* — Le système nerveux général, et celui de la matrice en particulier, deviennent plus actifs, plus sensibles, plus irritables. Quoique moins marquée que chez la femme, cette tendance aux phénomènes nerveux n'en existe pas moins, à un degré plus faible, dans nos femelles domestiques. La cause principale paraît résider dans l'activité plus grande de l'utérus lui-même. On sait que chez toutes les femelles l'utérus est l'organe qui exerce le plus d'influence sur le système nerveux. Ainsi l'époque des chaleurs est marquée par une excitation générale, par un emportement qui est tel, quelquefois, qu'il prend chez la chienne le nom de *folie.*

Ainsi on observe, pendant la gestation, un certain nombre de phénomènes nerveux, de névroses. Constatons l'impressionabilité des organes des sens ; la vivacité de la lumière fatigue les femelles qui vivent dans les habitations ; les orages, le bruit de la foudre, celui des armes à feu effraient vivement celles qui vivent au pâturage ; il en est de même de la piqûre des éperons, des insectes, du fouet, des contrariétés qu'elles éprouvent de la part de leurs conducteurs, des poursuites d'autres animaux méchants ; ce sont là autant de circonstances qui peuvent produire des congestions de l'utérus, exciter des contractions et déterminer l'avortement.

Pour le système musculaire, remarquons que les femelles pleines sont sujettes à des mouvements brusques, à des sauts, des bonds auxquels les gens de la campagne attribuent et les fausses positions du fœtus, et des avortements, ce qui est vrai en partie.

Parmi les névroses, je citerai celles de l'estomac. On remarque chez les vaches pleines, de la tendance à ronger, à mordre, à lécher et à avaler des substances non alimentaires.

Remarquons du reste que la susceptibilité nerveuse est moins prononcée chez les femelles qui vivent habituellement au grand air, ou qu'on livre pendant leur plénitude à des travaux modérés et réguliers. L'activité du système musculaire et des autres fonctions contrebalance et prévient l'action trop exagérée du système nerveux. Les femelles qu'on garde à l'écurie, dans l'inaction, sont plus exposées à cette prédomi-

nance du système nerveux. Je comparerai les premières aux femmes du peuple ou aux paysannes livrées à
des travaux continuels, et les secondes aux femmes
oisives des villes.

Mais outre que le système nerveux général devient
plus actif et par conséquent plus disposé aux maladies,
la partie postérieure de la moëlle épinière, d'où partent les nerfs qui vont à l'utérus se joindre à ceux du
trisplanchnique, est elle-même le siège d'une activité
plus grande, et c'est encore là une seconde cause qui
explique les myélites avec paraplégie.

ETAT DE L'ORGANISATION APRÈS LE PART. — Nous y
retrouvons les mêmes caractères qu'avant le part. Seulement les viscères qui étaient comprimés pendant la
gestation, sont relâchés et soustraits, pendant quelque
temps au moins, à leur compression habituelle, normale, jusqu'à ce que les parois abdominales soient re-
venues un peu sur elles-mêmes.

1° *Pléthore générale.* — Il y a ici une raison de plus
qu'avant le part, pour qu'il y ait une surabondance
générale de sang, c'est que les fœtus en consommaient
une plus grande partie; comme auparavant, cette partie
se trouve pendant quelque temps sans emploi et comme
en excès dans l'économie. Nos femelles perdent peu de
sang pendant le part; elles ont à peine des lochies,
de sorte que l'excédant du sang produit une pléthore
générale momentanée qui trouve bientôt, il est vrai,
un écoulement par la sécrétion du lait, par l'allaitement.

Si l'on se rappelle ce que j'ai établi dans ma *Pathologie générale* à propos des congestions, on comprendra facilement que l'excès momentané du sang expose la femelle aux congestions, aux inflammations des divers organes, pour peu qu'elle soit exposée à des causes un peu actives de maladie.

2° *Pléthore locale.* — Trois parties sont plus que les autres disposées après le part à un afflux plus considérable de sang ; les mamelles, l'utérus et la peau.

a) Les mamelles. — Il n'est pas nécessaire, je l'imagine, d'insister sur la disposition des glandes mammaires à recevoir plus de sang après le part. La secrétion plus active du lait exige nécessairement un abord plus grand du fluide nourricier dont toutes les glandes tirent les éléments de leur sécrétion. Il arrivera donc aux glandes mammaires ce qui arrive à tous les organes dont les fonctions deviennent plus actives, c'est qu'elles seront aussi plus exposées aux maladies, congestions, inflammations, etc.

Je reviendrai tout-à-l'heure sur le rôle des mamelles en parlant de ce qu'on appelle la fièvre de lait.

b) L'utérus. — Trois causes agissent après le part pour rendre encore l'utérus susceptible de congestion sanguine : 1° la sensibilité plus vive dont il a joui pendant toute la gestation, qui, en le rendant plus impressionnable, l'expose à subir plus facilement l'influence des causes des maladies.

2° Les causes mécaniques qui ont agi à sa surface

interne pour le contondre et le blesser; les contractions utérines qui pressent l'organe sur le fœtus, les mouvements du fœtus, les efforts de l'accoucheur ont agi à la manière de causes contondantes. Aussi la surface interne de l'utérus et du vagin est-elle gonflée, violacée; de là la nécessité de l'écoulement mucoso-purulent qui constitue les lochies et qui entraîne le sang épanché dans le tissu de l'organe. 3° La présence dans l'intérieur de l'utérus de fœtus morts, de portions de fœtus, ou du délivre. En se putréfiant, ils exposent à deux accidents, l'inflammation de la membrane interne de l'utérus et la résorption putride.

c) *La peau.* — La peau qui jouit de moins d'activité pendant la gestation, en prend davantage après le part; il y a un peu de moiteur habituelle de cet appareil. C'est encore là une voie par laquelle le trop plein du sang est rejeté à l'extérieur; mais c'est aussi une nouvelle source de maladie. Plus impressionnable au froid, il en résulte par l'action de cet agent des inflammations des muscles et des articulations qu'on appelle rhumatismes musculaires ou articulaires.

3° *Etat particulier du sang.* — Après le part, il est évident qu'il reste pendant quelque temps avec les mêmes conditions qu'auparavant, jusqu'à ce qu'il ait été renouvelé. S'il est vrai, pour toutes les espèces, que la fibrine et la matière colorante y soient en moins grande quantité, et qu'il soit plus aqueux, plus séreux, ainsi que M. Delafond l'a dit pour les brebis qu'il a examinées, cela tendrait à expliquer aussi pourquoi les secrétions muqueuses, purulentes, sont plus communes pendant cet état de l'organisation. (Voir, pour l'explication de ce fait, ma *Pathologie générale*, article des maladies par altération du sang.)

4° *Relâchement des viscères.* — Les viscères de l'abdomen et ceux de la poitrine, au lieu d'être comprimés, ne sont même plus soumis à leur pression habituelle. Ils doivent donc être exposés à un peu d'engorgement passif, mécanique du sang. Il se passe sans doute en eux ce que l'on observe lorsqu'on applique une ventouse, c'est que le sang s'amasse là où la pression est la moins forte. Ainsi les organes soustraits à la compression qu'ils ont éprouvée pendant toute la gestation, doivent éprouver un peu d'engouement, de ralentissement de leur circulation veineuse, et de congestion sanguine passive, jusqu'à ce que les parois abdominales aient repris une partie de leur ressort.

Ce relâchement des viscères abdominaux expose les femelles récemment accouchées à des indigestions, si on surcharge leur estomac de trop d'aliments. L'appétit devient alors plus actif, parce que l'estomac est plus vide et plus ample. Mais il est bon de faire ce que les traités de haras recommandent, de ne pas satisfaire complètement l'appétit des femelles.

La vieille habitude qu'ont les gens de campagne de donner une rôtie au vin aux femelles qui viennent d'accoucher n'aurait-elle pas pour avantage , outre qu'elle excite l'activité de l'estomac , rend la sécrétion plus active et la digestion plus facile, de favoriser le resserrement des tissus du tube digestif, de leur redonner du ton , comme on disait autrefois. Du reste, elle convient mieux aux femelles vigoureuses, qui vivent au grand air ou qui travaillent , à celles de l'espèce des ruminants dont le système nerveux moins impressionnable n'expose pas ensuite à des inflammations des viscères.

5° *Développement de l'impressionnabilité nerveuse.* — Je n'ai rien à ajouter à ce que j'ai dit sur le même sujet avant le part, si ce n'est que les douleurs de l'accouchement ont dû contribuer à augmenter un peu cette susceptibilité nerveuse et expliquer le développement des affections nerveuses qu'on observe à cette époque.

Ainsi , j'ai observé souvent des convulsions chez les chiennes qui nourrissent, et chez les chattes aussi, mais plus rarement.

C'est pour laisser à cette susceptibilité nerveuse le temps de s'user peu à peu, qu'il faut entretenir une température douce autour de la femelle qui a mis bas récemment, lui administrer des boissons tièdes, ne la laisser sortir qu'au bout de cinq à six jours, la préserver de toutes les causes d'excitation dont j'ai déjà parlé, comme disposant, pendant la plénitude, à l'avortement.

CONSÉQUENCES PRATIQUES QUI RÉSULTENT DES MODI-
FICATIONS DE L'ORGANISME. — En premier lieu, puisqu'il est reconnu que la femelle est pendant la gestation dans un état pléthorique, on doit prévenir les
mauvais effets de cet état par un sage emploi des moyens
de l'hygiène, éviter l'abus d'une alimentation trop
nutritive, entretenir les habitations dans une température moyenne et veiller à la pureté de l'air, savoir
alterner convenablement l'exercice et le repos, et enfin opérer des dégorgements sanguins si le besoin s'en
fait sentir. L'observation pratique semble avoir sanctionné l'usage des saignées pour les grandes femelles
de constitution sanguine vers le dernier mois de la
gestation, notamment pour celles qu'on ne fait pas
travailler et qui ne fournissent plus de lait : leur accouchement est alors, assure-t-on, plus facile.

En second lieu, en ce qui concerne la pléthore locale utérine, elle doit éveiller toute l'attention du praticien ; il faut la prévenir par tous les moyens tirés de
l'hygiène, la combattre avec les secours de la thérapeutique quand elle commence à se manifester. Parmi
ses causes, celles qui se font le mieux apercevoir, ce
sont les accidents, les coups sur le ventre, les
chutes, etc. Aussi, dès qu'on observe la roideur et
l'endolorissement des lombes, des coliques qui font
craindre l'avortement, c'est à l'application des cataplasmes, aux fomentations, aux embrocations sur les
parties souffrantes, aux lavements émollients et narco-

tiques qu'il faut recourir, et à la saignée si ces symptômes prennent de l'intensité.

En troisième lieu, et eu égard à l'état du sang, il est difficile de reconnaître et de modifier ses qualités lorsqu'il y a exagération. Toutefois, il est quelques symptômes qui font fortement présumer la prédominance de son élément séreux. Ce sont ces infiltrations, ces œdématies si considérables qui s'établissent pendant la gestation chez la vache, sous le ventre, aux mamelles, à la vulve, aux membres de derrière de la jument. Ces œdématies qu'il faut distinguer de ces enflures qui se montrent vers les derniers temps de la gestation, et qui dépendent de la gêne de la circulation veineuse, se montrent pour l'ordinaire chez les femelles qui fréquentent les pâturages humides, pendant les automnes et les hivers brumeux et pluvieux, commandent l'interruption du pâturage, la rentrée dans les habitations, le changement de nourriture, les boissons ferrées, l'usage de couvertures, des frictions douces avec la brosse.

En quatrième lieu, la compression des viscères, inévitable dans l'état de gestation par suite du développement de la matrice, est dans certains cas considérablement augmentée par l'emploi d'aliments grossiers, indigestes ; le foin provenant de prairies basses, marécageuses, ou des fourrages mal récoltés ou vieux, ne contiennent que la partie ligneuse des végétaux qui les ont fournis et il en résulte l'engouement des estomacs, des intestins, la constipation. Ces cas prescrivent sans contredit le changement de nourriture, l'abondance des boissons que l'on pourra rendre laxatives, les lavements. En prévenant ainsi l'augmentation de ces compressions normales, on préviendra les maladies du fœtus, les avortements et les mauvais parts. Enfin, c'est l'hygiène qui doit se charger du soin de modérer l'impressionnabilité nerveuse par l'éloignement des femelles de tout ce qui peut mettre en jeu cette disposition; le calme, l'ombre qui éloigne les insectes, le soin d'éviter les orages, la foudre, les poursuites des chiens, des loups, les tracasseries des jeunes mâles, la cohabitation dans les mêmes pâturages des bêtes à cornes et des juments, et vice versâ; l'abus du travail, la fatigue, etc., etc.

—

ARTICLE 2.

Suites du Part.

Elle peuvent se diviser en suites physiologiques, normales, celles qui ont lieu avec l'entière conservation de la santé, et en suites morbides qui comprennent les différentes maladies qui peuvent se développer après le part.

Nous commencerons par étudier les suites physiologiques qui comprennent les lochies et la fièvre de lait.

DES LOCHIES. — En médecine humaine on appelle

lochies un écoulement sanguin d'abord , puis séro-sanguin , et enfin purulent, qui succède à l'accouche-ment, qui dure de huit à quinze jours et plus , et dont la quantité est en général en rapport avec l'abon-dance de l'évacuation menstruelle , et avec l'allaite-ment.

Il n'y a rien de semblable chez nos femelles. Après le part , on n'observe point d'écoulement sanguin , ex-cepté dans les cas où l'accouchement ayant été labo-rieux le fœtus par ses membres, ou l'accoucheur par ses manœuvres et par l'application des mains ou des instruments, a déchiré quelque point du conduit vulvo-utérin. Il en est de même des cas où on est obligé d'arracher le placenta , cas dans lesquels il se fait une hémorragie , mais peu abondante et de peu de durée.

Ainsi pas de lochies sanguines. Seulement un écou-lement muqueux plus ou moins purulent a lieu pen-dant un ou deux jours au plus, après la sortie de l'ar-rière-faix. C'est plus particulièrement chez les grandes femelles qu'on l'observe , et chez elles-mêmes il est très-peu abondant après le part normal, non laborieux. Les petites femelles rendent le placenta peu de temps après la sortie du dernier petit; les grandes femelles , au contraire, le conservant pendant quelque temps, on voit que la sécrétion muqueuse cessera chez les petites un jour après le part , et durera plus longtemps chez les grandes où il ne s'arrête qu'un ou deux jours après l'expulsion de l'arrière-faix.

Au reste, cet écoulement, dans les cas ordinaires, est constitué par un mucus grisâtre, assez consistant d'abord pour s'attacher aux lèvres et à la commissure inférieure de la vulve, puis devenant plus clair et plus fluide et s'arrêtant bientôt. Deux ordres de causes expliquent cette sécrétion : 1° l'irritation mécanique qu'a causée le passage d'un corps volumineux à travers un canal membraneux, étroit, mais qui, à cause de son élasticité, a cédé à la distension forcée que le fœtus a exercée sur lui ; 2° la contusion que ces tissus ont éprouvée, l'extravasation du sang dans leurs mailles qui en a été la conséquence. On sait que le sang épanché dans les tissus après les contusions, les compressions, est une cause puissante de sécrétion muqueuse ou purulente.

Pour bien comprendre maintenant la cause de cette différence des lochies de la femme avec celles de nos femelles, il faut étudier avec soin l'anatomie comparée de leurs matrices. Or, 1° l'utérus de nos femelles est mince, simplement membraneux ; celui de la femme est beaucoup plus épais; 2° les vaisseaux de nos femelles ne forment pas de larges sinus, comme chez la femme; 3° ils ne s'ouvrent pas à la surface interne de l'utérus par des orifices béants, lorsque le placenta est arraché.

Excepté la femelle du singe, l'utérus est peu épais dans la série animale. Les parois cependant ne vont pas en s'amincissant à mesure qu'elles se distendent.

Par suite de l'augmentation progressive du volume des fœtus, il se fait un travail de nutrition qui entretient ou même augmente un peu l'épaisseur de ces parois. Par conséquent, l'utérus de nos femelles étant devenu plus grand, non par simple distension, mais par un accroissement réel de tissu, n'a pas besoin de revenir sur lui-même après le part, de se dégager par le resserrement, par la contractilité des fibres musculaires.

L'utérus de la femme, pendant la gestation, renferme dans son épaisseur un grand nombre de sinus veineux. De grosses veines s'anastomosent et forment à leur réunion des confluents qui peuvent recevoir l'extrémité du petit doigt ; plus larges au niveau de l'insertion du placenta, elles traversent le tissu utérin pour venir se continuer avec les vaisseaux placentaires ; aussi après la séparation du délivre, voit-on cette surface de l'utérus criblée de trous, qui sont les orifices des veines. Les artères sans offrir cette disposition de sinus, de confluents, sont plus amples aussi que dans l'état de vacuité de la matrice, et se terminent aussi par des orifices béants, à la surface placentaire de l'utérus, lorsqu'on les a séparés du placenta avec les vaisseaux duquel elles se continuaient.

L'utérus des femelles n'offre rien de semblable. Les vaisseaux de cet organe viennent se ramifier dans les cotylédons ou les houppes vasculaires, de manière que le sang n'arrive pas directement de la mère au fœtus , par des canaux continus ; mais il y a séparation dans leurs deux circulations. Le sang maternel n'est pris que par l'absorption, l'endosmose de **M. Dutrochet**. Par conséquent , après la chute du placenta , point d'orifices béants , point d'hémorragie possible , s'il n'y a pas eu de déchirure des cotylédons.

L'utérus de la femme à mesure qu'il revient sur lui-même par la contractilité de ses fibres charnues , exprime , chasse le sang contenu dans les sinus veineux et dans les artères ; de là les lochies sanguines qui coulent pendant les premiers jours. Cette disposition n'existant pas chez nos femelles , les lochies sanguines manquent.

De plus, on sait que chez la femme les lochies sanguines sont en rapport pour leur abondance avec l'abondance habituelle des règles, des menstrues. Or, les règles , les menstrues n'existant pas chez nos femelles (car on ne peut appeler ainsi un léger suintement séro-sanguinolent qu'on remarque chez elles à l'époque des chaleurs), voilà une nouvelle source de congestion sanguine qui manque chez elles. L'utérus de la femme, à cause des règles, est plus habituellement pénétré de sang , plus spongieux, plus vasculaire ; celui des femelles est plus serré , plus sec, moins sanguin.

Ainsi , pour le vétérinaire , toute hémorragie subséquente au part , toute lochie sanguine, est le signe d'une lésion mécanique de l'utérus ou du vagin.

Les lochies muqueuses durent un jour ou deux, voilà
la règle. Lorsque cette sécrétion mucoso-purulente se
prolonge au-delà de ce terme, si elle est simple, il y a
une inflammation de la muqueuse du conduit vulvo-
utérin, une vaginite, une métrite; si elle est mêlée
de sang, c'est une lésion mécanique; si elle est fétide,
infecte, un peu sanieuse, l'arrière-faix en totalité ou
en partie est resté dans l'utérus et s'y décompose;
enfin, s'il y a une odeur gangréneuse, avec les
symptômes généraux de la gangrène, c'est qu'à la
suite de manœuvres graves et laborieuses, quelque
portion de l'utérus se sera gangrénée.

DE LA FIÈVRE APRÈS LE PART.

Quelques auteurs rangent sous le nom de fièvres
puerpérales toutes les fièvres qui surviennent après le
part, mais ce nom a l'inconvénient de ne présenter
aucun sens précis à l'esprit; il signifie seulement
fièvre, suite de couches. Nous en distinguons trois
espèces : 1° celle qui survient immédiatement après
le part, et qui persiste quelques heures seulement;
2° celle qui coïncide avec la congestion des mamelles
et la sécrétion plus active du lait; 3° enfin, les fièvres qui dépendent de l'inflammation de quelque
organe, comme la matrice, le péritoine, les mamelles, etc....

1° *Fièvre des premières heures qui suivent le part.* —
Dans ce cas, il n'y a aucun organe qui soit particuliè-

rement affecté; la fièvre n'a donc pas de cause qui soit localisée dans un point de l'économie. On peut voir dans mon *Traité de Pathologie générale*, à l'article fièvre, comment les divers symptômes qui la constituent, annoncent un trouble dans la fonction des divers organes et dépendent du trouble primitif du système nerveux ; par conséquent on comprend que ce trouble du système nerveux peut être produit par des causes qui agissent sur lui-même immédiatement, comme de grandes douleurs, de grandes fatigues, aussi bien que par des causes qui ont porté d'abord leur action sur le sang ou les solides; seulement, on comprendra aussi que, dans le premier cas, la cause de la fièvre n'étant pas persistante, la fièvre elle-même tombe bientôt.

Si je rappelle ces principes généraux de la doctrine des fièvres, c'est pour n'avoir pas à rentrer dans des discussions stériles sur les fièvres essentielles. Il n'y a point de fièvres essentielles. Il y a des fièvres dont la cause primitive a agi sur le système nerveux, sur le sang ou les solides, voilà tout; encore on doit bien se rappeler que les fièvres qui sont liées à un trouble primitif du système nerveux ou du sang, pour peu qu'elles durent, s'accompagnent de la maladie d'un ou de plusieurs organes.

La fièvre des premières heures qui suivent le part est produite par les efforts qu'a nécessités le travail du part, du côté de l'utérus, des muscles abdominaux, thoraciques et de tout le corps; puis par les douleurs si vives qui accompagnent nécessairement ce travail. Elle se calme spontanément au bout d'une demi-journée, d'une journée au plus.

2° *Fièvre de lait.* — On appelle ainsi la fièvre qui apparaît le deuxième ou le troisième jour après le part et qui coïncide avec le gonflement des mamelles et dont voici les symptômes :

Ces symptômes sont du côté de la glande un gonflement uniforme de son tissu, endolorissement et malaise général, gêne occasionnée par la pesanteur plus considérable de la glande, se faisant sentir surtout dans la marche et le décubitus fréquent; regard inquiet et triste dirigé vers les mamelles; plaintes, désir d'être tétée exprimé par les beuglements, par la position du corps et des membres de derrière. La femelle appelle son petit de plus en plus fréquemment à mesure que la mamelle se tend davantage.

Comme symptômes généraux, on observe l'abattement des forces, la lassitude, la diminution ou la perte de l'appétit, des frissons partiels aux cuisses, puis des tremblements généraux, des bouffées de chaleur qui s'étendent aux parties antérieures du corps et qu'on constate par l'élévation de la température des oreilles et des cornes; le mufle, la bouche sont chauds et peu humectés; le pouls présente de la plénitude et de la fréquence.

Marche. — Plusieurs causes empêchent, retardent

ou prolongent la fièvre de lait. Parmi les premières , je citerai les complications du côté de l'utérus ; un deuxième petit , quelquefois un troisième ou un quatrième , dans les cas de part double , triple ou multiple , peuvent rester dans la matrice un , deux ou trois jours après le premier qui a été expulsé ; or , tant que le sang continue à affluer vers l'utérus pour servir à la nourriture des produits de la conception , il ne peut se porter sur les glandes mammaires. Il en est de même du séjour plus ou moins prolongé du placenta ou de quelques-unes de ses portions , ou enfin de toute autre circonstance , comme une contusion, une déchirure, une plaie , une inflammation de l'utérus qui , en appelant le sang sur cet organe et en l'y retenant , empêche ainsi qu'il ne se porte sur les mamelles. Ainsi, toutes les fois que la fièvre de lait et le gonflement des mamelles ne se feront pas à l'époque accoutumée , le vétérinaire devra porter son attention sur les organes génitaux , et s'assurer s'il n'y a pas en eux quelque cause à ce trouble de l'état normal.

Puis , viennent les complications du côté de l'appareil cérébro-spinal. Il n'est pas très-rare de voir des congestions et des inflammations se faire du côté de cet appareil , desquelles il résulte des paralysies temporaires ou permanentes.

Ensuite , du côté du tube digestif et de ses annexes, l'inflammation des intestins ou du péritoine. J'ai eu assez fréquemment l'occasion d'observer la première de ces complications. Voilà autant de circonstances que le vétérinaire devra prendre en sérieuse considération.

La fièvre de lait est, du reste, infiniment moins prononcée chez les femelles domestiques que chez la femme. Les vaches qui fournissent le plus de lait, les meilleures laitières, sont celles où cet état se montre par les symptômes les plus apparents. Plus la sécrétion de lait doit être active, plus l'afflux du sang qui va fournir les matériaux de cette sécrétion est considérable, plus aussi le trouble général est marqué. C'est là, entre autres, une circonstance qui prouve que c'est bien le travail qui s'établit dans les mamelles qui est la cause de la fièvre.

D'où vient que la fièvre de lait est en général peu forte chez les femelles ? L'anatomie en donne une explication bien satisfaisante. Chez la femme, comme chez les femelles, la matrice reçoit son sang de l'aorte abdominale ; mais il n'en est pas de même des mamelles. Les glandes mammaires de la femme reçoivent le leur de l'aorte pectorale, de la crosse de l'aorte ; celles des femelles tirent le leur de l'aorte postérieure, c'est-à-dire du même point que l'utérus. Dans la première, il y a donc un déplacement dans le courant de la circulation, et tandis que pendant la grossesse, c'était vers l'aorte abdominale et la moitié inférieure du corps qu'il se dirigeait surtout ; après

l'accouchement, il se fait un mouvement en sens inverse qui le porte vers l'aorte supérieure et la moitié
supérieure du corps. Ce changement ne peut se faire
sans qu'il y ait momentanément une espèce de pléthore générale ; une plus grande quantité de sang se
trouve actuellement dans les vaisseaux, puisque celui
qui se portait à l'utérus n'y va plus. De là, un trouble
général qu'on appelait autrefois fièvre inflammatoire,
fièvre angéioténique, ou encore molimen hémorra-
gique, expressions qu'on peut traduire dans le langage
moderne par fièvre avec pléthore générale, ou excès
momentané de la masse du sang.

Chez les femelles domestiques, l'utérus et les mamelles recevant le sang de la même portion de l'aorte,
ce changement dans le courant circulatoire n'a pas
lieu ; le sang continue à affluer vers l'aorte postérieure et va à la mamelle au lieu d'aller à l'utérus.
Ici cette pléthore générale, cette fièvre inflammatoire
ou angéioténique, ce molimen, doivent donc ne pas
exister. Il ne restera, en fait de trouble, que celui
qui sera produit par la congestion des glandes ; c'est-
à-dire que la fièvre de lait dans nos femelles est toute
localisée.

Ce que je viens de dire de l'identité de source du
sang de l'utérus et des glandes s'applique principalement aux femelles unipares comme aux multipares.
Chez ces dernières, c'est toujours aussi de l'aorte postérieure que vient le sang, des artères intercostales

et de l'abdominale antérieure pour les mamelles pectorales , de la circonflexe de l'ilion pour les mamelles ventrales.

Il sert à nous rendre compte de plusieurs faits intéressants. 1° L'avortement à une époque avancée de la gestation , le part prématuré n'empêchent pas qu'on obtienne du lait presque en aussi grande quantité qu'après le part normal ; 2° les chaleurs des femelles et la gestation ne suspendent pas la sécrétion du lait; en effet, ces deux circonstances en appelant le sang vers la partie postérieure du corps , vers l'aorte postérieure, ne le détournent pas de la mamelle qui le reçoit du même côté. Aussi quatre à cinq jours après le part , pour la jument , huit à neuf jours pour la vache , l'accouplement est suivi de fécondation ; et la gestation ne change rien ni à la quantité ni à la qualité du lait de ces femelles, puisque la première allaite son poulain jusqu'à cinq ou six mois, c'est-à-dire jusqu'à la moitié de la gestation , et que l'autre pourrait fournir du lait jusqu'au neuvième , époque à laquelle elle vêle.

Traitement. — La fièvre de lait normale disparaît avec la congestion des mamelles lorsqu'il ne survient pas de complication. Le traitement est tout hygiénique ; c'est celui des suites du part :

Placer la femelle dans une écurie dont la température ne soit pas trop froide l'hiver, ni trop chaude l'été ; lui couvrir le corps d'une couverture qui la préserve de l'impression du froid ; la peau étant fort impressionnable après le part, ainsi que je l'ai dit ; garantir les mamelles des courants d'air froids qui s'établissent entre les portes ou les fenêtres, de l'humidité du sol au moyen d'une litière abondante et sèche; procurer à la femelle du repos et du calme, en la préservant du bruit, du passage continuel des hommes et des animaux, de la vivacité de la lumière, de la piqûre des insectes qui affluent dans les étables au printemps et en été, surtout dans les pays chauds; diminuer la quantité de la nourriture, particulièrement aux vaches qui fournissent habituellement beaucoup de lait, fournir des substances qui ne soient pas trop nutritives et donner d'abondantes boissons tièdes.

Il est un soin de la plus haute importance pour modérer la fièvre de lait, c'est de prévenir l'engorgement de la mamelle par le lait, *l'empissement*, comme on dit vulgairement. On ne la laissera donc pas trop remplir et distendre, en ayant soin de la traire et de faire téter le nourrisson. On a l'habitude dans certains lieux de ne pas laisser prendre au petit le premier lait ou colostrum, c'est à tort ; ce lait a l'avantage de purger le petit et débarrasser ses intestins du méconium qui les remplit ; tandis que son accumulation dans la mamelle expose la mère à l'engorgement laiteux.

ARTICLE 2.

Maladies des mamelles.

Une histoire complète de ces maladies n'a jamais
été faite en médecine vétérinaire. La science ne possède sur ce sujet que quelques fragments épars et quelques observations publiées çà et là dans les recueils
périodiques. Je me suis livré à des recherches étendues, qui, réunies aux faits que ma propre pratique
m'a fournis, me permettent d'en présenter un tableau
satisfaisant.

J'étudierai successivement : 1° les vices de conformation; 2° les contusions; 3° les plaies; 4° les
congestions de la mamelle ; ici se présente l'histoire de l'engorgement laiteux; 5° les inflammations
qui se divisent en : *a*) inflammations superficielles ou
de la peau ; *b*) inflammation des glandes mammaires;
c) inflammation du tissu cellulaire qui l'entoure; *d*)
vices de sécrétions; là se placeront les altérations du
lait, les productions de tissus nouveaux.

Avant de commencer cette étude, il convient de
donner une description exacte des mamelles pour
qu'on comprenne bien le point de départ et la marche
de leurs maladies.

ANATOMIE DES GLANDES MAMMAIRES.

Avant de nous occuper des maladies des mamelles,
il est indispensable d'entrer dans quelques détails re-
latifs à l'anatomie de ces organes.

Nombre des mamelles.—Il varie chez les diverses femelles des animaux domestiques. La jument, la chèvre et la brebis n'en ont que deux , qui sont situées près des aines. La chienne , la chatte et la truie en ont de six à dix , placées par paires sur deux lignes parallèles , au-dessous du ventre , et de chaque côté de sa partie moyenne. Chacune d'elles paraît isolée à l'extérieur de ses voisines; cependant lorsque le travail sécrétoire est en activité, les mamelles semblent se continuer les unes avec les autres, depuis les aines jusqu'à la poitrine ; seulement elles se distinguent par de légères dépressions , apparentes à l'extérieur, qui indiquent leur séparation , et par des renflements correspondants aux mamelons.

La vache peut être considérée comme formant, sous le rapport du nombre , une transition entre les femelles à deux mamelles et celles qui en ont de six à dix. En apparence , elle n'en a que deux, comme la jument ; mais si on les examine avec plus de soin , même à l'extérieur , on est forcé de reconnaître qu'elle en a quatre en réalité ; seulement les deux de chaque côté sont renfermées dans la même enveloppe. Ainsi , la la vue montre sur chaque mamelle et de chaque côté, une dépression légère qui va de haut en bas , et qui rappelle ainsi la disposition des mamelles des carnivores , alors qu'elles sont en activité. Le toucher fait aussi reconnaître un sillon distinct. Enfin , il y a quatre mamelons ; or , il est contre le sens commun de sup-

poser que la nature ait donné deux conduits excréteurs à une seule glande.

Les mamelles de la vache sont donc au nombre de
quatre, réunies deux à deux, de chaque côté. L'anatomie nous le prouvera encore mieux. On est dans
l'usage de n'en admettre que deux et de donner aux
deux moitiés de chacune des mamelles gauche et droite
le nom de quartier. Il y a donc de chaque côté deux
quartiers, l'un antérieur, l'autre postérieur.

Organisation des mamelles. — C'est le cheval qui a
servi de type aux anatomistes vétérinaires; aussi
M. Girard a-t-il donné la description des mamelles de
la jument, et s'est-il borné à indiquer les différences
que ces organes présentent chez les autres femelles
domestiques.

La mamelle de la vache, comme plus complexe,
aurait, ce me semble, montré plus d'intérêt. Cet habile anatomiste n'a sans doute pas voulu déroger à
l'usage.

Quoi qu'il en soit, les tissus qui la composent sont
la peau, le tissu cellulaire sous-cutané, les vaisseaux
sanguins, les canaux galactophores, dont les divisions
constituent le parenchyme de la glande avec quelques
lymphatiques, quelques nerfs et un peu de tissu cellulaire qui sert à réunir toutes ces parties.

La peau est là plus fine que dans les autres régions
du corps et recouverte d'un léger duvet. Elle est doublée d'une couche de tissu cellulaire peu épaisse, mais

assez dense, et qui la fait adhérer à la troisième couche qui est l'enveloppe fibreuse. La capsule fibreuse entoure immédiatement le tissu de la glande mammaire ; elle tire son origine de l'aponévrose jaune ou abdominale, qui revêt le plan inférieur des muscles de l'abdomen. Il y en a deux, une pour la mamelle droite, une pour la gauche ; après avoir entouré chaque mamelle, elles se réunissent supérieurement, vers leur base, de manière à se continuer, comme si elles ne formaient qu'une même membrane. On pourrait donc croire au premier abord qu'il n'y a qu'une seule enveloppe, si la dissection ne permettait pas de la suivre entre les deux glandes.

De toute la surface interne de cette capsule partent des prolongements qui se répandent dans le tissu de la glande et le divisent en lobes, en lobules et en grains glanduleux, c'est-à-dire en loges de plus en plus étroites.

Quant au parenchyme de la glande, il est constitué par les vaisseaux sanguins et lymphatiques, des nerfs, les conduits excréteurs, un peu de tissu cellulaire qui lie toutes les parties. Il a une teinte jaunâtre, et consiste en une foule de granulations analogues à celles des glandes salivaires, et entourées de tissu cellulaire graisseux.

Chez la vache, il est divisé en deux masses, une droite, une gauche ; séparées par une double lame de l'enveloppe fibreuse. Chacune de ces masses n'offre pas de divisions et constitue ainsi une seule et même glande dans la plus grande partie de sa hauteur, si ce n'est en bas où elle se prolonge en pointe pour donner naissance aux deux mamelons, et en arrière à un faux mamelon, sorte d'avorton ou de rudiment que l'on a vu quelquefois fournir du lait.

Mamelon. — Le mamelon porte aussi le nom de tétine ou de trayon pour les femelles que l'on trait ; il est formé à l'extérieur, par la peau ; à l'intérieur, par une membrane muqueuse continue avec la peau et entre les deux par un tissu cellulaire serré, un peu jaunâtre, élastique, qu'un habile anatomiste moderne a retrouvé autour de tous les canaux excréteurs et qu'il a appelé tissu dartoïde par analogie avec la couche des enveloppes du testicule qu'on appelle le dartos.

La peau des mamelons est recouverte d'un léger duvet disparaissant vers le bout qui est tronqué et arrondi. A la naissance du mamelon, on trouve dans la jument des rugosités ou plutôt des tubercules correspondants à l'aréole du sein de la femme; lesquels fournissent une humeur onctueuse, sébacée.

La longueur des trayons est de six à huit centimètres dans la vache ; ils sont relativement plus longs et plus cylindroïdes chez la chèvre. Du reste, leur longueur est en général d'autant plus considérable que la femelle a nourri un plus grand nombre de petits. Les deux mamelons, appartenant aux quartiers antérieurs de la glande, sont généralement plus longs, plus forts; ils fournissent aussi par la mulsion plus de lait que les autres.

Le tissu dartoïde qui les double les rend susceptibles de s'ériger, de devenir plus fermes et plus rudes sous l'influence de stimulations locales; le bout qui est un peu plus ferme que le reste forme une espèce de sphincter qui s'oppose à l'écoulement passif du lait.

Si l'on incise un mamelon de vache sans être injecté on trouve la muqueuse qui la tapisse plissée dans tous les sens, en long et en travers. Tout porte à croire que les rides s'effacent quand les conduits galactophores sont distendus par le lait. Cette particularité avait été remarquée par Vitet; il attribue à ces plis transversaux de retenir le lait, de l'empêcher de couler et se perdre quand il est en abondance dans ses canaux. Cet office paraît appartenir au contraire au sphincter qui se trouve au bout du mamelon. En effet, il suffit d'introduire un petit stylet en plomb, dont le volume n'est, à coup sûr, pas assez considérable pour effacer les plis du canal laiteux principal pour que le lait s'écoule spontanément. Ce qui dépose encore plus favorablement pour le sphincter placé au bout du mamelon, c'est que si on résèque tant soit peu cet organe pour en retirer un durillon, ou dans tout autre but thérapeutique, l'orifice n'oppose plus d'obstacle à l'écoulement du lait.

Si on l'injecte avec de la cire ou toute autre composition, on s'assure que les orifices latéraux conduisent à de petits canaux qui se réunissent au canal principal ; qu'à la partie d'où ce mamelon se détache de la mamelle se trouve un renflement, sorte de réservoir dans lequel on trouve les orifices des canaux galactophores qui partent de la mamelle. Outre ces orifices assez grands, on voit sur le trajet de la muqueuse des espèces de lacunes de même diamètre que les orifices dont l'usage n'est pas bien connu et que je soupçonne servir à retenir le lait. C'est de ce réservoir où ce liquide séjourne, que les coups de tête des jeunes animaux donnés instinctivement tendent à le faire sortir L'homme a voulu sans doute imiter cet acte en *soubattant*, comme disent les bergers du midi de la France, la mamelle de la brebis.

Chaque mamelon est percé de trois ou quatre ouvertures dont la centrale est toujours plus grande que les autres. Ce sont les orifices d'autant de conduits qui, au lieu de marcher parallèlement comme ceux de la femme, vont en s'élargissant à mesure qu'ils arrivent à la base du mamelon où ils forment des renflements qu'on appelle sinus et dans lesquels viennent s'ouvrir les canaux galactophores.

Les *canaux galactophores* sont de petits conduits qui partent des grains glanduleux, se réunissent de distance en distance, en convergeant vers la base du mamelon pour se rendre dans ces renflements. Ces conduits ont cela de remarquable que ceux du quartier antérieur ne communiquent point avec ceux du postérieur. Mon collègue, **M.** Lecoq, a bien voulu, pour m'en faciliter l'étude, injecter les deux mamelons d'une même mamelle avec des liquides de couleur différente, et jamais la coloration du côté droit ne s'est observée dans le gauche ou réciproquement.

J'en dirai autant des vaisseaux. L'artère sous-pubienne se divise en deux branches, une pour chaque quartier de la mamelle. Les injections de ces vaisseaux n'ont jamais fait reconnaître la moindre communication vasculaire entre les deux quartiers, quelque soin que nous ayons mis à la pratiquer.

Ainsi, isolement complet, absolu, des deux quartiers au point de vue de leurs conduits et de leur circulation, union au moyen du tissu cellulaire, et séparation d'avec les quartiers du côté opposé par une double lame de tissu fibreux.

Quant aux grains glanduleux, à ces dernières divisions possibles de la substance glanduleuse, ce sont de très petits corps, ressemblant à la moëlle du jonc, et formés par les prolongements des canaux galactophores et des vaisseaux sanguins. Ces petits grains sont semés le long des conduits de façon à ressembler à la grappe de raisin ou au chou-fleur.

Artères de la mamelle. — Dans la jument comme dans la vache, les femelles à deux mamelles, les artères viennent de la sous-pubienne et se plongent dans la glande pour s'y distribuer en rameaux et en capillaires.

Mais chez la dernière de ces femelles, en abordant

le tissu de chacune d'elles, l'artère se divise en deux troncs principaux qui se portent à chacun des quartiers; le tronc qui va au quartier postérieur se recourbe presqu'à angle droit en se dirigeant en arrière ; l'autre, destiné au quartier antérieur, plus volumineux, descend presque perpendiculairement pour s'y distribuer ; ce qui peut servir à expliquer pourquoi les mamelons de devant fournissent plus de lait que ceux de derrière.

Les mamelles de la truie, au nombre de huit ou de dix, reçoivent le sang de deux troncs différents. L'artère abdominale, qui émane de la susternale, fournit une branche à la première et quelquefois à la seconde paire sternale ou abdominale antérieure. Après avoir fourni cette branche, elle se porte sur la partie latérale de l'abdomen en se dirigeant en arrière, et donne une seconde, puis une troisième branche aux deux mamelles suivantes. Quant aux deux dernières mamelles, elles reçoivent le sang de l'artère inguinale qui naît elle-même de la suspubienne, laquelle, en se portant de derrière en avant, fournit du sang à la cinquième, ou mamelle inguinale proprement dite ; ensuite à la quatrième de ces glandes ou première abdominale.

Il en est à peu près de même chez la chienne ; les mamelles inguinales et les premières abdominales reçoivent le sang de l'artère inguinale, celles qui les précèdent des artères intercostales, et enfin les premières abdominales ou pectorales de l'artère susternale.

Veines. — Dans les grandes femelles, les veines sont de deux ordres, les profondes qui suivent les artères, vont se dégorger dans la branche pelvi-crurale de la veine cave postérieure ; les superficielles, situées sous la peau, se rendent, les plus courtes, dans la veine crurale ; les autres, plus longues, plus apparentes, dans la veine susternale ou thoracique interne. Ces veines s'enfoncent près du cercle cartilagineux de la vache dans une ouverture qui permet d'y enfoncer le bout du doigt.

Nerfs. — Les plexus rénaux ou mésentériques fournissent les nerfs des mamelles des grandes femelles. Je ne sache pas qu'on ait encore étudié en vétérinaire les nerfs qui, dans les petites femelles, se portent aux mamelles placées en avant des inguinales, c'est-à-dire aux abdominales et aux thoraciques.

Sécrétion du lait. — Le lait une fois sécrété est chassé de proche en proche dans les petits conduits dont nous avons parlé, conduits qui sont entourés d'un tissu érectile. C'est par l'action de ce tissu qu'il faut expliquer la projection du lait au-dehors dans les mouvements de succion. Quand cet organe a été titillé, chatouillé par la bouche du nourrisson, le lait est lancé par jets saccadés, par tous les orifices du trayon. Ce phénomène est plus marqué chez la jument que chez les autres femelles. Le rétrécissement terminal du mamelon s'oppose à sa sortie ; mais cet obstacle est vaincu par les mouvements de succion et par le tissu érectile, dans l'acte de téter ; et par les pressions des doigts, dans celui de traire.

Lorsque le lait est accumulé dans le mamelon, celui-ci s'allonge, s'érige, se tend ; il revient ensuite sur lui-même, et devient doux et souple, lorsqu'il est désempli.

Quelquefois la tétine de la vache laisse écouler le lait, sans pouvoir le retenir. Cet effet provient sans doute ou d'une trop grande fluidité du lait ou de l'agrandissement de l'orifice inférieur du mamelon qui a perdu son élasticité et ne se resserre plus.

Maladies. — L'indépendance que j'ai indiquée relativement à la circulation des deux quartiers d'une même mamelle, dont les divers vaisseaux restent distincts, sans s'anastomoser et communiquer ensemble, explique pourquoi les inflammations glandulaires restent bornées à l'un de ces quartiers. Et lorsque l'autre devient malade, cette propagation se fait comme on dit par sympathie, c'est-à-dire, sans cause organique connue, appréciable. C'est sans doute aussi de cette manière que l'inflammation passe quelquefois d'une mamelle à l'autre.

Les vaches étant destinées surtout à fournir du lait non-seulement pour l'allaitement de leurs nourrissons, mais pour des usages plus étendus, cette disposition de la nature qui a isolé ainsi chaque mamelle en deux parties parfaitement indépendantes, est donc bien remarquable. Dans l'engorgement laiteux elle se manifeste bien évidemment lorsque l'un des quartiers est ainsi le siége de cette affection ; l'autre conserve son lait jusqu'à ce que l'inflammation se soit établie.

VICES DE CONFORMATION.

IMPERFORATION CONGÉNIALE DU MAMELON. — Les conduits lactifères ou galactophores (*gala*, lait; *pheró*, je porte) s'ouvrent par quatre ou cinq orifices à l'extrémité du mamelon. De ces quatre ou cinq orifices, l'un est toujours d'une capacité supérieure aux trois ou quatre autres qui l'entourent. Un ou plusieurs de ces conduits peuvent être oblitérés. Le danger de ce vice de conformation vient de ce que le lait, retenu dans la mamelle, l'engorge, la distend; de là congestion sanguine, puis inflammation, abcès, etc. Il paraîtrait que ce vice de conformation est commun en Italie, puisque François Toggia le propose comme cas rédhibitoire (*Vetérinaria légale. Torino*, 1823, p. 217.)

Il a été plusieurs fois constaté chez la vache et tout récemment par M. Vaës, membre de la Société vétérinaire de Belgique (*Journal de méd. vétérinaire belge*, 1844, p. 403). La vache de M. Vaës avait vêlé avec facilité et rendu, immédiatement après, l'arrière faix la veille du jour où ce vétérinaire fut appelé. Il trouva le lendemain la mamelle très volumineuse et tendue;

la fermière avait fait de vaines tentatives pour obtenir du lait des deux mamelons postérieurs. Les mamelons étaient fort gros et offraient de la fluctuation ; celui du côté droit avait le volume du bras d'un adulte et se terminait par un sommet mince et dur ; le gauche était dur dans presque toute son étendue ; sa base seule était grosse et fluctuante. Les bouts des mamelons étaient lisses et fermes.

Le seul remède à ce vice de conformation est de rétablir par une opération le canal normal qui manque. Voici le procédé que suivit M. Vaës : La vache est renversée sur un lit de paille et fixée comme pour la castration du cheval ; le mamelon droit étant saisi de la main gauche, un bistouri à lame étroite est plongé dans son intérieur dans le sens de sa longueur. Cette première ponction n'ayant donné issue qu'à quelques gouttes de lait, on l'introduisit une seconde fois plus profondément, de manière à faire une incision cruciale par laquelle le lait jaillit avec force après la sortie du bistouri. La même opération fut répétée sur le mamelon gauche, qui était obstrué jusqu'à sa base ; ce qui fit qu'il devint nécessaire d'enfoncer profondément le bistouri jusqu'à la base du mamelon.

L'opération faite, on fit lever la vache, pour que sa position déclive permît au lait de couler plus facilement ; on la fit traire, et au bout d'une demi-heure les mamelles s'étaient considérablement dégorgées. Pour prévenir le rétrécissement et l'oblitération des conduits accidentellement formés, M. Vaës introduisit dans chacun d'eux un tuyau de plume bien huilé (mais il n'eut pas soin de l'y maintenir à demeure par un bandage). Aussi, vers le troisième jour, les tuyaux de plume se détachèrent, et la vache étant devenue difficile à approcher, on ne put les replacer; on se borna à la traire plus souvent que de coutume; le lait continuant à couler avec facilité. Cinq jours après l'opération, les bords de l'ouverture de chacun des mamelons étaient cicatrisés avec conservation du nouveau conduit. Deux mois après, le vétérinaire ayant eu occasion de revoir cette vache, s'assura que son lait continuait à sortir quand on la trayait, aussi facilement et en aussi grande abondance que chez les autres vaches, et malgré la largeur des nouveaux conduits il ne se perdait pas.

Nous manquons de détails positifs sur les suites de cette opération qui ne paraît pas avoir eu un succès complet et définitif, puisque le propriétaire vendit sa vache à sa seconde gestation. Cela ne doit pas étonner quand on sait qu'après l'incision ou la cautérisation des rétrécissements de l'urètre, le tissu inodulaire qui les constitue revient sur lui-même et reproduit le rétrécissement, quel que soit le soin que l'on prenne de placer une sonde dans le canal.

Morier a eu plusieurs fois l'occasion de pratiquer de semblables restaurations. Il se servait d'un trocart de son invention, avec lequel il faisait une ponction, et plus particulièrement d'une sonde dite à cloche,

qui sera décrite en traitant de l'extraction des grumeaux de lait durci, ou durillons. Il plaçait ensuite
des bougies de sa façon pour tenir béants les orifices
et les nouveaux conduits, mais surtout un tuyau de
plume, ou mieux un morceau mince de racine de
gentiane, l'un et l'autre bien enduits d'onguent populéum. Il croyait à la possibilité de la cure radicale de
ce vice de conformation.

CONTUSION DES MAMELLES.

L'agent contondant peut porter son action sur le
mamelon seul ou sur la mamelle entière.

Causes. — Ce sont les coups de tête du nourrisson
qui frappe et pousse la mamelle contre les parois abdominales pour exciter l'organe, y appeler le sang et
déterminer une sécrétion plus active ; les froissements
exercés par les jambes de derrière de la femelle même,
qui comprime la glande lorsqu'elle est très volumineuse et qu'on imprime à l'animal une allure trop rapide. Puis viennent les causes générales des contusions,
coups de pied coups de corne, pression, choc de la
mamelle contre des corps durs, comme lorsqu'une
femelle fait une chute sur le ventre, qu'elle se couche
brusquement, ou qu'un corps dur et saillant est pressé
sur la mamelle, ou qu'en franchissant une barrière
elle se frappe brusquement contre l'obstacle.

C'est à l'avant-dernière de ces causes que Tessier
attribue l'engorgement des mamelles, l'inflammation,

les abcès et quelquefois la gangrène qui ont lieu dans cette glande, chez la brebis, accidents que les bergers désignent sous le nom d'araignée.

Symptômes. — Ses symptômes sont ceux des contusions, un gonflement plus ou moins étendu ou douloureux dans toute la partie contuse, une infiltration sanguine qui donne à la peau la teinte noire des ecchymoses; puis la congestion sanguine s'établit autour; de là l'engorgement qui va en augmentant, et fait que la mamelle est comprimée douloureusement entre les deux cuisses, ce qui force la bête à en tenir une écartée du corps pendant la station debout, et la fait boiter quand elle marche. Cet engorgement s'accompagne de douleurs rendues plus vives par l'action de traire ou de téter; aussi refuse-t-elle de se laisser traire et se défend-elle lorsqu'on veut le faire.

Marche. — Rien de bien particulier à dire relativement à la marche de ces contusions. Elles se comportent comme toutes les autres en suivant les trois périodes que j'indiquerai à propos du traitement, et s'accompagnent de congestion sanguine, d'inflammation, d'abcès, d'indurations.

Lorsqu'elles sont violentes, elles peuvent produire des accidents graves et la mort même, comme le prouve l'observation suivante recueillie par M. Cros, de Milan. Une vache âgée de 4 ans ayant reçu en faisant téter un fort coup de tête de son veau sur la 2e division de la mamelle gauche, il survint de la douleur, du gonfle-

ment et de la chaleur ; le mamelon frappé se tuméfia ;
on retira le veau , la bête souffrant trop pour être
traite ; le séjour du lait dans la mamelle vint contribuer à aggraver les accidents ; la fièvre se déclara , la
rumination se perdit. — Saignées , cataplasmes émollients, eau blanchie par la farine pour toute boisson.
L'inflammation et la fièvre s'étant calmées , on recom-
mença à traire, mais on s'aperçut qu'il ne sortait pas de
lait du mamelon malade , et on reconnut que l'obstacle à sa sortie résidait dans la présence d'une petite tumeur (durillon) qui obstruait le canal principal. Le mamelon était du reste encore engorgé, on le diminua par
des onctions avec du cérat; le corps qui obstruait le
canal s'étant rapproché de l'orifice extérieur , on put,
à l'aide d'un stylet , le rapprocher davantage, puis
l'extraire avec des pinces. Ce petit corps présentait
cette particularité curieuse qu'il était creusé d'un canal
complet dans son intérieur, comme un cylindre creux.
Je crois que M. Cros aurait pu éviter la formation de
ce corps s'il eût maintenu le mamelon ouvert à l'aide
d'un tuyau de plume ou de paille. Quoi qu'il en soit,
après sa sortie , ce qui restait d'inflammation disparut
peu à peu par les seuls topiques émollients.

La malade paraissait guérie , les domestiques de la
ferme crurent pouvoir faire téter le veau sans inconvénient , mais en négligeant la précaution , tant recommandée en pareil cas , de tenir à deux mains la
tête du petit pour l'empêcher de donner des coups à

la mamelle. Les douleurs reparurent , la glande devint le siége d'un gonflement énorme qui s'étendit au ventre et presque sous la poitrine ; en même temps fièvre, anorexie , malaise , anxiété très pénible. La mort en fut la suite.

On trouva à l'autopsie le tissu cellulaire qui entoure la glande , celui du ventre et de la poitrine , énormément distendus par du sang infiltré. Les conduits galactophores et les tissus mammaires étaient aussi distendus par un lait roussâtre et coagulé.

Traitement. — Deux circonstances dominent la thérapeutique de ces contusions, le danger de la suppression du lait, et la possibilité d'une induration, terminaison assez fréquente dans la mamelle et fâcheuse pour les propriétaires.

Comme pour toutes les contusions, le traitement variera suivant les trois époques de la maladie , 1° au début, il faut s'opposer à la formation de la congestion sanguine et faire résorber le sang. On remplit cette indication par l'emploi des astringents simples ou mêlés à quelques excitants ; l'eau salée, l'eau vinaigrée, l'eau de goulard, ou solution de sous-acétate de plomb alcoolisée.

Les excitants ajoutés aux astringents sont surtout nécessaires en proportion de la gravité de la contusion ; les astringents purs auraient l'inconvénient de s'opposer à la résorption du sang épanché en faisant resserrer les vaisseaux et en exposant à des suppurations tardives ou à la gangrène. On leur associe l'alcool simple, camphré ou ammoniacal.

2° Lorsque la congestion s'est faite dans la partie contuse, les moyens précédents ne conviennent plus, et c'est aux antiphlogistiques qu'il faut avoir recours. On saignera à la veine mammaire, si la douleur et le gonflement sont un peu considérables, sinon on se contentera d'embrocations avec l'huile de morphine, le baume tranquille, des cataplasmes de pain cuit, de farine de lin, de feuilles de mauve, de morelle, de ciguë.

Lorsque la congestion et la douleur commencent à diminuer ou que dès le commencement elles n'ont pas été bien prononcées, on associe aux émollients quelques astringents ou quelques excitants légers pour activer la résolution. On arrose les cataplasmes d'eau de goulard, d'eau alcoolisée et camphrée; on fait les cataplasmes avec la fleur de sureau, le tilleul, la lavande, la sauge, le romarin, etc.

On insistera sur l'emploi de ces moyens tant que sous leur influence on trouvera une amélioration progressive de la contusion.

3° La 3ᵉ période des contusions comprend la résolution des indurations qui ont succédé à l'inflammation. Qu'on se rappelle bien les principes que j'ai tant de fois émis dans ma *Pathologie générale* et qui me semblent trop généralement méconnus dans la pratique des vétérinaires; ce n'est qu'après que la douleur et l'inflammation ont complètement disparu par l'emploi des moyens précédents , qu'il est permis d'avoir recours aux fondants , aux pommades mercurielles , à l'iodure de potassium , de plomb, de mercure ; encore fait-on bien de les associer aux cataplasmes émollients et aromatiques. Dès que l'emploi des fondants ramène un peu de chaleur , de douleur , de gonflement , il faut les suspendre à l'instant et revenir aux émollients, et même à de petites saignées locales. Pour avoir méconnu ces principes, une foule de praticiens favorisent et entretiennent les indurations, en entretenant la congestion sanguine dans la mamelle.

PLAIES DES MAMELLES.

J'en ferai deux ordres, les plaies du mamelon et les plaies du corps de la mamelle. Les causes ordinaires de ces plaies sont les morsures des animaux, du chien, du loup , quelquefois de la vipère; des coups avec l'aiguillon du bouvier, avec les cornes des bœufs ou des chèvres, la fourche avec laquelle on fait la litière , les déchirures par des épines, des branches de bois qui entrent dans la composition des haies et des barrières que les femelles franchissent dans les pâturages.

PLAIE DU MAMELON. — M. Gellé en a cité un cas dans sa *Pathologie bovine*, t. 3, p. 694 : « En mai 1822, une dame des environs de Parthenay m'envoya chercher, dit l'auteur, pour voir une belle vache de quatre ans , qui avait un trayon fendu dans les deux tiers de sa longueur inférieure. On s'était aperçu de cet accident le matin, en ramenant la bête des champs, sans que l'on pût en découvrir la cause. Il semblait qu'un instrument mal tranchant avait été introduit dans le réservoir galacto-phore par l'orifice du mamelon, et qu'en tirant vive-ment en dehors et en haut on en avait déchiré la paroi. La plaie avait trois doigts de longueur; il en sortait quelques gouttes de lait et de sang : nulle inflamma-tion n'était encore développée. Je fis traire la vache à fond, puis j'introduisis, dans toute la longueur du ré-servoir canaliculé qui existe dans la tétine, un chalu-meau de paille assez fort et long d'environ 10 centi-mètres ; je rafraîchis les lèvres de la plaie et, après les avoir rapprochées, je les réunis au moyen d'une suture à points séparés; j'appliquai à l'entour un plumasseau d'étoupe, imbibé d'eau de goulard et fixé par un brin de laine à tricoter, recommandant d'humecter trois fois par jour l'appareil d'eau de goulard miellée tiède, de changer de temps en temps le plumasseau. Pour faire couler le lait, on pressait le trayon malade de haut en bas. Le tube de paille tomba le sixième jour, les points de suture se détachèrent vers le dixième, et la cicatrice était achevée au seizième. »

Plaies du corps de la mamelle. — C'est chez la vache et la chèvre qu'on les rencontre le plus souvent, par la raison toute simple que de toutes les femelles ce sont celles dont les glandes mammaires sont le plus volumineuses. — Rarement, jamais peut-être, trouvet-on les deux quartiers d'une mamelle occupés à la fois par une même plaie chez la vache. Mais dans le cas de morsure, plusieurs points de la surface peuvent avoir été attaqués.

Ce sont le plus souvent des plaies contuses, à cause de la nature des agents qui les produisent, ou par piqûres; elles peuvent être simples ou compliquées. Ainsi, il y en a qui n'offrent qu'un seul trait, une seule division; d'autres sont avec déchirures multiples de la peau et avec lambeaux; elles sont superficielles ou profondes. — La plupart ne constituent qu'une lésion purement mécanique; quelques-unes sont rendues plus graves par le séjour d'un corps étranger, une épine, un morceau de bois, ou par l'introduction d'un virus; telles sont les plaies par morsure de la vipère, par morsure de loups ou de chiens enragés. On aurait autrefois rangé dans cette classe ce que les bergers appellent l'araignée, maladie qu'ils nomment ainsi, parce qu'ils supposent qu'elle est produite par la piqûre d'une grosse araignée, et qui paraît n'être qu'un érysipèle phlegmoneux avec gangrène.

Les plaies par morsure du chien, du loup, sont rarement superficielles et d'un seul trait. Pour peu que l'animal morde avec force, ses dents pénètrent plus ou moins profondément, et comme il fait des efforts pour arracher, et la femelle mordue des efforts en sens inverse pour se dégager, il en résulte des déchirures à lambeaux.

Le traitement est local en général. Si la plaie est simple et n'intéresse que la peau, un simple bandage suffit pour la préserver de l'air, du fumier , de la piqûre des insectes. Si elle est grande, que les bords en soient écartés , on les rapproche par des bandelettes de diachylon, et même par quelques points de suture, lorsque la contusion n'est pas trop forte, autrement la suture deviendrait une cause nouvelle d'inflammation ; et l'on sait que les plaies fortement contuses ne se réunissent qu'après suppuration. Cependant on peut souvent essayer la suture dans les angles de ces plaies et obtenir des réunions partielles qui diminuent leur étendue. La suture convient dans les plaies à lambeaux, et surtout lorsque ces lambeaux sont taillés de telle façon que par leur propre poids ils tendent à tomber ; cela arrive ainsi lorsque leur base est en bas, et leur sommet vers la base de la mamelle.

Dans le cas de piqûre, on cherchera, à l'aide d'un stylet , si le corps étranger en entier ou par portion n'est pas resté dans la plaie, auquel cas il faut l'extraire avec des pinces et même en agrandissant l'ou. verture , si elle n'est pas suffisante ; ainsi que cela m'est arrivé plusieurs fois. Si l'accident date de quelques jours , que la plaie se soit close du côté de la peau, ou qu'elle se présente avec des bords tuméfiés , et laissant écouler un pus séreux, il faut l'agrandir en incisant de haut en bas pour livrer au pus un passage et prévenir la formation d'un abcès.

Lorsque le corps vulnérant a pénétré profondément dans le tissu de la glande, un ou plusieurs vaisseaux lactés ont été ouverts, du lait séreux mélangé d'abord de sang, puis de pus, s'écoule par l'ouverture. On régularise les bords de la plaie s'il y a lieu ; on introduit dans la plaie une mèche enduite de cérat, d'onguent populéum, qu'on remplace, lorsque l'inflammation est tombée, par l'onguent digestif, l'eau vineuse. Cette mèche a pour but d'empêcher la cicatrisation de la peau avant que celle du fond ne soit achevée : on la retire deux fois par jour pour donner issue au lait et au pus. L'écoulement du lait rend toujours plus longue la cure de ces plaies, qu'on préservera, comme les autres, du contact de l'air, au moyen d'un bandage. Il est fort commun de voir un noyau d'induration persister à la suite, et le mamelon correspondant ne fournir que peu ou point de lait. Je dois à l'obligeance de M. Schaack, vétérinaire à Fontaines, une observation qui confirme tous ces points.

« Le 19 juin 1837, une vache laitière se fait une blessure à la base du trayon postérieur en tombant sur un tas de pierres pointues. Il y a un lambeau d'un pouce de long, dont le sommet regarde la base de la mamelle; le réservoir du lait est ouvert; le lait coule continuellement; il y a une hémorragie qui dure deux heures. Je fixe le lambeau en place par quelques pointes de suture, et j'ordonne des lotions d'eau de mauve tiède. Le 21, peu de gonflement, l'adhérence

commence à se faire , le lait coule toujours en abondance. Mêmes soins. Le 10 juillet le trayon n'est presque plus tuméfié. La vache souffre qu'on le touche ; la
cicatrisation n'est pas encore complète ; il reste une
petite ouverture entourée de bourgeons charnus par
où le lait s'échappe encore, mais en moins grande
quantité , et il va en diminuant de jour en jour. Le 15
août, le lait ne s'échappe de l'ouverture que lorsqu'on
tire le trayon. Bientôt après la cicatrisation est achevée. Le 20 septembre il ne sort plus de lait ni par la
blessure, ni par le trayon. Le trayon sain du même
côté fournit du lait en plus grande quantité. La vache
a fait trois veaux depuis, et il n'est plus jamais venu
de lait du côté malade ; elle était du reste excellente
laitière, et cet accident ne lui a pas fait perdre cette
qualité. »

Les plaies par morsure présentent souvent à la fois
une solution de continuité profonde et des lambeaux.
On réunit par la suture à points séparés, avec l'attention de laisser dans le point le plus déclive un espace
suffisant pour y placer une tente, qui empêche la cicatrisation superficielle et permette l'écoulement du
pus et du lait jusqu'à ce que l'adhésion des parties profondes ait eu lieu. Ces plaies sont graves , assez longues ; leur danger principal vient cependant de la nature du virus qui a pu y être déposé. Si le chien ou le
loup qui les a faites est atteint de la rage , ou qu'il y
ait de très-fortes raisons pour le soupçonner, il ne faut

pas hésiter à porter jusqu'au fond de la plaie un fer rougi à blanc. Il vaut mieux détruire la mamelle que d'exposer la femelle à périr.

Après la morsure de la vipère, on reconnaît l'endroit où les dents se sont implantées, à deux petits points colorés en rouge violacé. L'enflure, qui survient rapidement après, tend la peau, les efface, et on ne trouve plus qu'une ecchymose violacée. Si l'on est appelé au début, avant la formation de l'ecchymose, il convient d'agrandir les plaies avec le bistouri, et d'y neutraliser le virus avec l'*ammoniaque, ou même avec le fer rougi.*

On met l'ammoniaque à la dose de vingt à vingt-cinq gouttes dans une pinte de liquide quand il s'agit d'une chienne; une demi-once et même plus peut être employée pour la jument et la vache.

Quand l'ecchymose a déjà paru, on fait des scarifications pour favoriser la sortie du sang et de la sérosité infiltrée, puis on cautérise avec l'ammoniaque liquide. On donne à l'intérieur des décoctions de sauge, de sureau, de plantes excitantes, dans lesquelles on ajoute sept à huit grammes d'ammoniaque, dans le but d'activer la circulation, de provoquer la sueur, et d'éliminer ainsi le virus absorbé.

Les expérimentateurs, comme Fontana, qui ont étudié l'influence de la morsure des vipères sur les grands animaux, n'ont vu que très-rarement la mort en être la suite; sans doute parce qu'ils ont porté de suite remède au mal. Dans la pratique , quand ces plaies sont méconnues, la mort en est souvent la suite. M. Schaack a donné des soins à un mulet qui avait été mordu au fourreau par un de ces animaux qui s'était élancé sur lui des bords d'un chemin creux, et qui fut écrasé après par la roue de la voiture. Le mulet est mort quelques jours après. L'auteur de l'observation ne dit pas quel fut le traitement et à quelle époque du mal il fut essayé.

M. Chanel, médecin vétérinaire à Bourg (Ain), a observé deux cas de morsure de la vipère. Une jument nourrice fut mordue à la mamelle, sur le bord d'un étang où elle s'était couchée. M. Chanel qui fut appelé prescrivit le traitement que nous allons indiquer dans l'observation suivante, et qui ne fut pas suivi par le propriétaire. L'enflure s'étendit de la mamelle à tout le dessous du ventre et aux membres de derrière, et la bête périt le cinquième jour , presque sans douleur. Dans une petite écurie très-chaude , et dont on laissait la porte ouverte la nuit, une jument dont on venait de sevrer le poulain, et qui avait encore du lait , présenta un engorgement considérable des mamelles qui remontait jusque sous le ventre, et n'était accompagné ni de douleur, ni de chaleur vive. Le jardinier qui avait vu une vipère dans des broussailles placées auprès de l'écurie, l'attira au moyen d'un vase de lait qu'on avait placé près de son gîte, et s'en empara. Attribuant donc le mal à cette cause, M. Chanel, le jour où il reconnut la maladie à la difficulté avec laquelle marchait sa jument, examina les mamelles avec soin, ne trouva pas de plaies, mais des ecchymoses d'une teinte rouge-brune. La bête était du reste dans un état général d'engourdissement, de stupéfaction.

L'œdème s'étendit au ventre et aux membres de derrière , le lait se supprima , et il survint de la fièvre. Des scarifications furent pratiquées sur divers points qui laissèrent écouler une sérosité rougeâtre et on les lotionna avec l'ammoniaque jusqu'au sixième jour. Deux sétons furent placés au poitrail , et l'enflure du ventre circonscrite par une raie de feu. Ces moyens procurèrent une diminution de l'œdème qui disparut le dix-neuvième jour.

Cette observation mise en regard des deux précédentes montre bien l'importance du traitement , et prouve de plus qu'il n'est plus possible de reconnaître la trace de la morsure une fois que l'œdème est devenu considérable.

Depuis cette époque, c'est-à-dire vers 1820 , M. Chanel a vu plusieurs autres cas semblables qu'il a traités avec succès.

Un accident qui a été observé à la suite de ces plaies, lorsqu'on les cautérise avec le fer rouge, est la formation de trajets fistuleux , accompagnés de sortie du lait , persistant longtemps , à tel point qu'on est obligé de faire l'extirpation de la mamelle malade. C'est ce qui est arrivé à M. Dillon , dont l'observation a été insérée dans le *Recueil de Médecine vétérinaire*, tome XII, page 467. Il est donc bien important de ne pas introduire trop profondément le cautère actuel e d'éviter la blessure de la glande mammaire.

Traitement. — Les plaies de la mamelle, à l'exception de celles par morsure de la vipère, présentent, au point de vue du traitement local, les indications suivantes. Le cérat, l'huile, le beurre suffisent pour le premier pansement ; on les remplace par les émollients, lorsque l'inflammation s'est développée ; les lotions fréquentes d'eau de mauve tiède, de décoction de morelle et de tête de pavot ; les cataplasmes de riz, de pain, de farine de lin, cuits dans les décoctions précédentes et arrosés d'eau de goulard au début seulement, quand l'inflammation commence. La position déclive et le poids des mamelles rendent nécessaire l'usage d'un appareil suspensif, qui prend son point d'appui sur les lombes et qui soutient les glandes pour empêcher les tiraillements et les douleurs qui surviendraient sans cela.

Les pansements seront faits deux fois par jour, s'il y a ouverture des conduits galactophores et issue du lait, et on aura soin de faire couler le lait par l'acte de traire, ou le placement d'un petit tube dans le mamelon.

L'inflammation, la suppuration, l'induration de la glande ou du tissu cellulaire qui l'entoure, est la conséquence des plaies de la mamelle. C'est d'après ces différents accidents qu'on devra régler ses indications. Si les topiques émollients, narcotiques, ne suffisent pas à arrêter ses progrès on aura recours aux évacuations sanguines : locales simplement, si l'inflammation n'est pas trop forte, on saignera aux veines voisines. Si elle est plus considérable, qu'il y ait de la fièvre, on fera la saignée de la jugulaire. Je n'ai pas besoin de dire qu'on réglera sa quantité sur l'âge et la force de la femelle, cela est de règle générale, mais aussi sur la quantité de lait qu'elle fournit. Plus la vache sera bonne laitière, plus la saignée pourra être considérable, parce qu'il y a bien plus de danger de voir l'inflammation augmenter, là où déjà la glande reçoit beaucoup de sang, et parce qu'en même temps on craint moins de supprimer la sécrétion du lait ; accident qu'on pourrait redouter chez une vache dont les mamelles en fourniraient habituellement peu. Du reste, selon le conseil de Chabert, on se bornera à deux ou trois kilogrammes au plus, chez les meilleures laitières, au lieu de cinq à six que tirent certains vétérinaires ; et pour la jument à deux kilogr. seulement. Les saignées locales ou les sangsues suffisent chez les petites femelles ; seulement on se rappellera qu'il ne se fait pas d'écoulement de sang après la chute des sangsues, et qu'il faut, en conséquence, en mettre une assez bonne quantité, de dix à quinze ou vingt. On prescrira les tisanes émollientes, les décoctions d'orge, de carottes, l'eau farineuse ; on y ajoutera du sel de nitre à l'époque de la plus grande vivacité de l'inflammation. La femelle sera condamnée à un repos complet, on diminuera de plus en plus son régime ; l'orge cuite, des carottes, l'eau blanchie par la farine ou le son, le composeront principalement.

Les accidents d'induration et de suppuration seront traités ainsi qu'il sera dit à propos de la mammite.

CONGESTION SANGUINE DES MAMELLES. — ENGORGEMENT LAITEUX.

On ne peut pas séparer l'une de l'autre ces deux maladies des mamelles. En effet, la congestion sanguine des mamelles empêche la sortie du lait et à cause du gonflement du tissu glandulaire qui comprime les conduits galactophores, et à cause de la douleur qui fait que la femelle refuse de se laisser téter ou traire. De même l'engorgement des mamelles par le lait produit la congestion sanguine d'une manière mécanique, par la distension forcée des conduits et peut-être par une action chimique, par l'effet des caractères particuliers que communique au lait un séjour prolongé dans ses réservoirs, soit que la congestion commence la première ; soit que ce soit l'engorgement laiteux, l'empissement, comme on dit en terme vulgaire ; toujours ils finissent par naître l'un de l'autre et par s'associer, de façon qu'il est impossible d'isoler leur histoire. Il est même bien difficile de les distinguer toujours de l'inflammation. L'inflammation commen-

çante ne diffère guère de la congestion un peu forte ,
au moins au premier abord, quoiqu'un examen atten-
tif permette de les distinguer ; mais la suppuration ,
l'induration, le ramollissement sont des suites de l'inflammation qu'on n'observe pas après la congestion. Il
y a cependant certains engorgements localisés qui surviennent avec la congestion simple et qu'il ne faut pas
confondre avec l'induration suite de l'inflammation :
j'en parlerai tout à l'heure.

Causes. — *Congestion sanguine.*— J'ai déjà parlé de
celle qui se fait après le part , au moment où la sécrétion du lait devient plus active , et qui produit la fièvre de lait ; il y a plusieurs autres causes, les unes extérieures , le contact de la boue froide , de l'eau , de
l'humidité, des émanations ammoniacales d'une litière
malpropre ; l'impression de l'air froid , les courants
d'air qui se font par les portes , les fenêtres , les barba-
canes ; les contusions ; les autres internes , une nourriture trop abondante après le part.

En général, je l'ai déjà fait remarquer, la congestion
des mamelles et l'engorgement laiteux qui la suit ou la
précède, se voient surtout chez les femelles qui fournissent le plus de lait. On les observe dans quatre circonstances principales de la vie des femelles : 1° dans
les derniers temps de la gestation de celles qui fournissent du lait au delà du terme ordinaire fixé par la nature pour l'allaitement de leur nourrisson ; 2° immédiatement après le part ou l'avortement rapproché du

terme ; 3° à des époques variables de la durée de l'allaitement , si la femelle perd son nourrisson ou ses nourrissons ; 4° enfin , à l'époque du sevrage.

Engorgement laiteux. — L'imperforation congéniale ou accidentelle d'un ou de plusieurs mamelons ou trayons ; les contusions , comme celle produite dans l'acte de traire ou de téter lorsqu'il est exercé sans ménagements , ou les plaies du mamelon , quand le gonflement qui en résulte oblitère les conduits ; les inflammations de ces mêmes parties , crevasses , éruptions vaccinale et aphtheuse.

La mauvaise habitude qu'on a dans certains pays de ne pas laisser prendre au petit le premier lait ou colostrum , surtout si l'on n'a pas le soin d'en débarrasser la femelle ; la faiblesse du nourrisson qui ne lui permet pas d'épuiser tout le lait de sa mère , la mort du petit , son sevrage brusque , la sauvagerie de la femelle qui ne se laisse ni traire , ni téter ; enfin , la rétention mécanique du lait , lorsqu'on applique une ligature à la base des trayons , comme le font les marchands de bestiaux qui veulent donner aux vaches l'apparence de mamelles volumineuses ou dissimuler quelque point d'induration de leur tissu.

Empissement frauduleux. — Cet engorgement-là que je viens d'indiquer se dissipe de lui-même par l'écoulement spontané du lait. Le lendemain ou le surlendemain du jour où la ligature est ôtée, la mamelle revient à son volume normal. Et si , comme on le dit dans le commerce, la mamelle est grasse, malade, on s'apercevra d'abord que la quantité de lait que fournit la vache est bien loin d'être aussi grande qu'elle le paraissait, et sa maladie deviendra apparente.

Symptômes. — En général, une seule mamelle est prise dans ses deux quartiers, pour parler le langage des praticiens. Très-rarement les deux sont affectées chez la vache, mais chez les autres femelles on en trouve deux ou même plusieurs. Gonflement général, uniforme, tension de la peau qui prend un aspect luisant, sensation d'empâtement plutôt que de rénitence, chaleur plus élevée qu'à l'état normal, sans être vive et âcre au toucher; la pression y développe de la douleur.

Ce gonflement s'étend autour de la mamelle engorgée, quelquefois même jusque sous le ventre, et peut coïncider avec un œdème de cette région et des membres postérieurs. Les trayons correspondants sont tendus, sensibles au toucher, de sorte que la femelle refuse de se laisser téter et que l'acte de traire est devenu douloureux pour elle.

Plus tard, ce gonflement cesse d'être uniforme, la vue et le toucher y font découvrir des bosselures en un ou plusieurs points. Elles sont de deux espèces, les unes sont purement sanguines; ce sont celles que j'indiquais en commençant. Il ne faut pas les considérer comme des indurations, mais comme des infiltrations sanguines du tissu cellulaire, tout-à-fait semblables

aux tumeurs sanguines non fluctuantes qui survien.
nent après les contusions , et à ces soulèvements de la
peau que les maréchaux nomment échauboulures.
Elles conservent cette sensation d'empâtement qui
pourrait abuser des praticiens inexpérimentés et faire
croire à des collections de sang liquide , de lait ou de
pus; tandis qu'il y a réellement infiltration du sang
dans les mailles intactes du tissu cellulaire, et par
conséquent pas de véritable fluctuation. Elles n'ont
pas non plus la rénitence et la dureté des indurations
suites d'inflammation On peut en quelque sorte les
isoler par le toucher , et elles ne se fondent pas par
une gradation insensible avec les tissus , comme l'induration. *Enfin , elles se résolvent souvent.*

Il y a une autre espèce de bosselures ; celles-ci tiennent à la formation de grumeaux de lait. J'y reviendrai tout à l'heure.

La sécrétion du lait est viciée. Il devient trouble ,
séreux, caillebotté, il perd sa teinte d'un blanc mat et
devient grisâtre ou jaunâtre; il ressemble quelquefois au
pus de certains abcès froids, c'est-à-dire qu'il est séreux,
filant, glaireux , avec des grumeaux d'un blanc grisâtre. Il prend même quelquefois une couleur rougeâtre , comme rouillée , ce qui annoncerait , d'après
quelques praticiens , un travail inflammatoire.

Le gonflement de la mamelle et la douleur rendent
la marche de la femelle embarrassée ; elle tient ses
jambes de derrière écartées ; elle a besoin de repos, et

lorsqu'elle se couche, c'est sur un côté du corps qu'elle se met , en ayant soin de porter en arrière le membre de dessus , pour éviter la moindre compression de l'organe malade. Le faciès indique la souffrance , le piétinement alternatif des membres de derrière dénote un malaise anxieux. La chienne se plaint , est haletante , etc.

Cet état peut rester tout local, sans fièvre , ou avec peu de fièvre ; il peut aussi s'en développer. La température du corps est alors élevée , il y a des bouffées de chaleur qui alternent avec des frissons, le pouls et la respiration s'accélèrent, l'appétit diminue ou manque ; la soif est plus vive.

MARCHE.—1° La congestion et l'engorgement laiteux peuvent se dissiper d'eux-mêmes, si on a soin de vider les mamelles par la mulsion ou la lactation , ou si le lait devenu séreux et clair s'écoule de lui-même , et qu'on emploie les moyens hygiéniques et le traitement local que j'indiquerai tout à l'heure.

2° Le séjour prolongé du lait dans ses canaux peut amener la formation de grumeaux de lait que les praticiens nomment durillons et sur lesquels je reviendrai en parlant des vices de sécrétion.

3° La congestion , si elle ne disparaît pas spontanément , produit souvent l'inflammation. Ceux qui ont lu ma *Pathologie générale* se rendront bien compte de cette marche de la maladie.

Par quels symptômes différenciera-t-on ces deux états

morbides? Quelques praticiens donnent les deux symptômes suivants qui, d'après eux, sont caractéristiques de l'inflammation ; l'apparition à la surface de la glande de bosselures d'une teinte rouge sombre ou violacée, et la couleur de rouille du lait. Je ne peux pas partager entièrement leur manière de voir. Les bosselures me paraissent au contraire un symptôme fréquent dans la plupart des congestions, et la couleur rouillée, qui tient à une transudation légère du sang, me paraît bien pouvoir tenir à la même cause. J'avoue cependant qu'il peut y avoir quelques doutes à cet égard, quoique je ne puisse admettre que cette couleur à elle seule suffise à caractériser l'inflammation.

Mais la persistance de l'engorgement des mamelles, le développement de la chaleur, de la douleur, la fièvre et les symptômes généraux qui augmentent notablement; voilà, ce me semble, des signes qui annoncent suffisamment l'inflammation.

1º *Résolution*. — Elle s'obtient souvent lorsqu'il n'y a ni imperforation des mamelons, ni gêne à la sortie du lait par un grumeau de lait coagulé. Le lait s'écoule ou on le trait ; le gonflement diminue peu à peu, les bosselures deviennent plus molles, s'affaissent, la peau perd sa teinte rouge sombre, la douleur et les symptômes qu'elle produit deviennent moins forts, et la glande reprend peu à peu son volume. Relativement à sa durée, elle n'est guère moindre de cinq à six jours, le plus souvent elle va à quinze, vingt et plus.

Le mamelon est souvent le point de départ de la maladie ; quand la résolution s'opère, il se détuméfie, cesse d'être douloureux ; les gerçures, s'il y en a, se cicatrisent. La résolution ne suit pas toujours une marche bien régulière. C'est ainsi qu'après qu'elle a eu lieu dans un des quartiers de la mamelle, on s'aperçoit que l'autre quartier du même côté, ou l'un de ceux de la mamelle opposée devient malade et s'engorge à son tour. Il arrive que l'enflure s'étend sous le ventre et même sous la poitrine; une indigestion complique souvent ces congestions rebelles, ou plutôt le tube digestif est affecté d'un de ces embarras, d'une ces supersécrétions muqueuses, qui amènent l'indigestion et le ballonnement du ventre et qu'on fait cesser par la diète, l'emploi des sels neutres purgatifs, de l'aloës, et par les lavements. Les congestions en général sont fréquemment liées à quelqu'un de ces états qu'on appelle embarras gastrique ou intestinal, et c'est en faisant cesser cet état qu'on obtient la résolution de la congestion ou qu'on prévient des récidives.

2° *Formation de masses laiteuses.* — Par le séjour prolongé du lait dans les canaux du trayon, il se forme des grumeaux qui acquièrent de la dureté et forment un obstacle plus ou moins complet à l'écoulement du liquide. Les gens de campagne, et, à leur exemple, les vétérinaires, leur ont donné le nom impropre de durillons. Ainsi, après avoir été produits par l'empissement, ils l'entretiennent à leur tour.

Leur siège varie ; quelquefois on les trouve au niveau du rétrécissement qu'il forme au bout du mamelon, ou bien du sphincter qui sépare les sinus des vaisseaux qui parcourent le mamelon , d'autres fois c'est vers le milieu ou le tiers inférieur de son trajet. Ils sont en général uniques ; leur volume varie depuis celui d'un gros pois jusqu'à celui d'une aveline ; et leur consistance, qui est ordinairement celle d'un grumeau de mucus ou de fromage durci , arrive quelquefois jusqu'à celle d'un *calcul urinaire*.

Le premier effet qu'ils produisent est la difficulté avec laquelle le lait sort et l'engorgement laiteux qui en est la suite. Le plus souvent ils n'opposent pas un obstacle complet à l'écoulement du lait. A moins qu'ils ne soient d'un très gros volume , le lait passe entre eux et les parois du mamelon , mais en petite quantité ; de sorte qu'on ne peut pas épuiser complètement le quartier correspondant de la mamelle. Lorsqu'il occupe la partie supérieure du mamelon , il forme un obstacle moins grand que s'il se trouve près du bout, le plus souvent il finit par arriver là , à cause des efforts que fait la femme chargée de traire , efforts qui le font descendre. Or, arrivé au bout , il ferme presque complètement l'orifice qui est rétréci. Leur présence est facile à constater ; pour cela on prend le mamelon entre deux doigts et on fait glisser de haut en bas, en pressant légèrement sur lui ; là où est le grumeau on sent une dureté qui résiste à la pression.

On pourrait confondre la masse laiteuse avec les indurations du tissu même du mamelon; mais la première est nettement circonscrite et presque toujours
mobile; on peut, en la repoussant en haut ou en bas,
lui faire parcourir une partie de l'étendue du mamelon, l'amener jusque près du bout, quelquefois même
la faire sortir complètement. L'induration des tissus
est plus diffuse, on ne peut pas la limiter nettement;
elle est fixe et ne se laisse pas déplacer, ou si elle semble se déplacer, on sent que les tissus se déplacent
avec elle.

L'engorgement laiteux, qui reconnaît ces masses
laiteuses pour cause, doit être plus grave que les autres lorsqu'on ne peut venir à bout d'extraire le corps;
parce que le lait constamment retenu est une cause incessante de tension et de douleur; l'inflammation, la
suppuration, les abcès seront donc fréquents à la suite.
Je cite ici une observation intéressante due à Morier.

Une vache fournissant habituellement beaucoup de
lait, fut atteinte, trois mois après le vêlage, d'un durillon qui occupait la partie la plus élevée du trayon.
En cette position, il permettait de tirer le lait, mais
il fermait le canal si on le faisait descendre. On fit des
efforts pour l'extraire sans pouvoir y parvenir. Dès
lors un engorgement laiteux s'en suivit, et le second
jour le quartier de la mamelle correspondant à ce
trayon, se tuméfia et s'endolorit.

Le vétérinaire est appelé pour donner des soins à la

malade ; il introduit dans le conduit principal du trayon un petit tuyau de plume qui permet à peine à quelques gouttes de lait de s'écouler. (Cataplasmes de feuilles de mauve et de fleurs de sureau, que l'on renouvelle trois fois par jour et que l'on humecte souvent.)

Le deuxième jour, la tuméfaction est augmentée, la peau est colorée en rouge, le lait est diminué de quantité dans les trois trayons sains. La vache tient sa jambe droite écartée de la mamelle, les mouvements de ses lombes sont embarrassés, le pouls est plein et fréquent, les oreilles alternativement froides et chaudes, des tremblements partiels ont lieu par moments, l'appétit s'arrête. (Saignée de trois kilog., purgatif composé d'infusion de séné, miellée, à laquelle on ajoute du sulfate de soude (sel de Glauber), ciguë écrasée en application sur la mamelle.)

Troisième jour, augmentation de volume de l'organe, suppression presque complète du lait dans tous les trayons, pouls plus fréquent que la veille et dur ; la rumination est suspendue ; un peu d'effet du purgatif vers le soir. (Tisane d'orge, nitrée et miellée, même cataplasme.)

Quatrième jour, l'engorgement de la mamelle s'est accru du côté droit seulement, les deux trayons de ce côté fournissent du lait très séreux, roussâtre ; abattement des forces, matières fécales sèches, consistantes, recouvertes de mucus intestinal. On craint le développement d'une entérite et la gangrène de la mamelle.

(Tisane d'orge miellée et nitrée, lavements émollients, cataplasme maturatif sur la mamelle.)

Cinquième jour, légère diminution de volume, de tension et de douleur de la partie malade, moins de fièvre et d'abattement des forces, léger réveil de l'appétit et de la rumination. (On continue les mêmes boissons et le traitement local jusqu'au dixième jour.) Pendant ces quatre jours le lait a été petit à petit sécrété avec un peu plus d'abondance par les deux trayons du côté gauche et s'est rapproché de ses qualités normales. Le côté droit de la mamelle est indolent, œdématié, la peau est blafarde, le quartier postérieur conserve l'empreinte du doigt, le léger duvet qui la recouvre se détache; un abcès se forme, la fièvre est considérablement diminuée, l'appétit et la rumination se rétablissent. (Continuation du cataplasme maturatif, même traitement intérieur.)

Douzième jour, continuation de l'œdématie, plus marquée dans les parties rapprochées du trayon, néanmoins fluctuation peu sensible. On ponctionne en cet endroit profondément avec le bistouri, on donne issue à un liquide séreux, ressemblant à du petit lait qui sort en petite quantité immédiatement, mais par gouttes incessantes pendant les trois jours suivants. (Tente enduite d'onguent digestif dans la plaie, onction sur les environs avec un mélange d'onguent d'althæa et d'huile de laurier.) Le trouble général a cessé.

Dix-huitième jour, la plaie est close. Le mamelon,

siège du durillon , reste dur et racorni , ne fournit plus de lait ; les trois autres n'en donnent qu'une fort petite quantité , les deux mamelles deviennent flasques. On se décida à mettre cette vache à l'engrais pour être vendue au boucher.

3° *Collection laiteuse.* — Le séjour prolongé du lait dans ses conduits peut-il donner lieu à la formation de dépôts? Le lait peut-il se réunir en une collection qui s'enkyste par l'oblitération du conduit, et constituer ainsi un abcès qui , au lieu d'être purulent , est exclusivement laiteux ? C'est ce que pensent plusieurs personnes en médecine humaine et vétérinaire. Des médecins ont signalé plusieurs fois dans les seins de la femme des collections de liquides tellement différents du pus par leur aspect et leur consistance, et présentant tant d'analogie avec le lait, qu'ils ont été portés à les confondre ensemble , quoique l'analyse chimique n'ait pas fourni de résultats positifs. Ce qui fortifie encore leur opinion , c'est que les dépôts s'étaient formés sans inflammation , sans tuméfaction , sans rougeur de la mamelle ; la peau étant au contraire pâle et comme œdémateuse,

4° *Suppression de la sécrétion du lait.* — Lorsque la congestion s'est terminée par résolution et qu'on a redonné au lait toutes ses qualités normales , on le voit quelquefois diminuer, puis tarir, accident fâcheux pour le propriétaire si c'était une vache laitière , et pour le nourrisson s'il n'est pas encore sevré , ce qui est le cas le plus ordinaire.

5° *Inflammation.* — C'est une terminaison assez commune. C'est à elle qu'il faut rapporter ces indurations persistantes, dont la résolution est si difficile à obtenir, et qui se changent ensuite, dans quelques cas, en squirrhes ou en encéphaloïdes; puis la suppuration , les abcès.

TRAITEMENT. — Le traitement comprend deux ordres de moyens : *a*) ceux qui s'adressent à l'engorgement laiteux ; *b*) ceux qui s'adressent à la congestion sanguine.

a) *Moyens propres à combattre l'engorgement laiteux.* — Ils consistent : 1° à faciliter l'écoulement du lait ou à l'extraire avec la main ; 2° à diminuer l'activité de la sécrétion de la mamelle.

Pour le premier ordre, on veillera à ce que les femelles, principalement les vaches , soient traites à fond, afin que le lait ne puisse séjourner dans les mamelles. Les domestiques, pour s'éviter cette peine, prétextent quelquefois que la vache retient son lait. S'il est vrai qu'il y ait des cas de ce genre , ils s'expliquent, soit par la crainte que la femelle éprouve à se laisser toucher les trayons, soit à cause d'une sensibilité plus vive de ces parties qui produit un resserrement, un spasme, pour se servir de ce vieux mot, qui empêche le lait de couler. Il faut habituer petit à petit la bête à se laisser toucher , la caresser plutôt que la brusquer, sinon on pourra essayer le procédé qui réussit, à ce qu'on assure, sur la femelle du buffle, où la circonstance dont je parle se présente souvent et qui consiste à introduire la main dans le vagin jusqu'au col utérin, pour irriter légèrement l'utérus et produire sur lui une révulsion.

Il peut se faire aussi que la vache refuse de se laisser traire par une fille de basse cour à laquelle elle n'est pas habituée ; il est aussi des vaches mutines et vicieuses qu'on a de la peine à traire après le premier ou même le deuxième part.

La fille aura bientôt vaincu la répugnance de la vache dans le premier cas, si elle en prend soin avec douceur, si elle la nourrit abondamment, lui donne de temps en temps quelques friandises ; on soumettra celles qui sont indociles en les menaçant de la voix, en leur tenant les cornes ou les pieds de derrière, enfin en introduisant la main dans l'utérus.

Les gens de campagne, à l'exemple des guérisseurs, introduisent dans le principal conduit du lait un petit tuyau de paille pour faciliter l'écoulement du lait. Il est évident que ce moyen ne convient que dans le cas où il n'y a pas une congestion sanguine ou une inflammation accompagnées de douleur ; il ne ferait que les augmenter. Dans le cas contraire, il faut employer d'abord les moyens locaux et généraux qui constituent le traitement de ces maladies. Ce n'est qu'après qu'il convient d'employer le tuyau de paille. Les vétérinaires, au lieu de la paille, se servent d'une plume de poule ou de pigeon, suivant la capacité du conduit, ou même de petits tubes en plomb un peu renflésen boule dans le bout à introduire, ce qui fait qu'ils restent plus facilement fixés, et ils les enduisent de beurre, de saindoux, d'onguent populéum.

La canule n'exclut pas le trayage. On doit, au contraire, avoir soin de l'opérer toutes les heures ou au moins toutes les deux heures; on retire pour cela la plume ou le tube que l'on replace immédiatement après; et on continue ainsi jusqu'à ce que l'engorgement laiteux ait disparu.

Il est bien entendu qu'il faut en même temps traire le lait des autres mamelons, non-seulement pour empêcher qu'ils ne deviennent à leur tour le siége d'un engorgement laiteux, mais aussi pour ne pas laisser perdre le produit de la sécrétion. La traite incomplètement opérée, amène une diminution et ensuite une cessation plus ou moins complète de la sécrétion des mamelles.

En général, la main qui trait est moins redoutée par les femelles dont les glandes sont douloureuses que le téter du nourrisson; les juments les plus difficiles se laissent traire, s'y prêtent même avec calme, tandis qu'elles repoussent avec violence leur poulain.

Cependant, lorsque la femelle nourrit, il est bien de lui laisser son nourrisson, au moins tant que la congestion n'est pas trop considérable, et même, si son nourrisson est mort, on lui en donne un de la même espèce. Il a été dit ailleurs comment on procède à l'adoption d'un nourrisson étranger.

Quand on se sert d'un nourrisson pour extraire le lait, on ne doit pas abandonner le jeune animal à lui-même; la femelle le repousserait et il serait exposé à être maltraité ou même tué. On commence donc par s'emparer de la femelle que l'on caresse avec la main ou que l'on menace en même temps qu'on met avec ménagement le petit à la mamelle. On empêche qu'il ne donne des coups de tête et des secousses trop vives à la glande, en lui saisissant la tête avec les deux mains et en modérant tous ses mouvements.

En ce qui concerne le poulain, il faut empêcher qu'un nourrisson étranger suive au pâturage sa mère adoptive. Cette tentative pourrait lui être fâcheuse, car il est rare que la jument adopte librement un poulain étranger. On se borne à le faire téter à l'écurie.

2° Diminuer l'activité de la sécrétion du lait. Le premier moyen, c'est de diminuer le régime, de manière à ce que la digestion ne fournisse pas trop de sang. Non-seulement le régime doit être diminué, mais on doit choisir aussi les aliments qui, à volume égal, sont le moins nourrissants, quoique de digestion facile.

Les saignées, les purgatifs, les diurétiques forment une deuxième classe de moyens propres à diminuer la sécrétion.

b) Moyens propres à combattre la congestion sanguine. — Les uns sont hygiéniques préservatifs, les autres composent le traitement proprement dit.

Les premiers consistent à éviter à la femelle toutes les causes de congestions, à la préserver des courants d'air frais qui peuvent s'établir entre les portes et les fenêtres des habitations. Si la femelle fréquente les pâturages, on évitera de lui faire parcourir les chemins boueux, traverser les ruisseaux, les branches de rivière qui la séparent du pâturage, les pâturages bas et humides.

Les moyens curatifs sont, les uns locaux, les autres généraux.

Traitement local. — Il comprend les topiques qu'on applique sur les mamelles et l'extraction des grumeaux de lait, dont je parlerai après le traitement général.

Les topiques sont de deux espèces, suivant que la congestion est plus ou moins douloureuse. Si l'engorgement est considérable, accompagné de chaleur et de douleur, il faut employer des émollients et des narcotiques; les cataplasmes de farine de lin, de seigle, de riz, de pain, de mauve, simples ou associés à la morelle, la tête de pavot, arrosés d'huile douce ou même d'eau de goulard légère; les topiques ne conviennent évidemment qu'aux bêtes qui séjournent à l'écurie : pour celles qui continuent d'aller au pâturage, on se borne à des onctions de cérat, d'onguent populéum, ou simplement de beurre. Dans les deux cas, il est indispensable de soutenir les mamelles avec un bandage pour empêcher les tiraillements et la douleur qu'ils occasionnent.

Ce bandage doit avoir la forme d'un bonnet, d'une large poche, capable de recevoir toute la mamelle ; des deux angles antérieurs de cette poche, on fait partir deux liens qui embrassent le corps et viennent se réunir sur les lombes ; aux deux angles postérieurs sont fixés deux autres liens qui, après avoir passé de chaque côté des mamelles, se croisent sur la queue et vont se réunir aux précédents liens déjà fixés sur les lombes. Lorsque les mamelons sont eux-mêmes engorgés et douloureux, on a soin de les comprendre dans le bandage, sinon, pour faciliter l'écoulement du lait, on perce le bandage pour le passage des trayons.

Il faut que les cataplasmes qu'on applique sur le bandage ne soient pas trop liquides ; autrement ils couleraient facilement ; comme aussi il faut entourer l'appareil d'un morceau de laine pour empêcher qu'ils ne se refroidissent par les temps froids. Dans le même but, on les changera trois ou quatre fois par jour et on les réchauffera de temps en temps, en dirigeant sur les mamelles des fumigations émollientes, narcotiques ; ou, comme le font quelques praticiens, en versant du lait sur une pelle en fer très chaude ; la vapeur abondante qui s'en dégage constitue une bonne fumigation.

Les petites femelles se livrent à trop de mouvements pour qu'on puisse leur appliquer des cataplasmes.

A mesure que sous l'influence des topiques émollients, narcotiques, astringents, et du traitement général, si on a jugé à propos de l'employer, les symptômes de l'état aigu se sont calmés et ont disparu , on peut passer avec avantage , pour hâter la terminaison, à l'emploi de quelques résolutifs. Chaque praticien a , pour ainsi dire, son remède, sa recette : quelques-uns recommandent le mélange suivant qu'ils nomment emmiellure et qui se compose de cendres de sarment, de lait , de miel et de sel de cuisine , dont ils n'indiquent pas les proportions relatives , et qu'ils veulent qu'on continue pendant plusieurs jours. D'autres emploient un mélange d'onguent populéum et d'ammoniaque ; ou bien l'infusion de sureau chaude , en lotions , en fumigations ; en un mot , on emploiera les plantes excitantes résolutives , le sureau , le tilleul , la lavande , la sauge , le romarin , le thym , le serpolet , sous toutes les formes ; l'huile camphrée , les pommades au savon , les préparations de soude et de potasse , etc. , etc.

Bon nombre de praticiens même veulent qu'on se serve de ces résolutifs dès le début, dans l'espérance de faire résoudre plus vite la congestion. Mais c'est à tort ; il faut suivre la marche indiquée par la nature ; calmer d'abord l'état aigu , et n'essayer qu'après les moyens excitants qui activent la circulation et la résolution.

Traitement général. — Si la congestion est légère , on se contentera de tisanes émollientes et diurétiques , de pariétaire , de chiendent , d'orge , dans lesquelles on ajoutera par jour de trente-deux à soixante-quatre grammes de nitre pour la vache, trente-deux seulement pour la jument, et de un à quatre pour les petites femelles.

Si les fèces sont sèches et noirâtres, le ventre tendu, serré, on donnera des lavements, deux ou trois par jour ; le régime sera diminué ; il se composera d'une petite quantité de substances solides, et, si c'est possible, adoucissantes et peu nutritives ; aux femelles herbivores on fournira des herbes fraîches et aqueuses, si la saison le permet, et à leur défaut de la paille, du regain, du son étendu dans beaucoup d'eau. On évitera les farines et les grains qui sont trop nourrissants sous un petit volume. Parmi les racines, on choisira les moins nutritives ; elles se rangent dans l'ordre suivant : la carotte qui l'est le moins, puis la pomme de terre et la betterave. M. Péligot a constaté par ses expériences que c'était la betterave qui fournissait le plus de lait. Les mélanges de luzerne et d'avoine sont aussi fort nourrissants et donnent beaucoup de lait.

Aux femelles carnivores on donne de la soupe claire, du lait étendu de deux tiers d'eau, dans lequel on peut même ajouter de la manne grasse. Le petit lait procure les mêmes avantages surtout pour la truie.

Plus la congestion est forte, plus les symptômes généraux, la fièvre, le malaise, l'anxiété, sont marqués, plus il est nécessaire d'ajouter aux moyens précédents un autre moyen plus actif, la soustraction du sang. Malheureusement le vétérinaire trouve souvent un obstacle invincible dans la volonté des propriétaires, au moins lorsqu'il s'agit de vaches laitières. Ils craignent de voir le lait diminuer et tarir. Sans doute la saignée abondante et répétée sans nécessité absolue peut nuire à la sécrétion mammaire, parce qu'elle diminue le sang où toutes les sécrétions puisent leurs éléments ; mais d'un autre côté le défaut d'évacuation sanguine peut causer de graves accidents ; l'inflammation peut se développer, la suppuration ou l'induration à la suite, et l'intégrité de la glande ou même la vie de la femelle est menacée.

Aussi tous les praticiens conseillent la saignée, lorsque les symptômes deviennent graves, que la mamelle est violemment tendue, que la peau en est luisante et rouge, les mouvements des lombes embarrassés et pénibles, le malaise anxieux rendu sensible par le déplacement fréquent des membres postérieurs, que le lait devient couleur de rouille et prend un aspect purulent, que le pouls et la respiration sont devenus plus fréquents. On suivra, pour la quantité de sang à tirer, les règles que j'ai indiquées ailleurs, et on ne reviendra à la saignée que lorsque la persistance des accidents la rendra absolument indispensable.

Extraction des durillons. — Pour achever l'histoire du traitement, il nous reste quelques mots à dire de l'extraction de ces grumeaux de lait ou de fausses

membranes qui obstruent plus ou moins complètement le trayon , et entretiennent l'engorgement laiteux et la congestion. Trois méthodes sont employées
dans le but de les extraire : 1° la méthode de déplacement ; 2° l'extraction proprement dite ; 3° la destruction sur place de ces grumeaux et leur extraction par
fragments.

1° *Le déplacement du grumeau* ne peut s'opérer que
lorsqu'il est arrêté à la base du mamelon et qu'il est
peu volumineux. On recommande à la trayeuse de le
faire glisser à chaque traite jusqu'au milieu ou aux
deux tiers inférieurs du mamelon ; on s'est assuré
souvent que dans cette position on peut obtenir du
lait avec assez de facilité et d'abondance, en se bor-
nant alors à traire le bout seulement du mamelon.
Du reste, arrivé là, il est quelquefois possible par les
seuls efforts de glissement des doigts de le faire sortir
entièrement.

Lorsqu'on s'est assuré que son volume est trop considérable pour qu'il puisse passer par l'ouverture, on
agrandit cet orifice. Une sonde cannelée est introduite
dans le conduit obstrué , jusqu'à ce que son bout rencontre le durillon, puis un bistouri étant glissé le long
de la rainure on fend le conduit jusqu'à l'endroit qu'occupe le corps étranger et par des mouvements de pression on le fait sortir.

On a pu dans quelques cas se dispenser du débridement ; il suffit de faire dilater l'orifice par un aide ,

pour porter au-dehors un de ces corps même assez
gros, en le faisant glisser de haut en bas par la pression des deux mains et en imitant l'acte de traire,
comme le prouve l'observation insérée dans le 2ᵉ volume des *Mémoires de la société du Calvados*, par M. Duplenne : la vache dont il s'agit, parvenue presque à
l'époque du part, prit un engorgement de la mamelle,
avec fièvre et perte de l'appétit. En explorant les mamelons, on reconnut, du côté malade, une masse du
volume d'une aveline, assez consistante pour qu'on
eût besoin d'un marteau pour la briser. Ce corps d'un
blanc jaunâtre à l'extérieur avait une teinte jaune
beaucoup plus foncée dans sa cassure et fit efferves-
cence avec l'acide sulfurique.

2° *Extraction.* — Je propose pour extraire les masses qui obstruent les trayons de se servir d'une sonde
creuse munie d'une tige dans son intérieur, et telle
que son bout puisse se recourber à angle droit lorsqu'on pousse la tige ; la sonde étant introduite droite
jusqu'au delà du corps à extraire, on la fait recourber
de façon à ce qu'étant ainsi saisi par derrière au moyen
de ce crochet, le corps puisse être amené par des mouvements lents jusqu'à l'extérieur.

3° *Destruction sur place.* — Morier l'a tentée plusieurs fois, et il assure avoir presque toujours réussi.
Cet habile praticien se servait pour cette opération
d'une sonde qu'il nomme à cloche. Elle consiste en
une tige métallique montée sur un manche, taraudée

à l'autre bout pour recevoir un bistouri légèrement mousse, comme les sondes ordinaires ; ce bouton, de forme conique, présente à sa base un bord circulaire tranchant comme le limbe d'une cloche. Au milieu de cette base se trouve un trou également taraudé qui sert à le visser sur le bout de la tige opposé au manche.

Plusieurs de ces boutons, en forme de cloche de différente grosseur, peuvent s'adapter à la même tige.

Pour s'en servir, Morier l'introduisait comme une sonde ordinaire dans le grand orifice du mamelon de la vache, le faisait d'abord arriver jusqu'au durillon ; cela fait, il comprimait le mamelon avec les doigts pour empêcher le corps étranger d'être repoussé en haut par le bout de la sonde, et par un léger effort de la main qui le tenait, il le poussait au delà. Alors, par des mouvements de recul et en faisant agir le limbe tranchant de la cloche sur le durillon, il parvenait, assure ce vétérinaire, à l'entamer à sa superficie et enfin à l'extraire. Malgré les avantages que ce praticien attribuait à son instrument, tout porte à croire que son bord tranchant circulaire, agissant à la fois sur le durillon et sur la paroi opposée du conduit laiteux, devait l'excorier et l'enflammer. L'instrument extracteur dont il a été parlé plus haut et qui a de l'analogie avec la sonde du docteur Amussat, me paraît réunir les mêmes avantages sans en avoir les inconvénients.

M. Cros, vétérinaire à Milan, a eu l'occasion d'extraire du mamelon d'une vache un de ces grumeaux
caséeux, consistant, en forme de tube, au moyen d'une
sonde cannelée et d'une pince.

ÉRYTHÈME.

Il est caractérisé par des taches rouges superficielles,
souvent très-larges, d'une teinte foncée; cette coloration intense, foncée, est le caractère principal qui le
distingue de l'érysipèle; car de même que l'érysipèle,
l'érythème occupe quelquefois une partie de la mamelle
sans interruption, c'est-à-dire qu'il n'y a pas ces taches,
ces rougeurs circonscrites que j'ai dit exister habituellement.

L'érythème est assez fréquent; mais à cause de son
peu de gravité, il n'attire guère l'attention des personnes chargées de soigner les bestiaux.

Ses causes sont : les frottements de la peau des mamelles contre les cuisses, chez les femelles où ces
glandes sont volumineuses, chez celles qu'on fait travailler ou qui font des marches assez longues; les piqûres, les excoriations, l'application de corps irritants, les graisses et les pommades qu'on laisse rancir;
les émanations d'un fumier qu'on laisse séjourner trop
longtemps.

Il se dissipe en général de lui-même par le repos,
les soins de propreté; on lave la peau avec de l'eau de
savon tiède pour la débarrasser des corps gras qui peu-

vent séjourner à sa surface; on fait de fréquentes lotions d'eau de mauve, de tête de pavot, de morelle; en ayant bien soin d'essuyer la peau après chaque lotion, afin de la préserver des refroidissements.

Les hommes qui se sont occupés des maladies de la vache, ne manquent pas de dire que les mamelles de cette femelle sont quelquefois le siége d'éruptions désignées par les uns (Boutrolle) sous le nom de gale, par d'autres sous celui de boutons et de dartres (Favre). Aucun praticien n'ayant fait une étude spéciale des caractères élémentaires de ces éruptions, on ne saurait jusqu'à ce jour déterminer leur nature.

Boutrolle dit qu'elles se montrent par les temps pluvieux ou froids, lorsque les vaches commencent à coucher dehors, ou peu de temps après avoir vêlé, ou encore quand elles passent trop souvent dans l'eau jusqu'à la mamelle, d'où l'on pourrait presque conclure qu'il s'agit de l'érythème papuleux qui, en se terminant par la chute en écailles de l'épiderme, donnerait à la peau l'aspect des soi-disant gales ou des dartres, dénominations insignifiantes maintenant en médecine. Favre ne dit rien du traitement de cette cutite; mais Boutrolle prescrit un topique de sa façon, qui est un mélange à la dose d'une demi-once de blanc de céruse (carbonate de plomb), de mine de plomb (graphite ou plombagine), de litharge d'or (protoxide de plomb), mêlés à la graisse de porc fondue. Il recommande d'en frictionner la mamelle deux fois par jour après l'avoir tirée. Ce sera donc encore au traitement de l'érythème qui précède que l'on aura recours dans ce cas.

ÉRUPTIONS VÉSICULEUSES.

La principale maladie de ce genre est désignée sous le nom d'*éruption aphtheuse*. Plusieurs vétérinaires ont signalé depuis longtemps les phlyctènes qui se montrent sur les trayons des vaches dans certaines formes de la maladie aphtheuse ; mais **M. Huzard** fils est le premier, à mon avis, qui ait bien fait connaître les ulcérations qui leur succèdent, et à la suite desquelles il peut survenir l'oblitération des conduits galactophores (*Rapport sur la Maladie aphteuse du bétail*, fait au Conseil de salubrité en 1839, p. 3).

Symptômes. — Les symptômes généraux sont les premiers qui apparaissent et qui indiquent un trouble général du corps : grand abattement des forces, diminution de l'appétit et de la quantité du lait. Vers le deuxième ou le troisième jour, augmentation des symptômes, fièvre, frissons, hérissement du poil, puis chaleur de la peau et perte de l'appétit et de la rumination, salivation, décubitus prolongé, prostration de plus en plus forte, suppression du lait.

Apparition sur un ou deux trayons de vésicules blanchâtres ou rougeâtres, entourées d'une auréole rouge-pâle ; arrondies, si elles sont isolées; irrégulières, s'il y a confluence, parce qu'elles se confondent par leurs bords. Quelques-unes de ces vésicules siègent au bas de la mamelle, dans le lieu correspondant à l'aréole du sein chez la femme; elles sont alors petites. Le plus souvent, c'est sur le trayon même qu'elles se montrent. M. Huzard fils en a très-bien décrit une forme où la vésicule, assez volumineuse pour mériter le nom de phlyctène, couvre tout l'orifice du mamelon et laisse après sa dessication une ulcération de sa base.

Dans une notice qu'il a insérée dans le dixième numéro des Mémoires de la Société vétérinaire du Calvados et de la Manche, M. Vigney entre dans des détails circonstanciés fort intéressants sur cette éruption des mamelles qu'il a observée pendant les années 1840, 1841 et 1842, dans l'ancien Bessin (département du Calvados).

Suivant son observation, la maladie de la bouche et des pieds disparaissait lorsque l'éruption des mamelles avait lieu; les trayons étaient couverts de phlyctènes plus ou moins épaisses, quelquefois confluentes, blanchâtres et cristallines à leur centre, jaunâtres vers leurs bords; elles devenaient rougeâtres par la suite. Si on les déchirait en trayant, il en sortait du sang.

Ces vésicules s'ouvrent spontanément, comme il a été dit, ou par l'effet du trayage, fort peu de temps après leur apparition. La sérosité qu'elles contiennent s'écoule, et la chute de l'épiderme laisse à nu le corps réticulaire de la peau dont la couleur est rouge et l'aspect granulé.

Pour peu que l'éruption soit abondante, le mamelon devient tendu, chaud et douloureux ; la vache refuse de se laisser traire ; le lait est diminué de moitié au moins, et si les symptômes généraux sont violents, la diminution de ce produit est encore plus considérable, ou même il est supprimé.

Chez les bêtes saines, bien tenues, que l'on trait avec ménagement, les ulcérations du mamelon se recouvrent en peu de temps de croûtes jaunâtres, sous lesquelles l'épiderme se reforme ; au contraire, chez celles qui sont mal disposées, que l'on n'a pu traire, il survient un engorgement laiteux à cause de la tuméfaction du mamelon, tuméfaction qui s'oppose à l'écoulement du lait. Le séjour de ce liquide dans les conduits galactophores amène son altération, parce qu'il se mélange à du mucus, à du pus, comme le prouvent les observations microscopiques de M. Donné et les analyses chimiques de MM. Robiquet et Lassaigne. Ce mélange a lieu surtout quand l'éruption et l'ulcération qui la suit siégent autour du mamelon.

L'inflammation de la mamelle, dans ce cas, se termine rarement par résolution, à moins que le principal orifice ne soit pas bouché, et alors même que le lait peut s'écouler, la sécrétion n'a plus lieu, la glande s'atrophie et ne reprend plus sa fonction à l'occasion d'un nouveau part.

On l'a vue se gangréner, se détacher en entier. Lorsqu'on cherchait à le vider, il s'en échappait une matière sanguinolente très-fétide.

Quelques vaches qui avaient été atteintes de l'éruption vésiculeuse sur la muqueuse buccale avaient repris leur appétit et paraissaient guéries; la mamelle jusqu'alors saine est devenue le siége de l'inflammation (M. Vigney).

Les ulcérations, après qu'elles se sont terminées par la guérison, laissent quelquefois une oblitération du mamelon par suite de la formation d'adhérences; mais elles peuvent aussi, en se prolongeant, amener la destruction de tout le mamelon; M. Huzard fils a cité des cas de ce genre.

Anatomie pathologique. — M. Vatel, qui a examiné des mamelles de vaches mortes de cette maladie, a trouvé que le tissu du mamelon était d'une teinte jaune-rougeâtre qui contrastait d'une manière tranchée avec la teinte blanche des autres mamelons. Les gros canaux lactifères étaient entièrement vides, et dans l'état normal, la muqueuse n'offrant ni rougeur, ni vésicules, ni ulcération; mais les subdivisions de ces conduits contenaient une matière d'un blanc jaunâtre, consistante, onctueuse, inodore, ressemblant à des grumeaux de beurre, et qu'on pouvait attirer au dehors par des pressions réitérées.

Traitement. — Lorsque l'éruption vésiculeuse siége sur un ou quelques mamelons, on doit recommander de ne pas les faire saigner en trayant et, après avoir tiré le lait, de les lotionner avec une légère infusion de sureau, de tilleul ou autres fleurs ou plantes excitantes, dans laquelle on fait tomber quelques gouttes d'acétate de plomb liquide, ou l'eau que ce sel aura blanchie, ou encore avec l'eau végéto-minérale. Dans l'un comme dans l'autre cas, on doit avoir soin d'essuyer ensuite les mamelons avec un linge usé et souple pour les préserver du refroidissement. Un vétérinaire prescrit en outre de couvrir les endroits excoriés d'une couche de cérat saturné et opiacé.

Dans le cas où une ou plusieurs phlyctènes occupent le bout d'un mamelon, on fait en sorte d'empêcher que les orifices ne se closent pendant la cicatrisation, en tenant le principal de ces orifices béant au moyen d'un petit cylindre en cire, que l'on place dans son intérieur. Il importe beaucoup de traire la mamelle, d'en extraire souvent le lait pour empêcher qu'elle ne s'engorge et s'enflamme.

On se conduira de la même manière en ce qui concerne les mamelles de la brebis, que M. Vigney assure avoir vues atteintes de la même éruption dans le pays où il exerce.

ÉRUPTIONS PUSTULEUSES.

La mamelle en offre deux espèces : 1° l'éruption vaccinale ; 2° la variolique.

VACCINE. — Je ne décrirai pas les caractères des pustules vaccinales ; on les trouve partout. Je ne parlerai que des résultats de cette maladie pour la mamelle et sa sécrétion.

Comme c'est ordinairement sur le trayon que l'éruption vaccinale se montre, cet organe devient plus gros, tendu et douloureux; la femelle souffre si on la touche. On recommande cependant de continuer à la traire pour prévenir l'engorgement laiteux; mais on prendra la précaution de saisir et de tirer mollement la partie du trayon la plus rapprochée de la mamelle.

La quantité de lait est diminuée en proportion de la fièvre et de l'inflammation locale; et même, si la femelle n'en fournit habituellement qu'une petite quantité, si elle est vieille de lait, si elle est arrivée près du terme de l'allaitement, ses mamelles se flétrissent, et la sécrétion tarit complètement. En même temps sa qualité s'altère; aussi cesse-t-on d'en faire usage pour l'homme, et on le garde pour la nourriture des animaux et notamment du porc.

Deux accidents peuvent succéder aux pustules vaccinales : l'induration du trayon et son ulcération. L'induration du trayon annonce que l'inflammation s'est étendue à toute l'épaisseur de son tissu. Pour l'ulcération, on la voit quelquefois persister, s'étendre après la chute des croûtes qui sont le résultat de la dessication de l'humeur des pustules (*Bibliothèque universelle*, t. IX). L'éruption vaccinale se serait montrée suivant M. Vigney sur les mamelles de plusieurs vaches en coïncidence avec la maladie aphtheuse, et aurait suivi les phases ordinaires. La vaccine se serait inoculée par le trayage aux personnes qui portaient des excoriations et qui n'avaient pas été vaccinées.

Des onctions de beurre, de cérat, d'axonge fraîche, d'onguent populéum, de crême, voilà les topiques de l'éruption vaccinale. Des cataplasmes émollients ou narcotiques pour l'induration, et lorsque la douleur est passée, quelques onctions avec des pommades résolutives; pour les ulcérations, des lotions avec de l'eau d'alun ou de sulfate de zinc, à vingt ou trente centigrammes et plus pour trente grammes d'eau; la cautérisation avec le nitrate d'argent, ou avec un mélange d'acide chlorhydrique et de miel; l'application d'un peu de pâte de chlorure de zinc (parties égales de sel et de farine mêlées ensemble) ou même d'un peu d'alun calciné, de calomelas par précipitation, de fleur de soufre.

Pour les soins généraux, des tisanes émollientes, une nourriture adoucissante, une température douce et uniforme, des habitations préservées d'humidité et de courants d'air froid, une litière propre et abondante, afin qu'étant couchées leurs mamelles n'éprouvent point le contact du fumier, ni celui d'un sol toujours plus ou moins humide.

Variole. — La clavelée comme la vaccine est précédée d'un mouvement fébrile qui, cessant après l'éruption, se reproduit de nouveau à l'époque de la suppuration des pustules. Le lait éprouve de la diminution et de l'altération comme dans le cas précédent. Il en est de même de l'induration et de l'ulcération du mamelon qui peuvent survenir à la suite.

Il est prudent de sevrer les agneaux s'ils peuvent se passer du lait de leur mère ; autrement, ils sont fort exposés à contracter la clavelée, outre que le lait qu'ils prennent est de mauvaise qualité.

Relativement à la clavelisation, M. Gasparin a remarqué que l'inoculation du virus pratiquée auprès des mamelons a l'inconvénient de communiquer la maladie aux agneaux , sur les yeux desquels on voit souvent des pustules varioliques se développer , accident qui leur est funeste et qui tient au contact. Inséré au-dessous du ventre , près des mamelles , le virus dont il s'agit produit un emphysème général qui s'étendant nécessairement à la mamelle , en trouble les fonctions et supprime le lait.

Les vétérinaires se sont peu occupés jusqu'à présent des désordres de la clavelée , en tant que siégeant sur les mamelles. Les agneaux continuent à téter leur mère quand les pustules sont peu abondantes. Je n'ai vu nulle part qu'il ait été question d'engorgement laiteux , ni d'inflammation de la mamelle, à la suite de cette maladie. On sait, du reste, que généralement le lait de la brebis tarit facilement , que l'engorgement laiteux est peu fréquent chez elle.

ÉRUPTIONS TUBERCULEUSES.

A la suite des maladies pustuleuses , il faut parler premièrement de celle que Chabert a décrite en 1802 sous le nom de rafle, et a présentée, ainsi que ses copistes, comme une éruption pustuleuse, bien que ses caractères élémentaires semblent devoir la faire considérer comme de nature tuberculeuse.

En effet, cette affection éruptive, particulière à la vache, siége sur les membres de derrière à leur face interne, à partir du paturon jusqu'aux aînes, d'où elle s'étend aux mamelles et sous le ventre ; quelquefois aussi à la face interne des quatre membres, et la vache en se léchant ou se grattant la contracte aux lèvres.

Une fièvre éruptive la précède, dès lors la tristesse, la nonchalance, la pesanteur de la tête, l'injection des conjonctives, la chaleur de la bouche, de l'air expiré, des cornes et des oreilles se montrent; puis, l'inappétence, le trouble de la rumination. Le pouls est fréquent, plein et dur, la respiration se presse, la bête éprouve de l'oppression, les veines superficielles sont saillantes. On sait qu'à l'occasion de la naissance de tous les états fébriles, le lait des nourrices diminue, sa sécrétion est même suspendue, si le trouble général est violent et de quelque durée. Mais ici l'éruption ayant lieu sur la peau des mamelles, celles-ci s'engorgent, deviennent dures et douloureuses ainsi que les trayons.

L'éruption commence du quatrième au cinquième jour; elle consiste en de petites élevures dures que l'on sent en promenant la main sur la peau, plutôt qu'on ne les voit ; ces petits tubercules, nombreux , plus ou moins rapprochés, grossissent et s'élèvent peu à peu , rougissent, ensuite sont suivis de la gerçure ou fente de l'épiderme ; il s'en écoule peu après un liquide séro-purulent qui en se desséchant forme des croûtes grisâtres, lesquelles s'exfolient et se détachent de la peau environ quinze jours après l'apparition du trouble fébrile.

La propagation de l'éruption dite *rafle* des membres aux lèvres de la vache semblerait indiquer que la maladie est contagieuse pour la femelle même , mais on n'a pas constaté encore qu'elle le soit de vache à vache.

Le nom qu'elle porte lui vient, dit-on, de la cause que l'on a d'abord crue la produire exclusivement, je veux dire le marc de raisin que l'on nomme rafle dans certaines localités de la France. On croit aussi que les sarclures des jardins et des vignes, que l'usage de la luzerne, aliment excitant , âcre même , la produisent aussi. Je l'ai observée sur trois belles vaches fribourgeoises élevées à l'Ecole vétérinaire de Lyon , nourries en partie avec de la luzerne fraîche et des herbes croissant sous les arbres de l'enclos de l'établissement dans lequel elles pâturaient ; mais c'était en automne par un temps brumeux et humide. Je crains que l'on n'ait pas assez tenu compte de l'influence de cette température dans l'appréciation des causes de cette maladie.

Quoi qu'il en soit, on n'a pas signalé d'autres accidents pour la mamelle que la diminution ou la cessation de la sécrétion du lait , et la congestion et l'engorgement , lorsque l'endolorissement des mamelons a empêché de traire. Ainsi prévenir ces accidents en tirant avec précaution le lait plusieurs fois par jour ; les combattre comme il a été dit par des lotions , les cataplasmes et les fumigations émollientes anodines, c'est là à peu près tout le traitement local : Chabert conseille seulement de faire , sur toutes les surfaces qu'occupe l'éruption , alors que l'exfoliation de l'épiderme s'opère, des lotions fréquentes avec l'eau de son tiède , en ayant soin ensuite de bien essuyer la peau. Les nourrisseurs se bornent à faire des onctions de corps gras sur les mamelles comme sur les autres régions où l'éruption se montre.

Il est une autre espèce de dermite tuberculeuse qui nuit considérablement à la sécrétion du lait des vaches, c'est celle que l'on a nommée lèpre éléphantine ou éléphantisiaque : éléphantiasis des Grecs. Celle-ci, apyrétique de sa nature, donne à la peau du mamelon une telle épaisseur qu'il ne faut plus compter de traire , quand même la sécrétion du lait ne serait pas arrêtée, ce qui arrive au moins pendant un certain temps.

GERÇURES. — CREVASSES.

On donne ce nom à de petites ulcérations allongées, développées dans les plis de la peau qui entourent le mamelon et entourées d'un érythème de la peau avec desquamation, ce qui donne l'apparence d'une dartre pour me servir de l'expression vulgaire.

Les mamelons de toutes les femelles sont plissés et retirés après l'allaitement, et ils s'érigent et se tendent lorsque la mamelle reprend son activité sécrétoire. Les gerçures se forment dans les endroits où ces plis étaient le plus prononcés, parce que là la peau et l'épiderme ont, dans ces points, plus de finesse et moins d'épaisseur.

Le siége est donc tout autour du mamelon et à divers degrés de profondeur. Elles se présentent sous la forme de petites ulcérations extrêmement étroites, allongées dans le sens des plis du mamelon, à fond grisâtre, à bords relevés, durs et calleux ; lorsqu'elles sont nombreuses, rapprochées et petites, elles ressemblent aux vieilles maladies de la peau avec suintement, excoriation et épaississement de ce tissu. Elles sont très-douloureuse dans tous les mouvements qu'on veut imprimer au mamelon, dans le toucher, le trayage, le téter. Les pressions, en écartant forcément les bords, agrandissant ces solutions de continuité, déchirent le fond et produisent ainsi de vives douleurs. Aussi les femelles repoussent le contact de la main, refusent de se laisser traire, et se défendent même ; de là le séjour prolongé du lait, et l'engorgement laiteux à la suite.

Les causes de ces crevasses sont l'air froid, l'eau

dont on laisse le mamelon mouillé, la boue, le fumier avec lesquels, par sa position déclive et par sa forme, cet appendice se trouve en contact.

Quelques praticiens recommandent contre les gerçures l'emploi des lotions d'eau de mauve, de pavot, de belladone. Cette pratique me paraît assez mauvaise, puisque l'eau à elle seule suffit pour produire les crevasses, pendant les temps froids ; au moins faut-il essuyer avec le plus grand soin le mamelon après qu'on les a faites.

Les corps gras me paraissent bien autrement préférables; ils sont employés par tous les praticiens, le cérat simple ou rosat, mêlé avec l'acétate de plomb, à l'opium, l'onguent populéum ; un mélange de miel et de térébenthine, lorsqu'il ne fait pas chaud et qu'on n'a pas à craindre que les insectes ne soient attirés en trop grande quantité, l'onguent populéum auquel on ajoute 1/10e d'ammoniaque liquide. Pour empêcher que ces corps gras ne rancissent et ne deviennent une nouvelle cause d'irritation, on a soin de les enlever, tous les deux jours au moins, avec un linge fin et de l'eau de savon tiède.

L'auteur d'un traité de haras proscrit les corps gras du traitement des crevasses du mamelon de la jument, parce que, dit-il, ces corps rebutent le poulain et l'empêchent de téter. Cette proscription me paraît beaucoup trop absolue, et il est certain que les veaux et les autres animaux ont le goût beaucoup moins délicat, et supportent très-bien les pommades. On pourrait chez les juments remplacer les corps gras par un mélange de farine ou d'amidon en poudre uni à $1/12^e$ d'alun pulvérisé dont on couvrirait plusieurs fois par jour les parties malades.

Une vache suisse, âgée de six ans, en bon état de chairs, qui avait les mamelles un peu charnues (abondante en tissu adipeux), fournissant néanmoins beaucoup de lait, eut à son dernier part un pis tellement volumineux que ses trayons touchaient presque à terre. Son lait quoique peu abondant semblait avoir conservé ses qualités normales.

On s'aperçoit en la trayant qu'elle a des crevasses aux mamelons des deux quartiers postérieurs de la mamelle ; ceux-ci deviennent douloureux, s'engorgent ; la peau devient luisante, bleuit; une œdématie se forme ; du reste, la vache mange, boit et rumine comme en santé. (Lotions sur les parties engorgées de la mamelle avec l'écume de lait salée.)

Deuxième jour. — Augmentation de l'engorgement trayons tendus, douloureux, ils ne fournissent qu'une petite quantité de lait séreux. (Lotions fréquentes avec le décoctum, dans l'eau, d'une caillette de veau desséchée ; onctions d'onguent populéum sur les crevasses et les trayons.)

Troisième jour. — Diminution de l'engorgement, sécrétion du lait un peu plus abondante, lait de meilleure qualité. (Même traitement, seulement on alterne les lotions avec le décoctum d'un ventre de veau de lait et le précédent liquide.)

Du quatrième au huitième jour, la diminution de l'engorgement mammaire continue. Le traitement est le même.

Le douzième jour , la mamelle a repris son volume normal, les crevasses sont complètement guéries. La vache fournit de treize à quatorze pots de lait de bonne qualité à chaque traite..

Il s'en faut bien que les choses se passent toujours ainsi , comme l'établit l'observation suivante :

Une vache suisse aussi , de grande taille , dans l'âge moyen de la vie , ayant vêlé depuis deux mois , fournissant habituellement beaucoup de lait, difficile à traire à cause du volume de ses trayons , placée sur le plateau marécageux d'une des montagnes de la Suisse où les mamelles des vaches touchaient à peu près à la boue du sol, est d'abord atteinte de crevasses profondes aux mamelles. Dès lors état douloureux de ces parties, difficulté, impossibilité même de les traire; de là aussi engorgement considérable des quartiers droits de la mamelle avec chaleur et douleur, et presque en même temps frissons, tremblement de tout le corps, état fébrile, inappétence , trouble de la rumination. On appelle le vétérinaire pour lui donner des soins; il prescrit : 1° d'abord de la tisane d'orge mêlée en égale quantité au petit lait clarifié , dans laquelle on fait dissoudre deux onces de sulfate de magnésie à litre d'émollient et d'évacuant ; 2° onctions sur l'engorgement mammaire avec l'onguent populéum ammoniacé. Application sur les mamelons et les crevasses de cérat composé par parties égales de beurre frais, de cire blanche et d'onguent populéum fondus ensemble ; 3° introduction dans les orifices des trayons malades d'une plume de pigeon pour faciliter l'écoulement du lait.

Le deuxième jour, les tuyaux de plumes sont tombés, le lait ne coule plus, on les replace, l'état général de la femelle s'est aggravé. (Continuation du traitement intérieur, application sur la mamelle d'un cataplasme de mie de pain, de saindoux, d'oignons de lis, cuits dans du lait ; on le renouvellera deux fois par jour.

A partir de ce jour, la vache a éprouvé un peu de mieux, la fièvre a diminué ; l'engorgement de la mamelle est moins volumineux, les crevasses sont guéries ; la bête est levée, a mangé et ruminé. Toutefois, les deux quartiers de la mamelle malade conservent de la dureté, les mouvements des lombes restent embarrassés, les trayons correspondants ne fournissent plus de lait, il n'en coule pas non plus par les deux autres, le troisième jour lorsque le vétérinaire est appelé. (Même traitement.)

Le douzième jour, le lait est revenu aux trayons gauches, ceux du côté droit fournissent un lait analogue au pus : amélioration générale. Le propriétaire croit à la guérison , il fait cesser le traitement contre la volonté du vétérinaire, qui a cependant occasion d'observer la femelle en faisant sa tournée dans la montagne, vers le quinzième jour.

La malade maigrit d'une manière remarquable , surtout aux lombes dont la perte des mouvements est toujours plus marquée , un peu d'appétit s'est conservé. Le pouls était petit et fréquent , la peau sèche, chaude ; le poil terne et hérissé. Le volume de l'engorgement mammaire est le même ; de l'œdématie se montre et fait diagnostiquer l'établissement d'une collection de lait altéré ou de pus. L'homme de l'art propose d'ouvrir ces abcès, on s'y oppose. (Fièvre hectique purulente).

Le vingt-deuxième jour , la maigreur a augmenté ; l'engorgement de la mamelle s'est accru , l'empâtement œdémateux aussi. Le lait a complétement tari; la mort a lieu le vingt-cinquième jour et on découvre en incisant la mamelle un foyer dans le centre de la glande, duquel on fait sortir environ trois litres de matière fluide séro-purulente grumeleuse.

ÉRYSIPÈLE.

C'est une maladie peu connue , et qui n'a pas été décrite jusqu'à présent, si on la considère comme un état morbide , simple et indépendant des autres affections cutanées qui siègent sur cette partie.

On voit l'érysipèle compliquer la plupart des éruptions que je viens de décrire , les vésicules , les pustules de la vaccine et de la clavelée , les papules de la maladie appelée *rafle* ; il est lié à ces éruptions, naît et disparaît avec elles ; ce n'est que dans un petit nombre de cas qu'il persiste et devient peut-être alors la cause de l'ulcération qui se montre quelquefois à leur suite.

On observe encore l'érysipèle en coïncidence avec le phlegmon sous-cutané ; c'est ce qu'on appelle l'érysipèle phlegmoneux ou diffus, accident grave dont je vais parler.

PHLEGMON DE LA MAMELLE.

J'en distinguerai trois espèces, eu égard à son siége : 1° celui qui commence par les couches cellulaires sous-cutanées ; 2° celui qui débute par le tissu cellulaire même de la glande ; 3° celui qui se développe dans les couches profondes de tissu cellulaire , placées entre la base de la glande et l'aponévrose abdominale.

Les causes de ces phlegmons sont celles de toutes les maladies précédentes : les unes externes , les coups , les contusions , les piqûres , morsures , etc. , l'application du froid , de l'eau , les émanations irritantes , les pommades et les corps gras qui se rancissent.

Les autres agissant à l'intérieur de la glande ; l'engorgement laiteux par le séjour forcé du lait qui produit la distension , puis l'inflammation du tissu de la glande.

Enfin, sous l'influence de maladies développées ailleurs, de vaginites, de métrites , de péritonites , et par ce mécanisme inconnu qu'on appelle la sympathie , on voit les phlegmons se développer dans les glandes mammaires.

Le phlegmon mammaire est presque toujours sporadique ; cependant sous l'influence de causes générales on en voit quelquefois éclater un certain nombre à la fois , ce qui lui donne le caractère d'une enzootie ou d'une épizootie limitée.

PHLEGMON SUPERFICIEL DE LA MAMELLE.

Presque toujours il n'y a qu'un des quartiers de la mamelle de malade , et presque toujours aussi c'est un des quartiers postérieurs. Mais lorsqu'un des quartiers postérieurs est enflammé, il est commun de voir le quartier antérieur du même côté s'enflammer à son tour ; il augmente de volume , devient tendu , la sécrétion s'altère ou se supprime. On voit même quelquefois , ce qui est beaucoup moins commun , un des quartiers de la mamelle opposée participer à l'inflammation.

Symptômes. — Toute la partie malade est le siége d'un engorgement uniforme, sans bosselures, ni induration au début ; la tension et la dureté de la glande sont d'autant plus grandes que l'inflammation est plus vive, et le volume de la glande est d'autant plus augmen-té que la muqueuse des conduits galactophores participe davantage à la maladie. Dans ce cas le trayon est tendu, on sent au toucher des cordes dures, des espèces de colonnes résistantes situées au-dessous de la peau et qui ne sont autre chose que les conduits galactophores rendus plus gros et plus durs.

La glande devient en même temps plus chaude et douloureuse ; le toucher y développe la douleur, ainsi que les mouvements des membres de derrière, l'action de traire ou de téter. Aussi les femelles tiennent-elles leurs membres de derrière écartés, leur marche est embarrassée et leurs lombes sont raides et sans souplesse.

Autour de la glande malade, il se fait très-souvent dans le tissu cellulaire voisin une enflure chaude et un peu douloureuse, ce qu'en médecine humaine on appelle un œdème actif, c'est-à-dire une infiltration de sérosité dans les mailles du tissu cellulaire, infiltration qui s'accompagne en même temps d'une congestion sanguine des vaisseaux de ce même tissu. Cette enflure s'étend jusqu'à la vulve en arrière et en avant sous le ventre et une partie de la poitrine.

La sécrétion du lait est troublée, il devient séreux, grisâtre ou d'un blanc sale, caillebotté et même sanguinolent quand les canaux excréteurs sont enflammés ou qu'on les irrite en trayant ; elle est toujours diminuée considérablement, et son excrétion est difficile ; souvent même elle est supprimée.

Comme symptômes généraux, la fièvre et son cortège de symptômes, la dureté et la fréquence du pouls, la chaleur augmentée, l'appétit diminué ou perdu, la rumination plus ou moins troublée, les sécrétions suspendues, le mufle sec, les fécès sèches, les urines rares et colorées.

Le phlegmon sous-cutané de la mamelle dans la chienne et la chatte s'accompagne de beaucoup de douleur, et quoiqu'elles soient pourvues de six à huit mamelles, il n'y en a qu'une ou deux au plus qui soient affectées. Ces femelles souffrent beaucoup, se plaignent, se couchent souvent pour se lécher la partie malade; le mouvement leur est pénible; elles sont haletantes comme pendant les grandes chaleurs, leur faciès exprime la souffrance, elles refusent les aliments et cherchent avidement les boissons.

Marche. — A mesure que l'inflammation fait des progrès, la tuméfaction augmente, la peau de la mamelle distendue devient luisante, légèrement colorée en rouge; c'est alors qu'on voit fréquemment l'inflammation s'étendre au quartier de la mamelle resté sain, ou même à un des quartiers de la mamelle opposée. C'est alors aussi qu'il se fait fréquemment des indurations plus ou moins superficielles et que le toucher fait bien reconnaître.

La marche progressive du phlegmon va de dix à douze ou quinze jours dans les grandes femelles, particulièrement dans la vache; elle est moindre dans les petites; si vers cette époque, les symptômes locaux et généraux diminuent d'intensité, on peut espérer d'obtenir la résolution.

Si , au contraire , on s'aperçoit qu'ils persistent , puis qu'un point de la surface enflammée s'élève et se ramollit, que la peau s'y colore en un rouge passant bientôt à une teinte violacée; que la pression du doigt indique un ramollissement du tissu qui fait que le doigt déprime la peau , y fait un creux ; si surtout on obtient la fluctuation, c'est-à-dire, cette sensation d'un liquide qu'on déplace et qu'on sent se porter d'un point à l'autre du foyer ; si autour on trouve de l'empâtement , de l'œdème, on a la certitude que la suppuration commence à s'opérer et que bientôt une collection purulente , un abcès sera établi. Les praticiens s'accordent sur ce point que les abcès de la mamelle mettent de quinze à vingt-cinq jours à s'opérer chez la vache. Ce temps est beaucoup moins long chez la chienne et la chatte, chez lesquelles ils sont complétement formés en huit ou dix jours.

Bientôt ce point violet et fluctuant s'élève en pointe, la rougeur se rembrunit , les noyaux indurés qu'on sentait tout autour disparaissent, se ramollissent ; le sang épanché dans leur intérieur se transforme en pus ; le tissu cellulaire se détruit et il se forme ainsi une cavité plus ou moins considérable occupée par la suppuration. Alors les symptômes inflammatoires locaux et généraux se calment , la femelle devient plus tranquille, la marche est moins pénible , l'appétit et la rumination se réveillent ou deviennent plus vifs ; la peau s'amincit , finit par s'ulcérer et le pus s'écoule à l'extérieur. Presque constamment il s'ouvre ainsi tout seul chez la chienne qui par ses léchements hâte l'ouverture de la peau ; mais chez les autres femelles cette ouverture est plus lente à se faire.

S'il y a de l'inconvénient à ouvrir les abcès de la mamelle, avant qu'ils ne soient complètement formés, que les indurations soient toutes transformées en pus; parce que ces indurations mettent ensuite beauconp de temps à disparaître peu à peu , il y a peut-être plus d'inconvénient encore à abandonner leur ouverture à la nature. La peau s'amincit , se décolle dans une grande étendue , le tissu cellulaire qui la double et dont elle reçoit ses vaisseaux se détruit avec eux ; elle devient violacée sans circulation et incapable de se cicatriser avec le fond du foyer ; il se forme des foyers de suppuration sous cette peau ainsi privée de vie , et l'adhésion est ainsi fort longue à se faire et ne s'obtient que par la destruction spontanée ou artificielle de la peau.

Le pus qui sort de ces abcès sous-cutanés est en général grisâtre , grumeleux, d'une odeur désagréable , qui varie suivant chaque espèce. Celui de la chienne est toujours séreux et sanguinolent.

Pour l'ordinaire, les abcès se forment dans la partie déclive de la mamelle , un peu au-dessus du point que l'on pourrait comparer à l'aréole du sein chez la

femme. L'abcès est le plus souvent superficiel et sé-
paré de la glande par son enveloppe fibreuse intacte ;
il n'est pas très-rare cependant de voir cette dernière
ulcéré en un ou plusieurs points et des trajets fistuleux
profonds s'établir au-dessus d'elle.

Terminaison. — La résolution n'est pas facile à obtenir dans les phlegmons sous-cutanés ; on peut l'espérer
quand l'inflammation est peu intense, quand la maladie a commencé par l'engorgement laiteux, et plus
particulièrement, dit-on, quand la femelle est à sa première parturition. Dans le cas même où on l'obtient,
la sécrétion du lait est très souvent supprimée. On
peut espérer d'obtenir la résolution du dixième au
quinzième jour, et on la reconnaît aux signes suivants :
le lait qui avait diminué de quantité aux trayons sains
et s'était un peu altéré dans ses qualités, devient plus
abondant ; cessant d'être sanguinolent, épais et grumeleux, il reprend sa fluidité, sa couleur normale ; le trayon malade est moins rouge, moins douloureux, la
peau y perd sa teinte luisante et sa tension.

L'induration est moins à craindre dans le phlegmon
superficiel que dans le phlegmon profond, parce que
le plus souvent la glande n'y participe pas. D'autres
fois on trouve des masses laiteuses ou autres, qui obstruent les conduits galactophores et empêchent la libre
sortie du lait. Cependant il s'en présente assez fréquemment soit après une résolution incomplète, soit après
la formation d'un abcès.

Quant aux abcès une fois ouverts et le pus écoulé, la guérison ne se fait pas longtemps attendre si la capsule fibreuse qui entoure la glande est restée intacte; autrement le pus fuse au-dessous de cette enveloppe, forme des clapiers qui se vident difficilement et s'ouvrent de nouvelles issues dans les points les plus déclives, et enfin la glande elle-même s'enflamme, s'ulcère; quelque vaisseau lactifère se perfore, se met en communication avec les foyers purulents, et le lait qui s'en écoule continuellement entretient des fistules très rebelles. C'est à propos du phlegmon de la glande mammaire elle-même qu'il convient de traiter de ce genre de fistules qui s'y rencontre habituellement.

Lorsque les abcès sont cicatrisés, la sécrétion du lait ne se rétablit pas toujours; souvent, soit à cause des évacuations sanguines qu'il a fallu pratiquer, soit à cause de la privation de nourriture, de la diète, ou enfin du travail même de la suppuration; la mamelle malade devient flasque, flétrie, le mamelon dévié et atrophié. On est obligé alors, ou d'attendre une deuxième gestation, ou bien si la femelle est âgée, si elle fournissait habituellement peu de lait, de l'engraisser et de la vendre pour la boucherie.

Traitement. — Les règles hygiéniques et le régime sont les mêmes que pour l'engorgement laiteux et la congestion de la mamelle.

Le traitement local est aussi absolument le même. J'en dirai autant de la saignée qu'on peut faire géné-

rale, ou locale aux veines mammaires. La saignée générale est nécessaire lorsque la fièvre est forte, l'inflammation locale vive. On la répète si les symptômes
persistent au même degré et surtout s'ils augmentent ; deux saignées générales au plus suffisent ; après
quoi si l'inflammation persiste , lorsque la fièvre
est diminuée, c'est aux évacuations sanguines locales
qu'il faut avoir recours. On pique la veine mammaire,
mais à une certaine distance de l'organe malade, afin
que dans le cas où un thrombus se formerait, accident
qui n'est pas rare, l'enflure de ce thrombus ne se con-
fondit pas avec celle du phlegmon ; chez les petites femelles on peut aussi appliquer des sangsues.

En même temps on révulse sur les intestins et sur
les reins. Sur les intestins par des boissons dans lesquelles on ajoutera quelques onces de sulfate de soude
ou de potasse, par des lavements émollients qui solli-
citent la contraction du rectum. Sur les reins par des
tisanes de chiendent, de pariétaire, de graine de lin
auxquelles on ajoute de l'azotate de potasse.

Les praticiens savent qu'il faut insister sur l'emplo
de ce traitement, si l'on veut éviter les indurations
du tissu de la mamelle. Les narcotiques conviennent
moins bien que les astringents légers, tels que les solutions d'acétate de plomb, dont on arrose les cataplasmes. Toutefois, les astringents végétaux, un peu d'é-
corce de chêne, du plantain, des roses de provins, des
feuilles de ronces, seuls ou bien lorsqu'il n'y a plus de

douleur et de rougeur associés à quelques excitants légers, le tilleul, la fleur de sureau, conviennent mieux que les astringents tirés du règne minéral, lesquels sont plus actifs et font plus redouter la suppression de la sécrétion du lait. A mesure que ces moyens sont bien supportés, on passe à des fondants plus actifs, les pommades à l'iodure de potassium, l'iodure de plomb, le mercure, l'ammoniaque. On associera d'abord ces pommades à l'emploi des cataplasmes qu'on appliquera par-dessus, pour prévenir une irritation trop active.

Lorsqu'un abcès est formé, j'ai déjà dit qu'il ne fallait pas attendre trop longtemps pour en faire l'ouverture; il faut que les indurations aient été en grande partie fondues, et d'un autre côté il ne faut pas attendre que la peau soit décollée. On ouvrira avec un bistouri ou une grosse lancette; on panse ensuite avec des cataplasmes émollients, seulement il est bien de couvrir l'entrée du foyer d'un plumasseau qui la ferme et absorbe le pus.

Si la cicatrisation tarde à se faire, que la peau reste violacée, amincie, décollée sur les bords, il faut se garder d'employer les corps gras, ce qui ne ferait qu'entretenir cet état, à moins cependant que les bords ne soient indurés. Il convient alors de lotionner la plaie à chaque pansement avec de l'eau vineuse ou alcoolisée, et de panser à fond, c'est-à-dire d'appliquer de petits plumasseaux dans le fond de la plaie et sous les bords, plumasseaux qu'on imbibe de vin, simple ou aromatique, de solution de chlorure de chaux, de chlorure de soude, de sulfate de cuivre, tous moyens propres à irriter et à amener la sécrétion de la lymphe plastique et la cicatrisation.

A cette époque de la maladie on peut laisser pâturer les femelles, si la température est douce ; on se borne à laver tous les jours la mamelle pour la débarrasser du pus qui s'y attache.

PHLEGMON GLANDULAIRE. — INFLAMMATION DU TISSU CELLULAIRE DE LA GLANDE MAMMAIRE ELLE-MÈME.

Le tissu cellulaire qui, avec les prolongements de l'enveloppe fibreuse, sert à entourer les grains glanduleux et forme la trame de la glande au milieu de laquelle ces grains et leurs conduits, ainsi que leurs vaisseaux, sont déposés, est disposée en lamelles serrées. Le tissu glandulaire est donc par sa nature disposé à l'étranglement inflammatoire, à cause de ces bandes fibreuses inextensibles qui le traversent dans son intérieur et l'entourent tout entier au dehors. Aussi les inflammations de la mamelle, à cause de la compression du tissu qui est devenu plus volumineux, plus gorgé de sang, sont fort douloureuses, et s'accompagnent de désordres locaux graves, comme la fonte purulente de la glande.

Causes. — Les mêmes causes se retrouvent ici et

dans le phlegmon superficiel; cependaut, en général, le phlegmon profond est plus souvent lié à des
maladies d'autres organes; il est ce qu'on appelle sympathique; ces maladies sont les vaginites ou les métrites. Souvent aussi il succède à l'inflammation pro-
pagée à l'intérieur des conduits galactophores, accompagné ou précédé de l'engorgement laiteux et de la
congestion de la mamelle. C'est ainsi qu'on l'a observé
fréquemment dans les épizooties de fièvre aphtheuse.
On a signalé encore comme cause spécifique, l'introduction de certains principes dans le sang, tels que
ceux qui entrent dans la composition des renoncules
(Bardy) ou des miasmes inconnus qui constituent les
épizooties.

L'inflammation commence par un engorgement profond très douloureux, quelquefois accompagné de rougeur à la peau, le plus souvent sans changement appréciable de sa teinte normale. Cette tuméfaction n'est
pas uniforme, comme dans le phlegmon superficiel;
elle est au contraire inégale, irrégulièrement bosselée
de distance en distance. Le toucher apprend que ces
bosselures ont leur siége profondément dans le tissu
propre de la glande mammaire.

Cette inflammation peut se présenter sous deux formes : 1° l'une très aiguë, qui a la marche des érysipèles phlegmoneux, et qui est caractérisée par la tension et la rougeur de la peau, par la vivacité des
douleurs et par une gangrène toujours étendue dans

la brebis, où la maladie a reçu le nom d'araignée,
bornée seulement à la peau et plus limitée chez la vache et chez la chèvre. 2° La deuxième forme reste une
inflammation bornée à la glande, par conséquent sans
rougeur de la peau qui est seulement un peu tendue
et luisante, avec une fièvre d'une intensité moyenne,
l'appétit en partie conservé et des souffrances modérées. Des indurations succèdent constamment à cette
phlegmasie, indurations qui persistent huit à dix jours
chez la brebis, trente jours et plus chez la vache. Ces
indurations inflammatoires dont j'ai exposé les caractères dans ma *Pathologie générale*, ne ressemblent en
aucune façon au cancer; aussi **M.** Roche-Lubin me
paraît-il avoir adopté des dénominations impropres
lorsqu'il les appelle squirrheuses et qu'il considère la
suppuration par laquelle elles se résolvent vers le
dixième et le douzième jour chez la brebis, comme le
ramollissement cancéreux de la glande. C'est une
erreur malheureusement encore répandue en médecine
vétérinaire de considérer toutes les indurations qui
persistent quelque temps, comme des formations squirrheuses.

PREMIÈRE FORME. — **PHLEGMON DIFFUS OU ÉRYSIPÉLA-
TEUX DE LA GLANDE MAMMAIRE.** — J'ai puisé les matériaux qui me serviront à tracer son histoire dans ma
correspondance et ma pratique étendue, dans l'excellent mémoire publié par Lecoq, de Bayeux, dans les
actes de la Société vétérinaire du Calvados, et dans

16

un article inséré par M. Roche-Lubin dans le *Journal de médecine vétérinaire pratique.*

C'est en général sept à huit jours après le part qu'il commence, avec les divers symptômes que j'ai déjà indiqués, engorgement, rénittence du quartier de la mamelle malade, diminution et altération, puis suppression du lait; diminution de la sécrétion du lait dans le quartier correspondant de la mamelle malade et dans les deux de la mamelle opposée; la raideur des lombes, l'embarras de la marche et quelquefois la claudication, enfin la fièvre et son cortége de symptômes.

La peau de la mamelle devient de plus en plus tendue, ainsi que le mamelon; cette surface, qui est d'un rouge luisant, devient bleuâtre le lendemain ou le surlendemain; on y observe en un point un cercle bleuâtre livide, au centre duquel le tégument s'enfonce, se dessèche, se parchemine; cette eschare se détache du sixième au neuvième jour, plus lentement si on en abandonne l'expulsion à elle-même, plus vite si on la scarrifie, et sa chute laisse à découvert la surface correspondante de la glande qui participe elle-même aussi à la grangrène.

La mort peut avoir lieu, à cette période de la maladie, par suite d'une mauvaise disposition de la vache, de la violence de l'inflammation ou de la propagation de la gangrène. Dans ces cas, la gangrène, au lieu de se localiser, s'étend aux parties voisines qui deviennent le siége d'un engorgement peu résistant et accompagné d'emphysème ; les symptômes généraux augmentent d'abord d'intensité , mais sont bientôt remplacés par l'abattement des forces , le malaise anxieux , la tristesse ; le pouls devient petit, de plus en plus misérable ; les flancs qui étaient creux accélèrent leurs mouvements, il y a des sueurs froides , des tremblements convulsifs des muscles des grassets, après quoi la mort survient assez vite.

Telles sont aussi, à peu de chose prés , la marche et la terminaison de cette forme de la mammite chez la brebis, où elle a pris le nom d'araignée. La mamelle se tuméfie rapidement et fortement; la peau , très distendue , prend une teinte violacée qui devient bientôt noirâtre; au bout de quelques jours , la douleur locale cesse , la peau de la mamelle perd sa chaleur , l'œdème emphysémateux se montre et s'étend autour des parties gangrénées; les forces générales s'affaissent et la brebis ne tarde pas à périr. M. Yvart, alors directeur de l'école d'Alfort, a déclaré , dans le compte-rendu de cette école pour l'année 1835-1836 , que le troupeau du gouvernement avait perdu plusieurs brebis de cette affection.

Mais chez la vache plus particulièrement, la mort peut survenir d'une autre manière, moins promptement. Après la chute de l'eschare, la capsule de la glande étant détruite dans une étendue plus ou moins considérable, une suppuration claire , fétide , s'établit ; le

dans mon opinion du moins, qu'est due la gravité que prend quelquefois la mammite à l'occasion de la fièvre aphtheuse. D'autres fois c'est avec une vaginite que se montrera ce phlegmon gangréneux. Vers 1814, M. Sajous, en me faisant part d'une série d'urétrites qui s'étaient développées chez des étalons auxquels on avait donné des cantharides à titre d'aphrodisiaque, m'apprit que les juments qu'ils avaient saillies avaient été affectées de vaginites, et que chez celles de ces juments qui avaient eu des inflammations de la mamelle la maladie s'était terminée par gangrène.

PHLEGMON ÉRYSIPÉLATEUX SANS GANGRÈNE. — En 1814, M. Bardy, vétérinaire à Brassas, département du Tarn, m'adressa la relation d'une épizootie de mammites; la durée en était de neuf à dix jours, et la mort arriva dans toutes les bêtes qui en furent atteintes. On ne put attribuer cette maladie qu'à l'usage des renoncules qui étaient très abondantes dans les prés que fréquentaient les vaches malades. Les habitants âgés de la localité assurèrent à M. Bardy que la maladie dont il s'agit se montrait constamment dans les années où cette plante était abondante dans les pâturages fréquentés par les vaches, et à la sortie de l'hiver, alors qu'elles sont avides de verdure.

Au début, force et fréquence du pouls, injection sanguine des muqueuses apparentes, élévation de la température générale, sécheresse du muffle, chaleur de l'air expiré, perte de l'appétit et de la rumination,

apparence de tristesse des malades, marche chancelante. Ces symptômes généraux précédaient les symptômes locaux.

Presque en même temps une moitié du pis se tu-
méfiait et acquérait un volume énorme, au point de
descendre jusqu'au tiers inférieur de la jambe ; la peau
était tendue, douloureuse et rougeâtre ; le peu de
lait que fournissaient les mamelons de ce côté était
séreux, grisâtre, et il offrait au goût une acreté prononcée. Trois ou quatre jours après, on trouvait une
fluctuation obscure dans le centre de la glande ;
après trois ou quatre autres jours, la peau se perforait ;
par cette ouverture s'échappait une grande quantité de
pus grumeleux, grisâtre, très fétide. Cette abondante
évacuation de pus n'amenait aucune diminution dans
le volume de la mamelle. La peau restait livide quoique moins tendue ; le trouble général était le même ;
on n'observait aucun changement dans la quantité et
les qualités du pus ; les forces de la malade s'affaissaient
rapidement et elle tombait pour ne plus se relever.

M. Bardy eut le regret de ne pouvoir faire aucune
autopsie, les habitants de la campagne se hâtant d'enfouir les vaches, quoique la maladie ne fût en aucune
façon contagieuse.

Traitement. — Ce que j'ai dit du traitement des congestions et des phlegmons superficiels de la mamelle,
s'applique complètement ici ; seulement les évacua-
ions sanguines devront être plus copieuses à raison de

l'intensité plus grande de l'inflammation. Mais ce qui est propre à cette maladie, c'est que dès qu'on voit la peau extrêmement tendue et violacée, quelque peu prononcée que soit la fluctuation, on doit se hâter de faire avec le bistouri des incisions profondes dans toute l'étendue de la partie menacée de gangrène; ce débridement et le dégorgement sanguin qui le suit peuvent arrêter le progrès de la gangrène, la faire avorter. Ils facilitent en outre plus promptement la chute de l'eschare et la sortie du pus; dans quelques cas même, en a entouré cette eschare d'une raie de feu pour limiter la gangrène et l'empêcher de s'étendre.

Mon avis est qu'avant même que la suppuration ne se fasse reconnaître par la fluctuation, lorsque la tension extrême, la teinte violacée de la peau, l'intensité des symptômes généraux annoncent un de ces érysipèles phlegmoneux graves et profonds, il faut enfoncer la lame d'un long bistouri au centre de la partie malade et en la retirant débrider largement la capsule fibreuse dont l'extrême tension est une cause de gangrène. Les praticiens ont, au contraire, redouté jusqu'ici de léser la glande et de porter le bistouri jusque dans son intérieur, et ils conseillent de se borner à la peau. C'est une erreur, il faut ouvrir l'enveloppe fibreuse, et cela très largement, comme la glande elle-même; l'expérience ne prouve-t-elle pas, en effet, que cette aponévrose est toujours perforée par le pus et l'ulcération; que la glande est mise à nu ni plus ni

moins, et qu'on n'a gagné à ménager la membrane
que de produire des clapiers profonds au milieu desquels le pus séjourne. Il faut donc agir sur la mamelle
comme sur les autres parties du corps où se développe
le phlegmon diffus, c'est-à-dire faire de très larges et
profondes incisions.

Après l'incision on introduit dans la plaie une mèche enduite d'onguent digestif et on recouvre le tout d'un
cataplasme émollient. A chaque pansement on fait sortir
le pus par des pressions ménagées et on fait des injections pour évacuer le pus des clapiers, avec de l'eau
vineuse, de l'eau et de la teinture d'aloès, ou de l'alcool camphré, la solution de chlorure de chaux ou de
chlorure d'oxide de sodium (un p. de chlorure pour
vingt p. d'eau).

Malgré les injections et les pressions faites dans le but
de chasser le pus, il peut arriver qu'il séjourne dans
ses foyers, lorsque l'ouverture de l'abcès s'est faite en
un point élevé de la glande ; c'est ici le cas de pratiquer une ou plusieurs contre-ouvertures dans les points
déclives.

Lorsque la glande ramollie et desséchée se présente à l'entrée de la plaie, j'ai dit qu'il fallait l'extraire, que rien n'était plus simple et que cela se faisait par une véritable énucléation ; seulement on aura
la précaution de bien s'assurer si la glande tient encore
par ses vaisseaux et si ceux-ci ont conservé leur volume ; car alors il faut commencer par les comprendre

dans une ligature et ce n'est qu'après qu'il faut les couper et extraire la glande. On a à lier les deux principales divisions de l'artère et surtout celle du quartier antérieur toujours plus forte que l'autre et que l'on reconnaît à ce qu'elle se dirige en ligne directe en bas, tandis que la division qui va au quartier postérieur se recourbe presque à angle droit en se portant en arrière.

Cette ligature demande quelques précautions que Lecoq, de Bayeux, a très-bien fait connaître. Il faut qu'elle soit faite avec plusieurs brins de fil disposés l'un à côté de l'autre en manière de ruban, ou bien avec un ruban étroit ; en appliquant cette ligature, il faut ne pas trop serrer dans la crainte de diviser les parois du vaisseau que l'on trouvera infiltrées et fragiles. Il est utile, indispensable même, de placer une ligature d'attente au-dessus de la première, pour prévenir une hémorragie qui pourrait devenir fâcheuse. Si cependant elle arrivait on aurait recours au fer rouge avec lequel on cautériserait et on réduirait en eschare le bout du vaisseau.

Pour ce qui concerne la brebis, Tessier, Huzard fils, conseillent, lorsque la peau devient livide et menace de gangrène, de la frictionner avec le liniment ammoniacal, et de la scarrifier ensuite. M. Roche-Lubin pense avec raison qu'il faut faire une incision profonde dès qu'on sent de la fluctuation, pour donner issue au pus sanieux, infect, qui y est contenu, et ensuite cautériser profondément avec le fer rouge toutes les parties atteintes ou menacées de gangrène. A l'intérieur, il donne l'eau de tilleul avec addition d'eau-de-vie camphrée, dont il n'indique pas la proportion; on peut l'élever jusqu'à 12 ou 16 grammes pour la brebis. Comme les substances solides ne peuvent être avalées, il conseille les bouillons de viande et les boissons toniques. Ce vétérinaire ne dit pas s'il a obtenu des succès par ce genre de traitement.

DEUXIÈME FORME. — **DE L'INFLAMMATION BORNÉE AU TISSU CELLULAIRE DE LA GLANDE** — Cette maladie peut se présenter sous deux formes, l'une aiguë, l'autre chronique.

MAMMITTE AIGUE. — *Causes.* — Souvent des contusions, comme celles qui résultent des coups que le berger donne à la mamelle pour faire couler le lait plus rapidement lors de la mulsion ; des coups de tête des nourrissons, des coups, des pressions brusques, les glandes mammaires pouvant être comprimées dans le décubitus par des mottes de terre, des pierres, des corps durs, ce qui arrive aux bêtes qui couchent dans des parcs ; la propagation de l'inflammation des canaux galactophores et les engorgements laiteux, le phlegmon superficiel quand il s'étend jusqu'à la glande.

Symptômes.—La mamelle devient douloureuse, se tuméfie; cet engorgement d'une consistance assez ferme comprend à peu près tout le quartier malade; la peau est

chaude, tendue, lisse; la rougeur y est peu prononcée,
parce que l'inflammation est séparée du tissu cellulaire
souscutané. Les symptômes locaux et généraux qui l'annoncent ont plus de violence que s'il s'agit du simple
phlegmon sous-cutané.

Lorsque la maladie débute par l'inflammation des
conduits galactophores , le trayon correspondant à
la partie malade ou même tous les deux ne fournissent
que de la sérosité roussâtre , ou même du sang , ou
même ils cessent de fournir aucune espèce de liquide ;
ils sont plus tendus et plus rouges que dans le cas de
phlegmon extérieur; en même temps que la rougeur
est moins prononcée sur les mamelles.

Dans la brebis , suivant M. Roche-Lubin , les phénomènes inflammatoires vont en augmentant d'intensité jusqu'au quatrième jour. A partir de ce moment ,
ils décroissent sans disparaître entièrement , c'est là la
première période. Une deuxième période s'étend du
cinquième au douzième jour , c'est la période d'état ;
la mamelle a éprouvé l'engorgement inflammatoire ,
qui se faisant dans une glande environnée de toutes
parts d'une aponévrose, lui donne une assez grande
dureté; ce qui a fait croire à M. Lubin qu'il y avait là
quelque chose de squirrheux. D'abord, un squirrhe ne
se forme pas en cinq jours à la suite d'une inflammation ; puis un squirrhe ne se termine jamais par la
formation d'abcès dans son intérieur.

Il n'y a là que l'infiltration de sang dans les mailles

du tissu mammaire, distension de l'aponévrose , c'est-
à-dire induration rouge, inflammatoire ; de là, la sensation de dureté, de résistance.

Troisième période. — Déclin , suppuration ; à partir
du douzième jour la dureté diminue , la glande se ramollit en un ou plusieurs points ; ce ramollissement
du squirrhe , ainsi que l'appelle M. Lubin, n'est autre
chose , à mon avis , que la formation d'abcès et la terminaison par suppuration. A l'ouverture de ces abcès ,
il s'en échappe un liquide analogue à de la lie de vin ;
la dégénérescence cancéreuse s'établit, dit M. Lubin, et
la femelle en proie à la fièvre hectique ne survit que quelques jours. Le pus couleur lie de vin, car ce qui sort de ce
prétendu cancer n'est autre chose que du pus, doit sa
couleur à ce qu'il est toujours mélangé de sang en
nature. En effet, nous avons vu dans l'étiologie que la
mammite reconnaît souvent pour cause une contusion , c'est-à-dire un épanchement ou une infiltration
de sang , et il arrive là ce qui arrive aux abcès sanguins , aux suppurations qui se forment au milieu
d'une collection sanguine.

Ce squirrhe et ce cancer de la mamelle ne sont
donc qu'une inflammation ordinaire , le plus souvent
avec épanchement de sang par suite de contusion ;
passant ensuite à l'induration rouge, puis au ramollissement et à la suppuration.

Chez la vache, quand l'inflammation commence par
les canaux galactophores , et à la suite de l'inflamma-

tion de ces conduits, de l'engorgement laiteux, le gonflement et la tension de la mamelle sont considérables, les douleurs fortes et vives, les phénomènes généraux très-violents. Après un espace de temps qui varie de dix à quinze jours, on aperçoit sur la peau qui jusque-là n'avait paru que luisante et à peine rouge, une surface plus ou moins étendue d'un rouge obscur et livide, qui indique que l'inflammation profonde terminée par suppuration commence à s'étendre au tissu cellulaire sous-cutané. Si on examine avec soin cette surface avec deux doigts, pressant alternativement, on reconnaît profondément une sensation d'un liquide qui se déplace, passant du doigt qui presse sous celui qui est immobile et qu'elle soulève; il y a donc fluctuation, c'est-à-dire flot de liquide.

La peau s'ulcère et s'ouvre, ou bien on l'ouvre avec le bistouri, et donne issue à un pus séreux d'une fort mauvaise odeur. Si on introduit le doigt dans le foyer, on trouve que le tissu de la glande est ramolli, friable en quelques points, se laissant facilement pénétrer; ou bien elle est dépourvue du tissu cellulaire qui l'unissait la peau et en partie détachée de ses adhérences. C'est à peu près ce que nous avons déjà rencontré dans le phlegmon diffus dans lequel l'altération est en général plus considérable.

DEUXIÈME FORME. — MOINS AIGUE. — C'est sous cette forme que M. Schaack l'a observée fréquemment dans les campagnes de la Bresse, aux environs de Fontaines qu'il habite.

La mamelle s'engorge, se tend; les douleurs sont vives, et le trouble général comme précédemment. Au bout de quinze ou vingt jours, la sécrétion du lait d'abord altérée se supprime, une grande partie ou plusieurs portions séparées de la glande restent indurées : la douleur diminue, la fièvre tombe; la vache reprend son appétit, rumine, se couche, et semble revenue à la santé.

Après un nouvel intervalle de trois à quatre semaines, les points indurés se ramollissent peu à peu et il se fait un ou plusieurs foyers fluctuants. Il arrive alors, dit M. Schaack, qu'un des mamelons qui depuis plusieurs semaines ne fournissait pas de sécrétion, donne un écoulement abondant de pus mêlé avec du lait séreux; la mamelle diminue de volume; la peau se ride et se flétrit. S'il reste encore d'autres points indurés, ils se fondent ainsi successivement.

D'autres fois, au lieu de se vider par un des conduits galactophores, le pus se forme en collection vers le bas de la mamelle, un peu au-dessus du mamelon correspondant à la glande malade; la fluctuation y devient manifeste, ainsi que l'indication de pratiquer une ouverture. Pour la faire, M. Schaack ne se sert point du bistouri, il préfère le cautère actuel, terminé en bouton; cette cautérisation a l'avantage d'exciter une inflammation plus vive qui favorise davantage la fonte des parties indurées, et en outre de fournir au pus un écoulement plus libre, plus facile, et l'ouverture, par sa plus grande étendue et sa nature, a moins de tendance à se clore.

Après ces abcès, la résolution des indurations s'opère quelquefois complètement et la sécrétion du lait se rétablit ; le plus souvent elle ne se fait qu'incomplètement ; il reste des noyaux durs : la sécrétion du lait reste supprimée dans le quartier malade , plus rarement dans l'autre quartier de la même mamelle. Une nouvelle gestation suffit quelquefois à faire disparaître les indurations. Sinon il devient nécessaire de réformer la vache.

D'autres fois la glande s'altère profondément dans sa structure , se détache de ses adhérences par portions ou bien en masse , et sort ou est extraite , comme je l'ai dit ailleurs. On engraisse la vache qui ne peut plus servir comme laitière et on la vend au boucher Lorsque cette espèce de destruction lente du tissu de la mamelle s'opère, la vache de travail peut encore rendre quelque service. Toutefois si, par négligence , comme le font les habitants de la campagne , on en abandonne la guérison aux soins de la nature , la maigreur de la femelle se prononce de jour en jour jusqu'à ce qu'une sorte de fièvre hectique , d'état de consomption, amène la cessation de la vie après quatre ou cinq mois et plus de souffrances. (Bordonat , de Belley (Ain.)

DU PHELGMON DU TISSU CELLULAIRE SITUÉ ENTRE LA GLANDE ET L'APONÉVROSE ABDOMINALE. — Elle n'a été

observée jusqu'à ce jour que dans la vache et la brebis.
Les causes les mieux constatées sont celles par contusion. Les bergers dans certaines localités pressent
énergiquement les glandes mammaires pour faire sortir le lait avec abondance. M. Roche-Lubin qui exerce
à Saint-Afrique (Aveyron), les a vus se livrer à ces
pressions avec tant de violence, que par suite de la
douleur la brebis était prise de dyspnée, que son train
de derrière chancelait, et même qu'elle tombait quelquefois à terre.

On voit la vache, après avoir reçu des coups de
tête de son veau, lever le pied en l'air, rester quelque temps sans l'étendre, et boiter après.

Peu de temps après l'accident, la mamelle enfle
beaucoup, se tend, s'abaisse, se portant en bas, vers
les jarrets; le gonflement est uniforme, et occupe
d'une manière remarquable la base de la mamelle,
tandis que son corps et son mamelon sont à peine
augmentés de volume; il se propage bientôt en avant,
sous le ventre et vers le sternum, en arrière vers les
aines et la vulve, propagation qui s'explique par la
continuité de la couche de tissu cellulaire dans laquelle l'inflammation est développée.

Les douleurs sont incomparablement plus vives que
dans aucune des formes précédentes; la femelle tient
les jambes écartées, éprouve une grande raideur des
lombes, marche péniblement, ne se couche pas ou
reste peu de temps dans cette position. La fièvre est

très-violente; dans le cas rapporté à l'article contusion, d'après M. Cros, nous avons vu la bête périr par suite de la violence des douleurs.

Les précédentes affections des mamelles siégent, comme nous l'avons vu, le plus souvent sur un des quartiers d'une mamelle, rarement sur deux; presque jamais sur les deux mamelles à la fois, et dans ce cas même l'une d'elles est bien moins enflammée que l'autre. Dans le phlegmon cellulaire profond, tout le dessus d'une glande et souvent des deux est occupé à la fois, à tel point que chez la brebis on voit la tumeur acquérir le volume des deux poingts et même plus.

Après un espace de temps qui n'a pas encore été bien déterminé, la tuméfaction perd de sa rénittence, la fièvre qui avait un peu diminué, augmente de nouveau, on observe quelques frissons des muscles des cuisses et des grassets; c'est ce qu'on appelle la fièvre de suppuration. L'engorgement devenu plus mou, accompagné à l'entour d'empâtement œdémateux qui conserve l'impression du doigt, ce qui est un signe de suppuration profonde, comme on le sait, finit par laisser percevoir une fluctuation obscure et profonde. Voici les précautions que je conseille pour la bien constater.

Comme le pus occupe une surface assez étendue, il faut le réunir en un foyer compacte pour obtenir la fluctuation. Pour cela on fera relever vers le ventre les mamelles par un aide; puis le vétérinaire entourant la base de la mamelle avec ses mains placées l'une en arrière , l'autre en avant , cherche à obtenir la sensation d'un liquide qui se déplace en pressant avec une des mains et en poussant ainsi le liquide dans la direction de l'autre main et alternativement. Après avoir ainsi cherché la fluctuation d'avant en arrière , il placera ses deux mains, l'une à droite, l'autre à gauche de la mamelle et essaiera de l'obtenir encore dans cette nouvelle position.

Du reste , lorsque la suppuration a eu lieu , la femelle éprouve un mieux momentané ; la fièvre diminue notablement ; et elle peut suivre le troupeau au pâturage. Seulement, si au bout de quelque temps le pus n'a pu se faire jour à l'extérieur, il se fait un nouveau travail inflammatoire ; l'engorgement augmente ; la mamelle s'abaisse encore ; le pus s'infiltre dans le tissu cellulaire , sous-aponévrotique et sous-cutané , et dans les circonstances les plus heureuses ; arrivé à la partie la plus déclive du ventre , il s'y accumule , dissèque et ramollit la peau et se fait jour à l'extérieur. Quand cela n'a pas lieu, il faut se hâter d'évacuer le pus , pour prévenir son infiltration de plus en plus considérable ; l'inflammation qu'il produit par sa présence , à mesure qu'il pénètre plus loin, et les accidents de résorption , la fièvre hectique et la mort. Cette infiltration du pus est telle , quelquefois, que des praticiens assurent avoir trouvé l'aponévrose abdominale ulcérée et perforée ; la suppuration avait pénétré ainsi dans le tissu cellulaire serré et peu abondant qui sépare le grand oblique de son aponévrose.

Le pronostic de cette forme de la mammite est fort grave ; d'abord, parce qu'on méconnaît souvent la suppuration et qu'on la laisse s'étendre au loin ; ensuite parce que le pus étant réuni toujours en assez grande quantité entre la glande et l'aponévrose , on a un foyer considérable où il s'altère par le contact de l'air et produit ses accidents habituels.

Traitement. — Il faut avant tout chercher à prévenir la terminaison par suppuration , c'est-à-dire faire avorter le phlegmon , si cela est possible. On fera usage en topiques , des réfrigérants et des astringents déjà indiqués au commencement de cet article , non-seulement en lotions , mais en applications continues, en les tenant en contact avec la mamelle au moyen de linges , d'étoupes ou de tranche d'éponges , soutenues par un bandage. — Ces astringents sont la terre cimolée , la boue de meules des couteliers , la terre glaise délayée avec du vinaigre ; Favre, de Genève , blâme ce dernier mélange, parce que , dit-il, le vinaigre perd sa force en se mêlant à la terre ; mais on n'a qu'à en ajouter davantage ; puis l'écorce de chêne , la solution d'hydrochlorate d'ammoniaque alcoolisée ; l'eau blanche alcoolisée , l'alun cristalisé, réduit en poudre. Du reste , on cesse les réfrigérants et les astringents dès que les douleurs en sont rendues plus vives , que les tissus s'indurent , ou que les symptômes généraux augmentent. On passe alors aux topiques émollients et narcotiques.

Avec les moyens précédents , on a recours aux évacuations sanguines qu'on fait suivant les règles prescrites plus haut , soit générales , soit locales. Les saignées locales conviennent, lorsque les symptômes généraux ayant diminué , l'inflammation locale conserve encore quelque acuité.

Si la terminaison par suppuration n'a pu être prévenue , on donnera issue au pus , le plus rapidement possible. C'est à la base de la mamelle qu'on pratiquera l'incision. On la fera avec les précautions suivantes : Un aide entourera de ses mains la plus grande partie de la base de la mamelle , en arrière et sur les côtés; un autre soulèvera la mamelle elle-même; le pus, comprimé par ces pressions modérées , sera repoussé en avant et viendra faire saillie sous la peau , qu'il soulèvera plus ou moins. On sentira bien la fluctuation, et plongeant le bistouri dans ce point , on l'enfoncera profondément et on agrandira l'ouverture en le retirant ; puis on placera une mèche et on se comportera comme il a été dit.

Quant à l'infiltration du dessous du ventre , au début où elle est constituée par du sang , et à la fin où c'est par de la sérosité ou du pus , on la diminuera par des scarifications.

OBLITÉRATIONS DU MAMELON ET DES CONDUITS GALACTOPHORES.

L'oblitération du mamelon et des conduits galactophores a été observée par Morier et Favre, de Genéve, qui en parlent sans citer d'observations précises. Lorsque la sécrétion du lait est suspendue chez une femelle, il peut arriver par suite d'une contusion, de plaies, du développement d'aphthes, de phlyctènes ou par des crevasses, que le mamelon s'ulcère et se cicatrise en s'oblitérant complètement. Favre considère cet accident comme assez fréquent, et le rattache à la maladresse de l'homme ou de la femme chargé de traire, qui contond la mamelle et l'enflamme. MM. Huzard fils et Vigney l'attribuent à l'éruption aphtheuse.

Sans admettre que cet accident soit commun, comme après tout il a lieu quelquefois, il est important dans le traitement des maladies du mamelon de veiller à la conservation de son conduit ; c'est ce qu'on fera en y maintenant des mèches, des tuyaux de plume ou de paille, de petits bouts de sonde creuse, un petit cylindre en cire, et mieux le tube trayeur, tant que dureront sur le mamelon les symptômes inflammatoires locaux.

Une fois l'oblitération formée, on la traitera par les mêmes méthodes que l'oblitération congéniale.

RÉTRÉCISSEMENT DU MAMELON ET DE SES CONDUITS.

Ce sont les mêmes causes qui les produisent et presque toujours , d'après M. Favre , la contusion opérée par la trayeuse avec la première articulation de son pouce.

Quels sont les siéges, les formes , l'anatomie pathologique de ces rétrécissements ; c'est ce qui n'a pas encore été étudié.

Le traitement comprend plusieurs méthodes : 1° *La cautérisation*. Les gens de campagne , d'après le conseil des guérisseurs , combattent les rétrécissements par la cautérisation , en introduisant dans le canal excréteur du lait une tige fine de renoncule des marais (*ranunculus sceleratus*), qu'ils tâchent de pousser jusqu'au delà de l'obstacle. Ils espèrent ainsi détruire le rétrécissement, et ils le font en effet. Mais à la chute de l'eschare, un nouveau tissu inodulaire se reproduit qui ramène le rétrécissement et l'augmente même encore.

Il en est de même de ceux qui introduisent une tige de fer rougie jusqu'au delà du lieu rétréci. Au lieu d'avoir un rétrécissement peu étendu , ils en obtiennent un de toute la longueur de la partie cautérisée. Morier a modifié cette méthode en introduisant d'abord une canule métallique jusqu'à l'obstacle , et en faisant glisser le fer rouge au travers de cette canule, de manière à ne cautériser que l'obstacle. Il dit avoir obtenu quelques succès par ces deux procédés. Je leur ferai cependant la même objection que j'ai faite à l'emploi de la renoncule.

2° *Ponction.*—*Dilatation forcée.*—Favre, de Genève, propose la ponction avec un trocart. Il est évident que cette ponction n'aura aucun résultat si on ne maintient pas les lèvres de la plaie qu'on a faite écartées avec une sonde. Par leur cicatrisation, le rétrécissement se reproduira tel qu'il était avant.

La ponction n'est utile qu'autant que le rétrécissement est considérable. S'il ne l'est pas trop, on se contentera de le dilater progressivement par de petites canules métalliques qu'on laissera à demeure pendant plusieurs mois, ayant soin de les retirer pour les essuyer et les remettant ensuite en place.

ALBA DOLENS.

La vache paraît éprouver quelquefois à la suite du part et coïncidemment avec l'inflammation de la mamelle ces gonflements des articulations désignés en médecine humaine sous la dénomination d'alba dolens. J'en citerai un exemple fourni par Lecoq, de Bayeux, et contenu dans les *Mémoires de la Société du Calvados et de la Manche*, n° 3, p. 31.

« Le 12 décembre 1822, ce vétérinaire fut invité par M. Lebourgeois, propriétaire aux Oubeaux, à donner des soins à une vache atteinte d'une inflammation de mamelles. On lui apprit qu'elle avait vêlé sans accident, qu'habituellement elle fournissait beaucoup de lait, qu'après le part sa mamelle en se gonflant était devenue plus chaude que de coutume. Le propriétaire croit devoir réprimer ce gonflement, et cette chaleur insolite de la mamelle, par une application d'un mélange de craie et de vinaigre. Ce moyen employé pendant deux jours n'ayant point arrêté le gonflement, il eut recours à un guérisseur qui substitua au topique précité les onctions d'huile de laurier, et donna à la malade une tisane amère. Huit jours durant, ce traitement fut continué, et sous son influence le mal fit des progrès.

L'inflammation frappait spécialement le quartier postérieur gauche dont le lait était entièrement supprimé, et le mamelon de l'autre quartier ne fournissait que quelques gouttes de sérosité roussâtre au lieu de lait. La peau de ce côté de la mamelle était extrêmement tendue, rouge, luisante, douloureuse. La mamelle droite, quoique gonflée, était peu tendue, peu douloureuse ; sa couleur presque normale ; le lait était séreux, de teinte blanchâtre et en très petite quantité. La vache ne se couchait pas, avait le regard triste, ne prenait presque pas d'aliments, ne ruminait pas, était en fièvre. Son poil était sec, sa peau brûlante ainsi que sa bouche, elle éprouvait une grande soif. (Saignée de trois kilog. aux veines sous-cutanées de l'abdomen. Tisane d'orge miellée avec addition de soixante-quatre grammes (deux onces) de sulfate de potasse par jour.

Boissons d'eau blanchie par la farine et acidulée. Lotions émollientes sur la mamelle.)

Le 15, on sent de la fluctuation à la partie postérieure de la mamelle gauche ; l'abcès est ouvert ; il fournit environ deux litres de pus séreux d'odeur forte. (Injection dans la cavité de l'abcès d'eau de guimauve. On supprime le vinaigre des boissons.)

Le 18, nouvel abcès à la partie antérieure de la même mamelle, qui fournit deux verrées de pus plus odorant que le précédent. (Même traitement.)

Le 25, la gaîté, l'appétit, la rumination se montrent. La fièvre a cessé, le pus des plaies est louable. (Injection de vin tiède, onction d'onguent populéum sur les points douloureux de la mamelle. On cesse la tisane ; la vache reçoit en petite quantité du foin mélangé de paille ; pour boisson, de l'eau farineuse.)

Le 30, le pus a contracté une odeur forte et désagréable ; il entraîne des débris du tissu de la glande. L'introduction du doigt fait qu'on s'assure qu'elle est sèche et mobile ; en agrandissant l'ouverture de l'abcès, on en extrait d'abord une portion, du volume d'un œuf de poule, et ensuite environ un demi kilo. (Mêmes injections.)

Le 6 janvier, nouvelle extraction de la glande du poids d'un kilo. Le foyer parcouru par le doigt reconnaît des brides qui sont les artères de l'organe. Point d'hémorragie. (On panse avec des tentes imbibées de teinture d'aloës. L'appétit se soutient ; même régime alimentaire.)

Mais le 10 la malade paraît affaissée, son regard est triste, son corps commence à s'amaigrir, la suppuration des plaies est abondante, la peau continue à entraîner des débris de la glande. Les deux genoux sont tuméfiés, peu chauds et peu douloureux. (Tisane amère, fomentations aromatiques sur les genoux.)

Le 18, on constate que l'amaigrissement fait de rapides progrès, les tumeurs des genoux se ramollissent, s'abcèdent. Un autre foyer de suppuration s'établit à la hanche gauche.

Enfin, le 25 janvier, la vache succombe; on s'empresse de l'enfouir, l'autopsie n'en est pas faite. La pratique vétérinaire présente souvent l'inconvénient de ne pouvoir compléter par les recherches à faire sur le cadavre de fort bonnes observations, soit que les propriétaires des animaux se hâtent de vendre avant la mort les malades pour tirer parti de la viande, soit qu'ils craignent de répandre la maladie sur les autres bêtes de l'étable, soit enfin que l'éloignement du lieu où elles périssent et la possibilité de se procurer dans cet éloignement tout ce qui serait indispensable pour autopsier, empêche les vétérinaires de se livrer à ces dernières recherches des maladies.

DES VICES DE SÉCRÉTION.

Les sécrétions peuvent être troublées de diverses manières : à la mamelle, nous avons à examiner les lésions de sécrétion dans le tissu cellulaire sous-cutané qui s'infiltre de sérosité ; cela constitue l'œdème de la mamelle ou faux engorgement laiteux. Dans la glande elle-même, la sécrétion du lait peut être augmentée , c'est la galactirrhée ; diminuée ou supprimée , c'est l'agalaxie ; ou enfin plus ou moins profondément modifiée dans ses caractères physiques et chimiques.

Les causes de ces altérations peuvent se ranger en trois classes : 1° les maladies des glandes mammaires, engorgement laiteux , inflammations ; 2° les maladies sur quelque organe qu'elles soient localisées, qui produisent la fièvre et le trouble général de l'économie. Cet ordre de cause influe plus sur l'abondance de la sécrétion que sur ses qualités ; 3° certaines circonstances hygiéniques et surtout l'usage de certains aliments; la femelle conservant, du reste , tous les attributs de la santé.

Avant de traiter des vices de sécrétion , il convient de dire quelques mots de la sécrétion dans l'état normal.

Le lait est un liquide blanc opaque , un peu plus pesant que l'eau , d'une saveur douce , légèrement sucrée et très-agréable. Il n'est, à proprement parler , qu'une sorte d'émulsion constituée par une solution mucilagineuse, tenant en suspension une matière grasse , *le beurre ;* le liquide lui-même se compose d'eau , de caséum , de sucre de lait et de quelques sels alcalins et terreux.

Voici la proportion de ces éléments : *lait de vache*

écrémé (Berzélius) , caséum uni à un peu de beurre ,
2,60 ; sucre de lait , 3,50 ; acide lactique , lactates ,
0,60 ; chlorure potassique , 0,17 ; phosphate alcalin,
0,025 ; phosphate de chaux uni à du caséum , de la
magnésie , de l'oxide de fer , 0,23 ; eau , 92,875. La
crème contient : caséum, 3,50 ; beurre , 4,50 ; petit
lait , 92,0.

Lait d'anesse. — Beurre , 1,29 ; caséum , 1,95 ;
sucre de lait, 6,29 ; sérum , 90,47. Ce lait contient
un peu plus de caséum que le lait de femme ; sa crème
ne fournit qu'un beurre mou.

Lait de chèvre. — Beurre , 4,56 ; sucre de lait ,
9,12 ; caséum, 4,368; sérum, 81,94. Le lait de *brebis*
donne plus de crème que celui de vache , un beurre
plus consistant et un caséum plus mou. Celui de *jument* tient le milieu entre le lait d'ânesse et celui de
vache. Pas de beurre et beaucoup de caséum, ce qui
le rend facilement coagulable par les acides.

Quant à la question de savoir s'il est alcalin ou acide,
il y a eu quelques divergences d'opinions. Suivant le
plus grand nombre des expérimentateurs, MM. Donné
et Péligot en particulier, celui qui est fourni quelque
temps après le part , pendant la durée normale de
l'allaitement , donne une réaction alcaline. On sait
que Berzélius a prouvé que tous les produits de sécrétion récrémentitiels , c'est-à-dire qui sont destinés à
rester dans l'économie , à être repris par l'absorption,
sont alcalins , à l'exception du suc gastrique. Le lait

destiné à entrer dans l'économie, quoique ce ne soit pas celle de la mère , aurait le même caractère. Au contraire,celui qu'on obtient de la vache après le terme normal de l'allaitement , prendrait le caractère acide, quelque temps après qu'on l'a retiré de la mamelle , ce qui prouverait la loi de Berzelius , si ce fait est vrai , comme l'assurent **MM**. Donné et Péligot qui ont expérimenté surtout par le lait d'ânesse et de chèvre.

Au microscope , on voit dans le lait une foule de petits corps sphériques , comme de petites perles à contours nettement arrondis, brillantes au centre , et variant pour la grosseur entre un 1/300 et 1/126 de millimètre. Ils sont formés par la substance grasse ou butyreuse , et non par du caséum ou de l'albumine, puisque l'éther les dissout complètement , ce qu'il n'a pas la propriété de faire pour ces deux derniers principes immédiats ; ces globules résistent à l'action des alcalis qui saponifient les matières grasses à la longue ; ce sont eux qui forment d'abord la crème, puis le beurre.

Tous les autres principes immédiats , le sucre de lait , les sels, la matière azotée spontanément coagulable , le caséum et un peu de matière grasse , sont dissous dans le sérum. Une partie du caséum est cependant sous la forme de globules d'une petitesse extrême.

Différences que présente le lait. — 1° *Suivant les femelles* , il se ressemble beaucoup chez la plupart , par ses caractères extérieurs et microscopiques. Ces derniers caractères seulement présentent quelques différences chez la lapine, mais l'analyse chimique offre de plus grandes différences.

2° *Aux diverses époques de l'allaitement.* — Après la mise bas, avant que l'ânon ait tété, le lait est séreux, jaunâtre ; les globules sont peu abondants, mal formés et réunis en petites masses ; le lendemain, après que le petit a tété, il prend plus de consistance, plus de globules ; au bout de vingt ou trente jours, il a tous ses caractères habituels. Il s'est débarrassé alors d'une matière muqueuse, visqueuse, qui agglomérait les globules, et aussi de certains corps granuleux qu'on trouve d'abord au début.

Les femelles n'ont pas un véritable colostrum comme la femme ; la jument est celle qui s'en rapproche le plus sous ce rapport. Son premier lait est roussâtre, gluant, et s'attache au mamelon.

Le séjour forcé du lait dans la mamelle par interruption de la lactation ou du trayage, y amène aussi des changements. Au bout de seize heures d'interruption, les globules commencent à se réunir en masses agglomérées et confuses. Le cinquième jour, on peut à peine les distinguer. Leur contour devient irrégulier d'abord ; et il se forme une espèce de poussière composée de globules infiniment petits, qui trouble la transparence du lait.

Cependant, les caractères physiques n'ont pas

changé, seulement il est devenu plus muqueux, plus
épais, plus consistant, à globules agglomérés. On ne
dit pas si sa réaction alcaline a changé à ce degré; il
n'y a pas encore état pathologique, d'après M. Donné.

Le lait est sécrété d'une manière continue par la
glande, mais il n'est excrété de la mamelle qu'à
des intervalles plus ou moins éloignés. Pendant son
séjour, il se réunit dans les conduits galactophores et
les sinus qu'il forme. Il ne peut s'écouler, retenu qu'il
est par le sphincter. Son séjour dans ces conduits explique pourquoi les premières portions de lait qu'on
retire sont pauvres en beurre, parce que ce corps étant
plus léger s'élève et occupe les couches supérieures du
liquide réuni dans la mamelle.

On a proposé dernièrement en Allemagne de se servir pour faire couler facilement le lait, dans l'opération de la traite, de tubes dits trayeurs. Chacun de ces
tubes, en os ou en ivoire, a 2 millim. 1/2 de diamètre
sur les 3/5 de sa longueur et 4 millim. sur les deux
autres cinquièmes. La portion de ce tube que l'on introduit dans le principal orifice du trayon se termine
par un petit renflement percé sur les côtés de plusieurs
petits trous, et est séparée de l'autre portion par une
embase qui l'empêche de pénétrer trop avant.

D'après le rapport de la Société d'agriculture de
Vienne et de celle de Paris, la traite se ferait avec ces
tubes aussi vite, aussi complètement et plus facilement
que par le trayage ordinaire. D'autres observateurs ont
eu des résultats différents.

OEDÈME DES MAMELLES OU FAUX ENGORGEMENT LAITEUX.

Suivant Morier, les habitants du canton de Vaud, donnent à cet état le nom de prévesin froid. Il paraît être assez fréquent chez les juments étoffées et communes de cette localité qui est en plusieurs points basse et humide ; on le voit commencer vers la fin de la gestation, par les membres postérieurs, s'étendre aux mamelles, gagner le dessous du ventre, s'avancer jusqu'à la poitrine; il coïncide tantôt avec une gestation unique, tantôt avec une double, tantôt avec l'hydropisie des enveloppes, celle du cerveau ou de l'abdomen, celle du fœtus.

On explique cet œdème par la gêne qu'éprouvent les circulations veineuse et lymphatique des membres postérieurs, par suite du poids du fœtus qui pèse sur les points du ventre où passent les vaisseaux. Toutefois il faut reconnaître à cet état une prédisposition de la part de la jument, prédisposition acquise sous l'influence de l'humidité de la localité, de la nature des pâturages, du peu d'exercice des femelles.

Ces causes sont celles de la pourriture et de toutes les hydropisies, j'y ai insisté déjà dans ma *Pathologie générale*, à l'article des maladies par altération du sang ; je n'y reviendrai pas.

Cet œdème qui disparaît généralement après le part, persiste néanmoins quelquefois ; c'est le cas dont nous nons occupons; il importe donc de le distinguer du véritable engorgement laiteux.

Symptômes.—Augmentation générale de volume des deux mamelles sur toutes leurs surfaces, sans changement de couleur de la peau qui devient seulement un peu blafarde ; cet engorgement s'étend en outre aux parties voisines, ainsi que je l'ai dit. Il n'offre ni bosselures, ni induration ; il est mou, pâteux, sans élasticité et sans rénitence, et conserve l'impression du doigt lorsqu'on l'y enfonce. Ce dernier symptôme est moins marqué dans les mamelles mêmes que dans les autres régions du corps, attendu que dans le premier siége, les couches cellulaires sont peu abondantes et assez adhérentes; quant à la température des mamelles, non-seulement elle n'est pas augmentée, mais elle est même au-dessous de l'état normal.

Cet œdème produit le raccourcissement des trayons, qui s'effacent plus ou moins, et disparaissent ainsi dans la tuméfaction générale, en même temps qu'ils sont aussi plus dirigés en arrière que dans l'état normal ; l'acte de traire est rendu plus difficile, le lait ne subit pas en général d'altération dans ses qualités, mais il diminue de quantité ; et il est commun à la suite de cette maladie, de voir les mamelles rester flasques et vides et la sécrétion du lait ne reprendre son activité ordinaire qu'après une nouvelle gestation. Parfois même elles s'atrophient en partie, ne fournissent que peu de lait, et la vache ne pouvant plus servir comme laitière, doit être engraissée pour le boucher.

Cet œdème se termine de trois manières: ou par la résolution, à mesure que la femelle reprend ses forces ; ou bien il persiste assez longtemps et s'accompagne d'atrophie des mamelles; ou enfin il est suivi du développement de l'inflammation qui se montre là avec tous les caractères que j'ai déjà indiqués en parlant de la mammite.

Traitement.—Les soins hygiéniques consistent à préserver la femelle de l'impression de l'air froid, les mamelles des courants d'air froid, du contact de l'eau, de l'humidité de la litière, à retirer la femelle du pâturage, s'il est humide, et à la laisser plus longtemps que de coutume dans l'habitation; la promenade au moins une fois par jour, si le temps le permet ; l'usage d'une couverture, s'il fait froid; si le froid, la neige, la pluie, ou le brouillard s'opposent à la sortie de la femelle, on tâchera de l'exercer dans l'étable même, ou dans une grange spacieuse. On activera les fonctions de la peau en la tenant très-propre, en se servant de l'étrille, de la carde, de la brosse ou du bouchon ; en donnant des boissons chaudes stimulantes, comme l'infusion de bourrache, de sureau, de tilleul ; si l'appétit manque d'activité, le sel de cuisine, les amers, les ferrugineux, l'eau dans laquelle on éteint des fers rouges ; des aliments de bonne qualité, en quantité suffisante; et quand viendra le moment de la laisser paître, un pâturage sec; éviter l'humidité autant que possible, enfin traire aussi régulièrement que possible la femelle qui n'est plus tétée par son nourrisson.

Sur les parties œdémateuses, on appliquera des topiques excitants, résolutifs ; les cataplasmes les lotions, les fumigations avec le sureau, le tilleul, les plantes aromatiques ; l'huile camphrée, les liniments ammoniacaux , etc. On recommande de bien essuyer la peau après chaque application humide ; de prévenir le refroidissement des cataplasmes en les faisant un peu secs, très-épais et en les entourant d'une pièce de laine. Un praticien suisse m'assurait avoir obtenu de bons effets de fumigations avec du lait salé : il me disait aussi que les gens de campagne se trouvaient bien de couvrir la litière de la vache avec du fumier de mouton.

Aux moyens précédents on ajoute l'usage des purgatifs et des diurétiques qui, très-bons contre l'œdème, ont l'inconvénient de tarir la sécrétion du lait, et si tout cela échoue, les scarifications de la peau et du tissu cellulaire sous-cutané.

Si l'œdème s'accompagne de congestion sanguine ou d'inflammation , on associe à des stimulants légers les émollients et les narcotiques.

AGALAXIE.

L'absence complète de toute sécrétion laiteuse n'a jamais été observée chez les femelles qui présentaient les apparences de la santé ; on ne la voit survenir qu'après des maladies des mamelles ou des autres organes du corps. La diminution de cette sécrétion s'est au contraire vue souvent avec une bonne santé. Ce fait a été constaté par plusieurs auteurs de traités de haras dans l'espèce de la jument et par les éleveurs sur la vache.

Suivant M. Pichat, il se présente chez les juments âgées qui poulinent pour la première fois; les mamelles restent sèches, peu développées, soit que ces femelles séjournent à l'écurie, soit même lorsqu'on les met au pâturage. Le poulain maigrit, s'épuise à téter; on est obligé de lui donner une autre nourrice ou de l'élever artificiellement. Hartmann a aussi observé la même lésion de sécrétion chez des juments jeunes; d'autres auteurs l'ont remarquée chez les autres femelles, mais rarement avec un état parfait de santé. M. Demoussy a vu des juments qui avaient fourni peu de lait après une première parturition, au point de pouvoir suffire à peine aux besoins de leur poulain, qui sont devenues d'excellentes nourrices après un deuxième part.

Mais si l'agalaxie est quelquefois primitive et dépendante de causes encore inconnues, le plus souvent elle se lie à des maladies des mamelles ou des viscères, à une alimentation insuffisante ou de mauvaise qualité, à un exercice trop fort, trop actif. L'exercice trop continu porte toute l'action sur le système musculaire; or, les organes du corps ne peuvent pas jouir plusieurs à la fois d'une grande activité; là où le système locomoteur est très souvent mis en action, c'est lui qui attire à soi la plus grande somme de sang et de fluide nerveux, les sécrétions en sont diminuées d'autant.

Les femelles mal nourries , dans les années où les fourrages sont chers , où les pâturages sont peu abondants, lorsque des inondations les ont couverts , lorsque la saison de l'hiver s'est prolongée et a retardé la poussée des herbes , ces femelles , dis-je , manquent de tous les éléments nécessaires à une abondante sécrétion de lait.

L'agalaxie peut tenir aussi à des maladies des mamelles ; j'ai parcouru ce genre de causes en traitant de ces diverses affections : lorsqu'une congestion ou une inflammation des glandes mammaires a guéri , après avoir duré quelque temps , le plus souvent le lait diminue , puis tarit. Il en est de même si on apporte de la négligence à traire à fond. La meilleure vache peut être ainsi gâtée , et il peut en résulter des engorgements du pis. Les maladies des divers organes du corps produisent aussi le même résultat ; leur mode d'agir est facile à comprendre ; elles donnent lieu à une révulsion prolongée et continue qui dirige ailleurs les forces , c'est-à-dire le sang et le fluide nerveux. Les maladies du tube digestif agissent de cette façon , mais elles ont un autre mode d'action. Comme le travail de la digestion se fait dans ces organes, le sang ne peut pas se réparer suffisamment , faute de recevoir de bon chyle. L'agalaxie tient donc à la fois, dans ce cas, à la révulsion opérée et à la diminution des matériaux de sécrétion , qui ne sont plus apportés dans le sang en quantité suffisante. On assure que le lait diminue considérablement de quantité ou même cesse entièrement d'être sécrété, si dans le traitement d'une maladie de la vache on a fait usage du camphre. (Villeroy, p. 318.)

Relativement au pronostic de l'agalaxie, quelle que soit sa cause, je dirai seulement qu'il ne faut pas désespérer de la voir céder à un deuxième part. Tous les auteurs ont noté avec soin le fait qu'une deuxième gestation ramène souvent une sécrétion suffisante de lait. J'ai souvent observé dans ma pratique cette influence d'un deuxième part. Mais il ne faut pas que l'agalaxie tienne à quelque maladie grave de l'utérus ou des poumons; la gestation et le part ne feraient que l'augmenter.

On ignore encore ce qui se passe dans les glandes dont la secrétion est diminuée; et les autopsies n'ont pas fait connaître non plus ce que les inflammations de la mamelle laissent d'altérations cachées pour supprimer ainsi cet écoulement.

Traitement. — Lorsque l'agalaxie n'est liée à aucune maladie actuellement existante, il faut chercher à la combattre et à la guérir par deux ordres de moyens, les uns qui agissent spécialement sur les mamelles, les autres qui portent leur action sur le sang et la nutrition en général.

Y a-t-il des excitants propres des glandes mammaires? On n'en connaît pas d'exclusivement affectés à cette destination; la plupart de ceux qu'on emploie ne sont que des excitants généraux. Ainsi, Hartmann conseille les moyens suivants : le sel commun, les graines d'anis, de fenouil, le sceau de salomon et la farine de vesce ; le premier à la dose de cent vingt grammes, les deuxièmes d'un gramme chaque, le troisième de soixante grammes, et le quatrième de cent vingt grammes ; le tout doit être pulvérisé et bien mêlé pour faire une poudre qu'on fera prendre par deux cuillerées à bouche chaque jour et à plusieurs intervalles dans la journée.

Les auteurs modernes ont peu de confiance dans ces moyens. Demoussy surtout nie d'une manière absolue qu'il y ait de véritables remèdes propres à exciter la secrétion des glandes salivaires. Des substances nourrissantes, un régime doux, riche en matières sucrées, mucilagineuses, amylacées, l'herbe verte si elle n'est pas trop nouvelle et trop aqueuse, la promenade dans les pâturages, sous l'influence du soleil, voilà, d'après lui, les vrais excitants des glandes mammaires. Si ces derniers moyens ne peuvent être employés à cause de la saison, on a recours aux tubercules ou racines cuits, la betterave, la pomme de terre, la carotte. — Dans les haras, on donne, matin et soir, pour suppléer aux pâturages, s'ils ne sont pas suffisamment fournis d'herbes, un mélange qu'on nomme *masche*, et qui est composé d'orge mondée, d'avoine concassée et de son farineux, sur lesquels on verse une certaine quantité d'eau bouillante pour en faire une bouillie épaisse.

Grognier dit que Young se serait assuré que le lait excite la secrétion du lait. Une chienne à qui on en avait donné pendant huit jours fournissait un lait aussi abondant en beurre et en caséum que celui de la chèvre. Suivant M. Félix Villeroy, lorsqu'une vache éprouve une diminution notable et sans cause apparente du lait qu'elle fournit habituellement, on a souvent obtenu de bons effets de l'emploi du mélange suivant :

Soufre doré d'antimoine. . . , . 15 grammes.
Graines de fenouil. 90
    Id.   d'anethum. 90
Baies de genièvre . . . . . · . . . 90

Le tout bien pulvérisé et exactement mêlé ; on en donne par jour deux cuillerées dans du son mouillé ou de l'orge égrugée.

Il est des moyens qu'on peut porter à l'extérieur sur les glandes elles-mêmes ; on a parlé de frictions douces, de fomentations chaudes et souvent répétées, avec le soin de bien essuyer la peau à la suite. Je crois qu'on fera bien d'avoir recours à ces moyens et de les rendre plus excitants ; des pommades avec la moelle de bœuf et le vin aromatique, avec la teinture aromatique, des fumigations répétées plusieurs fois avec des décoctions chaudes de plantes labiées ou autres et de nature excitante, comme la sauge, le romarin, la lavande, le thym, puis l'absinthe, etc. Les fomentations de même nature me paraissent très convenables. On aidera à leur action par l'administration à l'intérieur des toniques, des excitants, du sel, du sucre, etc. On veillera surtout à ce que la mamelle soit complètement vidée de son lait à chaque traite.

Il est évident qu'avant d'employer ces derniers moyens on devra s'attacher à détruire toutes les complications inflammatoires qui pourraient exister, soit du côté des glandes elle-mêmes, soit du côté de l'utérus, du tube digestif, du poumon. Si la maladie est incurable, comme la phthisie pulmonaire, par exemple, il ne faut pas s'attendre à voir cesser l'agalaxie.

GALACTIRRHÉE.

La galactirrhée est une secrétion de lait si **abondante** qu'il s'échappe des mamelons sans que sa sortie ait été provoquée par le trayage ou la succion. Toutes les fois que la galactirrhée se montre, le lait est lui-même altéré dans sa qualité; il est en général plus séreux; nous devons rechercher avec soin quelles sont les causes sous l'influence desquelles se montrent et cette abondance et cette fluidité du produit de secrétion.

La vache et la chèvre sont presque les deux seules femelles chez lesquelles on observe cette hypercrinie (*hyper*, en excès; *crino*, je secrète). Leur lait devient clair et prend une teinte légèrement bleuâtre, à peu près comme si on le mélangeait avec une certaine quantité d'eau. Les éleveurs ne permettent pas en général l'usage de ce lait aux nourrissons; ils le jettent ou l'emploient à la nourriture du porc ou d'autres animaux adultes, plutôt que de le mélanger avec le lait de bonne qualité. — Il ressemble à ce qu'on appelle le colostrum, ce lait séreux qui s'écoule dans les premiers jours qui suivent le part et que, dans certains pays, on ne laisse pas prendre au nourrisson, mais à tort.

Les conditions sous l'influence desquelles se montre cet état de fluidité sont variées : 1° le séjour prolongé du lait dans ses canaux, le trayage exécuté rarement, sont une circonstance de sécrétion plus fluide, l'expérience l'a appris aux éleveurs et aux agriculteurs. Le premier lait que l'on retire dans chaque traite est lui-même plus clair que celui qu'on obtient au milieu ou vers sa fin. Ainsi, chez la plupart des femelles abondantes en lait, qui n'ont pas de nourrisson ou que l'on ne trait pas, on voit le lait s'écouler et se perdre ; de même si on empisse la vache, c'est-à-dire si on oblitère les canaux des mamelons en posant une ligature ; lorsqu'on l'enlève, le lait est devenu plus séreux et s'écoule de lui-même si les conduits n'ont pas été contus et tuméfiés par la ligature et que le passage n'en soit pas obstrué.

Une mauvaise nourriture produit la galactirrhée comme l'agalaxie. Il est d'observation que les vaches qui ont été mal nourries en hiver, qui sont devenues faibles, celles que par suite du manque de vivres on est obligé de mettre au pâturage de bonne heure lorsque les herbes ne font que pousser, sont aqueuses,

fades , sans saveur, sont fort exposées à la galactirrhée.
Lorsqu'en même temps l'hiver a été humide , que le
printemps est pluvieux , la perspiration cutanée ne se
faisant qu'incomplétement et ne débarrassant par conséquent pas le sang de son excès de sérosité, toutes
les sécrétions et le lait en particulier deviennent abondants en sérum , c'est-à-dire en eau et en sels. L'hiver
qui vient de finir et le commencement de ce printemps
qui offrent les circonstances atmosphériques que je viens
d'indiquer à un degré fort remarquable , m'ont fourni
un bon nombre de cas d'hypercrinie des glandes mammaires, pour lesquelles j'ai été consulté. Ce lait dit
pauvre à raison de l'abondance de son sérum et de ce
qu'il est privé de crème ou graisse , est très peu propre
à nourrir le petit , ainsi que le lait écrémé avec lequel
on nourrit artificiellement les veaux dans certaines localités ; il se digère mal , devient la cause de la diarrhée souvent funeste que contractent ces jeunes animaux. On lui attribue dans notre espèce le dévelop-
gement du muguet des enfants ; peut-être en est-il de
même pour les agneaux qui éprouvent la même maladie.

Les maladies chroniques du ventre et surtout de la
poitrine favorisent aussi quelquefois cette affection. Il
est certain qu'à la fin de la deuxième période de la
phthisie pulmonaire des vaches, leur lait devient fort
séreux , prend la teinte bleuâtre et se perd pour peu
qu'il soit abondant.

Les maladies du mamelon qui ont amené la destruction de la fin de ce conduit, lequel joue, comme je l'ai
dit, le rôle d'un sphincter, les aphthes suivies d'ulcérations rongeantes, les plaies, les résections du bout du
trayon, en détruisant la cause qui retenait le lait dans
ses conduits, le laissent couler continuellement et simulent la galactirrhée qui cependant n'existe pas; c'est donc
un cas de diagnostic différentiel à faire que de séparer la
vraie galactirrhée par cause interne de celle qui n'est
qu'apparente, et par cause extérieure.

Relativement à sa marche et au traitement, je dirai
que celle qui vient après le part, ne dure guère en général, et qu'elle guérit spontanément; il en est de
même de celle qui vient de ce que les traites ont été
négligées, ou de ce qu'on a laissé la vache s'empisser;
elle ne réclame d'autres moyens que ceux de traire
plus régulièrement et plus complètement. Les vaches
que l'on empisse frauduleusement, sont pour la plupart mauvaises laitières ; celles qui sont frappées d'induration partielle de la matrice, guérissent toutes seules ; le lait cesse bientôt de couler.

Lorsque la maladie provient de faiblesse et de mauvaise nourriture, le traitement est facile à indiquer,
s'il n'est pas toujours facile à exécuter, parce que les
approvisionnements insuffisants ne permettent pas
toujours de bien nourir la femelle, de lui fournir les
grains, la farine, le son, les tubercules, le sel, que j'ai
déjà souvent conseillés comme des aliments les plus

favorables à la secrétion du lait. On peut plus facilement soustraire en partie ces femelles à l'influence de
l'humidité extérieure, par un bon pansage de la peau,
un étrillage fréquent et complet, le renouvellement
de l'air des écuries, la promenade à l'extérieur, dans
les moments les plus chauds, et les plus secs de la
journée.

La plupart des maladies chroniques qui rendent le
lait séreux et fluide, ne se guérissent guère par l'action
des remèdes; on doit en attendre surtout la guérison
des changements des saisons, de l'atmosphère, des
bons pâturages, de nouvelles parturitions dans quelques cas.

Quant aux lésions du mamelon, ce sont des affections,
les unes curables, comme les aphthes, les plaies, les
fistules; les autres incurables, par exemple, l'ablation du bout du trayon.

L'Italien François Toggia, place la galactirrhée des
vaches au rang des cas rédhibitoires. Ce qu'il en dit
semble l'identifier avec la phthisie pulmonaire (*Vété-
rinaria légale*, Torino, 1823, page 218).

ALTÉRATIONS DU LAIT DANS LES MALADIES DES MAMELLES.

L'épizootie aphtheuse, désignée à Paris sous le nom
de cocote, a permis de soumettre à des investigations
par le microscope et les réactifs le lait des vaches qui en
étaient atteintes. Voici les résultats de cette commission.

Analyses de M. Donné. — Sur une vache affectée depuis plus d'un mois d'éruption vésiculeuse du trayon avec un engorgement inflammatoire léger de la mamelle, le lait sorti des trayons extérieurs ressemblait au pus qui s'écoule de certains kystes où il est resté enfermé pendant longtemps, se séparait par le repos en deux parties, l'une inférieure composée de grumeaux jaunâtres ; l'autre supérieure, séreuse, un peu trouble, visqueuse, et totalement dépourvue de crème.

Examiné au microscope il paraissait entièrement composé de globules purulents, analogues à ceux des abcès chauds, insolubles dans l'éther et solubles dans une solution de soude caustique qui transformait en outre toute la substance en une masse visqueuse et filante. Un petit nombre de globules laiteux mêlés à cette matière purulente conservait ses caractères habituels ; le liquide était alcalin, ramenant au bleu le papier de tournesol rougi.

Le lait fourni par les trayons antérieurs, qui avait son aspect ordinaire, présentait néanmoins des grumeaux ; mais au microscope on s'aperçut que les globules laiteux étaient agglomérés, confondus et entremêlés de globules purulents.

Le rapport présenté sur la même maladie au conseil de salubrité de Paris par une commission de médecins et un vétérinaire, M. Huzard fils, n'a pas donné les mêmes conclusions.

1° *Vaches qui n'avaient aucune autre affection des mamelles que des phlyctènes à l'extérieur.*—Voici ce qu'on a constaté chez elles : diminution du lait ; caractères extérieurs habituels ; globules ne différant pas par la forme, mais plus nombreux et plus gros et tendant à s'agglomérer, comme quand on chauffe le lait. Masses globulaires qui ont paru être du mucus provenant de la membrane muqueuse des réservoirs du lait ; car mélangé à une certaine quantité d'ammoniaque, ce lait se prenait en une masse glaireuse, blanchâtre.

2° *Phlyctènes sur les trayons et inflammation de ces parties.* — Diminution très-rapide de la quantité du lait ; au point de se supprimer presque dès le troisième jour. Il était devenu jaunâtre. Chez quelques vaches il sortait par grumeaux ; chez d'autres, il était mêlé à des stries de sang, n'avait pas d'odeur putride, et tournait si on le mettait sur le feu. Les globules qu'il contenait étaient irréguliers, à surface granuleuse, analogues à ceux du pus.

3° *Inflammation à divers degrés des mamelles.* — Odeur infecte analogue à celle du fromage fort altéré. On a même vu le trayon fournir une matière verdâtre provenant probablement du ramollissement des glandes.

ENGORGEMENT LAITEUX SIMPLE.—Plus le lait séjourne dans les mamelles, plus il tend à devenir séreux et clair, et pauvre en principes gras ou butyreux. Les éleveurs savaient déjà ce fait que les recherches de M. Péligot ont confirmé. Il arrive ainsi au lait le contraire de ce qui se passe dans tous les autres produits de sécrétion, lesquels deviennent plus denses, plus chargés par suite de leur séjour dans leurs réservoirs, l'eau étant absorbée et les parties solides restant. L'explication de ce fait vient d'être donnée. Nous avons vu tout à l'heure que si, par son séjour dans la mamelle, le lait reste clair et séreux, c'est que les principes immédiats du lait se séparent en vertu de la loi de la pesanteur spécifique; le beurre et la crème, qui sont plus légers, gagnent la couche supérieure du liquide; le petit lait reste en bas.

En effet, l'observation a appris que le premier lait d'une traite est séreux, qu'il devient ensuite plus caséeux et vers la fin fournit plus de principes butyreux.

De plus, les globules se réunissent en masses, liés par une matière muqueuse, et forment ainsi l'origine de ces grumeaux que l'on trouve dans les conduits galactophores, et que les vétérinaires nomment durillons; et comme un peu d'irritation de la muqueuse des conduits a nécessairement lieu par suite de leur distension, le mucus est sécrété en plus grande quantité, ses globules peuvent être reconnus et il concourt avec les globules laiteux à former les durillons.

DES COLORATIONS ANORMALES DU LAIT.

LAIT BLEU. — Bien que cette altération du lait semble avoir été constatée de temps immémorial en Normandie ; ce n'est guère qu'en 1787 qu'on l'a étudiée avec soin.

Lorsqu'on vient de le tirer , il n'offre pas de différences sensibles d'avec le bon lait , mais il tourne au bout de huit ou douze heures ; sa surface commence à se ternir ; il se couvre ensuite de taches bleues qui paraissent être des moisissures. Il gâte le bon lait , si on le mélange. Le caillé en est mollasse , le petit lait très-abondant s'en extrait avec peine et présente un aspect filant lorsqu'on le verse de haut : le fromage est par conséquent difficile à égoutter et à faire sécher , le beurre qu'on en tire est huileux et rance.

Klaproth , Hermbstadt crurent que c'était l'indigo qui donnait au lait cette teinte bleue ; ce principe se trouvant dans certains végétaux que les vaches pouvaient manger. En effet, ces végétaux ne développent leur couleur bleue que par la fermentation et à l'aide d'oxigène ; de même que le lait a besoin de fermenter pour bleuir.

Braconnot ayant comparé cette matière colorante bleue avec toutes celles qui ont été reconnues jusqu'à présent dans le règne végétal , n'en a trouvé aucune qui lui ressemblât par ses propriétés ; puisque généralement elles rougissent par les acides et verdissent par les alcalis, ce qui n'a pas lieu pour la cendre provenant du caillé du lait bleu. Comme Parmentier et Deyeux l'avaient déjà soupçonné , il finit par attribuer cette couleur au développement d'une cryptogame, le byssus cæruleus de Lamarque.

Un nouvel expérimentateur , Frichs, aidé du professeur Cherenberg, assure avoir constaté à l'aide du microscope un être animé , du genre vibrion , qu'il nomme vibrio cyanogenus. Il serait même parvenu à colorer en bleu les laits des autres femelles en y introduisant des vibrions recueillis dans le lait de la vache. Le nitre et le chlore sont les agents les plus rapides de destruction de ces êtres. Les faits publiés par **M.** Wimers, vétérinaire à Gronau , sur l'efficacité du chlore pour détruire la coloration bleue, viennent à l'appui de cette découverte jusqu'à un certain point; car on sait que le chlore détruit toutes les couleurs.

Recherchons l'influence que peuvent avoir les causes hygiéniques sur la production du lait bleu. Relativement au sol , on le trouvera en Normandie , dans les départements de la Seine-Inférieure et du Calvados; dans ceux de Maine-et-Loire , du Nord , du Pas-de-Calais , de la Somme , dans le Holstein et plusieurs autres pays du nord. Dans ces pays, on observe ce phénomène dans toutes les localités, aussi bien dans les lieux secs que dans ceux qui sont humides, sur les montagnes comme dans les pays de plaine.

Relativement aux saisons , c'est au printemps et pendant les grandes chaleurs qu'on l'a observé le plus souvent. En ce qui concerne l'alimentation , on a accusé l'usage des plantes qui contiennent de l'indigo , le trèfle pris en vert ; l'abondance de la nourriture des champs après la disette et l'amaigrissement qui survient à la fin de l'hiver.

Aussi, Chabert attribue-t-il cette coloration du lait des vaches à l'état pléthorique qui se déclare chez elles par suite de l'abondance des sucs nourriciers. Ce qu'il y a de vrai, c'est que c'est à des congestions sanguines que paraît due cette altération du lait ; or, le sang est le principe auquel les sécrétions empruntent tous leurs éléments. Mais cette explication ne rend pas plus compte de la couleur bleue que de la rouge ou de toute autre.

Fromage a une opinion analogue. La cause en est dans les grandes chaleurs et l'abondance de la nourriture, et dans la disposition à la phthisie pulmonaire.

Hurtrel assure avoir suivi pendant trois ans plusieurs vaches qui toutes étaient sujettes à donner du lait bleu pendant quatre ou cinq jours, quelque temps après chaque parturition. Mais d'un autre côté, nous avons remarqué, ajoute-t-il, la même altération sur des vaches jeunes, délicates, de petite stature, mal nourries et mal gouvernées, épuisées par des gestations prématurées et dans un état de faiblesse et de débilité générale. D'où il conclut que dans ces cas-là il n'y avait pas de congestions. Mais c'est une erreur, la faiblesse, l'appauvrissement du sang exposent tout aussi bien aux congestions que l'excès de la force et la richesse du sang. Au reste, cette altération du lait ne dure guère, dit on, généralement que huit ou dix jours ; mais elle se renouvelle après un certain temps chez quelques vaches.

On n'a signalé aucune maladie qui coïncidât fréquemment avec le lait bleu ; et on n'a eu aucune occasion de faire des autopsies.

M. Favre, de Genève , ne paraît pas avoir réellement observé le lait bleu ; si on en juge par ce qu'il en
dit : « Le lait bleu n'est qu'un lait séreux , trop clair ,
qui n'a ni odeur particulière, ni mauvais goût, et n'est
pas malfaisant , bien que le fromage qui en provient
reste mou , peu savoureux, et que le beurre soit long
à se faire et peu gras. Toute vache mal nourrie , qui
éprouve quelque malaise , une indigestion , ou qui
est récemment vêlée , donne du lait bleu. Il ne voit
donc là-dedans qu'une disproportion des principes
constituants , une prédominance du sérum, auxquelles une nourriture plus substantielle pourrait remédier. Cette opinion au surplus se rapproche de celle
de M. Félix Villeroy qui assure que le lait prend fort
rarement cette couleur chez des vaches bien nourries
et bien soignées, tandis que c'est commun dans le cas
contraire.

En fait de traitement, je signalerai seulement les
précautions hygiéniques conseillées par les personnes
qui admettent que la cause de cette altération réside dans des vibrions. C'est l'usage du chlore ,
c'est le lavage au lait de chaux de tous les instruments
de laiterie, des mains de la laitière et des trayons ,
pour détruire les animalcules et éviter ainsi de les
transporter d'une vache malade sur une saine. On a

conseillé cependant, pour faire cesser cette coloration
du lait , de donner aux vaches chez lesquelles on l'observe des graines de fenouil , d'aneth , de cumin ,
l'herbe à mille feuilles, pulvérisées et mêlées ; mais
avant tout un bon régime et de la propreté (F. Villeroy).

Lait jaune. — Il a été très-rarement observé, dit
M. Verheyen , au Mémoire duquel j'emprunte une
partie des détails sur les colorations anormales du
lait, qui ne l'a vu qu'une fois dans le cours de sa pratique. On n'en connaît qu'un autre cas appartenant à
Steinmuller et rapporté par Kners dans son Hygiène.
Mais comme dans ce deuxième cas , on ne parle que
d'un lait couleur de safran attribué à l'usage des or-
chidées, il est probable que cette couleur existait déjà
lors de la traite. Il n'appartient donc pas au même
genre d'altération que le lait bleu.

D'après M. Verheyen, c'est aussi à un vibrion qu'est
due la couleur jaune ; le vibrion xanthogène. Ces
deux espèces de vibrions, le cyanogène et le xanthogène, se rencontreraient quelquefois dans le même lait.
Il trouva un jour dans un lait bleu une tache jaune qui,
examinée au microscope, fut trouvée constituée par des
vibrions xanthogènes ; en la mêlant à du lait normal
on put le voir jaunir au bout de deux jours, par le développement des animalcules.

L'eau de chaux et le nitre sont aussi les préservatifs
qu'on emploira contre ces animalcules et de la même

façon que pour les cyanogènes. On a cru remarquer que le lait jaunâtre est en même temps amer et que sa sécrétion coïncide avec les affections du foie.

LAIT VERT. —Chabert et Fromage citent Berthollet, le célèbre chimiste, qui aurait observé un lait de couleur verte, sur lequel il ne donne pas de détails. Paulini l'aurait constaté aussi.

Les praticiens qui ont été à même d'examiner la matière purulente que l'on retire par la traite du trayon d'une mamelle enflammée et en suppuration, ont pu s'assurer qu'il y a dans cette matière en grumeaux de petites masses de teinte verdâtre. Ces cas ne se rapportent, il est vrai, qu'imparfaitement à ce que nous disons ici du lait vert qui se produit sans maladie de la glande.

Quelques auteurs n'ont vu dans cette coloration verte qu'un mélange de la matière bleue avec la crème jaune. M. Verheyen y voit un mélange de vibrions bleus et jaunes. Tout cela est encore fort hypothétique.

LAIT ROSE OU ROUGEATRE. — Favre dit que le lait rougeâtre n'a pas eu d'historien ; il a raison s'il entend parler d'une histoire complète, mais il se trompe s'il croit que personne n'en a parlé avant lui. Suivant M. Vallot, le lait rouge est connu depuis plusieurs années, et un membre de la Société d'Agriculture de Caen rendait compte, dans une séance, d'un semblable phénomène qu'il avait pu observer sur une de ses vaches. La teinte en était rose-pâle. Cet agriculteur apprit des gens de la campagne que vers le mois de septembre les vaches de cette localité donnent du lait ainsi coloré, et que ces vaches sont nommées hirondelées, parce qu'on croit que leurs mamelons ont été piqués par des hirondelles.

Lorsque la vache qui donne du lait rouge, n'éprouve aucune altération dans sa santé, il y a présomption que le mal consiste dans une petite plaie ou dans une piqûre d'insecte. Dans ce cas la couleur et la saveur du beurre ne sont pas altérées. Ce qui établit donc que ce produit contracte aussi quelquefois de la rougeur et certain goût anormal.

Le lait rougit dans le cas d'inflammation de la mamelle, le sang est fourni sans doute alors par exhalation.

Le lait rouge se présente sous deux formes : 1° il est uniformément coloré en sortant de la mamelle, ne fait pas de dépôts, ne laisse pas précipiter de flocons (Favre); assertion qui est contredite par M. Donné. Il a vu du lait rose provenant de deux ânesses, déposer au fond du flacon où on l'avait mis, du sang pur et d'un beau rouge; 2° il est mêlé à des stries sanguines parfaitement visibles et formant des dépôts de fibrine et d'hématosine.

M. Donné a trouvé au microscope les globules du sang en suspension dans le lait et en plus grande quantité dans les premières portions que dans les dernières. On les reconnaissait à leur forme, à leur couleur jaune, à leur solubilité dans l'ammoniaque qui n'attaque pas ceux du lait.

On a attribué la coloration rouge du lait à l'usage de certains aliments de la famille des rubiacés. Deyeux et Parmentier, après avoir fait manger pendant six jours de la garance à une vache, auraient obtenu la teinte rouge ; mais évidemment ce n'est pas là le cas ordinaire, puisqu'on a constaté la présence de globules et de la matière colorante du sang.

D'où vient le sang qu'on trouve dans le lait? D'après Favre, celui qui est sous forme de stries et dépose au fond du vase, résulte de la rupture de quelques petits vaisseaux du mamelon. Les trayeurs ou les trayeuses ont sans doute imaginé la fable de la piqûre des mamelons par le bec des hirondelles pour pallier leur maladresse ou leur brutalité. On remarque en effet dans ce cas que les trayons sont endoloris, tendus, et que du sang s'en échappe si on les presse un peu fort.

Il n'en était pas ainsi des ânesses sur lesquelles M. Donné expérimentait. Elles donnaient du lait rouge, lorsqu'elles étaient fatiguées ou que l'on poussait la traite trop loin et sans qu'il y eût des douleurs aux mamelons. Il se faisait ainsi une espèce d'hémorragie, comme dans les reins, dans le cas d'hématurie. M. Félix Villeroy a observé, en effet, que le lait prend la teinte rouge à l'occasion du pissement de sang. On ne sait rien de bien clair sur les causes de ces espéces de transudations sanguines.

Lait nidoreux. — Cette altération du lait consiste en une odeur et une saveur de pourri qui existe même dans la mamelle ; car l'odeur se fait sentir pendant qu'on trait. Ce lait se conserve comme le lait sain, mais il ne grumelle pas par l'ébullition ; il caille avec la présure, le caillé conserve sa mauvaise odeur.

Les causes de cette altération sont restées inconnues jusqu'à ce jour. Elle dure de 8 à 20 jours, disparaît ensuite pour se reproduire de nouveau quelques temps après. Favre cite le cas d'une vache suisse qui éprouva cet accident 2 ou 3 fois par année, pendant 2 années consécutives, et qu'on se décida à vendre la deuxième année.

Influence de la nourriture. — Les choux donnent au lait une saveur peu agréable. L'absinthe, le laitron des Alpes, les feuilles d'artichaud, les pousses du sureau, les fanes de pommes de terre, donnent le goût de l'amertume : les plantes de la famille des liliacés, l'odeur de l'ail ; le varec et les plantes des lieux bas et humides, un goût de marais ; les renoncules le rendent acre ; les tithymales, la gratiole lui font acquérir des propriétés purgatives. Le lait de chienne aurait acquis la douceur de celui des femelles herbivores, sous l'influence d'une nourriture végétale.

Le lait est non-seulement altéré dans sa couleur et

dans son odeur, mais il peut l'être par le goût, indépendamment de la qualité des végétaux dont la vache est nourrie. A l'occasion de certains troubles de la santé que l'on ne peut pas toujours bien caractériser, il devient amer et jaune, comme il a été dit à l'occasion des troubles de la fonction du foie; acide à l'occasion des dérangements de la digestion ; amer dans d'autres cas. Félix Villeroy s'est vu, dit-il, dans la nécessité de réformer une vache à laquelle il tenait beaucoup, chez laquelle, trois années de suite, le lait avait pris ce goût et l'avait conservé malgré le changement de régime et le traitement.

—

ARTICLE 3.

Maladies de la vessie.

Hernie de la vessie. — Ce viscère se déplace toutes les fois que l'utérus s'abaisse fortement ou se renverse; son fond, dans ce dernier cas, vient se placer entre les lèvres de la vulve et quelquefois même franchit cette ouverture, couvert cependant par les parois de la matrice. Les hernies de la vessie peuvent se faire aussi dans d'autres circonstances; ce viscère sortir soit à travers une déchirure du vagin, soit sans déchirure, par l'anneau crural, soit par le méat urinaire lui-même. Ces hernies de la vessie portent le nom générique de cystocèle.

Cystocèle crurale. — La hernie peut s'échapper par l'arcade crurale ; elle vient alors se loger à la partie supérieure et interne de la cuisse, sous le premier feuillet de l'aponévrose de la cuisse, recouverte par le premier feuillet, par le tissu cellulaire sous-cutané et la peau.

Les symptômes sont la présence d'une tumeur au lieu indiqué ; cette tumeur est fluctuante ; elle disparaît en partie lorsqu'on presse sur elle, et alors la femelle urine ; elle s'accompagne de rétention d'urine lorsqu'on n'exerce pas de compression ; le volume de cette tumeur varie ; dans l'observation que je rapporte à la suite, il était celui d'une grosse poire ; il peut être plus considérable. La tumeur, du reste, n'offre pas de gargouillement, nous avons vu qu'elle disparaît sous la pression, mais qu'elle se reforme ensuite.

Nous ne possédons pas encore assez d'observations bien faites pour tracer une histoire complète de sa marche et de son traitement. Il faut inviter les praticiens à étudier cette maladie lorsqu'elle se présentera à eux. Je pense que si l'on avait à la traiter, il faudrait faire une incision à la peau, comme pour l'opération de la hernie étranglée, débrider légèrement l'aponévrose crurale pour empêcher l'étranglement et abandonner la maladie à elle-même. C'est vainement, sans doute, qu'on tenterait de la réduire ; comme la vessie ne sort pas entourée d'un sac péritonéal, elle contracte rapidement avec le tissu cellulaire voisin, des adhérences qui l'empêchent de rentrer.

Le seul cas de cystocèle crurale qui soit parvenu à ma connaissance est dû à M. Dandrieu, vétérinaire à Lavardac (Lot-et-Garonne) ; voici le cas : « Le 18 juin 1827, une vache âgée de huit ans, forte et bien constituée, arrivée au terme de la gestation, est attelée à une voiture après avoir pris son repas; elle fait une lieue et demie dans un pays montueux et mange de nouveau au terme de son voyage de fort bon appétit. Toutefois on s'était aperçu à son retour qu'elle marchait plus lentement que de coutume. A neuf heures du soir, on s'assure qu'elle ne rumine pas et éprouve des trépignements. Cet état qui exprime la douleur va croissant; c'est sur un des côtés du ventre qu'elle siége : le port de la tête et le regard l'indiquent. Bientôt la vache éprouve un malaise anxieux qui la porte à se coucher et se lever fréquemment ; des efforts expulsifs se font apercevoir comme dans les prodromes de ce part que Chabert appelle tumultueux; enfin, la sortie du fœtus a lieu ; il est suivi du renversement de la matrice. On appelle alors le vétérinaire, qui trouve à son arrivée la vache morte. Surpris d'une mort si prompte et si inattendue, il procède à l'ouverture du cadavre. En enlevant la peau, on découvre à la face interne de la cuisse gauche une tumeur du volume d'une forte poire. L'abdomen est ouvert, les gros intestins offrent de la rougeur sur quelques points de leur surface externe. Les uretères sont rupturés à six ou sept centimètres de la vessie, leur enveloppe péritonéale, rétractée en cet endroit, laisse apercevoir une solution de continuité au travers de laquelle les bords frangés de la muqueuse se présentent. La vessie a quitté le bassin, se trouve engagée dans l'arcade crurale, où elle fait hernie ; ses téguments latéraux sont rupturés près de leurs attaches. Elle contient environ une verrée et demie d'urine rouge et fétide ; à cinq ou six centimètres (deux pouces) de son fond, sur le côté gauche, on trouve une rupture d'à peu près deux pouces d'étendue, dirigée d'avant en arrière.

Ce réservoir paraît avoir été distendu par de l'urine que l'on trouve dans l'abdomen en assez grande quantité ; cependant le péritoine n'est pas enflammé, le col et le sphincter vésicaux sont rouges et très resserrés sur eux-mêmes, la muqueuse est rouge aussi et un peu épaissie. La matrice, malgré son renversement, n'offre rien de particulier non plus que le vagin.

Cystocèle vaginale par déchirure. — La vessie peut s'échapper à travers une déchirure du vagin et faire saillie dans l'intérieur de ce conduit. Cette hernie a lieu lorsque la plaie occupe sa paroi inférieure dans le point qui correspond au réservoir des urines. On observe la cystocèle dans des cas d'avortement et de part laborieux chez la jument, la vache et la chienne.

On reconnaît la cystocèle vaginale avec déchirure à l'existence d'une tumeur oblongue qui se montre à l'entrée du vagin ou même entre les lèvres de la vulve, tumeur qui s'élargit vers son fond et qui se rétrécit plus ou moins dans l'endroit où elle traverse la plaie du vagin ; elle est fluctuante. Son volume varie beaucoup ; lorsqu'on la comprime, on la vide, on sent que le liquide qu'elle contient repasse au dessous du vagin et la femelle urine ; elle offre une teinte grisâtre d'abord, rougeâtre ensuite. L'émission des urines est difficile, et se fait par petites quantités à la fois.

Une ponction avec une épingle ou avec la pointe d'un bistouri, en permettant la sortie des urines, met dans la plus grande évidence la nature de cette tumeur. Seulement, je conseille de n'avoir recours à ce moyen de diagnostic qu'avec une réserve extrême ; il n'est pas sans danger, et les autres symptômes doivent généralement suffire à faire reconnaître la nature de la hernie. La réduction complète de la tumeur peut se faire dans les grandes femelles, à cause de la possibilité d'introduire les deux mains dans le vagin et de comprimer exactement avec elles. Mais elle est difficile dans les petites femelles, à cause de l'étroitesse du passage qui ne permet pas de manœuvrer. J'ai vu trois cas de cystocèle vaginale avec déchirure. C'était chez des chiennes qu'on avait apportées presque mourantes, après quelques jours de souffrances supportées chez les propriétaires de ces bêtes. Le part s'était accompli chez l'une d'elles ; chez les deux autres, un des petits était resté enclavé et c'est en l'arrachant de vive force que l'on avait opéré la rupture du vagin. Elles sont mortes toutes trois sans que j'aie pu réduire la hernie.

Cet accident est du reste souvent mortel , même chez les grandes femelles. Faute de pouvoir réduire, la tumeur s'étrangle. Un praticien sage devra faire tous ses efforts pour prévenir l'étranglement en évacuant l'urine au moment du part : si, pendant le travail, la femelle ne rend pas des urines, si la main parvient à s'assurer que la vessie est pleine , il faudra pratiquer le cathétérisme. En effet, ce n'est que lorsque la vessie est pleine qu'elle peut être chassée au dehors par la violence des efforts expulsifs , et qu'elle tend à s'engager à travers une plaie du vagin. Je rappellerai ici la valvule qui ferme l'entrée de l'urètre dans la vache.

Je citerai, au sujet de la cystocèle, l'observation suivante :

Le 27 avril 1824, M. Charlot exerçant à Neufbourg, est appelé pour donner des soins à une vache en travail de part depuis trois jours. A son arrivée il la trouve couchée sur le côté droit ; il apprend qu'elle est depuis 15 à 16 heures dans cette position ; qu'elle ne l'a pas quittée. Les symptômes qu'il observe sont, la perte de l'appétit, la soif, le ballonnement du ventre, le refroidissement des oreilles ; les yeux sont ternes et enfoncés, le pouls faible, la respiration courte. Une vérification des parties de la femelle lui apprend que la muqueuse qui tapisse les lèvres de la vulve et le vagin, est rouge, chaude ; il s'échappe par la vulve une grande quantité de mucosités. L'introduction de la main fait découvrir une tumeur arrondie, fibreuseblanchâtre, tendue, offrant de la fluctuation, n'ayant pourtant pas la couleur ordinaire des membranes du fœtus.

Trompé par cette tumeur que le vétérinaire crut être l'amnios plein de ses eaux, il fit une ponction et sur le champ la couleur et l'odeur du liquide urinaire qui s'en échappa le frappèrent d'étonnement. La tumeur s'étant distendue, puis vidée, il put par le toucher s'assurer de l'existence d'une déchirure de la paroi inférieure du vagin, ayant environ huit à neuf centimètres (trois pouces) d'étendue, au travers de laquelle il put faire rentrer la vessie.

Continuant ensuite son exploration, M. Charlot s'assura que le col de l'utérus était tendu, dur, l'orifice resserré. La faiblesse, l'état presque désespéré de la vache l'empêchèrent de pratiquer l'hystérotomie vaginale ; il préféra faire l'opération césarienne dans l'espoir de sauver le veau qui était encore vivant. Ce qui eut lieu en effet; la mère mourut peu d'heures après.

M. Charlot exprime son regret de n'avoir pu vérifier avec soin le cadavre de cette femelle. Les renseignements qu'il obtint sur son état antérieur lui apprirent qu'aucune manœuvre n'avait été employée pour l'aider à vêler, d'où il conclut que la déchirure du vagin et la hernie de la vessie qui la suivit, ne pouvaient être attribuées qu'aux efforts expulsifs auxquels cette femelle s'était livrée dans la circonstance de l'excessive plénitude de la vessie.

Nous devons savoir bon gré à M. Charlot de la bonne foi qu'il a mise à avouer son erreur de diagnostic. En semblable cas, il ne faudrait pas s'en rapporter aux apparences, mais avancer la main exploratrice, après avoir repoussé la tumeur, afin d'arriver jusqu'au col pour s'assurer si la poche qui se montre, est ou non formée par les membranes du fœtus. Après avoir reconnu la sortie de la vessie de sa place, ou devait tenter de la réduire, et dans le cas où cette réduction ne pourrait être opérée à raison de la plénitude de la vessie, avoir recours à la ponction, au moyen d'un petit trocart; puisqu'on sait que la perforation de la vessie en arrière de son enveloppe péritonéale n'est pas un accident mortel. Après l'avoir fait rentrer, on aurait à s'occuper d'extraire le petit, ou au moins de le mettre en position convenable, et abandonner le travail aux forces de la mère.

La déchirure du vagin pourrait à la vérité s'agrandir fort au passage du fœtus, peut-être même la vessie s'échapper de nouveau, ou quelqu'une des portions flottantes de l'intestin; mais il faut admettre, pour que le part pût s'opérer, que la femelle a conservé ses forces. Dans la circonstance où se trouvait le vétérinaire qui a fourni cette observation, il s'est conduit comme il est convenable, c'est-à-dire, sauver le jeune animal, par le procédé qui présente le moins de chances défavorables.

Renversement de la vessie et issue à travers le méat

urinaire. — **A** la suite des efforts violents du part, comme aussi des tractions énergiques que l'on opère sur le fœtus pour l'extraire de vive force, la vessie s'échappe par une solution de continuité des parois du vagin, comme il vient d'être prouvé. Ce réservoir peut en outre se renverser sur lui-même, s'échapper par l'ouverture naturelle de l'urètre, montrer sa muqueuse au dehors. C'est ce cas dont nous allons nous occuper :

Comme dans la simple cystocèle, la vessie, dans ces sortes de cas, se présente à l'entrée du vagin ou entre les lèvres de la vulve; mais on a, comme symptômes différentiels, à saisir d'une part l'aspect rougeâtre, onc_ tueux, et au toucher le velouté du tissu muqueux ; d'autre part deux petits orifices qui sont ceux des uretères situés à quelques pouces (quatre ou cinq centimètres) au devant du pédoncule de la tumeur, orifices qui laissent suinter les urines; enfin, le point d'implantation de ce pédoncule correspondant à l'orifice de l'urètre, autrement dit méat urinaire.

Dans les circonstances où on aurait quelque embarras à distinguer l'orifice des uretères sur la surface muqueuse de la vessie, on le mettra en évidence en soulevant avec le bout d'un stylet ou d'une sonde cannelée la sorte de valvule qui le couvre, et l'on fera facilement pénétrer l'instrument dans le canal. Au reste, l'urine qui s'écoule alors avec plus d'abondance ôte tout équivoque.

Je citerai quatre observations de cette nature, pleines d'intérêt, recueillies par MM. Gaullet, Canu, Lecoq et Forthomme. Ces observations fournissent la preuve qu'on a pu faire l'ablation de la vessie en arrière des uretères, sans inconvénient pour la vie de quelques malades qui sont restées, à la vérité, atteintes d'incontinence d'urine :

1° Une jument, âgée de trois ans, avorte pendant la nuit au huitième mois de sa gestation, et comme cela n'est pas rare dans cette espèce, on trouve le lendemain le poulain mort derrière sa mère. Mais on aperçoit hors de la vulve une masse de chair du volume d'une bouteille ordinaire, que l'on croit être la matrice, et on se livre à des manœuvres inutiles pour la faire rentrer. Ce n'est que deux jours après que le vétérinaire, M. Gaullet, est appelé. On lui apprend que la tumeur apparente à la vulve a augmenté de volume d'environ un tiers, qu'elle est devenue rouge brunâtre et plus consistante. Ce praticien s'assure, en effet, qu'elle est rénitente au point d'ôter toute idée que ce soit un viscère creux; une incision superficielle est faite sur le corps; il s'en suit une hémorragie qui s'arrête peu de temps après. En parcourant son étendue avec la main, on s'assure que la partie supérieure, rétrécie à son insertion vers le milieu du vagin et sur sa paroi inférieure, correspond au méat urinaire. On juge alors que c'est la vessie qui la forme. Restait à découvrir les orifices des uretères,

qui se trouvaient à quelque distance du point d'où partait le pédicule ; on soulève avec le manche d'un scal-
pel le repli de la membrane qui le recouvre , on l'incise ; à l'instant l'urine s'échappe avec abondance par
jets qui vont à plus de trois mètres de distance , surtout quand la malade marche en même temps. On attribue avec raison ces jets d'urine à son accumulation
dans les uretères, aux contractions et au redressement
de ces canaux.

La première indication à laquelle il y avait à satisfaire consistait à détuméfier la vessie, à débrider
l'orifice de l'urètre et à reduire le viscère ; mais
M. Gaullet, ayant pour la première fois à pratiquer
ces opérations, craignant de ne pas parvenir à la
guérison, pronostiqua la mort et conseilla d'abattre
la jument, ce à quoi se refusa le propriétaire, qui satis-
fit de lui-même à quelques points du traitement. Il la
saigna d'abord, la tint à l'usage de boissons émollientes, fit de fréquentes lotions sur la vessie et donna des
lavements. Sous l'influence de ce traitement la vessie
se détuméfia; sa rougeur s'affaiblit; son volume diminua; les symptômes de réaction s'affaiblirent; l'appétit qui avait cessé se rétablit. Il n'en restait pas moins
le déplacement de la vessie et l'écoulement des urines
dont les jets étaient devenus moins forts.

Le vétérinaire est de nouveau appelé, le maître de
la jument l'engage à faire l'ablation de la tumeur,
prenant sur lui la responsabilité des suites. L'opéra-

tion est faite aux deux tiers, inférieurs de la tumeur,
à environ trois centimètres (un pouce) au-dessous de
l'ouverture des uretères ; la bête témoigne peu de
douleurs, il ne survient point d'hémorragie. La partie
restante du viscère est du volume du poing, la suppuration s'y établit. Quelques jours après elle n'a plus
que la grosseur d'un œuf de poule, elle est remontée
au niveau de la vulve. Les urines coulent d'abord
d'une manière continue, puis par intervalles, après
avoir séjourné quelque temps dans le vagin, et ne
sont rendues que toutes les trois ou quatre heures.
Lors de leur rejet la jument se place comme elle le
faisait avant sa maladie, seulement alors, au lieu d'être
poussées avec une certaine force, elles sont versées au
dehors, coulent lentement sur les membres de derrière ; en sorte que le contact renouvelé des urines
sur la peau entraîne la chute du poil, l'irrite et devient une cause d'érosion. Malgré cette infirmité, le
propriétaire la garde à son service pendant quatre
années après l'accident.

Quoique le fait du renversement de la vessie ait
été déjà observé par M. Vincent, vétérinaire de Paris,
l'observation dont je viens de rendre compte n'en est
pas moins la première où il soit fait mention de son
ablation, avec continuation de la vie et du service.

Une seconde observation de la même nature, recueillie en 1815 par M. Canu père, et qui pourrait
bien avoir la priorité sur la précédente , si ce

n'était qu'elle n'a été publiée qu'en 1830 (*Actes de la Société vétérin. du Calvados*, t. I), offre de plus cette particularité , que la vessie était rupturée. La jument qui présenta ce cas , fit un poulain vivant dont les pieds de devant, dirigés en haut vers le plan supérieur du bassin, avaient , pendant les efforts du part , poussé fortement le rectum en arrière et déterminé l'accident dont il s'agit. Au rapport du maître de cette bête , qui avait présidé au part , la vessie se présenta au-dehors avant la sortie du poulain. Ce que voyant , il fit des efforts pour réduire cette masse qu'il prit pour la matrice et parvint ainsi à la déchirer : de telle sorte qu'appelé pour donner des soins à cette jument , M. Canu ne trouva appendus à la vulve que des lambeaux de membrane , partant du méat urinaire , dont la surface était rouge , épaissie et sanguinolente. Bientôt après il put s'assurer que l'urine s'échappait par jets de cette surface.

Ici , le cas étant différent du précédent , les indications durent être différentes. Il ne s'agissait plus de tenter de réduire la vessie , c'eût été faire couler les urines dans la cavité du péritoine et donner la mort. Une saignée de quatre kilogrammes fut pratiquée pour calmer les douleurs et les efforts expulsifs; on empêcha le poulain de téter sa mère; on donna des lavements et on imposa une diète sévère. Trois jours après les membranes de la vessie sont tuméfiées , d'une teinte brunâtre. On se décide à en faire la ligature au-dessous de l'ouverture des uretères, la diète est continuée. Le lendemain de vives coliques s'étant déclarées, on s'aperçoit que la tuméfaction de la partie de la vessie située au-dessous de la ligature l'avait fait remonter au-dessus de l'orifice des uretères et empêché l'écoulement des urines, d'où les coliques vésicales. La ligature est enlevée, on la fait de nouveau en deux points séparés par le milieu de la vessie et on a soin de resserrer tous les jours chacune des ligatures jusqu'au huitième jour. On ampute alors le pédicule qui ne fournit point de sang; la masse pèse trois kilogrammes. A compter de ce moment, les lèvres de la vulve tenues écartées par la vessie se rapprochent, mais l'écoulement de l'urine causant par la suite l'excoriation de la peau des cuisses, on prend le parti d'adapter au moyen de fils de fer passés au travers des lèvres de la vulve, une sorte de gouttière en fer blanc dont la forme en bec d'aiguière sert à porter l'urine en arrière et à préserver les cuisses de son contact.

Cette jument a pu reprendre ses travaux, et a été vendue trois mois après.

Lecoq, de Bayeux, rend compte d'une observation semblable dans le n° 2, 1834, des *Mémoires de la Société vétérinaire du Calvados*, p. 219. Il s'agit aussi d'une jument qui avait éprouvé un part difficile. On vit après la délivrance un corps blafard, arrondi, de la grosseur des deux poings, se présenter à l'ouverture de la vulve et sembler faire partie du vagin. Un vétérinaire appelé par celui qui avait présidé au part tenta vainement de réduire cette tumeur que l'on reconnut être formée par la vessie , et on eut recours enfin à l'habileté pratique de l'auteur de cette observation.

La vessie qui, avant les tentatives de réduction, avait une teinte blafarde , formait une tumeur de la grosseur d'une bouteille de la capacité de deux litres, et pendait au dehors de la vulve d'environ vingt-quatre à vingt-six centimètres (huit à neuf pouces). Sa surface était douce au toucher et présentait quelques rides transversales. L'introduction de la main fit distinguer à sa partie supérieure , en forme de col , deux petits mamelons placés de chaque côté, desquels s'échappait un liquide que l'on reconnut être de l'urine , et qui sortait par jets. Deux jours après le part, époque à laquelle Lecoq fut appelé , cette tumeur avait un peu augmenté de volume , sa teinte était rouge foncée, quelques gerçures s'étaient formées sur sa surface qui était froide et presque insensible. La jument quoique un peu plus abattue n'avait pas perdu l'appétit. La réduction était jugée impossible; on s'occupa de faire, au moyen d'un fil ciré fort et plié en plusieurs doubles, une constriction circulaire à trois ou quatre centimètres au-dessous de l'ouverture des uretères pour obtenir l'étranglement et la mortification de la partie de la vessie placée au-dessous de cette ligature. Pour éviter l'inconvénient déjà signalé de la répulsion de la

ligature par les orifices urétraux par le fait du gonflement inflammatoire de la partie de la vessie située au-
dessous de la ligature, Lecoq fit un point sur toute la
longueur de la tumeur en forme d'anse dans laquelle
passa et fut retenue la ligature circulaire. La jument
fut saignée, on fit des lotions émollientes sur la tumeur, des lavements et la diète furent prescrits.

Trois jours après, l'état de cette bête ne s'était pas
sensiblement aggravé, une nouvelle ligature fut
placée sur la première et fortement serrée. Au bout de
six jours, on se décide à l'ablation de la partie mortifiée
à un pouce au-dessous de la ligature et le restant est
pansé avec l'alcool camphré. La suppuration élimina-
trice achève de séparer ce qui tenait encore à l'endroit lié. Vers le quinzième jour, la cicatrisation était
complète. Un mois après la bête a repris ses travaux,
tout en conservant l'incontinence d'urine et ses suites
pour les régions des membres qui éprouvent le contact
de ce liquide.

Enfin, une dernière observation de renversement
de vessie, qui se trouve insérée dans le *Journal pratique*, p. 213, a été publiée en 1835, par M. Forthomme.

Il s'agit encore ici d'une jument qui avait éprouvé
un avortement deux mois avant le terme ; mais on ne
trouve rien dans cette observation qui indique l'action
d'une cause autre que les effets du part pour la production de cet accident. Les tentatives de réduction faites

par des gens étrangers à l'art, ayant été reconnues
inutiles, on laissa la femelle dix-sept jours en cet état,
pendant lequel elle avait perdu presqu'entièrement
l'appétit, les forces et l'embonpoint. M. Forthomme,
appelé auprès de la malade, considérant cette tumeur,
qu'il reconnut pour être formée par la vessie, comme
prête a être frappée de grangrène, se décida à en faire
l'amputation immédiate. Une ligature fut appliquée
seulement pour prévenir l'hémorragie et la masse
coupée circulairement au-dessous ; l'écoulement de
sang étant très peu considérable on retira la ligature et à l'instant même le pédoncule de la tumeur,
comprenant les uretères, remonta subitement en faisant entendre le gargouillement qui résulte du déplacement d'un liquide mêlé à l'air. La portion extraite de cette tumeur pesait 2 kilogrammes 92 grammes (4 livres 3 onces). Sa consistance était ferme,
sa teinte rouge au collet et foncée dans le renflement. Fendues suivant sa longueur, ses parois paru-
rent formées d'une substance comme lardacée, disposée par couches de 4 à 5 millimètres (2 à 3 lignes)
d'épaisseur, réunies par du tissu cellulaire dense et
serré; sa couleur tirant sur le rouge à l'extérieur, était
rose-jaunâtre au centre, et presque noire dans la partie la plus volumineuse.

Du reste, l'opération ne parut pas très-douloureuse,
la patiente ne se montra pas plus mal qu'auparavant ;
on prescrivit des injections émollientes dans le vagin,

des lavements, pour nourriture de la panade, un peu
de bon foin, de l'avoine, et il ne resta bientôt après
de cette maladie que l'incontinence d'urine.

On a essayé quelquefois de réduire la vessie renversée et sortie par le méat urinaire.

Une jument âgée de 4 ans fut, dans le mois d'avril
1820, conduite à l'étalon, et on s'aperçut que ce mâle
n'avait jamais pu introduire son membre. On en re-
chercha la cause, et on s'assura en ouvrant la vulve de
l'existence d'une tumeur de la grosseur du poing.
Cette tumeur augmenta de volume, elle devenait
apparente quand la bête faisait des efforts pour uriner ; l'émission de l'urine était fréquemment répétée
et en petite quantité à la fois. La surface du viscère
était rougeâtre, douce au toucher, gercée en plusieurs
endroits; sa forme allongée, attenante par un collet au
méat urinaire, et présentant deux tubercules d'où
s'échappait toutes les cinq minutes environ de l'urine.
Le premier attouchement qu'on en fit, douloureux
sans doute, fit bondir cette bête ; il résulta du frottement brusque de la main l'agrandissement des gerçures, et un écoulement de sang d'environ quatre
litres que les lotions d'eau acidulée par le vinaigre,
puis par ce liquide pur, arrêtèrent.

La jument devenue plus calme, le vétérinaire
M. Deveaux, la fait coucher, procède à la réduction
de la vessie, assisté d'un aide qui soulevait la tumeur
pendant qu'avec la main et les doigts il dirigeait lui-

même, petit à petit le pédicule d'abord, puis la masse de la tumeur dans le méat urinaire, suffisamment dilaté.

La tranquillité dont jouit la bête immédiatement après la réduction du viscère, permit de tenir la main sur l'ouverture qui lui avait donné passage ; on le sentit à la fin se contracter légèrement, puis davantage. La main alors retirée, on laissa relever la jument, on l'attacha pendant quatre heures avec la tête haute pour empêcher ses efforts d'expulsion ; on prescrivit l'eau farineuse gommée pendant quelques jours, et il ne resta pas vestige de la maladie. Quelques mois après elle fut vendue avec de l'incontinence d'urine.

On est frappé en lisant ces observations de ne trouver le renversement de la vessie que chez la jument, et l'on se demande quelle est la cause organique qui dispose cette femelle plutôt que les autres à un tel accident. L'examen anatomique nous apprend que la vessie dans la vache a la même position, les mêmes moyens d'adhérence, la même fixité dans le lieu qu'elle occupe ; seulement son orifice vaginal présente quelques différences déjà signalées, qui pourraient bien rendre le renversement de la vessie sinon tout-à-fait impossible au moins plus difficile.

Chez la jument l'urètre s'ouvre dans le vagin par un gros tubercule que l'on trouve facilement sur le plan inférieur de ce dernier conduit, et que le doigt dilate sans efforts. Chez la vache et les femelles de son genre, cet orifice est recouvert par une valvule ou un pli de la muqueuse qui présente du côté de la vulve deux lèvres fort remarquables, ce qui même rend le sondage difficile si l'on n'en a pas une connaissance exacte.

En effet, lorsqu'on introduit la main, on s'assure qu'à dix ou douze centimètres de la vulve, l'index porté sur le plan inférieur du vagin rencontre un large pli transversal, formant un cul-de-sac. Arrivé à ce point, si on veut parvenir à l'orifice, on est obligé de retirer un peu le doigt pour le porter en haut et vers le bord libre du pli. Là on sent que ce bord forme deux lèvres, et ce n'est qu'en abaissant celle de dessous que le doigt ou l'algalie peut pénétrer dans le commencement de l'urètre. Or, on conçoit que la pression exercée par le fœtus sur les parois du vagin, que sa poussée en arrière lors du passage de ce dernier, ne font qu'appliquer le pli sur l'orifice qui est alors d'autant plus comprimé ; tandis que dans ces circonstances au contraire, l'orifice urétral de la jument doit se trouver dilaté, agrandi de devant en arrière, et permettre au fond de la vessie de s'y introduire.

ARTICLE 4.

Maladies du vagin.

PLAIES DU VAGIN ET HERNIES VAGINALES. Les hernies vaginales proprement dites se font en repoussant en un point les parois du vagin, et en faisant une tumeur ainsi entourée du tissu de cet organe, laquelle fait saillie dans la cavité de ce conduit. Je ne parlerai ici que de celles qui s'opèrent à la faveur d'une incision, d'une déchirure, ou d'une rupture du vagin. Ce n'est pas à dire que toutes les plaies du vagin soient suivies de l'issue des organes contenus dans l'abdomen ; souvent elle n'a pas lieu, et l'on a vu plusieurs fois les femelles être guéries complètement sans cet accident. Je pense que la principale raison de l'absence des hernies vient de la situation de la plaie. Celles qui siégent à la paroi supérieure du vagin, et près du périnée, sont beaucoup moins fâcheuses que celles de la partie inférieure, et que celles qui se rapprochent de l'utérus. En effet, le vagin est d'autant plus étroitement uni à la vessie et au rectum qu'on se rapproche plus du périnée, ce qui empêche les viscères de sortir.

On a vu la paroi supérieure du vagin et le périnée divisés de telle sorte, que les femelles semblaient rendre leurs matières fécales par la vulve ; et à cette incommodité près, elles semblaient jouir d'une bonne santé, et n'offraient pas de hernie. On cite peu d'exemple de guérison, quand la hernie s'est opérée sur les autres points ; par contre, j'ai vu la déchirure de la partie profonde du vagin, quoique ce fut aussi la face supérieure, être suivie, chez une ânesse, de la sortie d'une grande quantité d'intestin grêle, et de la mort de la femelle.

L'époque à laquelle se font ces lésions de continuité est importante à noter. Si elles se font avant le passage du fœtus, elles sont plus graves, parce qu'elles se déchirent davantage, et qu'elles s'agrandiront nécessairement. Celles qui se font pendant le passage même, ne sont pas aussi exposées à s'agrandir.

Il en est de même de l'état du conduit; lorsque antérieurement le tissu en était enflammé, ramolli, et que cela avait lieu à un haut degré, la mort en est ordinairement la conséquence. Toutes les chiennes et les chattes, chez lesquelles existe un état pareil du tissu, périssent par suite de la plus légère rupture du vagin, sans même qu'il y ait hernie; la péritonite est la cause de la mort.

La terminaison de ces plaies diffère suivant leur grandeur et leur siége; celles qui sont petites se cicatrisent plus facilement; quelques-unes cependant se convertissent en un ulcère, fournissant un écoulement fétide pendant fort longtemps, d'où résultent la maigreur de la femelle et la diminution de son lait. La guérison en est encore possible, à moins que l'utérus ne s'enflamme par propagation; de là les fausses chaleurs, la fureur utérine, le marasme, qui amènent la mort des femelles. Les plaies étendues sont plus graves que les petites, à cause de la facilité avec laquelle les produits de sécrétion s'épancheront dans le ventre.

Quant au siége, celles qui sont à la face supérieure donnent moins facilement issue aux intestins, et de

plus ne laissent pas pénétrer le pus dans l'abdomen.
Celles qui sont à la face inférieure, sont entretenues
plus longtemps, par le pus qui séjourne au milieu
d'elles, et laissent pénétrer plus facilement le pus dans
le bassin; de là des inflammations, des suppurations
du tissu cellulaire, la péritonite et la mort.

Traitement.—Il se compose de la réduction des in
testins, de la suture de la plaie, et des moyens propres
à prévenir où à combattre l'inflammation du vagin.

La réduction des instestins, lors même qu'elle exige l'emploi des deux mains, peut être tentée et opérée
avec succès, puisqu'on sait qu'après le part la vulve et le
vagin ont acquis de grandes dimensions. Elle se pratique
à peu près de la même manière que celle de l'utérus,
en ayant soin d'abord de donner au corps de la femelle
la position convenable, et en même temps d'empêcher
qu'elle se livre avec trop de violence à des efforts expulsifs. Si les anses d'intestin sont considérables, on
les fait soutenir avec une serviette, que des aides soulèvent et rapprochent autant que faire se peut de la
vulve. A mesure que l'opérateur opère la rentrée des
premières portions, un aide intelligent appuie sur les
autres portions ; ou bien encore une des mains de l'o-
pérateur fait cet office, tandis que l'autre main est occupée à réduire.

Une fois qu'on est parvenu à faire repasser les intestins dans l'abdomen, il s'agit de les empêcher d'en
sortir. La suture est un moyen qu'il faut mettre en

usage toutes les fois qu'elle est possible; mais si la femelle
est forte, irritable, si elle continue à faire des efforts,
la première opération est la saignée. Il convient qu'elle
soit abondante et capable d'affaiblir promptement.
Dans un cas de rupture ayant près de 15 centimètres
d'étendue pour le vagin et une étendue un peu plus con.
sidérable pour le fond de l'utérus avec renversement de
cet organe, M. Dandrieux fit premièrement la suture du
pelletier au vagin en laissant pendre en dehors de la vulve les deux bouts du fil. Il s'occupa ensuite de réduire
la matrice et sa double opération eut un plein succès.

Je suis fort porté à croire que la suture à points
séparés présenterait plus de sûreté; attendu que, si
un point vient à céder, les autres en étant indépendants
restent en place, tandis que si un des points de la suture
du pelletier manque, tous les autres se relâchent.

La déchirure dont il s'agit fut produite par les deux
pieds du veau sur la paroi latérale droite du vagin: cette
position de la plaie me paraît favorable, attendu qu'en
cet endroit ou sur le point diamétralement opposé, le
vagin contenu dans le bassin a des parois qui le dou-
blent, et sans la coïncidence de la rupture de l'utérus,
qui établit une pénétration avec l'abdomen, la déchirure
dont il s'agit, ayant lieu en arrière de la cloison formée
par le péritoine, n'aurait pas ouvert cette séreuse et donné issue à l'intestin. A mon avis la situation, sur les
parties latérales, de la rupture du vagin, est une circonstance favorable, tandis qu'elle est fâcheuse lors-

qu'elle occupe le fond, et pénètre dans l'abdomen. J'ai vu périr rapidement plusieurs grandes femelles, par suite du passage de l'intestin à travers le vagin, et beaucoup de chiennes par suite de la rupture sans hernie.

Il arrive cependant que la nature fait les frais de la guérison; et même lorsque la déchirure est large et profonde, elle a pu se suffire comme le prouve le fait suivant: M. Morange fut appelé, le 26 mars 1847, pour donner des soins à une vache en travail depuis 12 heures, il trouva le part accompli à son arrivée ; mais elle n'était pas délivrée; il jugea convenable d'abandonner la délivrance aux efforts de la mère, et ayant recommandé des soins généraux, il s'en alla. Le lendemain la bête avait perdu l'appétit, ne ruminait pas, son ventre était météorisé, les oreilles froides, le pouls petit et fréquent, la queue continuellement agitée. Le vétérinaire, soupçonnant quelque accident particulier du côté de l'appareil génital, introduisit la main, et trouva au fond du vagin une large plaie par laquelle il passa la main pour rechercher dans le ventre, s'il y serait passé quelques portions du délivre, la femelle s'étant délivrée dans la nuit; il n'y en avait pas : le col de la matrice était dévié à gauche, et plus élevé que de coutume. M. Morange prescrivit la diète, des boissons farineuses, des lavements émollients. Le météorisme cessa le quatrième jour; le huitième, la rumination et l'appétit étaient redevenus naturels, et quelques jours après la guérison fut complète.

Disons toutefois, avant de finir cet article, que la rupture du vagin est généralement un accident grave et mortel. Il est inutile de dire que la suture, de quelque manière qu'elle soit faite, ne constitue pas tout le traitement : les injections émollientes et astringentes, dans les premiers temps, l'eau tiède vinaigrée, par exemple, puis légèrement stimulantes, telles que l'eau vineuse ou alcoolisée, une infusion de plantes aromatiques, enfin l'eau chlorurée si des fluides purulents, fétides, sortent par la vulve, sont des moyens convenables.

CHUTE ET DESCENTE DU VAGIN.

La chute du vagin peut se présenter dans trois circonstances : 1° immédiatement après la copulation ; 2° pendant le temps de la gestation ; 3° après le part.

1° SORTIE DU VAGIN APRÈS LA COPULATION. — Elle ne se voit que chez la chienne, la seule de nos femelles domestiques où le coït soit adhérent, et a lieu surtout lorsqu'un mâle s'accouple avec une femelle de moindre stature que lui, quand le coït est troublé et que les deux individus fuient en faisant des efforts pour se séparer. Souvent alors le commencement du vagin est entraîné au dehors et forme à l'extérieur de la vulve une sorte de bourrelet qui se montre surtout vers la commissure inférieure, laquelle est rouge, saignante. Les léchements de la chienne ou quelques

lotions avec l'eau fraîche font disparaître cette hernie.

2° SORTIE DU VAGIN PENDANT LA PLÉNITUDE DES FE-MELLES. — C'est chez la vache qu'on l'observe plus particulièrement , quelquefois aussi chez la chèvre ; elle a lieu dans les premiers temps de la plénitude , vers le troisième ou quatrième mois , ou bien à une époque plus avancée vers le huitième mois , ou seulement deux ou trois semaines avant le part. La sortie du vagin chez la vache n'est pas une maladie qui tienne absolument au conduit dont je parle, mais dans beaucoup de cas au contraire à l'utérus qui à cause du changement de position et de volume que la plénitude lui fait éprouver , refoule le vagin en arrière et au dehors de la vulve.

Cette maladie est connue depuis longtemps. Végéce en parle comme d'un accident de la plénitude ou du part que tout le monde connaissait de son temps. Elle a été étudiée avec plus de soin depuis que la loi du 20 mai 1838, la range parmi les cas rédhibitoires ; mais on ne paraît pas en avoir donné une histoire assez complète.

Symptômes. — A un premier degré, elle forme une tumeur rougeâtre qu'on n'aperçoit qu'en écartant les lèvres de la vulve ; à un degré plus avancé elle s'engage entre les lèvres de la vulve qu'elle tient écartées et qu'elle dépasse même. Sa rougeur est d'autant plus prononcée qu'elle a été exposée plus longtemps au contact de l'air , des matières fécales , aux frottements de la queue , quand la femelle est debout , et au contact de la litière , lorsqu'elle est couchée. Elle a la forme d'un bourrelet arrondi , rétréci à sa naissance qui est embrassée par le sphincter de l'entrée du vagin , son centre offre un orifice entouré de plis longitudinaux profonds , et par lequel on peut faire pénétrer le doigt dans l'intérieur du conduit jusqu'à l'utérus ; sur les côtés on peut faire glisser les doigts entre elle et les bords de la vulve, et on arrive ainsi à un cul-de-sac circulaire qui est formé par la muqueuse vaginale ; les côtés sont toujours sillonnés de rides. Ces plis et ces rides sont formés par le rétrécissement de l'entrée du vagin qui étrangle la partie du conduit qui l'a traversé et la force ainsi à se plisser. La face inférieure de cette tumeur présente une dépression , une gouttière qui conduit jusqu'à l'orifice de l'urètre et sur laquelle coulent les urines. Quand l'utérus est fortement descendu en poussant devant lui le vagin ; celui-ci forme alors un gonflement autour de la face interne de la vulve, au milieu duquel apparaît le col resserré ou commençant à s'ouvrir. J'ai vu dans une chèvre, une quinzaine de jours avant le part, la bouche apparaître, le chevreau respirer par cette voie et lécher la main qu'on lui présentait ; et dans une truie, quelques semaines après un part laborieux, le vagin, fortement descendu, laisser visiblement apercevoir l'orifice de l'urètre d'où sortaient les urines.

Marche. — La sortie du vagin se montre vers le deuxième ou le troisième mois de la gestation chez les femelles primipares , et quelque temps après elle disparaît lorsque l'utérus prend son développement du côté de l'abdomen. Chez les femelles plus âgées, elle se fait au contraire dans les derniers temps de la gestation et persiste jusqu'au part , et quand l'accident survient à l'occasion du part, il persiste , devient même incurable, surtout lorsqu'on ne se hâte pas d'y remédier.

Causes. — La cause immédiate de cette infirmité est l'augmentation de volume de l'utérus qui, à mesure qu'il s'étend dans tous les sens , repousse le vagin du côté de la vulve, comme il repousse les intestins du côté du diaphragme. Mais comme cette sortie n'a pas lieu chez toutes les vaches, il faut rechercher quelles sont les causes qui y prédisposent.

Ces causes sont de plusieurs espèces : *a)* le relâchement naturel du vagin. Ainsi tous les praticiens s'accordent à reconnaître que les vaches grasses , molles, lymphatiques, y sont plus exposées; j'ai déjà dit que les grosses vaches fribourgeoises qu'on nourrit aux environs de Lyon en qualité de laitières sont dans ce cas. *b)* Le relâchement des ligaments suspenseurs de l'utérus. Il survient dans le même cas que le précédent. *c)* J'en dirai autant de l'amplitude des passages du bassin, comme aussi d'une plus grande inclinaison de ce conduit osseux. La pression forte et durable de la tête après qu'elle est engagée , les efforts violents de la mère ou de l'accoucheur pour opérer la sortie d'un petit dont le corps est volumineux , ou dont la tête, les membres sont mal dirigés. La position inclinée du plan de l'écurie, l'alimentation avec des fourrages secs , qui donnent des fécès dures et produisent la constipation. Les efforts que fait la femelle dans ces circonstances, en tirant ou en portant un fardeau. Les deux premières causes produisent le relâchement des ligaments de l'utérus et celui du vagin même ; la dernière, en comprimant l'utérus le repousse mécaniquement, en arrière. Il en est de même des râteliers trop élevés qui obligent la femelle à tenir la tête constamment trop haute. Les autres agissent en tiraillant et distendant les parois du vagin.

3° SORTIE DU VAGIN APRÈS LE PART. — Cet accident n'est pas très-rare ; il se voit plus souvent chez la vache que chez les autres femelles domestiques. Les ovipares présentent quelque chose d'analogue dans la chute du cloaque, lorsqu'elles pondent des œufs trop volumineux.

Causes. — Comme dans les cas précédents c'est le recul de la matrice qui en est en général la cause déterminante ; mais lorsqu'il se montre peu de temps après le part et avant la sortie du délivre , on doit craindre qu'il n'y ait en même temps un renversement de la matrice. De là vient que quelques praticiens, considérant, dans cette circonstance , la chute du vagin comme étroitement liée au renversement de la matrice , donnent le même nom de renversement à ces deux affections et les confondent dans la même description (*Recueil vétérinaire*, 1840. *Mémoire de M. Loyer, de Nemours*).

La sortie du vagin peut , comme il a été dit , dépendre de tiraillements exercés par le fœtus , lorsqu'on a été obligé de l'extraire par des moyens violents ; la muqueuse vaginale contuse se gonfle et fait hernie au dehors.

Soit que l'utérus devenu plus mobile par le relàchement de ses ligaments ait produit cette sortie du vagin, ou que sous l'influence de ce relàchement, des efforts musculaires , la compression du ventre , etc., la déterminent ; soit qu'elle existe sans cette coïncidence , la cause occasionnelle se trouve le plus souvent dans les violences exercées lors du passage du petit qui a eu de la peine à franchir le bassin.

Symptômes. — Ils sont à peu près les mêmes que dans le cas précédent. J'ajouterai cependant que le vagin ne sort pas toujours dans toute sa circonférence à la fois ; que dans quelques cas ce sont les deux côtés seulement qui font hernie, d'autres fois même un seul côté , comme j'ai eu occasion de l'observer dans la chienne. J'ajouterai aussi que, à cause de la nature de la cause qui agit en contondant , on trouve la muqueuse molle , brunâtre , infiltrée de sang ; que le tissu cellulaire qui la double peut être lui-même le siége d'une infiltration considérable.

Marche. — Lorsque la tumeur formée par le vagin reconnaît pour cause le recul de l'utérus par suite du relâchement de ses ligaments et qu'elle n'est pas trop considérable, souvent elle paraît à peine hors de la vulve quand la femelle est sur ses pieds, parce que l'utérus est entraîné alors vers la paroi inférieure de l'abdomen ; au contraire, elle conserve son volume ou bien elle s'accroît, lorsqu'elle se couche, qu'elle lève la tête, qu'elle fait des efforts, qu'elle tire un fardeau, qu'elle respire fortement. Du reste, elle peut guérir à mesure que l'utérus reprend plus de fixité.

Lorsque la maladie dépend d'un relâchement du vagin lui-même, soit par suite d'une laxité naturelle de ce conduit, soit parce que les efforts du part l'ont détaché de ses adhérences, ont rompu le tissu cellulaire lamelleux qui le fixe aux parties voisines, le rectum, la vessie et les côtés du bassin, elle est beaucoup plus grave et le plus souvent incurable. Voilà pourquoi le législateur l'a rangée au nombre des vices rédhibitoires. Alors, la tumeur reste au dehors quelle que soit la position que prend la femelle, elle ne rentre plus pendant la station debout. Cette persistance à l'extérieur la soumettant constamment aux causes d'irritation, au contact de l'air, de l'urine et des fécès, aux frottements de la queue, à la piqûre des insectes, etc., elle s'hypertrophie, s'épaissit, s'indure, prend plus ou moins les caractères de la peau ; le tissu cellulaire qui unit la muqueuse au plan charnu s'infiltre, s'épaissit ; puis l'irritation continuelle que produisent les causes précitées y développe une inflammation chronique avec cuisson qui fait que la femelle se frotte contre les corps qui sont à sa portée, nouvelle cause d'irritation. De là des excoriations et des ulcérations qui rendent la tumeur saignante ; de là une sécrétion de mucus sanguinolent et fétide et l'infiltration de plus en plus considérable du tissu cellulaire sous-muqueux.

Il serait difficile d'assigner un terme à cette affection parvenue à ce degré. J'ai vu des juments que les maquignons présentaient sur toutes les foires et les marchés de Lyon et des environs, et que l'autorité était obligée à la fin de faire abattre pour prévenir un trafic scandaleux ; j'ai vu souvent des vaches et des chiennes chez lesquelles elle durait depuis plus de six mois sans que rien annonçât la guérison ; bien loin de là, les femelles finissaient par maigrir et tomber dans le marasme. C'est la terminaison ordinaire de ce genre d'affection quand l'art n'a pu en venir à bout. On est forcé de vendre les vaches au boucher avant qu'elles ne soient devenues trop maigres.

Une nouvelle gestation est quelquefois favorable dans le cas où la sortie du vagin tient au recul de l'utérus ; le relâchement des parois abdominales qui en résulte, peut-être aussi une nutrition plus active qui rend de la force aux ligaments utérins, retiennent la matrice dans l'abdomen. On comprend que l'abaissement des parois abdominales inférieures entraîne l'abaissement de l'utérus. Le plus souvent cependant on est obligé d'avoir recours aux moyens chirurgicaux pour terminer la maladie.

La sortie du vagin de la deuxième espèce ne pourrait que s'aggraver par une nouvelle copulation, puisque c'est le plus souvent le part lui-même qui en a été cause. Elle serait, du reste, un obstacle à la sortie du fœtus, si on avait eu l'imprudence ou la possibilité de faire saillir la femelle. Le traitement chirurgical seul a quelquefois des succès, quoi qu'il échoue le plus souvent lorsque la maladie est ancienne ou la femelle âgée.

On reconnaît la sortie du vagin de cette dernière espèce à ce que les doigts introduits sur les côtés de la vulve ne sont arrêtés que sur un point plus ou moins étendu de la circonférence du vagin; dès lors la tumeur n'est que partielle, apparaissant plus particuliérement au-dessus ou vers l'une des lèvres de la vulve. En évitant les points du vagin desquels part le bourrelet, le doigt ou la main parcourt facilement le conduit pour arriver vers le col que l'on retrouve à peu près à la même profondeur que dans l'état normal. Ainsi, bourrelet à peu près complet ou plus ou moins incomplet du vagin, apparaissant entre les lèvres de la vulve ou formant une tumeur au dehors; le col de l'utérus ayant conservé sa position habituelle.

Au contraire, recul de l'utérus, rapprochement de

son col de l'entrée du vagin , quelquefois issue à l'extérieur ; dans quelques cas apparition de l'orifice de la
vessie, écoulement des urines par la partie supérieure
de la hernie du vagin , quand le vagin est repoussé
par la matrice et qu'il y a à la fois recul de l'utérus et
descente du vagin.

Ces symptômes différentiels sont faciles à établir
dans quelques cas à la simple vue et toujours par l'exploration manuelle.

Fréquence.—On possède peu de statistiques précises
sur la fréquence de cette maladie dans les différentes femelles et les divers pays; cependant M. Loyer, de Nemours, évalue à huit pour cent, les pertes que la descente de la matrice et du vagin occasionne parmi les
vaches du pays qu'il habite. Il est impossible de calcu-
ler ce qui doit être attribué à la part du vagin seulement.

TRAITEMENT.—Lorsque la sortie du vagin dépend de
la rétropulsion de la matrice, on comprend que la méthode de traitement est fort simple, et consiste à maintenir cet organe en place ; or, voici les indications qui
se présentent: 1° maintenir mécaniquement la matrice
dans sa position habituelle ; 2° donner de la solidité
aux ligaments de l'utérus ; 3° rendre le vagin plus
ferme et plus résistant.

On remplit la première indication au moyen des
pessaires; on appelle ainsi des corps en bois, en acier,
ou en caouchouc, qui, introduits dans le vagin, repoussent l'utèrus en avant, et viennent prendre leur point

d'appui en arrière sur les branches montantes des ilions ou en avant du bulbe du vagin sur les tubérosités ischiales; ou bien qui sont soutenus par des sangles fixées sur la poitrine, ou au devant des épaules de la femelle. On comprend que plus la hernie du vagin est considérable et par conséquent plus l'utérus est porté en arrière, plus aussi il faut que le pessaire le repousse en avant, aussi doit-il être plus long dans ce dernier cas. En général pour les grandes femelles, on se sert du pessaire à bilboquet ou à pelotte, et pour les petites d'un pessaire oblong, ou en cuvette.

Pessaire à bilboquet — Le pessaire à bilboquet (voir la planche IV, figures 28, 29 et 30) est fait en acier, en fer ou en bois.

Dans le premier cas, il se compose d'un anneau en gros fil d'acier ou de fer, de deux pouces (cinq à six centimètres) de diamètre, sur lequel sont rivées trois branches de même métal d'à peu près deux lignes de diamètre (quatre millimètres) comme l'anneau. Ces branches à leur point de départ de cet anneau s'élèvent presque perpendiculairement jusqu'à la hauteur de deux, trois à quatre pouces et même davantage (six, neuf ou douze centimètres), deviennent ensuite convergentes, se réunissent par soudure et se confondent en une seule et même tige, arrondie et taraudée au bout. L'instrument représente donc une espèce de cône ou de pyramide triangulaire sur ses faces, ayant l'anneau rond pour base et la tige pour sommet. Le sommet reçoit une pièce de même métal, aplatie, renforcée dans le milieu de sa longueur et percée d'un trou rond, taraudé pour s'adapter en manière d'écrou en travers de la tige du pessaire et former avec elle une sorte de croix. A chacun des bouts de cette pièce se trouve une ouverture un peu allongée, dans le sens de sa largeur, espèce d'œil destiné à donner attache à une lanière en cuir, une tresse ou un fort ruban en fil. On lui donne de quatre à cinq pouces de longueur (douze à quinze centimètres). On comprend toutefois que la longueur de cette pièce qui doit rester, ainsi que la tige sur laquelle elle tourne, en dehors de la vulve et s'appliquer en travers des fesses de la femelle, a, comme le diamètre de l'anneau et comme la longueur de la tige, des dimensions variables, suivant l'espèce et la taille de la femelle qui doit recevoir le pessaire.

Généralement, on donne moins de longueur totale au pessaire destiné à la vache qu'à celui de la jument, attendu qu'elle a l'excavation pelvienne moins profonde. Au reste, les autres dimensions qui viennent d'être assignées conviennent à ces deux espèces de femelles. Inutile de dire qu'on peut faire usage de pessaires plus petits au moins de moitié, lorsqu'il s'agit de les appliquer à la brebis et à la chèvre, pour lesquelles, à la rigueur, on peut s'en passer.

Confectionné comme il a été dit, le pessaire à bilboquet n'est, suivant Chabert, que la carcasse du pessaire : reste pour achever celui qui est en fer à rendre celles de ses parties qui seront mises en contact avec le col de l'utérus et les parois du vagin, plus grosses, moins dures et moins contondantes. Pour atteindre ce but, on trempe l'anneau et les branches jusqu'à la naissance de la tige, et, à plusieurs reprises, dans de la cire blanche fondue, de la même manière que fait le cirier lorsqu'il fabrique les bougies. On laisse figer et refroidir la première couche de cire dont l'instrument s'est empreint avant de le plonger de nouveau, et on répète ainsi cette opération une troisième, une quatrième fois, jusqu'à ce que l'anneau et les branches aient acquis de seize à dix-huit lignes de circonférence, ce qui réduit l'ouverture de l'anneau à un pouce et demi de diamètre (3 à 5 centimètres) (Voir planche IV, figure 29).

Pessaire en bois (planche IV, figure 31). — On peut substituer au pessaire à bilboquet un autre pessaire qui a avec lui beaucoup d'analogie ; il est construit en bois. Sa construction est facile ; on peut le façonner soi-même ou le faire façonner par tout ouvrier travaillant sur le bois ; il y a économie à en faire usage. C'est à Dorfeuille, je crois, que l'on doit la première mention de ce pessaire. (*Correspondance de Fromage de Feugré*, 1ᵉʳ vol., p. 35).

Il se compose d'un anneau en bois un peu aplati sur deux de ses faces, dont le diamètre est de six centimètres (environ deux pouces), percé, sur les deux points opposés de ce diamètre, d'une mortaise un peu allongée suivant la ligne du cercle. Les branches, au nombre de deux, qui doivent s'adapter à ces ouvertures, sont tirées d'une tige en bois souple, bien que résistante, que l'on a fendue en deux jusqu'au milieu de sa longueur et que l'on a liée en cet endroit avec une forte ficelle cirée, ou mieux avec un fil de fer ou de laiton, pour empêcher la fente de s'agrandir. Les bouts des branches à l'endroit de leur réunion à l'anneau sont bien ajustés par tenon à l'ouverture qui doit les recevoir, et fixés en dessous par un petit coin en bois qui les force un peu à s'élargir pour remplir exactement la mortaise et y rester solidement fixés. La tige, y compris les branches et l'anneau, a de trente à quarante-cinq centim. (dix à seize pouces environ), se termine par un tenon tiré de la tige même, qui est percée de deux ou trois petits trous, suivant sa longueur. Ce tenon est destiné à laisser pénétrer une mortaise établie au centre de la traverse, laquelle porte une ouverture à chacune de ses extrémités pour y fixer la courroie, la tresse ou le ruban de fil. Une cheville en bois passant à travers la mortaise de la traverse et du tenon sert à fixer ces deux pièces ensemble tout en permettant, au moyen des trous du tenon, d'avancer ou de reculer quelque peu cette traverse et rendre, suivant que le besoin s'en fait sentir, la tige de l'instrument un peu plus longue ou un peu plus courte.

Le pessaire en bois diffère du précédent par le nombre de ses branches d'insertion à l'anneau, puisque ce nombre est réduit à deux, et par la traverse qui ne tourne pas autour de l'axe de la tige : il sert néanmoins aussi avantageusement que le premier.

A l'égard du pessaire en bois, on recouvre l'anneau au moyen de bandelettes de linge souple, sous lequel on peut, pour lui donner encore plus de souplesse, enfermer de l'étoupe entortillée autour de l'anneau et des branches.

Pessaire à pelotte. (Voir la planche iv, figure 27.) — C'est encore à Dorfeuille que l'on doit d'avoir décrit dans la *Correspondance de Fromage* cette espèce de pessaire, bien que les praticiens du midi en fussent depuis longtemps en possession. Il consiste en une tige de bois cylindrique, sorte de hampe, d'un pouce (environ trois centimètres de diamètre) et de vingt ou trente pouces (soixante à quatre-vingts centimètres à peu près de longueur), arrondie à chacune de ses extrémités et percée à l'une d'elles, celle qui doit rester en dehors de la vulve, d'un trou ayant de deux à trois lignes (4 à 6 millim.) d'ouverture. Dans ce trou, on fait passer en double une forte ficelle qui formera, après qu'on aura réuni par un double nœud les deux bouts libres, une boucle ou ganse de chaque côté du trou. A l'autre extrémité, on fait une rainure circulaire pour y fixer une ficelle qui liera solidement une poupée en toile douce, dans laquelle on enferme du chanvre, de l'étoupe ou du linge usé. Le volume de cette poupée qui doit être poussée dans le vagin doit

représenter le diamètre de l'anneau d'un des précédents pessaires. Quant à la longueur précise de la
tige ou hampe, on la détermine par l'espace compris
en ligne directe du milieu du flanc de la vache à la
tangente qui passerait devant la vulve.

Pessaire à cuvette. — Cette sorte de pessaire, fort
en usage dans la chirurgie humaine, l'est beaucoup
moins dans celle des animaux; c'est un corps oblong
ou rond, déprimé sur deux de ses faces, ayant néanmoins les bords arrondis et lisses, présentant dans son
centre une ouverture enfoncée en manière de godet ou
comme l'indique son nom en manière de cuvette. Cet
enfoncement circulaire représente l'anneau du pessaire en bilboquet, c'est là que doit se loger le col de
l'utérus. J'ai plusieurs fois fait usage de cette espèce
de pessaire pour retenir le vagin de la chienne lorsqu'il est repoussé au dehors par le recul de l'utérus.
Celui dont la forme est oblongue m'a paru préférable
à l'autre. On confectionne ces pessaires en caoutchouc.
Pour notre usage, nous pouvons les rendre aussi utiles
en les faisant avec du liége fin. Les dimensions de cet
instrument varient suivant la taille de la femelle et la
grandeur de l'ouverture de ses parties génitales; j'en
ai fait depuis un, deux, trois pouces (de trois à six
ou neuf centimètres) dans leur plus grand diamètre, et
moindres par conséquent dans l'autre. L'ouverture centrale n'a guère qu'un demi-pouce ou un pouce (deux
ou trois centimètres).

On a recours à la cire fondue pour rendre le contact du pessaire à cuvette plus souple et plus uni, quand on fait entrer le liége dans sa confection ; on est dispensé de ce soin si l'instrument est en caoutchouc.

Manière de placer le pessaire. — Avant de placer le pessaire, on s'occupe d'abord de réduire le vagin. Ici, il faut distinguer deux cas : 1° la descente du vagin en coïncidence avec le recul de l'utérus avant le part ; 2° la chute du vagin après la parturition.

Dans ce dernier cas, je suppose qu'on a préparé le vagin à être réduit par des injections adoucissantes, par des onctions d'onguent populéum, des lotions émollientes, ou le bain pour la chienne ; s'il est irrité et fortement rougi, on a pu même faire précéder l'opération par une saignée ou dégorgement sanguin opéré par les sangsues ou de légères mouchetures. On n'oubliera pas de donner au corps de la femelle la position inclinée déjà plusieurs fois recommandée ; de maintenir la femelle en lui serrant fortement le nez ou les oreilles ; d'empêcher la voussure du dos et les efforts expulsifs par les moyens connus, en plaçant les petites femelles sur le dos, de manière qu'en élevant le devant du corps et la croupe on mette les muscles des parois du ventre dans le relâchement.

Alors, et après avoir trempé dans l'huile ou enduit d'un corps gras l'anneau du pessaire à bilboquet, l'opérateur, avec les deux mains, fait rentrer petit à petit la partie herniée du vagin ; recevant alors le pessaire des mains de l'aide, il en place l'anneau au centre de la tumeur et le bout opposé devant son ventre ou sa poitrine; de légères pressions suffisent ensuite pour faire parvenir l'instrument jusqu'au col de l'utérus et le forcer à reprendre sa place; puis on visse la traverse, comme le veut Chabert, ou si elle a été placée d'avance, on la place au degré nécessaire pour maintenir l'utérus à sa distance normale de la vulve. L'opération est la même si l'on se sert du pessaire en bois ou de celui en pelotte. Dorfeuille recommande, avant de placer celui-ci, de l'oindre avec du miel, ou du saindoux, ou de la térébenthine rendue liquide en y incorporant du jaune d'œuf.

S'il s'agit du pessaire à cuvette, on l'introduit après l'avoir huilé ou graissé par l'un de ses petits bouts dans le sens de la hauteur de la vulve, on le pousse avec les doigts jusqu'à ce qu'il soit parvenu au delà du bulbe du vagin. Alors au moyen de l'index on tâche de le placer verticalement, le trou placé à son centre permet d'y introduire le bout du doigt ou les becs d'une pince à pansement pour le placer au centre de la vulve, les deux bouts étant alors retenus par les branches montantes de l'ilion, ce qui n'est pas toujours possible, mais au moins en avant des ischions et du bulbe.

Lorsque la sortie du vagin est déterminée par la descente de la matrice pendant la gestation, ce qui n'arrive que chez les femelles unipares, on procède de la même manière , mais en s'adressant avec précaution au col du viscère que l'on repousse en avant avec son contenu jusqu'au degré convenable , et on fixe le pessaire. Deux circonstances peuvent se présenter alors : l'époque du part être encore éloignée ou prochaine.

Si le part est encore éloigné et le col resserré , occupez-vous de la réduction, ce qui est facile , dit Dorfeuille ; servez-vous du pessaire à anneau qui est de moitié plus court que le pessaire à pelotte, attendu qu'il facilitera la sortie des glaires. Mais si le terme approche et que pourtant le col se trouve encore resserré , faites une saignée à la jugulaire , des fomentations émollientes sur le col qui apparaît ou est très-rapproché de la vulve ; placez ensuite sur la vulve un gros peloton de linge usé imbibé d'un liquide émollient, que vous fixerez au moyen d'une courroie qui se joindra par les deux bouts au devant du poitrail (ou à un surfaix). Défaites souvent cet appareil pour humecter le linge , ayant soin à chaque fois de pousser la matrice en dedans, pour faciliter à la bête la possibilité de rendre ses urines, et continuez ainsi jusqu'à ce que l'on puisse procéder à l'accouchement.

Du temps que le pessaire doit rester dans le vagin.—Ce temps est relatif à l'espèce de chute du vagin , suivant qu'elle a lieu pendant la gestation ou après le part.

La chute du vagin locale sans descente actuelle de l'utérus comporte un long séjour du pessaire aidé de l'action des astringents sur les muqueuses même. Je l'ai laissé jusqu'à quinze à vingt jours chez la jument, et ne suis parvenu à faire cesser l'accident que lorsqu'il n'était pas très-ancien. Il arrive même qu'il se reproduit quelque temps après et qu'il devient irréductible chez toutes les femelles.

J'ai laissé huit, dix et quinze jours le pessaire à cuvette chez la chienne. On s'assure qu'il est temps de le retirer lorsque, n'étant plus repoussé en arrière, il devient mobile et en quelque sorte flottant. Mais il sort plusieurs fois de lui-même avant la réduction et et il faut le replacer. Une seule fois je n'ai pu le retirer, la femelle l'a emporté en sortant de nos hôpitaux.

Le temps que doit rester le pessaire pendant la gestation est relatif à l'époque où cette gestation est parvenue. Si elle est peu avancée, trois ou quatre jours peuvent suffire pour empêcher la descente, à moins, dit Dorfeuille, que la bête continue à faire des efforts, ce qui arrive rarement; dans ce cas, on le laisse quelques jours de plus et le pessaire étant retiré la bête ne paraît avoir aucun mal. On ne peut déterminer l'espace de temps qu'il faudra laisser le tampon ou le pessaire; lorsque le terme de la gestation approche, on doit se trouver en mesure de le retirer dès que les douleurs se montrent, sinon, il pourrait survenir des accidents dont le moindre serait le rejet du pessaire, ou comme l'a vu Dorfeuille, l'accouchement s'opérer malgré la présence de l'instrument.

La présence du pessaire produit des accidents qu'il faut prévenir ou combattre. Il amène toujours plus ou moins d'inflammation de l'utérus et du vagin, jusqu'à ce que les organes se soient habitués à son contact ; de là des douleurs, des efforts d'expulsion, un écoulement mucoso-purulent, plus ou moins odorant. On s'oppose à ces accidents par la saignée générale, les injections narcotiques et en même temps astringentes. Un autre accident est la gêne apportée à l'écoulement des urines ; il faudra repousser l'utérus légèrement en avant, comme le conseille Dorfeuille, ou essayer de l'algalie.

On aidera à l'action contentive du pessaire, en observant les règles suivantes : 1° en évitant la constipation, l'usage des aliments secs, et de ceux qui sont peu nourrissants et fournissent beaucoup de résidu. Il est évident que les circonstances précédentes, en augmentant le volume du ventre, tendent à repousser l'utérus en arrière. 2° En élevant en arrière le pavé de l'écurie ou de l'étable, pour que le train de derrière de la femelle soit plus élevé que l'antérieur et que la matrice par son propre poids tende à s'éloiguer du bassin ; et en abaissant au contraire les râteliers et les mangeoires.

La seconde indication à remplir consiste à raffermir le tissu du vagin ; c'est ce qu'on essaie par des lotions et des injections fréquentes avec des solutions ou des décoctions astringentes froides ; l'eau fraiche simple, ou acidulée avec le vinaigre, l'acide sulfurique, l'eau de

Rabel, l'alun, l'eau de goulard, la décoction d'écorce de chêne, celle d'écorce de grenadier, dans l'eau ou du gros vin.

Quant aux moyens de remplir la troisième indication, de rendre plus solides les attaches de l'utérus, il est bien difficile d'en trouver qui aient quelque valeur réelle, si ce n'est ceux qui se tirent de la position du corps, de la liberté du ventre, en un mot de ceux qui ont pour résultat de maintenir l'utérus en place. Les attaches n'étant pas tiraillées se raffermissent d'elles mêmes, de même qu'un muscle qui est toujours dans le relâchement se raccourcit. On a proposé pour arriver directement à ce résultat l'emploi des astringents sur les lombes de la femelle, des cataplasmes d'argile délayée dans du vinaigre, ou des applications fortifiantes comme la lie de vin, les sachets de son ou d'avoine cuits dans le vinaigre. Je n'ai pas besoin de faire ressortir l'insignifiance de pareils moyens, qui, dans tous les cas, ne peuvent faire aucun mal.

Deuxième méthode, suture de la vulve. — Il paraît assez naturel de proposer la suture de l'entrée du vagin pour prévenir la sortie de ce canal. Seulement on n'a pas guéri le mal, on n'a fait que le rendre plus profond, le cacher aux yeux. La tumeur se ramasse derrière la vulve qu'elle comprime, ainsi que le canal de l'urètre dans lequel elle gêne le cours des urines. Cette méthode n'a donc aucune importance pratique employée de la sorte. On peut y avoir recours, mais seulement pour empêcher le pessaire de sortir.

Il a été dit que la sortie du vagin peut tenir au re-lâchement même du conduit. Ici la règle à suivre n'est plus la même. Si nous nous rappelons bien ce qui s'est passé dans ce cas, nous verrons que les indications ne sont plus semblables pour toute la durée de la maladie. Au début, il n'y a qu'un simple relâchement qui se réduit assez bien et complètement ; mais comme les adhérences du canal sont détruites , la tumeur se re-produit dès qu'on cesse de la repousser. Au bout de quelque temps l'induration de la muqueuse , du tissu cellulaire, les nouvelles adhérences que la portion herniée a contractées par sa face profonde, rendent la réduction difficile ou même impossible. Le volume de la tumeur, l'induration des tissus, le rétrécissement de l'entrée de la vulve, opposent de véritables obsta-cles au part.

Première méthode , réduire et maintenir réduit. — Au début il est donc facile de faire rentrer la tumeur, mais il n'est pas aussi facile de la maintenir réduite. Une éponge, de l'étoupe, du linge, imbibés de liquides astringents, peuvent être placés dans le commence-ment du vagin et tenus en place par un bandage ; ou bien on peut appliquer un pessaire modifié qui com-prime la partie postérieure du vagin ; si on éprouve de la peine à le maintenir en place, on peut essayer la suture des lèvres de la vulve ou mieux de l'entrée du vagin , en ayant soin de laisser en bas un espace non réuni pour l'écoulement du mucus ou du pus qui seront fournis par l'utérus et le vagin irrités.

Mais tous ces moyens ne sont pas faciles à maintenir, ne réussissent pas toujours ; ils échouent, au contraire, chez les femelles molles, lorsque le vagin est sans ressort. Dans tous les cas, ils ne conviennent pas lorsque la maladie est ancienne.

Deuxième méthode, destruction de la tumeur. — Soit que les moyens précédents aient échoué, soit que le mal soit trop ancien pour qu'ils conviennent, il ne reste plus de ressource que dans l'opération que j'ai conseillée et pratiquée le premier, la destruction de la tumeur. Lassé de faire des tentatives infructueuses pour guérir cette hernie chez des chiennes que leurs maîtres tenaient à conserver, je pris le parti d'enlever la tumeur. Les deux premières opérations que je fis eurent un plein succès, et furent publiées dans le compte-rendu des travaux de notre école en 1838. (Voir le recueil, p. 565.)

La première fois que j'opérai, je fis tout uniment la ligature du pédicule de la tumeur, c'est-à-dire que je passai un fil ciré plié en quatre autour de la partie rétrécie par laquelle la grosseur s'enfonce dans l'intérieur du bassin. Je donnai lieu à une vive inflammation, de grandes douleurs, de la fièvre et des accidents assez graves pour que nous eussions à craindre de perdre la chienne. Cependant elle guérit. Après environ un mois de souffrances, le vagin se rétrécit sans pourtant s'oblitérer; il s'en suivit un peu d'incontinence d'urine.

Ayant perdu cette chienne de vue, j'ignore si son incontinence d'urine a persisté, si elle a pu souffrir le mâle et faire des petits.

Averti par ces accidents, je compris, en effet, qu'étrangler à la fois une masse aussi considérable de tissus dans une ligature, c'était m'exposer à des accidents graves, parce que la partie extérieure seule est suffisamment comprimée et que l'inflammation peut s'établir peut-être encore dans l'intérieur. J'eus recours à la même méthode, c'est-à-dire que je me proposai de faire tomber la tumeur en l'étranglant, en la faisant mortifier : mais au lieu de comprendre toute la tumeur dans une même ligature, je divisai le pédicule en trois parties que je liai séparément, de sorte qu'en définitive chaque ligature ne comprenait plus qu'un tiers de la masse totale. Après avoir serré les fils, j'abandonnai la chienne à elle-même et me bornai à faire injecter quelque peu d'eau émolliente dans le vagin et à diminuer la quantité de sa nourriture. Ses souffrances ne furent ni aussi fortes, ni aussi durables que celles de la précédente chienne.

La tumeur tomba au bout de cinq ou six jours, et la guérison s'obtint sans accidents et sans apparence de maigreur.

Je conseille, après qu'on a posé les ligatures, de réséquer la partie de la tumeur que l'on veut faire tomber ; on évite une grande partie de la suppuration et de l'odeur fétide que cette masse produit en se putréfiant. J'ai répété cette opération plusieurs fois sans avoir perdu aucun de mes malades jusqu'à présent. C'est donc la méthode qui me paraît la meilleure.

Observations. — M. Bernard, directeur de l'école vétérinaire de Toulouse, a publié dans son journal (3ᵉ vol., page 43) une observation de chute du vagin et du col de la matrice, guéri par excision de la muqueuse herniée.

Le sujet est une ânesse, âgée de trois ans, achetée pour les travaux de l'école de Toulouse, ayant en dehors de la vulve une tumeur dont on n'indique pas le volume, arrondie, rouge, légèrement excoriée, épaisse, au milieu de laquelle on remarquait, dit M. Bernard, le museau de tanche (col de l'utérus).

On nettoie la tumeur, on la dégorge du sang qui la pénétrait par des mouchetures, on la fait rentrer, et on applique pour la maintenir réduite le bandage en corde, connu en vétérinaire; on saigne et on prescrit la diète. Quelques efforts expulsifs ont lieu et durent peu de temps.

Cinq ou six jours après, on retire le bandage; la chute se renouvelle; on réduit encore, même inconvénient. M. Bernard ayant appris que cette sorte de hernie existait depuis trois semaines, qu'on avait tenté de la guérir par le bouclement et autres moyens sans y parvenir, et ayant entendu parler de l'amputation du col de la matrice dans l'espèce humaine, sans qu'il connût rien de semblable et de bien avéré chez les animaux, il se décide à tenter l'amputation de la tumeur de cette ânesse. C'est son chef de service qui opère. Il commence par le vagin ; sa muqueuse épaisse se détache facilement du plan charnu, on la dissèque dans une étendue de quatre à cinq pouces (dix à douze ou quinze centimètres), et l'on en excise une portion ayant la forme d'un bonnet grec ; une hémorragie abondante qui va jusqu'à la syncope a lieu. L'ânesse, épuisée par la perte de sang, tombe ; elle se relève quelque temps après et cherche à manger ; on applique de nouveau le bandage contentif en corde pour attendre l'événement ; une suppuration peu abondante s'établit, dure huit jours ; on enlève le bandage, la guérison est obtenue ; tout a disparu, même le col de l'utérus.

L'exploration avec la main apprend qu'un rétrécissement en forme de bourrelet existe à la partie moyenne du vagin ; on ne peut d'abord y introduire qu'un seul doigt, puis deux, ensuite trois, enfin la main toute entière force le passage, reconnaît au delà toute l'ampleur du vagin. M. Bernard conclut de ce dernier fait que cette ânesse ne serait plus propre à la reproduction, qu'il y aurait à hésiter s'il fallait pratiquer cette opération pour un cas de chute du rectum, dans la crainte d'un pareil rétrécissement.

Il est évident que dans le cas que je viens de rapporter on n'a point amputé la matrice, mais seulement enlevé une partie du vagin, et qu'on n'avait eu affaire qu'à une hernie du vagin simple sans descente de l'utérus.

Deuxième observation. — M. Daprey (de la Côte-d'Or) m'a adressé une observation intéressante de sortie du vagin chez une jeune pouliche de deux ans qui n'avait pas été saillie, au dire du propriétaire. Ce cas est extraordinaire, s'il est vrai; mais on peut soupçonner que la bête avait été saillie à l'insu du propriétaire et qu'elle avait peut-être même avorté.

La tumeur formée par le vagin à l'extérieur avait le volume de la tête d'un homme; exposée depuis quinze jours à toutes les causes extérieures d'irritation, elle était devenue brune, infiltrée, froide, et laissait écouler une sérosité fétide dont le contact avait excorié le périnée. Les urines coulaient avec peine, le méat étant comprimé par elle. La bête était dans un état d'agitation continuelle, se couchant et se relevant à chaque instant; il y avait fièvre et perte presque complète de l'appétit. Ni la saignée, ni les topiques émollients n'avaient pu calmer cet état. Craignant la gangrène et la mort, on se décide à faire l'ablation de la tumeur au moyen de la ligature.

M. Daprey ne suivit pas mon procédé pour placer les fils, mais pratiqua une espèce de couture de toute la circonférence de la tumeur. Pour cela, il prit un long fil ciré, muni à chacun de ses bouts d'une aiguille. Puis ayant saisi la tumeur en bas sur le côté de l'urètre, il commença une suture du bourrelier. Une des aiguilles traversa toute l'épaisseur du tissu, le plus près possible de l'entrée du vagin, et le fil fut attiré jusqu'à ce que sa partie moyenne fut engagée dans la petite plaie. Cela fait, il piqua à côté à une petite distance de la précédente piqûre, les deux aiguilles passant par la même ouverture , l'une ayant piqué par la face interne et l'autre par la face externe. Après chaque point l'opérateur serrait fortement les deux bouts du fil et il continua à coudre de la même façon tout le pourtour de la tumeur. Arrivé au point opposé par où il avait commencé, c'est-à-dire à l'autre côté de l'urètre, il s'arrêta, resserra l'ensemble des points en serrant fortement sur chacune des extrémités du fil ; de la sorte, il fronça toute cette circonférence comme on ferait de l'entrée d'un sac à ouvrage, et il fixa le tout par un nœud. Il eut soin de faire porter sa ligature sur des points du vagin qui ne fussent pas atteints de la gangrène qui s'était déjà déclarée.

L'opération terminée, la jument fut reconduite à sa place; on eut soin de tenir le derrière de son corps plus élevé que le devant; on fit sur la tumeur des lotions avec de l'eau chlorurée et vinaigrée, des injections de même nature dans le commencement du vagin. On donna des boissons abondantes d'eau farineuse miellée, à laquelle on ajouta une petite quantité de décoction de saule à titre d'antiseptique. Les aliments, d'abord fortement diminués, furent peu-à-peu rendus à mesure que l'appétit se réveilla. Du septième au huitième jour la tumeur se sépara du pédicule, l'écoulement purulent diminua d'abondance et de fétidité. Le dixième jour presque tout avait disparu. Un mois après le propriétaire vendit la femelle, craignant les obstacles qui auraient pu se montrer à l'occasion d'un nouveau part, s'il avait voulu tirer race de sa jument.

VAGINITE.

On nomme ainsi l'inflammation de la tunique interne du vagin ; on l'observe chez toutes les femelles, mais plus particulièrement chez la vache, la jument et la chienne, à deux époques différentes de la vie, peu de temps après l'accouplement et après le part.

Les causes dont elle dépend dans le premier cas, sont un coït impur, d'où résulte une balanite ou une inflammation de la muqueuse du canal de l'urètre, une urétrite. Après le part, la vaginite naît à la suite de contusions, d'excoriations, de déchirements, causés par le passage des petits, l'introduction de la main, des instruments tranchants ou pointus, des manœuvres auxquelles on se livre; puis du passage du pus fétide qui s'écoule de la matrice lorsque celle-ci contient un fœtus en putréfaction, le placenta ou quelques-unes de ses portions; et enfin, parmi les causes internes de cette maladie, nous rangerons la propagation de l'inflammation de l'utérus.

Lorsque cette inflammation se déclare après l'accouplement, c'est vers le septième ou huitième jour que
la femelle en manifeste les symptômes, elle commence
par rendre plus fréquemment que de coutume ses urines, elle les lance par jets, et avec des mouvements convulsifs des lombes et de la queue ; dans la jument les lèvres de la vulve s'ouvrent et se resserrent, le clitoris
s'érige ; les cuissons ou le malaise que cause le passage
des urines sur le commencement du vagin enflammé
est exprimé par le piétinement des membres de derrière.
Si l'on explore les parties, on observe que les lèvres de
la vulve sont tuméfiées, la face interne en est rouge-
jaunâtre et chaude, ainsi que le commencement de la
muqueuse du vagin ; elles sont aussi douloureuses. Du
mucus ayant la teinte jaunâtre s'écoule par cet orifice,
s'agglutine vers la commissure inférieure ou s'attache
à la petite touffe de poil qui termine cette commissure
dans la vache. Cet état est généralement plus aigu que
celui qui se montre après le part.

Dans la vaginite qui survient après le part, les sym-
tômes sont la rougeur un peu violacée de la muqueuse,
des marbrures, des plaques foncées, formées par des
ecchymoses ; la muqueuse est en même temps chaude
et gonflée ; cette tuméfaction s'étend comme dans le
premier cas jusqu'aux lèvres de la vulve, toujours
plus ou moins gonflées, qui se renversent en dehors
surtout chez les grandes femelles, lorsqu'elles se couchent. Cet état s'accompagne d'un écoulement sangui-

nolent et plus tard mucoso-purulent. Le plus souvent cette dernière inflammation est peu grave, tant qu'elle est simple, mais si elle coïncide avec une métrite, ou une métro-péritonite violente, ou si la muqueuse vaginale a été profondément contuse, excoriée ou déchirée, il peut survenir de la gangrène. Cette gangrène pourtant reste généralement bornée ; elle est suivie de la formation d'eschares grisâtres qui après leur chute laissent des ulcérations quelquefois lentes à se cicatriser.

Lorsque la vaginite est liée à la métrite, elle suit sa marche et se termine avec elle ; lorsqu'elle en est indépendante, sa marche varie en raison de la gravité des lésions qui la constituent. Il n'est pas rare qu'elle passe à l'état chronique, qu'elle s'accompagne d'ulcérations, de productions morbides, de polypes, de verrues, de fongosités. C'est surtout chez la chienne, que cette terminaison est plus commune, quoiqu'on l'observe aussi chez les autres femelles. Beaucoup de vétérinaires pensent que la vaginite chronique développe par sa durée , chez la vache principalement, des phénomènes nerveux, la névrose consécutive connue sous le nom de nymphomanie, de fureur utérine ; l'état nerveux qui fait dire de la vache, qu'elle est taurelière, attendu qu'elle témoigne ses désirs vénériens factices en montant sur ses compagnes, comme le fait le taureau.

La vaginite qui se déclare après la monte et qui est

commune, suivant Morier, dans le pays de Vaud, au printemps, lorsqu'on met dans les mêmes pâturages les taureaux avec les vaches, que les mâles s'échauffent, irritent leurs parties sexuelles à force de répéter l'acte du coït, est rarement fort grave. Sa durée n'est que d'une huitaine ou d'une quinzaine de jours, pour peu qu'on s'en occupe, à moins pourtant que la femelle ne se trouve dans de mauvaises dispositions, que cet état ne se généralise et ne prenne la forme de la fièvre muqueuse coryzaïque. Ce vétérinaire a vu une seule fois ce cas suivi de mort.

Mais chez la jument, la vaginite, qui a été communiquée par un étalon échauffé par la monte, surtout si on a provoqué et entretenu son ardeur par l'emploi de substances excitantes comme l'avoine, le poivre et mieux la poudre de cantharides, peut devenir fâcheuse, se terminer par la gangrène et donner la mort en trois ou quatre jours. M. Sajous, qui a dans le temps rendu compte de ces faits, dit que quand cette fâcheuse terminaison doit avoir lieu, il survient un trouble général intense, avec fièvre, agitation, perte d'appétit; les lèvres de la vulve se tuméfient extrémement, la muqueuse du vagin prend une teinte rouge-jaunâtre, elle est brûlante, il s'en écoule une matière ichoreuse, roussâtre ; les mamelles se tuméfient, s'enflamment ; des phyctènes naissent dans le vagin, s'ouvrent et laissent à leur place des ulcères à surface rouge et violacée. On voit ensuite la chaleur et la douleur de ces parties baisser, la teinte de la muqueuse se rembrunir, un emphysème se montrer autour de la vulve, au périnée ; des frissons, l'horripilation, le refroidissement de la peau survenir, les urines cesser de couler, l'emphysème s'étendre aux membres de derrière, qui deviennent alors raides et inhabiles au mouvement. Alors surviennent des mouvements nerveux ataxiques , les urines cessent de couler, et enfin coulent d'une manière continue et par regorgement. La perspiration cutanée comme l'haleine de la femelle prennent l'odeur du cadavre et la mort ne tarde pas à suivre. M. Sajous assure avoir vu cette fâcheuse terminaison s'opérer en deux ou trois jours.

Chez douze juments que M. Lautour eut à traiter de cette maladie qui leur fut communiquée par un seul étalon dont il ne put constater l'état parce que celui à qui il appartenait se hâta de le vendre dans la crainte de poursuites judiciaires, la maladie eut moins de malignité. C'était vers le huitième ou le neuvième jour après la monte que les symptômes apparaissaient. Le traitement à cette époque était suivi de succès. Plus tard , comme cinq ou six semaines après , la guérison devint plus difficile ; il arrivait de là que par lassitude les propriétaires cessaient tout traitement. Une partie de ces femelles guérirent d'elles-mêmes , après dix mois ou une année de souffrances ; une autre partie éprouva le coryza avec ulcération de la pituitaire désigné sous le nom de morve ; et comme M. Sajous l'avait déjà re-marqué, l'autorité fut obligée d'intervenir, et, par mesure de police sanitaire, de les faire abattre. Chez ces femelles comme chez celles qu'a traitées M. Sajous, les mamelles ont été le siége de phlegmons et d'abcès qui guérissaient et se reproduisaient de temps à autre.

A l'ouverture du cadavre de ces dernières, outre l'infiltration des parties génitales et des membres de derrière, on trouvait la face interne des cuisses ulcé-rée ; il en était de même de la muqueuse du vagin, du reste rouge livide, et épaissie ainsi que le col de l'u-térus. Même état sur la partie du péritoine qui tapisse le fond du vagin et le commencement de la matrice. Les ovaires avaient éprouvé la dégénérescence lardacée. Les juments que perdit en peu de jours M. Sajous, avaient la muqueuse du vagin et de la matrice rouge violacé, parsemée de phlyctènes ovoïdes plus ou moins grosses, renfermant un liquide roussâtre, ou des ulcères à bords relevés et calleux, et des taches brunâ-tres. Chez toutes, les parois du vagin étaient épaissies, et les intestins voisins de ces viscères de couleur rouge.

Une chose m'étonne dans le récit de l'histoire de cette maladie, c'est qu'aucun des trois vétérinaires qui s'en sont occupés, n'a tenu compte de l'état de la gesta-tion. Les vaches que Morier dit avoir guéries étaient-elles pleines ? ont-elles porté à terme ou ont-elles avorté ? Les juments qui ont été une année malades ont-elles éprouvé quelque chose de semblable ? les poulains, soit qu'il y ait eu ou non avortement , ont-ils participé à l'état de leurs mères ? le silence le plus complet a été gardé à cet égard.

Traitement. — La vaginite qui se montre à la suite du part, si elle est très-intense , accompagnée de beaucoup de douleurs , de malaise et de fièvre , réclame la saignée générale , des injections émollientes et narcotiques avec la mauve , la laitue , la morelle , la tête de pavot, bouillies dans l'eau ou le lait; les cataplasmes de farine de lin délayée dans les mêmes décoctions et appliquées sur la vulve ; les boissons délayantes , les lavements de même nature et un régime adoucissant suffisent en général pendant la période aiguë.

Lorsqu'un écoulement persiste après que les symptômes d'acuité ont disparu , on rend les injections astringentes avec le vinaigre, l'alun, l'acétate de plomb, le sulfate de fer ou de cuivre. On peut même introduire des rouleaux d'étoupe bien imbibés des solutions précédentes et même couvrir leur surface extérieure de ces poudres mêlées à une certaine quantité d'amidon. S'il y a des ulcérations, on les cautérise avec le nitrate d'argent ; on y maintient de petits gateaux d'étoupe saupoudrés d'amidon , appliqués par dessus. Outre le nitrate d'argent on peut appliquer sur ces ulcères de l'alun calciné , du calomelas , et même s'ils sont trop rebelles les toucher avec le nitrate acide de mercure ou avec le fer rouge.

A l'égard des vaches que Morier eut à traiter , il se contenta de faire le premier jour des injections avec la décoction de mauve miellée ; il y ajouta le deuxième jour un peu de gentiane ; plus tard, vers le cinquième jour, il se servit de la racine de bistorte au lieu de mauve et il obtint la guérison vers le dixième jour. Il n'ajouta au régime ordinaire que de l'eau blanchie par la farine. Gohier dit que des élèves qu'il avait chargés de traiter une vache atteinte de la même maladie, la guérirent en huit jours par de simples injections émollientes.

M. Lautour ayant à faire à des juments chez lesquelles non-seulement le vagin , mais encore les mamelles étaient enflammées, et cet état de phlogose ayant développé des symptômes généraux, commença le traitement par la saignée à la jugulaire , appliqua des ventouses scarifiées sur l'engorgement des mamelles, fit des injections émollientes ou acidulées dans le vagin. Il note que les juments qui ne furent pas saignées éprouvèrent plus tard l'inflammation des mamelles à plusieurs reprises. Le traitement à cette époque de la maladie fut suivi de la guérison. Lorsqu'elle était plus avancée, on avait recours aux injections avec la décoction de gentiane , ou avec l'eau alumineuse. Il n'y eut donc , suivant ce vétérinaire, que les juments que l'on négligea de traiter qui périrent de la maladie dégénérée en morve.

ARTICLE 5.

Maladies de l'utérus.

DU RENVERSEMENT DE LA MATRICE.

Cette maladie et connue de temps immémorial de ceux qui se sont occupés des animaux domestiques : Végéce en parle. On l'observe même quelquefois dans l'état sauvage ; les cavales de la Camargue en ont offert des exemples.

Dans le renversement de la matrice, ainsi que le nom l'indique, la face interne du viscère est devenue externe, et la face externe est devenue intérieure ; il a été retourné comme un doigt de gant. Il s'est échappé par l'orifice du col, de manière à former, dans l'intérieur du vagin, une tumeur qui est embrassée à sa naissance par le pourtour de ce col ; il y a toujours chute de l'utérus en même temps que renversement, c'est-à-dire que l'utérus, au lieu de rester dans le vagin, est chassé, ainsi renversé, à l'extérieur de la vulve, et vient pendre au dehors où il descend quelquefois jusqu'au niveau des jarrets de la femelle debout, ainsi que l'a dit Chabert. Presque toujours il s'est opéré avec violence, et l'utérus a été chassé rapidement au-dehors dans sa nouvelle situation.

Ce renversement peut se présenter sous diverses formes ; il peut être complet ou incomplet ; simple ou compliqué ; complet lorsque tout l'utérus est venu ainsi s'engager à travers le col et sortir à travers son orifice; incomplet, lorsqu'une partie seulement est ainsi engagée. Il est simple quand le viscère est intact, sans lésion et non accompagné de la sortie ou du déplacement d'un autre organe; il est compliqué dans le cas contraire. Les degrés de complication sont assez nombreux: 1° le placenta peut être resté adhérent à sa surface interne; ce cas ne se montre guère que chez les femelles dont la matrice porte des cotylédons: la vache, la chèvre et la brebis; il est rare chez la jument, l'ânesse, les femelles carnivores et la lapine; 2° l'utérus peut être plus ou moins fortement contus, ecchymosé, infiltré de sang; 3° il peut y avoir plaie, soit par déchirure, soit par morsure d'animaux carnivores, et dans ce cas il s'y ajoute la hernie des intestins à travers la plaie; 4° il peut être enflammé ou même gangrené partiellement; 5° il peut s'accompagner de la sortie, de la chute du rectum, et du déplacement de la vessie. Ces complications aggravent singulièrement le renversement, et font de cette suite du part un accident fort grave et quelquefois mortel, ou du moins qui entraîne souvent la stérilité de la femelle et lui ôte une grande partie de sa valeur.

Causes.—Ce sont toutes celles qui irritent vivement l'utérus, et rendent ses contractions plus énergiques, comme l'avortement, le part prématuré, la descente de l'utérus pendant la gestation, le séjour du placenta et la délivrance; ou bien celles qui, mécaniquement, tendent à entraîner au dehors la surface interne de l'utérus, telles que l'extraction forcée du fœtus par des tractions trop énergiques, par l'emploi du treuil; l'arrachement du placenta opéré violemment et sans précaution.

Symptômes.—Rien n'est plus facile à diagnostiquer que cette affection. Hors de la vulve dilatée et dont les lèvres sont tuméfiées, se montre une tumeur en forme de poire ou de calebasse ; son volume varie suivant le volume de la matrice de la femelle, chez laquelle on l'observe ; sa surface est formée par une membrane muqueuse rougeâtre, ecchymosée comme l'est toujours la surface interne de l'utérus après le part. Elle est ridée, hérissée de mamelons saillants (cotylédons) dans la vache et les femelles de la même espèce; à ces mamelons sont souvent appendues des portions du placenta. Cette tumeur présente un corps qui est renflé, et au moins une portion d'un de ses prolongements ou cornes, dont la surface offre les caractères que je viens d'indiquer , et un pédicule plus rétréci. Ce pédicule est la portion de l'organe qui est engagée entre les lèvres du col utérin; elle est par conséquent comprimée, et forme des plis, des fronçures disposées longitudinalement ; tout autour de ce pédicule, entre lui et le col, il y a un cul de sac circulaire, qui fait tout le tour de ce pédicule et qui est plus ou moins profond, suivant qu'une plus ou moins grande portion de la matrice est ainsi sortie à travers l'orifice du col.

Cette tumeur n'acquiert pas toujours tout d'un coup

son plus grand volume, parce que ce n'est que successivement que le corps de l'utérus s'échappe à travers
son ouverture, mais elle se complète assez rapidement ;
de plus, elle s'avance plus ou moins loin hors de la
vulve et à l'extérieur, à mesure que les efforts expulsifs plus violents de la femelle la chassent au dehors.

L'utérus ainsi sorti est douloureux pour plusieurs raisons : 1° parce qu'il est exposé au contact de l'air et de
toutes sortes d'agents irritants: 2° et surtout parce qu'il
est resserré, étranglé par le col. Les étranglements causent, comme on le sait, les douleurs les plus violentes,
les inflammations les plus graves, et la gangrène ;
aussi les femelles chez lesquelles il s'est opéré un renversement, souffrent-elles très-vivement; elles s'agitent,
piétinent, se couchent et se lèvent continuellement ;
rapprochent les membres de derrière, rendent souvent des urines et des fèces, ou du moins éprouvent
un ténesme du rectum et du col vésical qui détermine
dans ces organes des efforts répétés d'expulsion. Ces
effets sont un résultat sympathique des douleurs de la
matrice.

A cet état local se joignent des symptômes généraux
graves, une grande agitation générale, un malaise
anxieux profond, un pouls fréquent et dur ; les flancs
sont agités, les yeux injectés; des plaintes se font entendre continuellement, et la mort ne tarde pas à arriver, si on ne s'occupe activement de remédier au mal.
La plus longue durée de la maladie est de deux ou

trois jours, la plupart des femelles même succombe-
raient avant ce temps, si on ne faisait un traitement
convenable. La mort est produite par la violence de l'inflammation et des douleurs, et par la gangrène, comme
la suite des hernies étranglées. On se tromperait grandement si on croyait que le renversement, même simple, de l'utérus, se termine habituellement d'une manière heureuse, quels que soient les soins qu'on
donne à la femelle. Souvent les femelles succombent
avant qu'on ait eu le temps de tenter la réduction ;
d'autres fois elles meurent à cause de la violence de l'inflammation, ou à cause de la gangrène ; d'autres fois,
il se fait une perforation, par suite d'ulcération et un
épanchement dans le péritoine, rapidement suivi d'une
péritonite mortelle. Enfin il n'est pas rare que des femelles restent infécondes, et qu'on soit obligé de les
réformer.

TRAITEMENT. — Le traitement consiste à réduire le
viscère hernié, à le remettre dans sa forme et sa position normales, et à le maintenir réduit. Mais avant
d'essayer la réduction, il faut y préparer la femelle par
les moyens suivants :

1° *Soins préliminaires pour la réduction de l'utérus.* —
Les grandes femelles sont debout lorsque le renversement de l'utérus s'opère, puisqu'il se fait à la suite du
part, pendant lequel elles restent habituellement dans
la station verticale. Lorsque le vétérinaire n'arrive
qu'au bout de plusieurs heures, il trouve la femelle

couchée et brisée par la violence des douleurs. Il doit
la faire lever, l'aider à cet effet, et si elle est faible la
faire soutenir par un drap plié en quatre qu'on passe
sous la poitrine et qu'on confie à deux aides de chaque
côté. Il est bien aussi de la faire mettre hors de l'étable
ou de l'écurie, si ces locaux ne sont ni assez spacieux,
ni assez éclairés pour qu'on soit à son aise, libre de ses
mouvements et qu'on voie bien les parties sur lesquelles on opère. La position couchée est désavantageuse
à l'opérateur pour deux raisons : la première, parce
qu'il est obligé de se coucher lui-même, ce qui le
gêne ; la deuxième et la plus importante, c'est que le
ventre, comprimé par le sol, perd de sa capacité, et
que les viscères refoulés le remplissent et s'opposent à
la rentrée et au maintien de l'utérus en sa place. Si
pourtant la femelle ne pouvait se tenir debout, il faudrait bien la laisser couchée; mais on aurait soin d'élever
le train de derrière au moyen d'une grande quantité
de paille qu'on ferait porter sous les membres de derrière et sous le bassin et dans laquelle on ménagerait
au milieu un creux, un vide, pour loger le ventre. Les
petites femelles seront placées sur une table, couchées
sur le côté, ou mieux renversées sur le dos. Quant à
la truie, Viborg dit qu'on la couche aussi sur le côté,
de manière à ce que le derrière du corps soit relevé;
ou mieux, qu'on la suspend par les membres postérieurs; mais comme elle criaille au moindre attouchement, on conseille de faire comme pour la castration

du mâle , de placer quelques aliments dans un petit tonneau ; lorsqu'elle y a engagé la tête , de la saisir par les membres de derrière et de la relever en même temps qu'on redresse le tonneau dans lequel elle continue à manger. Si ce moyen échoue, on reviendra à la position couchée sur le côté ; on lui mettra une muselière , ainsi qu'à la chienne et à la chatte , pour se mettre à l'abri de leurs morsures.

Ensuite on vide le rectum et la vessie , parce que, s'ils étaient remplis, ils diminueraient la largeur du bassin et la capacité de l'abdomen , dans lesquels il faut faire repasser l'utérus. On trouve dans la jument plus souvent que dans la vache le rectum plein de matières durcies qu'il faut extraire avec la main. On arrivera au même résultat chez les petites femelles en leur donnant des lavements.

Il est plus difficile de vider la vessie , parce qu'elle a été entraînée par l'utérus déplacé , et parce que cet organe pèse sur le col vésical et sur l'urètre et empêche l'écoulement des urines. Pour faciliter cet écoulement, il faut donc soulever la matrice ou la faire soulever par un aide; puis, introduisant deux doigts de la main droite au-dessous d'elle jusqu'au méat urinaire , on écarte les plis du vagin et les lèvres de la valvule qui bouchent cette ouverture, et on fait sortir l'urine qui s'échappe entre les deux doigts. Cette valvule n'existe que chez la vache, ainsi que je l'ai dit dans la partie anatomique de ce traité. Il est arrivé à des praticiens fort habiles de ne pouvoir rencontrer le méat urinaire et d'avoir été obligés de réduire l'utérus, sans avoir évacué la vessie. Dans ce cas, on doit tenter de faire couler les urines en soulevant d'une part la matrice qui pèse sur le méat urinaire, et en pressant sur la vessie avec la main que l'on a introduite dans le rectum.

Ces premiers soins rendus, il reste à achever d'enlever les portions du placenta qui pourraient encore rester attachées à la surface utérine ; car nous supposons ici le cas où la plus grande partie de l'arrière-faix a été extraite ; puis à nettoyer le viscère. On se sert d'eau tiède, d'eau de mauve, d'eau vineuse s'il y a quelque commencement de gangrène.

2° *Réduction.* — Avant de tenter la réduction, il faut assujétir la femelle et s'opposer autant que possible à la gêne de la respiration et aux efforts expulsifs qui chassent les viscères au dehors. On commence donc par fixer solidement la tête ; un aide est chargé d'occuper la femelle, de la faire rester tranquille en la menaçant, en lui serrant le nez et les oreilles par les moyens usités pour cela, pour l'empêcher de faire de fortes inspirations ; car on sait que lorsqu'on veut faire un effort quelconque, on commence d'abord par inspirer fortement pour remplir la poitrine d'air ; après quoi on reste ainsi la poitrine immobile pour prêter un appui solide aux muscles qui s'attachent au thorax ; pour empêcher, dis-je, ces efforts et ces inspirations, l'aide qui maintient la femelle lui tiendra les mâchoires écartées et la bouche ouverte en lui tirant la langue hors de la bouche. Dans tous les efforts, les animaux voussent le dos et se campent fortement sur les pieds; on empêchera cette tension du dos en le pinçant fortement ou en pesant sur lui avec une barre en bois placée en travers. M. Lecoq, professeur de notre école, m'a raconté que les gens de campagne en Flandre arrivent au même résultat en plaçant sur le dos de la vache des épines qu'ils recouvrent d'une couverture ou d'une sangle aux deux bouts de laquelle pendent de gros poids. Ce moyen, comme le précédent, a pour effet de produire une douleur à laquelle la femelle cherche à se soustraire en cessant de vousser son dos. Pour la truie, comme elle crie sans mesure au moindre attouchement, Viborg veut qu'on lui serre fortement le groin avec l'instrument qu'il appelle *antois* et qui n'est autre chose que le cassot.

Pour peu que la femelle soit irritable, forte, on fera bien de pratiquer une saignée qui aura pour conséquence de l'affaiblir, de prévenir l'inflammation, et de la rendre moins apte à faire des efforts. On pourrait même administrer de l'opium si on en avait, ou bien une forte décoction de tête de pavot, de morelle et de jusquiame.

L'utérus renversé et sorti ayant un grand volume et un poids considérable, et tombant toujours plus ou moins bas entre les membres de derrière de la femelle, il faut le maintenir relevé. C'est ce qu'on fait au moyen d'un drap plié que deux aides soulèvent, et sur lequel l'organe repose. Pour laisser à ces aides l'usage de leurs mains dont l'opérateur peut avoir besoin, on peut leur faire attacher les bouts du drap derrière le cou.

Tout étant disposé convenablement, l'opérateur n'a plus qu'à réduire ; il commence par la corne la plus volumineuse, celle dans laquelle le veau avait une partie de son corps et le poulain les membres de derrière ; elle est dite la grande corne par opposition à l'autre qui est restée vide. Il réduit d'abord le bout de la corne et la fait rentrer successivement comme un doigt de gant qu'on renverserait. Arrivé au pédicule de la tumeur, qui est rétréci par la compression du col utérin, l'opérateur rencontre plus de résistance ; car il faut que cette corne franchisse le col pour rentrer dans sa première place. La corne replacée, on passe au corps du viscère ; il y a ici plusieurs procédés pour le réduire.

Les uns se servent du poing fermé qu'ils appliquent sur la partie la plus large du corps et en la repoussant en haut et en avant, avec précaution, avec lenteur, pour éviter des contusions et des déchirures. D'autres se servent du pessaire en bilboquet dont l'anneau ou cuvette est bien doublé d'étoupe. Ils font porter cette cuvette sur le fond de l'utérus et le repoussent en appliquant l'autre extrémité contre le ventre ou la poitrine; en même temps qu'ils se servent de leurs deux mains devenues libres pour diriger le viscère dans la vulve et le vagin. Au lieu du pessaire en bilboquet, des vétérinaires se servent du pessaire à pelotte, qui est en effet préférable. Ces moyens sont bons; je conseillerai toutefois de faire attention au col utérin. C'est lui qui oppose le plus d'obstacles à la réduction du renversement; c'est lui qui serre et entoure plus ou moins étroitement le pédicule de la tumeur. Aussi serait-il bien, pendant qu'on pousse sur le fond de l'utérus, d'appliquer les mains sur les côtés de la matrice et de diriger le corps dans le sens de l'axe du col, pour qu'il ne soit pas repoussé en haut, en arrière ou par côté, et qu'il ne vienne pas archouter contre les parois de ce col, au lieu de tendre à enfiler son ouverture. Les deux mains serreront les parois, les empêcheront de se plier et les dirigeront ainsi dans le sens convenable.

Après qu'on a achevé la réduction, il ne faut pas abandonner de suite la matrice; mais maintenir le poing dans son intérieur. On s'oppose ainsi à un nouveau renversement; de plus, la présence du poing excite les contractions utérines, fait resserrer l'organe, ainsi que le col.

L'opération ne doit pas être pratiquée tout d'un temps. Il faut s'arrêter après qu'on a réduit la grande corne pour donner le temps à la femelle de se calmer, autant que pour permettre à l'opérateur de prendre quelque repos.

Dans la truie ; Viborg seul s'en est occupé... « On couche la bête sur le côté et on met l'utérus dans un petit vaisseau plein d'eau tiède dans lequel on le laisse vingt ou trente minutes, ce qui en fait beaucoup diminuer le gonflement. Puis on fait rentrer tout doucement, peu à peu, au moyen des deux mains, premièrement les cornes, ensuite la matrice et finalement le vagin. Les parties rentrées, on fait des injections dans l'utérus avec une décoction astringente tiède ou de l'eau acidulée. »

Chienne et chatte. — On procède de la même manière à l'égard de la chienne et de la chatte. Chez elles, du reste, le renversement est peu commun ; la chute simple de la matrice l'est un peu plus. Le renversement n'a quelquefois lieu que dans une seule corne. La réduction en est fort difficile.

Première complication. — *Placenta adhérent.* — Ce cas est rare chez la jument. On l'observe plus souvent chez la vache et les femelles qui ont, comme elle, la face interne de l'utérus hérissée de cotylédons. C'est plus particulièrement après l'avortement qu'on le voit, lorsque l'adhérence naturelle du placenta n'a pas été détruite peu à peu par le développement de la gestation.

On commencera par détacher le placenta avant de faire les tentatives de réduction de l'utérus. Nous avons vu ailleurs (à propos des annexes du fœtus) que chaque cotylédon placentaire embrasse de toutes

parts, dans la vache, le cotylédon utérin correspondant, comme la cupule du gland embrasse étroitement
la base de ce fruit. Il faut donc prendre chaque cotylédon à part et le détacher séparément. On le saisit
entre les doigts et on presse de manière à exprimer en
quelque sorte le cotylédon placentaire; c'est le pouce
qui sert surtout à cette énucléation. On le fait agir par
son extrémité, par l'ongle.

Cette opération exige de l'attention et de la célérité;
de l'attention, afin de ne pas arracher de vive force les
cotylédons de l'utérus et déchirer ses adhérences vasculaires, ce qui amènerait une hémorragie, peu grave
à la vérité; de la célérité, pour abréger les souffrances
de la femelle. Les lotions qu'on fait par avance à la
face interne de la matrice facilitent le décollement des
cotylédons. L'opération terminée, on fait de nouveau
quelques lotions pour enlever les débris de placenta ou
les caillots de sang qui pourraient rester attachés à
l'organe; à plus forte raison en fait-on s'il y a un écoulement de sang; on se sert alors d'eau froide, d'eau
vinaigrée. Chabert conseille l'eau chargée d'un peu
d'alcool et d'essence de térébenthine; je préfère les
moyens précédents. S'il arrivait, comme l'observe
M. Dorfeuille (*Correspondance de Fromage*, t. I, p. 25),
que quelqu'un des cotylédons utérins fût gangréné,
comme cela n'est pas rare, il faudrait le détacher
avec les doigts ou le séparer du corps de l'utérus par
incision, et l'extraire sans toucher à ceux qui sont
rouges et vermeils.

Il ne reste plus, après que la réduction est opérée et qu'elle a été maintenue quelque temps, qu'à s'assurer de l'état dans lequel se trouve la vessie. Il faut la vider si on n'a pu le faire pendant que la matrice était hors de sa place ; dans la crainte que sa plénitude n'occasionne des efforts d'expulsion à la suite desquels le renversement utérin pourrait se reproduire. C'est au moyen de l'algalie des femelles, ou comme il a été dit plus haut, qu'il faut pratiquer cette évacuation.

L'on reconduit ensuite la femelle à son habitation, et un aide l'accompagne en maintenant appliquée sur la vulve une de ses mains, dans laquelle il tient une éponge ou un linge imbibé d'eau froide ou d'eau vinaigrée. Arrivée à sa place, on la met dans une position telle que son train de derrière soit plus élevé que celui de devant. Si elle est calme, il faut bien se garder de troubler son repos de quelque manière que ce soit. Chabert conseille pourtant de donner à la vache la rôtie de pain trempé dans le vin. C'est une vieille pratique assez peu utile, assez mauvaise, qui l'est moins cependant lorsque la vache est épuisée par la longueur de l'opération, la violence des douleurs, par une hémorragie. Il suffit généralement de lui fournir de l'eau farineuse ; on l'empêchera de se coucher de peur que la compression du ventre par le sol n'amène une nouvelle expulsion de l'utérus. Les vieux praticiens, pour fortifier les ligaments de la matrice et prévenir les récidives, appliquaient sur les lombes un sachet d'avoine cuite dans du vinaigre et chaude. Cette pratique n'est pas mauvaise. Le sachet agit ici comme le ferait un cataplasme émollient ; il calme la douleur. Mais le meilleur moyen de prévenir la récidive du mal , c'est d'appliquer un bon bandage contentif.

On comprend que dans tous les cas , après la réduction , il s'établit une inflammation à la surface interne de l'utérus. Le sang qui engorge son tissu, et qui y a été retenu par l'obstacle que la compression opérée par le col utérin , sur le pédicule du corps , a apporté au retour du sang par les veines, les contusions, les irritations de tout genre qui s'appliquent à cette surface, souvent un commencement de gangrène ; toutes ces causes doivent amener et amènent une inflammation qui se termine par suppuration. Il s'établit un écoulement purulent, le plus souvent brunâtre et de mauvaise odeur, accompagné, dans le cas de gangrène, de portions de tissu qui ressemblent à des fausses membranes.

BANDAGES CONTENTIFS. — Les moyens de contention qu'on emploie après la réduction de la matrice, se divisent en trois classes : 1° les sutures ; 2° les pessaires; 3° les bandages.

Sutures. — Il y en a de deux espèces : l'une qu'on fait aux lèvres même de la vulve; l'autre qu'on fait à une certaine distance.

Pour opérer la première on se sert d'une ficelle bien cordée ou d'un grand nombre de bouts de gros fil réunis ensemble et cirés pour faire corps. L'aiguille dont on se sert est une aiguille d'emballeur. Le procédé opératoire sera celui de la suture à points séparés ou de la suture enchevillée qui est plus solide et expose moins à la déchirure des tissus. *a*) *Suture à points séparés.* Le vétérinaire, après avoir fixé la femelle par des entraves, debout derrière elle et armé de son aiguille dans le chas de laquelle la ficelle a été engagée, saisit d'une main la lèvre droite de la vulve, enfonce l'aiguille à sa partie supérieure, et de dehors en dedans ; puis prenant l'autre lèvre à sa partie inférieure, il y fait passer l'aiguille de dedans en dehors. Cela fait, il coupe la ficelle et n'en garde que la longueur suffisante pour qu'avec les deux bouts il puisse faire un nœud et une rosette sur la partie moyenne de l'espace qui sépare les deux piqûres, une deuxième ligature est placée de la partie supérieure de la lèvre gauche, à l'inférieure de la lèvre droite. Ces deux ligatures obliques imitent l'X. On fait quelquefois une troisième ligature transversale. — Les tissus, on le comprend, peuvent être déchirés par ce genre de suture : si elle a quelque effort à supporter ; si la matrice est chassée violemment à l'extérieur. Aussi la modification suivante est-elle plus solide. *b*) Le bout de la ficelle qui ne passe pas dans le chas de l'aiguille, est attaché à un gros bourdonnet d'étoupe ; lorsqu'on perce la lèvre droite, on tire la ficelle jusqu'à ce que ce bourdonnet soit arrêté par la peau ; on pique la lèvre gauche, on serre et on la rapproche de la droite autant que cela est nécessaire ;

puis on noue le fil sur un semblable bourdonnet d'étoupe. Cette modification de la suture à points séparés est plus solide. *c) Suture enchevillée.* La ficelle est placée en double : la lèvre droite est saisie et piquée comme précédemment ; mais pour retenir l'anse de la ficelle qu'on laisse à droite , on y passe une cheville en bois qui doit avoir toute la longueur de la lèvre de la vulve. Les deux bouts libres du fil , après avoir traversé la lèvre gauche, sont semblablement fixés sur une cheville de la même longueur au moyen d'un nœud ou d'une rosette. On peut faire trois ou quatre points séparés. On sent combien cette espèce de suture, que je propose, doit être plus solide que les autres, puisque l'effort est supporté , non plus sur un seul point du tissu des lèvres, mais sur toute la hauteur de ces lèvres.

Les praticiens de nos jours ont renoncé presque à la suture des lèvres de la vulve dont je viens de décrire les deux espèces ; et cela parce que le tissu de ces lèvres n'a pas assez de résistance , qu'il se laisse trop facilement déchirer. Favre même va plus loin ; il la considère comme une cruauté inutile : elle augmente, dit-il, les efforts expulsifs en proportion de la douleur qu'elle cause. La sensibilité de Favre l'a égaré. Cette suture n'est pas très-douloureuse , et loin d'augmenter les efforts expulsifs , elle les arrête ; Favre n'en parle que par théorie.

La deuxième espèce de suture porte sur des points de la peau plus ou moins éloignés de la vulve. Elle

est composée de deux points de suture qui se croisent en
X par le milieu; on peut ne pas faire le 3ᵐᵉ, point transversal dont la partie moyenne correspond à l'inter-
section des deux autres. La ficelle et l'aiguille sont les
mêmes que précédemment. On pique la peau au niveau de la pointe de la fesse droite ; l'aiguille enfoncée
sous la peau la perce de nouveau , lorsqu'elle arrive
à la lèvre droite de la vulve. La ficelle est placée obli-
quement de haut en bas et de droite à gauche sur la
vulve qu'elle croise ; elle pénètre de nouveau sous la
peau au bas de la fesse opposée, et y suit un trajet aussi
long que celui qu'elle a suivi en commençant. Les deux
bouts de la ficelle sont maintenus en place au moyen
de gros bourdonnets d'étoupe. Du haut de la fesse gauche au bas de la fesse droite , on place une deuxième
ligature, de la même façon que celle que je viens de décrire. Quelques praticiens, pour donner plus de solidité
à cette suture, font un troisième point, dans une direction transversale, de la partie moyenne de la fesse droite
à la partie moyenne de la fesse gauche, ou la font double.

Cette suture offre plus de solidité que celle qui porte
sur les lèvres de la vulve , parce que la peau de la
fesse est plus solide , plus résistante ; par conséquent
elle est moins sujette à se déchirer. Dans l'état de vacuité de l'utérus, la vulve se trouve en avant de la saillie
des fesses et par conséquent enfoncée de telle sorte que
les bouts de ficelle qui se croisent à son niveau, passe-
raient en arrière , sans la toucher immédiatement.

Mais après le part la vulve est gonflée , plus volumineuse ; elle atteint ou même dépasse en arrière le niveau des fesses ; dans ce cas, la ligature peut passer sur elle , la comprimer. Pour prévenir une compression douloureuse, on remplit d'étoupes les excavations qui se trouvent entre la face externe des lèvres et les fesses, et les bords mêmes des lèvres.

En résumé, la ligature la meilleure est celle qui prend son point d'appui sur la peau des fesses. Mais on peut dire d'une manière générale que les ligatures, par leur nature même, ne peuvent remplir qu'imparfaitement le but qu'on se propose, de maintenir la matrice. Elles l'empêchent seulement de dépasser la vulve , et ne s'opposent pas à sa descente dans le vagin. Aussi, sous ce rapport, les pessaires ont-ils sur elles un immense avantage , puisqu'ils maintiennent l'utérus dans sa situation et d'une manière fixe. Tous deux , du reste , doivent être soutenus par un bandage contentif appliqué à l'extérieur de la vulve.

2° *Pessaires*. — Je les ai décrits à l'article *chute du vagin*. Ils sont fort anciennement connus. Les vétérinaires grecs du Bas-Empire employaient, à titre de pessaire, une vessie de cochon distendue par l'air. Végèce ne les connaissait pas ; car il ne prescrit pour le renversement de l'utérus que les bains froids de rivière , ainsi que le font encore les gardiens de juments de la Camargue. La vessie , comme pessaire, a ce grand avantage de se trouver partout sous la main du praticien, d'être souple et d'un contact qui n'est pas douloureux ; tandis que les autres par leur dureté causent des contusions , des excoriations , l'inflammation , la gangrène même. Mais ses inconvénients sont forts grands : il est impossible de la laisser à demeure , parce qu'elle remplit exactement tout le diamètre du vagin , qu'elle ne laisse aucun passage pour l'écoulement du pus , du mucus, du sang, qui peuvent venir de l'utérus ; et qu'elle comprime le canal de l'urètre , d'où résulte la dysurie. Or , la rétention d'urine est une cause incessante d'efforts expulsifs.

Quand on se sert de la vessie , on prend de préférence celle du porc ; on fixe son col sur un morceau de bois creux, long de quarante à cinquante centimètres, et pouvant se fermer avec un bouchon. On graisse la vessie ; on l'introduit vide, non pas dans l'utérus , comme on l'a dit dans un ouvrage moderne, mais jusqu'au fond du vagin seulement ; arrivée là, on insuffle de l'air par le tuyau de bois creux , jusqu'à ce qu'on ait produit une dilatation suffisante ; puis on ferme le bouchon. Quand on veut retirer la vessie, on commence par enlever l'air.

Favre, de Genève, dit que les bergers suisses emploient un gros peloton de fil; il croit reconnaître à ce pessaire des avantages qu'il ne nomme pas. Cependant il dit que si le peloton est trop gros, on éprouve beaucoup de difficultés à le retirer, et que s'il ne l'est pas assez, il ne contient plus l'utérus. Je pense que ce genre de pessaire conviendrait mieux pour les chutes locales et partielles du vagin.

Comme à la suite du renversement, il se fait souvent des efforts expulsifs, considérables, il faut pouvoir maintenir les pessaires par des bandages.

On emploiera pour les petites femelles le bandage en triangle, que j'ai décrit à la fin de cet article, sous le nom de bandage contentif des femelles; car chez elles, on ne se sert guère que du pessaire à cuvette qui reste renfermé dans le vagin.

Chez les grandes femelles, on emploiera le bandage que j'ai décrit sous le nom de *soutien*, de l'invention de Bourgelat. Celui que propose Chabert (*Instr. véter.*, t. 6, p. 996) consiste en deux courroies, qui s'attachent par un de leurs bouts à l'œil qui termine la traverse de chaque pessaire; ces courroies suivent les fesses et les côtés du ventre et de la poitrine, passent sur les épaules, et vont se réunir l'une à l'autre à la partie moyenne du poitrail.

Mais il est évident que ce bandage manque de solidité; pour lui fournir un point d'appui indispensable, on doit le soutenir en avant du poitrail par une bricole ou un collier, et à la base de la poitrine par un surfaix muni de chaque côté d'un anneau où s'engagerait chaque courroie.

On fixe de la même manière le pessaire à pelotte; seulement chaque courroie s'attache à l'anneau de corde, qui en termine la tige.

Les praticiens emploient peu le pessaire après la réduction du renversement de l'utérus. Il n'y ont recours que dans le cas de récidive, lorsque l'utérus ne peut être maintenu par le bandage seulement. J'ai déjà dit que la suture même est généralement abandonnée; c'est donc aux seuls bandages qu'on a généralement recours.

Dans le cas de récidive, on est obligé de se servir des pessaires. C'est celui à pelotte qu'on emploie le plus ordinairement alors, et qu'on soutient par un des bandages que j'ai décrits. Le pessaire à pelotte est facile à faire, on le construit soi-même, partout. Si pourtant on ne pouvait le fabriquer, on se servira à sa place de moyens simples, qui ne manquent nulle part, comme le peloton de fil, dont parle Favre, et qu'on attachera avec une forte ficelle, pendante à l'extérieur de la vulve, pour pouvoir le retirer à volonté; ou bien comme l'ont fait d'autres praticiens, d'une bouteille dont le goulot sera placé à l'entrée de la vulve, et le fond sur le col utérin pour la maintenir en place; de la vessie de porc; d'un de ces fruits des cucurbitacés qui sont en forme de calebasse, comme l'a fait M. Grangier, de Gannat, etc.

3° *Bandages.*— Cet ordre de moyens est destiné, soit à soutenir la ligature de la vulve, soit à maintenir en place les pessaires. Les bandages peuvent aussi être employés seuls pour fermer l'entrée de la vulve.

Ces bandages diffèrent peu les uns des autres; ils

se composent d'un assemblage de cordes, de sangles ou de pièces de toiles que l'on applique sur la vulve, ou sur ses côtés pour la maintenir fermée, et empêcher la sortie de l'utérus. Le point d'appui de ces bandages se prend en avant : 1° sur la poitrine, au moyen d'un surfaix qui en fait le tour ; 2° sur la base de l'encolure et le devant des épaules ; 3° sur le devant des cuisses, surtout s'il s'agit d'une petite femelle.

Bandage contentif, prenant son point d'appui sur la poitrine. — Il y en a deux, un décrit par M. Delwart, dans son *Traité de la parturition* (planche I) ; un autre de M. Felix Villeroy (p. 334).

a) Bandage de M. Delwart. — Surfaix, placé autour de la poitrine ; deux cordes de la grosseur du doigt. Le bandage se compose essentiellement d'une espèce de nœud, laissant une ouverture dans sa partie moyenne, et qui décrit exactement le contour de la vulve, de manière à s'appliquer sur la face externe de ses lèvres, et sur ses commissures qu'il rapproche et qu'il tient fermées. Ce nœud se fait de la manière suivante : les cordes seront mises en double, et appliquées l'une sur l'autre, dans la portion repliée, de façon à ce que les anses formées par ces deux cordes soient éloignées l'une de l'autre d'une longueur égale à la hauteur de la vulve, et se correspondent par leur partie concave. Il y a en conséquence de chaque côté deux bouts de corde libres et dirigés en sens inverse ; on les enroule

deux fois l'un à l'autre comme dans le nœud de l'emballeur.

Le nœud fait est appliqué, comme je l'ai dit, un peu
au-dessous de l'anus qui doit rester libre, sur tout le
contour de la vulve, qu'il rapproche, sans empêcher
cependant l'écoulement des liquides qui en sortent.
Des quatre bouts de corde qui ont servi à faire le
nœud, deux sont dirigés en haut, passent de chaque
côté de la queue, sont réunis par un nœud au sommet
de la croupe, se dirigent de nouveau en avant et
viennent se fixer, au surfaix, sur les côtés du garrot.

Les deux autres bouts qui sont inférieurs descendent
entre les fesses, puis entre les cuisses, s'écartent de
chaque côté de la mamelle, et après avoir suivi la
partie inférieure du ventre et de la poitrine, viennent se fixer au surfaix, de chaque côté du sternum.

Le point d'appui que prend ce bandage autour de la
poitrine, au moyen d'un surfaix, manque de solidité
dans la jument : parce que, chez cette femelle, la poitrine est trop cylindrique; elle ne s'élargit pas assez
vers la base; le ventre est trop peu développé. Ce
moyen est plus solide dans la vache, parce que, chez
elle, le ventre étant très volumineux, agrandit la base
de la poitrine.

Pour éviter le premier inconvénient que j'ai signalé,
j'ai cru devoir ajouter à ce bandage une sangle qui, du
côté droit du surfaix, va s'attacher au côté gauche en
croisant le poitrail. Cette pièce, dans le harnachement

du cheval, porte le nom de poitrail, et rend impossible le recul du surfaix.

En appliquant ce bandage comme tous les bandages en corde en général, il faut préserver la peau des frottements et des contusions que causeraient les nœuds portant immédiatement sur elle ; on les isolera donc du tégument par des gâteaux d'étoupes ou des coussinets de linge; le surfaix lui même doit être à coussinets, dans la partie qui correspond au dos.

b) Bandage contentif de M. Villeroy. Une sangle assez large s'étend depuis le surfaix auxquel elle est fixée par une boucle à ardillon, en arrière du garrot, jusqu'à la naissance de la queue; là, elle se divise en deux branches, une droite et une gauche, réunies par cinq petites bandes transversales, qui laissent entre elles une espace de cinq centimètres. La queue est logée entre les deux premières branches transversales, la troisième branche et la quatrième couvrent l'ouverture de la vulve, la cinquième est placée au dessus de la commissure inférieure de la vulve, qu'elle laisse libre pour l'écoulement des liquides. Les deux chefs de la sangle, devenus libres, descendent entre les cuisses, passent de chaque côté de la mamelle, et vont se fixer par des boucles à ardillon, sur les parties latérales du surfaix à coussinets.

On peut faire ce même bandage d'une manière plus simple à l'aide de deux sangles réunies par quatre traverses, et qui sont rattachées au surfaix par des

*

rubans de fil, deux au-dessus du dos , deux au-dessous de la poitrine. De ces quatre traverses, l'une correspond à la base de la queue, les trois autres couvrent la vulve.

Favre, avant Villeroy, avait proposé un bandage de la même espèce. Il se compose de deux cordes, dont la partie moyenne qui correspond à la vulve, est réunie par plusieurs ficelles transversales, formant une espèce de grillage qui recouvre la vulve. Ce bandage appartient à l'ordre suivant, parce qu'il se fixe à une bricole et non à un surfaix.

Bandages qui prennent leur point d'appui au-devant des épaules. — Les uns sont construits avec des cordes qui viennent s'attacher les unes aux autres dans le lieu indiqué, ou qui s'insèrent à un collier ; les autres sont faits en tissus ou en cuir, et leurs pièces réunies par des boucles à ardillon.

a) Bandages en corde. — Le plus simple de ces bandages, qu'on appelle l'encordage, est celui dont se servent généralement les praticiens du midi de la France (planche V, fig. 43).

On prend une corde de dix mètres de longueur et de la grosseur d'un doigt ; on la plie en deux ; la partie moyenne est appliquée transversalement sous la poitrine en arrière des coudes ; on fait faire à chacun des bouts un tour complet autour de la partie supérieure de chaque avant-bras ; c'est donc sur chaque avant-bras que le bandage prend son point d'appui ; ensuite, les bouts sont ramenés l'un sur le côté droit, l'autre sur le côté gauche de la poitrine, en arrière du garrot, où on les fixe par le nœud de l'emballeur. De là on les conduit, dans la direction de l'épine du dos, jusqu'à la naissance de la queue. Dans ce point, on les attache par un nœud ; après quoi les bouts s'écartent pour loger la queue entre eux, et au-dessous d'elle on les arrête par un deuxième nœud. On ramène ensuite chaque bout sur la lèvre correspondante de la vulve, et on noue de nouveau au-dessous de la commissure inférieure. Ensuite, les bouts sont conduits entre les cuisses sur les côtés des mamelles, sous le ventre, la poitrine, et viennent se fixer à la portion de la corde qui croise transversalement la poitrine.

M. Girard (*Recueil de médecine vétérinaire*, 10e vol. p. 77) a décrit un bandage en corde qui se fait de la manière suivante : La partie moyenne d'une corde est appliquée en avant du poitrail ; les chefs en sont ramenés de chaque côté sur les épaules et noués en arrière du garrot. De là, ils décrivent un cercle autour de la poitrine et reviennent à leur point de départ. Ils se prolongent ensuite dans la direction de la ligne médiane, se comportent au niveau de la queue et de la vulve comme le bandage précédent, et se terminent sous le ventre en s'unissant aux deux tours précédents.

Toutes les autres formes de l'encordage peuvent se rapporter aux deux que je viens de décrire.

Le collier dont on se sert aussi, dans le placement de ces bandages, remplace la portion de l'encordage

qui entoure l'encolure, le poitrail et les épaules. Ce
collier a l'avantage de protéger la peau contre les excoriations, les contusions que causent les cordes et
les nœuds. Ce collier peut n'être formé que d'une
seule bande de cuir ou être rembourré; il peut même
être tout simplement un collier de voiture. Le plus
souvent les praticiens se trouvant à la campagne, dé-
pourvus de tout objet de harnachement, se contentent
de bourrer un sac avec de la paille, d'en entourer le
cou et d'en réunir les deux bouts. Cette espèce de collier est aussi commode qu'un autre.

b) Bandages en cuir ou en sangles. — Le plus simple de tous les bandages est celui que Bourgelat a désigné sous le nom de *soutien*. Il se compose d'une bricole, d'un poitrail, de la martingale, du surfaix; de
la bricole et du surfaix part un sanglon terminé par
une croupière; au culeron de la croupière se fixe la
pièce de l'appareil qui sert à comprimer la vulve et qui
est un anneau en cordes; inférieurement cet anneau
se fixe au surfaix, au-dessous de la poitrine, par des
liens qui passent entre les cuisses, etc., etc.

Si au lieu d'un anneau en cordes on veut se servir
d'un appareil compressif de la vulve en forme de grillage, au lieu de croupière on termine le sanglon dor-
sal par deux courroies qui commencent à la naissance
de la queue. C'est à ces courroies qu'on adapte la grille.
Inférieurement la grille se termine comme dans tous
les bandages précédents. — La grille peut se faire avec

des cordes, comme l'a dit Favre; en sangle, ainsi que
le propose Félix Villeroy, ou en cuir coupé en la-
nières, comme l'emploient les nourrisseurs de Paris,
au dire de M. Girard.

Bandage contentif des petites femelles. — Les bandages précédents ne pourraient pas être appliqués aux
petites femelles, à cause de leurs mouvements trop
nombreux et trop vifs qui déplacent les bandages les
mieux faits. On les remplace chez la brebis, la chèvre
et même la chienne, par le bandage suivant :

On prend une pièce de toile forte qu'on plie en
forme de triangle ; le grand côté de ce triangle est appliqué sur les lombes de la femelle ; on le rabat sur
les flancs, et on ramène les deux bouts sous le ventre
en avant des mamelles, chez les unipares, et seulement des mamelles inguinales, chez les multipares.
Là on réunit ces deux bouts par un nœud. La pointe
du triangle est rabattue sur la croupe et la vulve; on
fait un trou pour le passage de la queue ; on en fait
quelquefois aussi un deuxième pour le passage des matières qui sortent de l'anus et de la vulve. Seulement,
pour rendre les bords de cette ouverture plus solides,
on peut placer, entre les deux doubles de linge, une
pièce de cuir, qui sera également percée, et du reste,
bien cousue de toutes parts au bandage.

La pointe du triangle est ensuite rabattue entre les
cuisses, et au moyen de deux rubans, on va l'attacher
aux chefs qui étaient déjà noués sous le ventre.

Récidives. — La récidive est produite par plusieurs causes : d'abord, il peut se faire qu'on ait cru avoir réduit réellement l'utérus renversé, alors qu'on n'a fait que le repousser au fond du vagin ; je crois que c'est une circonstance qui a dû se présenter souvent, et qui tient à ce qu'on n'a pas assez insisté généralement sur le resserrement que le col utérin exerce sur le viscère qui s'est échappé au travers de son ouverture. Si l'on n'a pas soin de repousser avec la main et d'accompagner l'utérus jusqu'à ce qu'il ait franchi le col, et que sa cavité intérieure se soit refermée, on s'expose à ne pas réduire complètement ; il n'y a pas récidive proprement dite, puisqu'il n'y a pas eu guérison ; seulement l'utérus refoulé en avant de la vulve reparaît au dehors.

Parmi les causes réelles de récidive, il faut placer toutes celles qui excitent la femelle à faire de grands efforts ; la plénitude de la vessie, celle du rectum, une inflammation de l'utérus qu'on ne calme pas par la saignée et les autres antiphlogistiques. L'amplitude du bassin, une position inclinée du train de derrière exposent aussi mécaniquement à la récidive.

Des praticiens disent avoir vu la récidive se reproduire deux ou trois fois, et cependant la réduction chaque fois renouvelée et les moyens contentifs ordinaires auraient fini par amener une guérison complète. Ces cas sont rares : pour peu que le mal se reproduise quelquefois et persiste quelques heures, l'utérus éprouve bientôt des désorganisations dont je parlerai plus tard. En outre, chaque tentative nouvelle de réduction est plus pénible, plus difficile que la précédente. Tous ceux qui ont assisté au part des femelles savent que les lèvres de la vulve et le vagin se gonflent, que la muqueuse rougit, se tuméfie. A plus forte raison cet état est-il plus marqué à mesure qu'on irrite davantage les parties, qu'on les contond avec tous les efforts de réduction. Je vais parcourir la série des complications.

a) *Lèvres de la vulve et vagin engorgés.* — L'orifice vaginal est considérablement rétréci par cet engorgement, et s'oppose à une nouvelle réduction de l'utérus. On combat cet état par des lotions faites avec de l'eau de mauve et de tête de pavot, ou avec de l'eau vinaigrée tiède; on applique des cataplasmes sur les lombes, des fomentations sous le ventre : on fait une saignée pour peu que la femelle ne soit pas faible. Surtout, on tient la matrice soulevée et dans une position déclive par rapport au vagin, de façon à ce qu'elle tende à se dégorger par sa propre position. Lorsqu'après vingt ou trente minutes le gonflement des tissus a diminué, on opère la réduction. Pour faciliter le passage de la vulve, un aide est placé de chaque côté de la croupe ; il tient une de ses mains appliquée sur le bord correspondant de la vulve qu'il comprime, qu'il affaisse pour agrandir l'ouverture ; l'autre restée libre aide à l'opérateur à diriger le corps de l'utérus dans le sens de l'axe du col et à l'y faire passer.

Lorsque la matrice déjà réduite est retombée, on doit s'attendre à trouver quelques lésions de tissu, des ecchymoses, des infiltrations sanguines ; si elles sont profondes, larges, on refait quelques mouchetures pour donner issue au sang extravasé. S'il y a des taches brunes, noirâtres, avec friabilité du tissu, cela annonce un commencement de gangrène ; on fait aussi des mouchetures pour évacuer la sérosité qui existe au milieu des tissus gangrénés et dont l'absorption produit tant de danger, et aussi pour faire pénétrer plus profondément les remèdes qui sont des lotions excitantes, antiseptiques, avec l'alcool camphré, ammoniacé, le chlorure de chaux, le sel marin uni au vinaigre.

b) Épaississement des parois de l'utérus. — On l'observe sur toutes les femelles où le renversement date d'un jour ou deux, ou chez lesquelles il s'est reproduit plusieurs fois, mais plus particulièrement chez celles qui sont molles, lymphatiques, riches en graisse. Cet épaississement tient à la difficulté que le sang éprouve à circuler dans le pédicule de la tumeur qui est comprimé. La position déclive du viscère et son poids contribuent encore à ajouter à cet état.

On le combat par les mêmes moyens que la tuméfaction du vagin ; seulement on peut administrer ici les topiques sous forme de bain. On plonge la matrice dans un vase rempli d'une décoction tiède, émolliente, narcotique et légèrement astringente. Après l'avoir un peu dégorgée, on pratique des mouchetures pour faciliter l'écoulement du sang ; puis on exerce un massage modéré pour exprimer le sang; la compression exercée par les mains de deux ou quatre aides avec précaution et en ayant soin de presser davantage vers le fond de l'utérus que vers la circonférence de la tumeur. On la replace ensuite dans un bain légèrement astringent, et lorsque le dégorgement est suffisant, on commence la réduction.

On se rappellera qu'il faut procéder avec des ménagements infinis. La résistance du tissu de l'utérus a été souvent tellement affaiblie par la congestion sanguine, par l'obstacle à la circulation, et la disposition à la gangrène que, comme le fait remarquer Dorfeuille, il n'a pas plus de solidité que la chair du champignon. Le plus léger effort de pression suffit pour en amener la déchirure ou la perforation. Aussi les praticiens expérimentés agissent-ils sur la plus large surface à la fois en se servant de la main ouverte et doublée de linge, de coton ou d'étoupe. Dans ce cas il faut dilater un peu le col de l'utérus, s'il est tendu, afin qu'il n'oppose aucun obstacle ; tandis que les mains d'un aide appuyées sur le fond de l'organe le repoussent en avant, les doigts de l'opérateur placés au pédicule refoulent doucement les tissus à travers le col et au-delà.

Je pense que s'il n'y avait aucune menace de gangrène, on ferait bien de ne pas se presser de réduire sur le champ ; qu'on devrait dégorger le tissu par des bains tièdes et des mouchetures , puis le durcir , le tanner par un bain fortement astringent , composé avec de l'alun , des décoctions d'écorce de saule ou de chêne.

c) Rupture de l'utérus. —Elle s'observe plus souvent chez la vache que chez les autres femelles , parce que c'est chez elle que le renversement est le plus commun. La rupture de l'utérus coïncidant avec le renversement, peut s'opérer dans deux circonstances : 1° elle peut se faire pendant le travail du part , pendant l'expulsion du fœtus, être suivie après du renversement de l'organe ; 2° elle peut être précédée du renversement de l'utérus et se faire pendant les tentatives de réduction ; 3° enfin, elle peut se faire après la réduction. L'utérus enflammé alors perd de sa solidité de tissu , il s'ulcère et se perfore quelquefois spontanément , ou lorsque le pessaire est appliqué avec un bandage qui s'oppose à un nouveau renversement , les efforts de la mère peuvent produire une déchirure.

Le siége de la rupture est variable ; ce peut être dans le voisinage du col ou dans son fond , c'est-à-dire à l'endroit où commence sa division en deux branches ; ou bien dans celles des cornes qui contient une partie du corps du fœtus et qu'on appelle pour cela la grande corne. Je vais rapporter à la suite un certain nombre d'observations qui feront connaître cet accident ; et je résumerai les symptômes après.

Première observation. — *Rupture de la matrice dans*

les environs de son orifice à la suite du vélage. —
M. Guillaumain fut appelé pour voir une vache qui venait de vêler et qui, couchée sur le côté droit, faisait de vains efforts pour se lever. L'utérus renversé gisait sur la litière, souillé de sang et de débris de placenta. On s'empressa de laver l'utérus et de détacher les portions adhérentes du délivre ; on avait eu soin de le faire soulever sur un drap plié et tenu de chaque côté par un aide. Pendant cette première opération, on s'aperçut qu'une anse d'intestin d'environ un mètre de longueur s'était échappée à travers une déchirure siégeant au voisinage du col. On fit rentrer les intestins, et sans s'occuper de rapprocher les bords de la déchirure, on réduisit la matrice que l'on maintint dans sa place par un bandage. La vache ne reçut pour toute nourriture qu'une petite quantité de pommes de terre, de carottes et de navets cuits.

Le lendemain elle se leva, n'éprouva point de coliques ; le bandage qui était trop serré fut un peu relâché ; l'état général était satisfaisant. Quatre jours après, le mieux se continuant, on enleva le bandage et au bout de dix-huit jours la bête reprit son régime habituel.

Deuxième observation.—Rupture du fond de l'utérus. — Réduction sans suture. — Guérison. — Cette observation fut recueillie en 1802 par M. Gellé, professeur à l'Ecole vétérinaire de Toulouse. Il s'agit d'une génisse qui avait reçu le taureau à l'âge de 11 mois , et

qui à raison de sa jeunesse et du volume relatif du veau
qu'elle portait, eut un part très-laborieux , suivi du
renversement de la matrice , après une délivrance
spontanée. La réduction fut pratiquée deux heures
après. Le tissu utérin qui était rouge et friable ne ré-
sista pas à la pression de la main qui y fit une perforation à travers laquelle le bras s'engagea. Cependant
en appuyant une des mains sur l'ouverture pour empêcher la sortie des intestins et en agissant avec l'autre, on put réduire sans autre accident. Immédiatement
après, saignée et application sur les lombes d'un drap
plié en quatre et arrosé fréquemment d'eau froide ;
diète et lavements. La vache ne se livra à aucun effort
expulsif ; la convalescence commença le troisième
jour , et la guérison fut complète le dixième. On vendit la bête un mois après de crainte qu'un accident
semblable ne se reproduisît au prochain vêlage.

M. Gellé ne dit pas s'il employa un bandage contentif.

*Troisième observation. — Rupture d'une des cornes.
— Réduction. — Guérison. —* M. Eléouet fut appelé ,
le 4 mai 1830, pour donner des soins à une vache qui
venait de vêler d'un veau mort, et dont la matrice était
sortie et renversée. Il la trouva couchée , faible ; il
fallait la faire soutenir par des aides et un drap, pour
la maintenir droite. On nettoie l'utérus et on l'élève à
la hauteur de la vulve. La corne gauche est réduite
sans difficulté ; la droite était aussi sur le point de

l'être lorsque, par un mouvement brusque , la femelle se recula en arrière, pressant ainsi la corne contre la main de l'opérateur qui s'y enfonça jusqu'au milieu du bras. Cependant il achève la réduction et remet la matrice dans sa place, la maintient avec une bouteille introduite dans le vagin à la place d'un pessaire. La vache resta debout après l'opération, elle refusa les aliments et les boissons , eut de la fièvre , rendit des fèces sèches et noirâtres (tisanes émollientes et lavements pendant deux jours). Du mieux se prononce le troisième jour ; on enlève la bouteille le cinquième. Un écoulement sanieux qui se faisait par la vulve est combattu par des injections d'eau vineuse. L'appétit se rétablit le septième; plus de fièvre ; seulement un peu d'écoulement qui cesse bientôt. Vers le quinzième , on la remet au pâturage , étant en bon état de santé.

Quatrième observation. — *Rupture avec sortie des intestins*. — *Ablation*. — *Guérison*. — On a publié déjà un bon nombre de cas d'extirpation de l'utérus de la vache, la chèvre, la truie et la chienne , suivies d'une entière guérison. Je ne sache pas qu'on l'ait faite avec succès dans la jument. Le plus souvent c'est à l'occasion de la rupture du viscère et de la sortie de l'intestin, ou bien après des morsures de chiens qui avaient rongé une partie de l'organe.

En 1820, M. L'Huillet transmettait l'histoire d'un cas de ce genre à mon prédécesseur Gohier. Une vache appartenant au chevalier de Galaup avait vêlé sans accident , lorsque deux heures après le part il se fit un renversement de la matrice. Le vétérinaire procédait à la réduction lorsque les parties déjà rentrées de l'utérus ayant été fortement et brusquement chassées au dehors la main de l'opérateur perfora le fond , et à travers l'ouverture accidentelle s'échappa une masse considérable d'intestin grêle. C'était le sixième cas de cette nature qui se présentait à l'observation de M. L'Huillet, et jusque-là il n'avait pu y rémédier par la suture. Il se décida donc à faire l'ablation de la portion du viscére qui était perforée.

Après avoir fait rentrer péniblement les intestins jusque dans l'abdomen , à travers la perforation qui n'avait pas moins de dix-huit à vingt centimètres (six à sept pouces) d'étendue, il introduisit une forte aiguille enfilée d'une ficelle en avant de l'endroit rupturé d'une face à l'autre du pédicule de l'utérus qu'il avait aplati de dessus en dessous, et l'embrassa ensuite pour l'étrangler tout-à-fait. Pour plus de sûreté, une seconde ligature circulaire fut placée sur la première afin d'opérer une plus forte constriction. On procéda immédiatement après à l'ablation de la masse utérine à quatre ou cinq centimètres (un pouce et demi) en arrière de la partie rupturée. M. L'Huillet estime à un quart de kilogramme le sang qui fut répandu par cette division de l'utérus et à sept kilog. le poids de la partie amputée.

Pour s'opposer à la répulsion, par les efforts de la vache, du reste de l'utérus et à la descente du vagin, une suture en X avec de la forte ficelle fut pratiquée après. (J'ai dit plus haut en quoi consiste cette suture qui remplace dans quelques cas le bandage contentif.)

Le traitement qu'on suivit consista, pendant les deux premiers jours, en des boissons blanchies par la farine et légèrement acidulées par le vinaigre, bien que l'appétit fût assez bon et que la femelle recherchât des aliments. Le jour suivant on lui donna environ un kilogramme de foin et de la recoupe de seigle. La quantité de ces aliments fut successivement augmentée, de telle sorte que le huitième jour elle était celle que l'on donne à une vache en santé. On fit, pendant les premiers jours, dans le vagin deux ou trois injections avec l'infusion de coquelicot, dans laquelle on mettait en suspension soixante-quatre grammes (deux onces) de camphre délayé dans des jaunes d'œufs, dans la proportion de deux litres d'infusion. Plus tard, on se servit, pour le même usage, en décoction-infusion, de l'aigremoine et de roses de Provins, une poignée de chacune dans deux litres d'eau. Un mois après, cette vache put travailler comme auparavant.

d) Morsure et déchirure de l'utérus ayant nécessité l'ablation. — Guérison. — Lorsque la matrice est au-dehors de la vulve, pendante derrière les jarrets, ou que la femelle est couchée et que cet organe repose sur la litière ; il peut se faire que des chiens, attirés par l'odeur du sang, viennent la mordre et la déchirer. La science possède deux cas de cette nature : un qui fut communiqué par M. Sivieude, alors vétérinaire dans le département des Pyrénées-Orientales ; un autre publié dans le Journal de Toulouse (janvier 1838), par M. Serre, d'Auterive (Haute-Garonne). Je rapporterai le deuxième fait.

Le 5 septembre 1817, une vache âgée de 6 ans, en bon état de chairs, éprouve après le part un renversement de l'utérus. La réduction est opérée, et un bandage en corde placé pour la maintenir. Cependant quatre ou cinq heures après le même accident se reproduit. Nouvelle réduction, suture des lèvres de la vulve, application nouvelle du bandage ; deuxième récidive du renversement avec déchirure de la vulve.

L'utérus est congestionné ; trop volumineux pour pouvoir être réduit, le vétérinaire prescrit de le lotionner très souvent jusqu'à ce qu'on ait diminué son engorgement. Trois jours sont employés à faire ces lotions. C'est dans cet intervalle qu'une chienne, attirée auprès de la jument, s'acharna sur cette masse de chair, la mordit, déchira la muqueuse en plusieurs endroits et amena une hémorragie assez abondante. De là inflammation, épaississement comme lardacé du tissu de l'organe. Le dixième jour, on perdit tout espoir de réduire la tumeur, et on se décida à en faire l'extirpation d'après le procédé suivant. La vache étant debout et la matrice soutenue horizontalement par deux aides, le vétérinaire fit sur la face supérieure du viscère une incision longitudinale de seize à dix-huit centimètres (six pouces) de long, traversant l'épaisseur des deux parois. Entre les lèvres de cette ouverture il engagea un rouleau de linge de dix-huit centimètres (six pouces) de long et de douze centimètre (quatre pouces) de circonférence ; et à l'aide d'un ruban de fil long de deux mètres et roulé à deux globes, il pratiqua une série de circulaires très serrés autour du pédicule de la tumeur, c'est-à-dire de la portion de l'utérus rétréci par l'étranglement du col. Immédiatement après, un suspensoir fut appliqué pour soutenir la tumeur, et une saignée fut pratiquée. Le neuvième jour, on amputa toute la portion de la matrice placée en arrière de la ligature ; la vache avait repris de l'appétit ; la fièvre cessa vers cette époque ; peu de temps après, la bête put reprendre ses travaux.

Je ferai remarquer que ce procédé me paraît moins simple que celui de M. L'Huillet, et n'a sur lui aucun avantage, si ce n'est toutefois d'imiter le procédé que je vais exposer. Peut-être pourrait-on reprocher aussi au vétérinaire d'avoir trop attendu pour faire la réduction et de n'avoir pas employé assez tôt la saignée et les scarifications sur la surface de l'utérus.

En résumé, pour les ruptures de l'utérus : 1° elles peuvent être suivies de guérison. Tous les cas que j'ai cités sont de ce genre. Il est à regretter que les vété-

rinaires ne nous aient pas donné le chiffre de leurs insuccès. Un seul , M. L'Huillet , parle de six cas mal-
heureux , ce qui le décida à tenter l'extirpation de
l'utérus. Il ne nous dit pas de quelle manière les vaches sont mortes. On serait grandement dans l'erreur
si on croyait que les succès sont aussi fréquents qu'il le
semblerait à n'en juger que par les observations que
j'ai rapportées. Loin de là , les praticiens considèrent
la déchirure de la matrice et même celle du vagin ,
comme un accident le plus souvent mortel. Il est probable que les plaies qui occupent une région élevée de
l'utérus sont plus faciles à guérir que celles qui sont
inférieures , parce que ces dernières laissent passer le
sang et le pus dans l'abdomen; de là une péritonite
mortelle. 2° Les accidents ont été fort simples dans les
observations rapportées : de la fièvre , un écoulement
purulent plus ou moins fétide par le vagin ; nulle part
le moindre symptôme de métro-péritonite. 3° Le traitement suivi a été généralement peu énergique ; quelquefois une saignée , des émollients en tisane , des cataplasmes sur les lombes , des injections acidulées , des
lavements ont suffi. La marche a été rapide vers la
guérison. On remarquera qu'aucun opérateur n'a fait
la suture de la plaie de l'utérus. Au reste, l'expérience
prouve qu'ils ont eu raison de la négliger. Nous ne
voyons pas citées des péritonites par épanchement
dans la cavité de cette enveloppe séreuse. Une fois débarrassé du fœtus et de ses enveloppes , l'utérus revient

énergiquement sur lui-même , sa cavité s'efface rapidement. Ses parois sont peu vasculaires et ne fournissent pas des écoulements sanguins, comme chez la femme. En effet, nous avons vu que les lochies sanguines n'existent pas dans nos femelles.

Je crois cependant qu'il serait prudent de faire un ou plusieurs points de suture à la plaie , si elle occupait le plan inférieur de l'utérus. L'écoulement purulent qui se fait dans le viscère , séjournant sur cette face inférieure , retarderait la cicatrisation et s'échapperait par l'ouverture dans le péritoine.

On a pu s'assurer que plusieurs des femelles qui avaient le renversement avec déchirure de l'utérus , ont donné des produits l'année suivante , ce qui prouve qu'il s'était fait une cicatrice bien solide. On s'en est assuré encore mieux sur les femelles qui, ayant été livrées au boucher, ont pu être examinées avec soin dans l'utérus.

4° Quant à la ligature de ce viscère, dans le cas où on a voulu l'extirper : elle convient lorsque l'utérus, trop volumineux par suite de l'inflammation ou trop altéré par suite de la gangrène, ne peut pas être réduit sur le champ, ou n'a pas pu être ramené par un traitement convenable à un état assez satisfaisant, pour qu'on pût faire la réduction. On se rappellera que pendant qu'on laisse l'utérus au dehors, il faudra l'entourer d'un linge, et faire surveiller la femelle de peur de morsures de chiens, comme cela est arrivé à **MM.** Sivieude et Serre.

Je n'approuve pas complètement les procédés opératoires, qui ont été suivis pour faire la ligature ; ils ont l'inconvénient de lier tout le corps à la fois. Or, il est dangereux de lier en masse un corps aussi volumineux ; toutes les parties ne sont pas assez également et assez énergiquement comprimées pour être frappées sur le champ de mortification. Celles qui n'ont pas été assez étroitement serrées, conservant encore un peu de circulation capillaire, s'enflamment et causent les violentes douleurs que font éprouver les parties enflammées et étranglées.

Je voudrais donc qu'on liât la portion de l'utérus, qui est rétrécie par suite de la compression du col et qu'on nomme le pédicule, au moyen de deux ligatures, embrassant l'une la moitié droite, l'autre la moitié gauche de ce pédicule. Voici le procédé que je suivrais pour cela. Une ficelle solide et un peu longue est enfilée à une grosse aiguille d'emballage, jusqu'à ce que le chas de l'aiguille occupe la partie moyenne du fil : on aplatit le pédicule de dessus au dessous ; on passe l'aiguille de sa face inférieure, jusqu'à sa face supérieure, en les séparant en deux parties égales, droite et gauche ; la ficelle sera ensuite coupée au niveau du chas de l'aiguille, de façon à ce qu'on ait ainsi deux ligatures, une droite et une gauche. On les serre chacune, en étranglant aussi fortement qu'on le peut, la partie du pédicule qui leur correspond. La ligature opérée, je conseille de couper la portion de l'utérus à un pouce de la ligature. Si on a convenablement serré, on ne doit pas avoir d'hémorragie par le bout lié : or, nous avons vu dans une observation qu'il y en a eu une, ce qui prouve que la ligature en masse n'avait pas permis de comprimer assez exactement.

Le traitement consécutif se réglera suivant les accidents. Une saignée de précaution est convenable ; un peu de diète, des boissons délayantes, des injections émollientes, ou un peu excitantes, s'il y a fétidité ; des fomentations, des fumigations, des cataplasmes émollients, sous le ventre et les lombes, me paraissent suffire généralement. On veillera à la liberté du ventre, et à l'écoulement des urines,

Renversement de l'utérus dans la jument. — Ce que je viens de dire jusqu'à présent s'est appliqué plus particulièrement à la vache. Cette maladie est plus rare, en effet, chez la jument, mais elle est tout aussi grave si on n'y porte pas rapidement du remède. Le traitement chirurgical et médical n'offrent pas de différences. Je me contenterai donc, sans entrer dans plus de détails, de rapporter l'observation suivante, due à **M. Saussol** :

Une jument d'une forte constitution, âgée de sept ans, avorta d'un muleton qui paraissait avoir quatre mois. La délivrance ayant été opérée par le vétérinaire et le calme rétabli, celui-ci crut devoir se retirer sur les onze heures et demie du soir. A une heure du matin, on vint de nouveau l'appeler ; il trouva la matrice pendante à l'extérieur, renversée et offrant à son fond une déchirure de cinq centimètres (environ deux pouces). Le domestique chargé de surveiller cette jument lui raconta qu'ayant vu cette bête faire de violents efforts pour repousser au dehors une masse de chair, semblable à celle de l'arrière-faix, il avait cru devoir lui aider, qu'il avait tiré sur elle, et que c'était ainsi que la déchirure avait eu lieu.

La jument était abattue, souffrante, avait le poil hérissé, les flancs creux, le pouls fort et plein, l'anxiété très grande; elle piétinait, s'appuyait tantôt sur un des pieds de derrière, tantôt sur l'autre, et se plaignait continuellement. On procéda sur le champ à la réduction; l'utérus fut lavé avec du lait; une hémorragie légère s'étant déclarée, on favorisa son écoulement par les lotions tièdes pour faire dégorger l'utérus. La réduction fut ensuite opérée, mais avec difficulté. On mit le train de derrière en position élevée, et comme il y avait quelques efforts expulsifs, on pratiqua trois points de suture à la vulve.

Une saignée générale fut faite immédiatement après; boissons adoucissantes nitrées, sachet rempli de son chaud appliqué sur les lombes, diète. Le vétérinaire nous apprend que la bête était en pleine convalescence au huitième jour et complètement guérie au quinzième.

RENVERSEMENT DANS LA TRUIE. — Viborg ne parle que des cas de récidive. La gangrène et la mort sont à redouter, d'après lui. Si la matrice est déchirée, et que les boyaux soient sortis, il faut, dit-il, les faire rentrer et coudre l'issue. Mais il considère cet accident comme mortel.

Aucune observation détaillée ne m'est parvenue. MM. Chanel et Sorillon ont vu à la vérité les cornes de la matrice d'une truie être expulsées au dehors du ventre pendant la plénitude, puis réduites sans qu'il y ait eu avortement. M. Chanel a vu une moitié d'une des cornes expulsées, être extirpée avec les deux fœtus qui y étaient contenus; les autres de la même corne ayant continué à parvenir jusqu'au terme de la gestation.

Ces faits pourraient peut-être faire supposer que le renversement avec déchirure de la matrice n'est pas aussi constamment mortel que Viborg le pense. Seulement au lieu de pratiquer la suture de la plaie, il sera bien de faire la ligature et l'ablation de la partie de l'utérus, où siégera la déchirure. On aura peut-être plus de chance de guérison si on en juge par les faits de MM. Chanel et Sorillon.

Renversement de l'utérus dans la chienne.—On lit dans le neuvième vol. du *Recueil de médec. vétér.* (p. 559) une observation à ce sujet, de M. Cros, de Milan : « Une chienne âgée de cinq à six ans eut à son cinquième part un renversement de l'utérus. La bête ne paraissait souffrir qu'à cause de la difficulté qu'elle éprouvait à uriner par suite de la pression exercée par l'utérus sur l'orifice de l'urètre. Cependant la muqueuse utérine, exposée au contact de l'air, de la queue, des excréments, était tuméfiée, ramollie, noirâtre, et d'une odeur gangreneuse. M. Cros jugeant la conservation de cet organe impossible, se décida à en faire l'ablation.

Une ligature fut placée aussi près que possible du col utérin ; le troisième jour on coupa les tissus à un pouce au-dessous de la ligature ; il coula fort peu de sang, et il ne sortit qu'un peu de sérosité venant des cornes utérines repliées, dont le péritoine se trouvait former la paroi interne; dès que la section fut faite, la partie encore herniée rentra brusquement en entraînant la ligature; la masse enlevée pesait quatorze onces; l'une des cornes dans laquelle s'étaient sans doute développés les derniers nés, était encore distendue et allongée, et, chose extraordinaire, l'autre corne n'avait guère qu'un pouce de longueur. On ne donna à la femelle qu'une petite quantité d'aliments de facile digestion. Un écoulement d'une matière séreuse s'était établi le deuxième jour; on fit des injections dans le vagin, avec une infusion de plantes aromatiques, que l'on continua jusqu'au quatrième jour, époque à laquelle la ligature se détacha et sortit. Pendant ce traitement la santé générale ne s'est pas dérangée d'une manière sensible.

MÉTRITE.

L'inflammation de la matrice a été observée chez

toutes les femelles, mais c'est encore la vache qui en est le plus souvent atteinte, bien que Vitet assure que ce soit la chèvre. Parmi les causes qui semblent expliquer cette plus grande fréquence de la maladie chez les vaches, il faut mettre en première ligne les avortements, les parts laborieux et le renversement de l'utérus.

Dans cet article nous n'avons à étudier que la métrite qui survient après le part, et qu'on appelle puerpérale en médecine humaine.

Causes.—Les unes sont en quelque sorte mécaniques, comme l'avortement, les manœuvres exercées dans l'utérus pour rétablir la position d'un fœtus, pour l'extraire ou le morceler ; le séjour prolongé du placenta ou de ses débris, si ces corps ont acquis un haut degré de putréfaction ; le renversement de l'utérus, à raison de son contact avec l'air, les insectes, la litière, des attouchements et des excoriations qu'on pourra opérer pour le replacer ou le maintenir dans sa place ; l'hystérotomie vaginale ou abdominale.

Les autres sont internes et ont agi sur d'autres organes, ou sur toute l'économie, avant de manifester leurs effets sur l'utérus ; tels sont les médicaments trop actifs que l'on administre pendant le travail du part pour combattre l'inertie de l'utérus, la rue, la sabine, l'ergot de seigle ; les refroidissements brusques de la peau, soit de la part de l'air extérieur, soit des courants d'air froid ou de l'humidité des habitations.

Il est des causes qui agissent par sympathie de continuité ou de contiguïté ; l'inflammation peut passer du vagin à l'utérus, c'est ce qui arrive quelquefois à la suite des plaies du vagin; elle peut y passer aussi de la vessie, des intestins.

J'ai déjà traité, en commençant ce chapitre, des causes prédisposantes générales, qui, après le part, se rencontrent chez toutes les femelles; il y en a d'autres aussi qui tiennent à chacune d'elles en particulier, l'excès d'irritabilité, d'embonpoint, un régime trop nourrissant; par contre une mauvaise alimention; l'inaction comme les longues marches, les grandes fatigues; le changement de localités, d'air, de régime, etc.

Forme, siége.—La métrite peut être aiguë, à marche rapide, ou chronique. Cette dernière affecte souvent une sorte de périodicité dans l'évacuation des produits sécrétés par la surface interne de l'utérus. Quant à son siége, elle peut occuper seulement la membrane muqueuse utérine, c'est le cas ordinaire: mais elle peut aussi s'étendre au tissu propre de l'utérus, au tissu cellulaire du bassin; de là des phlegmons et des abcès; et surtout à la tunique péritonéale, et de là aux intestins eux-mêmes. Il y a plus, c'est que quelquefois l'inflammation disparaît dans l'utérus, après qu'elle a gagné le péritoine, et l'on n'en trouve plus de traces à l'autopsie. C'est aussi par l'intermédiaire du péritoine qui forme les ligaments suspenseurs des cornes, que l'inflammation parvient aux ovaires.

Symptômes.—La métrite peut être précédée par des

symptômes précurseurs, ou débuter d'emblée. Les symptômes précurseurs sont : la tension du ventre, son endolorissement, des frissons, des horripilations, de la tristesse, la diminution de l'appétit et de la rumination, la sécheresse de la bouche, etc.

Une fois la maladie bien établie, voici à quels caractères on la reconnaît : la fièvre se déclare, et on ne peut l'attribuer à la congestion des mamelles qui produit quelquefois, ainsi que je l'ai dit ailleurs, une espèce de fièvre de lait; dans le cas de métrite, les mamelles restent souvent flasques, sans apparence de sécrétion laiteuse, l'utérus attirant à lui le sang et les forces nerveuses. En même temps que la fièvre se montrent la tension et la douleur du ventre, la rétraction des flancs, la suppression de l'écoulement vaginal; avec la fièvre apparaît le cortége habituel des symptômes généraux : perte ou diminution de l'appétit, trouble ou cessation de la rumination, soif vive, sécheresse du mufle, chaleur des oreilles et des cornes, pouls fort et fréquent, comme dans ce qu'on appelle la fièvre inflammatoire ou angéioténique de Pinel; respiration accélérée, constipation, urines rares, rouges et d'une odeur forte; tristesse, plaintes continuelles, sentiments affectifs affaiblis, au point que la femelle devient indifférente pour son petit qu'elle flairait auparavant avec tendresse, et qu'elle repousse même alors avec dureté.

A mesure que la maladie fait des progrès, la fièvre

devient plus intense , et tous les symptômes généraux
augmentent avec elle : il en est de même des symptômes locaux, de ceux qui caractérisent proprement la
métrite, la douleur et la tension du ventre : les lombes
qui étaient d'abord voûtées et douloureuses deviennent insensibles; la femelle ne les fléchit plus si on
presse sur elles ou qu'on les pince.

Enfin, des piétinements fréquents des membres de
derrière annoncent un malaise anxieux; la station debout devient pénible; la bête a le corps chancelant ;
bientôt elle lutte contre le poids de son corps; besoins
fréquents d'uriner, efforts d'expulsion des matières fécales, et mouvements expulsifs comme dans le part.
On entend des grincements de dents; la tête est chaude
et lourde, les conjonctives injectées ; ces trois derniers
symptômes annoncent une congestion cérébrale.

Enfin, la bête se pose ou plutôt se laisse tomber
sur sa litière, elle se relève évitant, autant qu'elle le
peut, cette position dans laquelle son ventre est comprimé et ses douleurs augmentent; puis elle retombe
de nouveau et finit par garder cette position, qu'elle
ne peut quitter à cause de sa faiblesse. Sa respiration
est bruyante; le regard abattu, éteint, et tourné du
côté du ventre ; la tête reste longtemps reposée sur
l'épaule et l'œil dirigé vers l'abdomen. Dans le décubitus, par suite de la compression du ventre, la vulve
est repoussée en arrière; elle reste entr'ouverte ; ses
lèvres, qui s'étaient tuméfiées à la suite du part, s'en-

gorgent davantage; l'intérieur du vagin a une rougeur bien marquée ; on trouve la muqueuse chaude, et si on introduit la main jusqu'au col, on le trouve chaud, engorgé et douloureux, ainsi que la matrice elle-même.

En résumé, les symptômes bien caractéristiques sont : la douleur, la tension du ventre, la rétraction des flancs, le regard dirigé vers le flanc, la rougeur, la chl eur, l'engorgement et la douleur de la vulve, du vagin, et surtout du col et du corps de la matrice.

Brebis. — La métrite se montre chez elle dans les mêmes circonstances que chez la vache et la jument dont j'ai plus spécialement tracé l'histoire dans les alinéas précédents. On la voit se développer sur les bêtes les mieux nourries, les plus grasses, lorsqu'elles ont souffert en accouchant de gros agneaux ou par suite de parts doubles. Un jour ou deux après la mise bas, on observe chez elles un malaise général remarquable; de la tendance au repos, une marche lente, la perte de l'appétit ou le refus total des aliments, la suspension de la rumination, la soif. — Ensuite le ventre devient douloureux ; on trouve le vagin rouge, souvent avec un écoulement séro-muqueux, les lèvres de la vulve tuméfiées; les lombes sont endolories, la brebis s'accroupit sur son train de derrière, et se livre à des mouvements expulsifs semblables à ceux qu'on observe chez les femelles qui ne sont pas bien délivrées.

Dans l'espèce de la brebis la métrite ne se montre guère isolée. Ces animaux vivant en troupes, soumis aux mêmes influences hygiéniques, présentant un tempérament presque toujours le même, leurs maladies ne se montrent guère sur un seul individu à la fois, mais presque toujours sur un grand nombre. Les femelles qui viennent d'agneler, rendues plus impressionnables à l'action des causes générales, sont affectées en grand nombre par suite des mêmes modificateurs généraux. Ainsi, **M. Roche-Lubin** rapporte que dans un troupeau de moutons, sur cent quatre-vingts brebis qui avaient mis bas du 23 février au 3 mars, et donné naissance à un ou deux forts agneaux, soixante furent atteintes de métrite et treize périrent. Je pourrais citer une foule d'autres exemples semblables qui prouvent que la métrite, dans l'espèce de la brebis, se présente souvent sous une forme épizootique.

Truie, chienne et chatte. — Dans ces femelles, la métrite ne se fait guère observer qu'au terme du part ou à l'occasion d'avortements, lorsque les petits sont morts, ou que le premier à naître est dans une position vicieuse qui rend le part impossible et empêche l'expulsion des autres, ou enfin que le dernier ou les deux derniers placentas sont restés dans l'utérus.

Un écoulement muqueux brunâtre ou sanguinolent s'établit par la vulve; le ventre s'endolorit et se gonfle; la femelle perd l'appétit, marche lentement, la tête basse; son faciès exprime la souffrance; elle reste le plus souvent couchée, indifférente pour ses petits. Si la métrite est peu grave, qu'on puisse soustraire la femelle à la cause qui l'a rendue malade, on voit ordinairement les accidents se dissiper au bout de deux ou trois jours, par une espèce de crise consistant en diarrhée et en une diurèse (écoulement d'urine) assez abondante.

Il est rare que dans la métrite, la chienne et la chatte se livrent à des efforts expulsifs assez violents pour amener le renversement du viscère et sa sortie à l'extérieur. Trente années de pratique ne m'ont fourni qu'un seul cas de ce genre. Il n'en est pas de même de la truie, chez laquelle le renversement de l'utérus n'est pas rare, ainsi que je l'ai dit en traitant de cette maladie.

Lorsque la métrite est grave, qu'on n'a pu terminer le part ou extraire les placentas, les symptômes vont en augmentant, et la mort arrive en général en deux ou trois jours. Je décrirai les lésions cadavériques à propos de la terminaison par gangrène.

Terminaisons de la métrite. — La métrite, dans son état de simplicité, se termine souvent par résolution, soit à l'aide des seules forces de l'organisation et plus souvent sous l'influence d'un traitement bien dirigé. Lorsqu'elle est compliquée de péritonite ou d'entéro-péritonite, d'indigestion venteuse, d'embarras gastrique, de congestion cérébrale ou spinale, d'inflammation de ces deux derniers organes, de paraplégie ; lorsqu'elle

coïncide avec le renversement de l'utérus, elle constitue une maladie le plus souvent mortelle et qui oblige
à sacrifier la femelle.

Résolution. — Il n'est point rare qu'une femelle qui
a offert des symptômes de métrite revienne à la santé
sous l'influence du traitement le plus simple, des émollients à l'intérieur et à l'extérieur, et d'un régime
léger, et, qu'au bout de dix ou douze jours, on voie
l'appétit, la rumination et les sécrétions se rétablir
comme dans l'état normal.

Par un traitement plus actif, on voit la résolution
s'opérer en cinq ou six jours. Elle est indiquée par le retour de l'appétit, par la pesanteur de la tête qui diminue
et la laisse relever, par l'abaissement de la température du corps, par l'état du pouls qui devient moins
fréquent et moins fort. Généralement le réveil de l'appétit et la diminution de la fièvre coïncident avec le
rétablissement des sécrétions et des excrétions. La
chaleur revient dans les mamelles, elles augmentent
peu à peu de volume. Les fécès diminuent de consistance, sont évacuées en plus grande quantité ; les
urines perdent de leur couleur rouge et de leur odeur
forte ; l'écoulement vaginal cesse d'être sanguinolent
ou brunâtre pour devenir mucoso-purulent, puis simplement muqueux. Si cet amendement se soutient, la
femelle ne tarde pas à essayer ses forces ; elle se livre
à quelques mouvements de ses membres postérieurs
et de sa queue ; enfin elle se lève, se secoue et entre

peu de temps après en convalescence ; elle recherche son petit , l'appelle de ses cris , le lèche et se laisse téter.

Parmi les sécrétions , celle du lait ne se rétablit pas toujours ; il arrive quelquefois que les mamelles restent affaissées, flasques et le lait n'est plus sécrété, au moins jusqu'à une nouvelle gestation.

Métrite chronique. — Lorsque la métrite ne se résout pas franchement, soit par une disposition particulière de l'économie ou de l'utérus, soit que le traitement ait été trop peu actif, elle passe à l'état chronique. L'inflammation peut persister un temps plus ou moins long, être entretenue par des lésions locales qui résultent du part, par les manœuvres qu'il aura fallu faire pour obtenir le petit , le séjour des portions de placenta, par la rétention d'un fœtus dont la femelle n'aura pu accoucher, les efforts de réduction de l'utérus après son renversement, l'irritation causée sur le col par l'application prolongée d'un pessaire.

Généralement dans ce cas , les mamelles restent vides, molles, ainsi que les trayons ; la sécrétion du lait est peu abondante ou même supprimée ; le peu qui s'en écoule est séreux, bleuâtre, de mauvais goût. Les lèvres de la vulve, d'abord tuméfiées, deviennent mollasses, la vulve elle-même s'enfonce dans l'excavation pelvienne ; elle donne passage à un écoulement brunâtre et sanguinolent , ou mucoso-purulent, et quelquefois fétide.

*

Souvent l'intestin s'enflamme à la suite, et de là une diarrhée séreuse mélangée de flocons albumineux ou fibrineux, en forme de fausses membranes. Cette inflammation de l'intestin est quelquefois produite par une cause spéciale, par l'ouverture dans la cavité de ce canal d'un abcès de l'utérus, des ovaires ou d'un kyste du tissu cellulaire du bassin, lesquels contiennent un fœtus qui, n'ayant pu être évacué, finit par amener de la suppuration. Ce pus s'ouvre une issue dans l'intestin, et de là la diarrhée; de là aussi l'issue par cette voie de portions du squelette qui sont entraînées avec le pus. D'autres fois la suppuration s'ouvre une autre route et sort par une ulcération des parois abdominales, mais cela a été observé surtout dans le cas de grossesse extra-utérine abdominale. J'en ai cité un cas, et un autre sera cité à la fin de cet ouvrage.

Pour peu que la métrite chronique se prolonge avec ses évacuations alvines, la femelle n'a plus d'appétit, maigrit, perd ses forces, la soif qui avait été vive dans les premiers temps diminue avec le marasme; la maigreur se fait surtout remarquer dans le faciès de la bête dont les globes s'enfoncent de plus en plus dans les orbites par suite de la résorption du tissu graisseux; les forces musculaires s'épuisent, le pouls devient petit, faible, mou; la moindre fatigue amène de l'essoufflement, la peau est sèche, le poil hérissé. La femelle dans cet état a l'aspect d'un cadavre et succombe dans le marasme.

Quelques femelles reviennent cependant à la santé lorsque la saison permet de les tenir au pâturage ; le plus grand nombre est sacrifié avant d'avoir atteint le dernier degré de marasme. Cependant les propriétaires aisés se décident souvent à conserver assez long-temps les vaches atteintes de métrite chronique et arrivées à un certain degré de maigreur, parce que dans cet état il leur est impossible d'en tirer parti, et qu'ils espèrent les guérir, les engraisser et les vendre.

Outre la forme précédente, la métrite chronique peut se présenter aussi sous deux autres formes.

Tantôt ce sont les produits de sécrétion qui prédominent ; l'orifice du col se ferme, s'oblitère par dépôt de lymphe plastique ; un liquide séro-purulent, semblable à ce pus clair des abcès froids, se réunit en collection dans la cavité de la matrice. J'ai indiqué dans le chapitre du part, les symptômes et le diagnostic différentiel de ces collections séro-purulentes dans l'utérus.

Après avoir distendu le viscère pendant un temps indéterminé, ces sérosités amènent quelques contractions de l'utérus ; le col dilaté s'ouvre après la déchirure de ses adhérences, et le liquide est évacué à l'extérieur en abondance. Puis il se reforme ensuite pour être évacué de nouveau au bout d'un temps plus ou moins long. Cette forme de la métrite chronique a été désignée par quelques vétérinaires sous le nom de métrite périodique, expression vicieuse, puisque l'inflammation ne cesse pas, et qu'elle persiste toujours après que le produit de sécrétion est évacué, comme le prouve sa reproduction. Elle mériterait mieux le nom de métrite chronique avec hypersécrétion séro-purulente.

Dans une deuxième forme, ce sont les phénomènes nerveux qui prédominent. L'utérus reste engorgé, douloureux ; mais au lieu que ce soit la sécrétion qui est particulièrement troublée, ce sont surtout les manifestations du système nerveux utérin. Il y a ce qu'on appelle la nymphomanie ou fureur utérine.

Cette forme, comme celle qui précède, s'accompagne de stérilité ; mais, de plus qu'elle, elle s'accompagne souvent de phthisie tuberculeuse, chez la vache. N'est-ce qu'une simple coïncidence, ou bien y a-t-il un rapport réel entre le développement tuberculeux des poumons et la métrite à forme nerveuse ? C'est ce qu'on ignore encore.

COMPLICATIONS.

1° MÉTRO-PÉRITONITE. —Lorsqu'à l'inflammation de la muqueuse utérine se joint celle de la séreuse d'enveloppe, du péritoine, des ligaments qui unissent la matrice à la vessie, au rectum, aux ovaires, c'est vingt-quatre ou trente-six heures après le part qu'on en aperçoit les symptômes.

Souvent le part a été des plus heureux ; mais, tout-à-coup la métro-péritonite se déclare, soit que la femelle ait reçu l'impression de l'air froid, soit qu'on lui ait

donné une boisson trop froide, soit que le vagin ou l'u-
térus aient été blessés , déchirés , ainsi que la portion
de péritoine qui le recouvre , que le sang ou le pus
aient pénétré par ces ouvertures dans la cavité de
cette séreuse , ou dans le tissu cellulaire du bassin

La maladie débute par des frissons , l'abaissement
de la température du corps et surtout des extrémités ;
les flancs se tendent , le ventre s'endolorit ; de là résultent la gêne de la respiration dont les mouvements
sont pénibles et convulsifs ainsi que ceux des flancs,
la voussure , la raideur et l'endolorissement des lombes. La bête ressent des douleurs de ventre qu'elle manifeste en se couchant et en se relevant presque aussitôt. La sensibilité du ventre à la pression est excessive
et telle que la moindre application de la main est très-
douloureuse ; les symptômes généraux sont graves , le
pouls est serré et fréquent , la respiration accélérée et
plaintive au plus haut degré ; les sécrétions sont suspendues , le lait tarit , les urines sont rares , rendues
souvent et accompagnées de douleurs ; il en est de
même des fécès qui sont sèches et le peu qui en est
rendu est couvert de mucus ; les phénomènes nerveux se prononcent, le grincement des dents , les
tremblements partiels des muscles des flancs et des
grassets, la crispation des ailes des naseaux, les mouvements convulsifs des muscles de la face , des zygo-
mato et alvéolo-labiaux principalement ; le regard est
fixe, étonné, les yeux larmoyants.

Au bout de quelques heures, quelquefois d'un jour, si de prompts secours n'ont pas été administrés, la femelle est frappée d'une congestion cérébrale caractérisée par des étourdissements, la chancelance du corps, comme s'il y avait ivresse ; elle tombe sur sa litière, se débat avec une certaine violence , essaie de se relever , retombe et finit par être obligée de rester couchée. Alors aussi apparaissent des troubles du côté des organes digestifs, des borborygmes, des éructations de gaz d'une odeur acide très prononcée, des régurgitations de matières liquides mélangées avec des débris d'aliments qui salissent la bouche et les naseaux par lesquels ils s'échappent. Dans le décubitus sur le ventre , les douleurs de cette région devenant plus vives, la bête cherche à les éviter en se couchant sur un des côtés du corps , ou en s'appuyant sur le sternum ; elle ressent des crampes qu'on reconnaît à l'extension violente de ses membres de derrière principalement.

Au bout de peu de temps, la péritonite produit un épanchement qui augmente le volume et l'ampleur du ventre ; si on percute alors, on trouve de la matité presque partout, excepté dans la partie la plus élevée de l'abdomen , parce que là viennent surnager les viscères intestinaux ballonnés , gonflés par des gaz. En appuyant une des mains sur un des points du ventre et l'autre sur un autre point éloigné du premier, et en imprimant des secousses à cette cavité avec une des mains , l'autre perçoit la sensation d'un flot de liquide qui, déplacé, vient frapper contre elle; il y a ce qu'on appelle fluctuation. La sensibilité du ventre est toujours très vive, mais elle s'affaiblit peu à peu, à mesure que les forces générales s'anéantissent; le pouls s'affaiblit, devient de plus en plus fréquent, petit, misérable et presque insensible; la sensibilité générale s'émousse en même temps que les mouvements musculaires s'épuisent. La paupière s'abaisse et couvre le globe oculaire qui se retire au fond de l'orbite, et se laisse recouvrir par le corps clignotant; la langue reste pendante hors de la bouche, la tête appliquée sur une des épaules et dirigée du côté de la région malade. On n'entend plus que des gémissements sourds, la peau devient tout-à-fait insensible, la respiration de plus en plus faible, et enfin la mort termine cette scène de douleur.

Marche. — Quelque grave que soit la métro-péritonite, elle n'est pas constamment mortelle, tant qu'on n'est pas arrivé à cette dernière période dont je viens de tracer le tableau. La guérison s'en fait et quelquefois même rapidement. D'autres fois, au contraire, il n'y a qu'amendement, et la maladie n'en continue pas moins son cours d'une manière lente, chronique.

La guérison est annoncée par le retour du mouvement péristaltique des intestins. Tant que le péritoine est fortement enflammé, les intestins sont comme frappés de paralysie, à cause des douleurs que causent leurs moindres mouvements; lorsque l'inflammation y diminue, ces mouvements se font plus librement et sont suivis de l'évacuation abondante de matières stercorales, fétides, mélangées de mucosités et de sang. Les urines aussi coulent en plus grande abondance, hautes en couleur et d'une odeur forte. Le pouls se relève, la respiration s'agrandit; l'état nerveux et le spasme des muscles cessant, le faciès de la femelle commence à se rapprocher de l'état normal; après quelques tentatives infructueuses, elle parvient à se lever et recherche des aliments. Cette marche vers la guérison se prononce quelquefois si inopinément, qu'on en est étonné. La bête qui semblait arrivée à un état d'abattement tel qu'on était tenté de l'abandonner, passe en une demi-journée de l'état le plus grave à un commencement de convalescence.

Pendant le cours de cette affection si complexe, il peut survenir deux complications qui la rendent encore plus formidable, à savoir l'engouement des organes digestifs par les aliments, la phlegmasie de l'intestin et la tendance à la gangrène. Il sera bientôt question de ce dernier état.

Engouement de l'intestin. — Un dégagement de gaz plus ou moins abondant se fait dans le premier estomac; de là ballonnement et augmentation de la dyspnée. Cette circonstance aggravante cause d'autant plus d'embarras au praticien que le traitement de cet état est opposé à celui de la métro-péritonite. Il y a en effet indication de stimuler l'estomac pour le débarrasser des aliments non digérés qui y sont accumulés, ou d'extraire les gaz par la ponction du rumen, et cela pendant que le péritoine et les intestins sont eux-mêmes enflammés.

Gangrène.—C'est une terminaison des plus fâcheuses; elle est constamment mortelle. Mais à cet égard il règne de la dissidence entre les praticiens, et, dans les livres beaucoup d'obscurité. Les anciens vétérinaires, comme on le sait, avaient des idées fort peu arrêtées et sur les symptômes qui annoncent la gangrène de la matrice et sur les désordres matériels qui la caractérisent anatomiquement. Le plus souvent pour eux, la fétidité des matières excrétées et la couleur brunâtre ou noirâtre d'un tissu étaient des signes indubitables de gangrène. Bon nombre de vétérinaires modernes partagent encore cette erreur.

On sait que les grands ruminants qui vivent en troupeau, sont sujets à des congestions sanguines plus ou moins générales qui sont désignées sous le nom de *sang de rate*, maladies qui présentent quelque analogie avec la fièvre dite charbonneuse dont M. Guersent a fait une espèce de typhus; que les moutons éprouvent des maladies analogues tenant à une pléthore bien prononcée, accompagnée de congestions vers la tête et dans d'autres parties du corps (maladies de la Beauce, pissement de sang), et qu'enfin ces deux espèces sont sujettes à des congestions passives connues sous les dénominations de mal rouge, de maladie de la Sologne. Or, ces trois espèces de maladies régnant surtout au printemps, qui est l'époque ordinaire du part, sont quelquefois, comme l'a déjà fait remarquer Fromage, causes de ces avortements qu'on observe sous une forme épizootique. Les infiltrations sanguines qu'on trouve à la suite dans la matrice, comme dans d'autres organes, donnent aux tissus une teinte brunâtre, le ramollissent et simulent ainsi la gangrène, sans que celle-ci existe réellement.

Mais si la gangrène n'est souvent qu'apparente, elle peut exister aussi réellement et frapper le tissu muqueux de l'organe, la couche musculaire, l'enveloppe séreuse, l'intestin lui-même, soit séparément, soit tout à la fois; elle peut même s'étendre à l'un des ovaires.

Causes. — Les causes de la gangrène sont le plus souvent externes; l'extraction forcée du fœtus qui exige l'introduction d'instruments qui contondent ou qui déchirent, des manœuvres pénibles qui ont le même résultat, le renversement de l'utérus qui est suivi d'étranglement et d'irritations externes de tous genres, par suite de l'exposition de la matrice à l'action des agents extérieurs, l'application d'un pessaire mal construit, retenu de vive force dans le vagin pour s'opposer au déplacement de l'utérus. Dans tous les cas, la gangrène est en général bornée.

Causes internes. — Les causes générales sont, sans aucun doute, les mêmes que celles de la métrite sim-

ple , agissant avec plus de violence et trouvant la femelle dans une disposition particulière. Cette disposition paraît être la constitution pléthorique et tout ce
qui la produit accidentellement. En effet , les femelles
sont frappées de métro-péritonite dans les mêmes circonstances hygiéniques que les animaux de leur espèce
qui contractent la maladie dite du sang, je veux dire
sous l'influence d'une alimentation abondante et des
temps orageux. Ajoutons à cela que ce sont généralement les femelles qui ont le plus d'embonpoint, celles
qui fournissent le plus de lait , dont la transpiration
paraît être plus active , qui la contractent à l'occasion
des changements brusques de la température.

Comme causes particulières accidentelles , il faut noter tout ce qui procure de vives souffrances du côté du
ventre et de l'utérus.

Symptômes. — Lorsque la gangrène est produite par
cause externe peu étendue , bornée à un petit nombre
de points , elle offre les symptômes suivants : un écoulement sanieux, brunâtre et fétide, se fait par la vulve;
le vagin est rouge et chaud , le ventre douloureux ,
les mamelles affaissées et mollasses; la femelle a très
peu d'appétit; il y a de la fièvre; elle maigrit, perd
ses forces; si la gangrène se borne , ne fait pas de progrès , on voit s'échapper avec l'écoulement vaginal des
débris de tissus sous formes de plaques noirâtres ou
grisâtres , sèches ou ramollies , ayant l'odeur particulière de la gangrène et n'offrant plus aucune trace

d'organisation. Peu à peu les symptômes généraux et locaux se calment et la guérison s'accomplit.

Mais la gangrène peut être produite par cause interne, être plus générale; les symptômes sont analogues alors à ceux de la métro-péritonite la plus violente, avec épanchement purulent, et cette analogie est telle que M. Vigney, qui a publié un mémoire sur la métro-péritonite dans la vache (*Mémoires de la Société vétérinaire du Calvados et de la Manche*, n° 3, p. 215), déclare qu'il n'a pas pu distinguer pendant la vie la gangrène de la métro-péritonite avec épanchement simple ou purulent.

En effet, la marche est la même. Il y a épanchement dans tous les cas; même état du pouls et de la respiration, même anéantissement des forces. Les symptômes qui me paraissent offrir quelque différence sont, dans la gangrène : 1° un intervalle de calme trompeur à l'époque où la gangrène se déclare ; constamment alors il y a un mieux apparent qui tient à ce que les douleurs produites par l'inflammation cessent de se faire sentir. Ce bien-être momentané qui coïncide avec une faiblesse excessive, précède de peu de temps la mort ; 2° le pouls à la même époque devient intermittent ; 3° il se fait par la vulve un écoulement brunâtre qui, ainsi que l'air expiré et que la perspiration cutanée, a cette odeur fétide, propre à la gangrène ; 4° des infiltrations séreuses dans le tissu cellulaire sous-cutané du ventre ou vers les mamelles ; 5° des taches brunes à la peau, sur la pituitaire ; 6° le refroidissement considérable de la peau et de l'air expiré.

Ce dernier symptôme est bien plus prononcé dans la chienne et la chatte que dans la vache. La peau, chez elles, devient rapidement d'un froid glacial, l'adynamie est plus prompte et plus complète. Le ventre devient insensible, se ballonne et s'abaisse, tout mouvement locomoteur est suspendu, les sphincters de l'anus et de la vessie sont sans contractilité ; ils restent ouverts, l'urine et les fécès s'écoulent involontairement ; la peau du dessous du ventre prend par plaques une teinte violacée et brunâtre. Chez ces femelles, cette terminaison par gangrène ne se montre guère que quand les petits ne peuvent être expulsés ou qu'on a plus ou moins contus l'appareil utérin par des manœuvres pénibles d'extraction.

Dans la brebis. — M. Roche-Lubin a inséré dans le *Journal pratique* (mai 1836) un mémoire sur une épizootie de métrite dans un troupeau composé de cent quatre-vingts brebis, et qui fit périr treize de ces bêtes de gangrène.

Quand cette funeste terminaison se préparait, dit ce vétérinaire, on voyait vers le deuxième jour s'ajouter aux symptômes ordinaires de la métrite un écoulement par la vulve d'un liquide brunâtre prenant une grande fétidité vers le quatrième jour ; en même temps, constipation opiniâtre, urines rares et colorées, mamelles tuméfiées en entier ou par portions. L'extension de

l'inflammation au péritoine causait une grande exaspé-
ration des symptômes , puis la prostration des forces ;
avec l'écoulement vaginal s'échappaient des matières
sanieuses , des débris membraneux. Les femelles restaient couchées , ne pouvaient plus se relever et pé-
rissaient vers le septième jour.

A l'autopsie , on trouva la tunique interne de l'utérus ramollie en certains points ; les cotylédons na-
geaient dans un liquide sanieux , infect , contenant des
débris membraneux semblables à ceux qui avaient été
rendus pendant la vie ; les glandes mammaires étaient
ramollies et désorganisées. Rien dans ces détails anatomiques ne me paraît caractériser suffisamment la
gangrène ; les expressions d'*altération profonde des tissus muqueux, des séreuses du ventre et de la poitrine, de
ramollissement de l'utérus, de désorganisation des mamelles* ne précisent pas nettement la nature des lésions;
l'inflammation peut produire tous ces désordres, y
compris les concrétions membraneuses.

Et même si l'on prend en considération la nature
des causes que **M. Roche-Lubin** assigne à cette métro-
péritonite, à savoir : l'abondance des grains et de la
provende que l'on avait fournie aux brebis pleines pour
les fortifier et les engraisser , l'embonpoint qui en était
résulté pour elles, embonpoint qui coïncidait avec le
printemps, dont les premières chaleurs développent
naturellement la pléthore ; on pourra croire qu'il s'a-
git ici d'un de ces états congestionnels dits maladie de

sang; ces états, qui ne sont pas rares dans le midi de la France, ont peut-être été la cause de ces lésions qui avaient l'apparence de la gangrène.

Anatomie pathologique. — Outre les lésions précédentes, voici ce qui a été observé par d'autres vétérinaires dans des cas de gangrène, suite de métro-péritonite :

M. Festal (Philippe), sur une vache morte de métro-péritonite gangréneuse à la suite de la réduction d'un renversement de l'utérus, a trouvé : de la sérosité roussâtre épanchée dans l'abdomen, des fausses membranes sur les portions du péritoine qui recouvrent et avoisinent le bassin ; des adhérences déjà formées entre le cœcum et plusieurs anses de la portion flottante du colon et la matrice. Celle-ci avait une couleur noirâtre, était recouverte de fausses membranes au moyen desquelles elle adhérait avec le rectum et la vessie. Les parois de ce viscère avaient une épaisseur double de celle de l'état normal ; leur couleur était noirâtre ; la surface interne était enduite d'un liquide roussâtre, de consistance sirupeuse. Le fond du vagin, au-dessus du col utérin, présentait une large ulcération qui avait détruit la muqueuse et mettait à nu le plan musculaire ; cette plaie, de la largeur d'une pièce de cinq francs, paraissait produite par la pression du pessaire. La fleur épanouie était noirâtre et se déchirait facilement.

Dans les vaches que M. Clément eut occasion d'autopsier, il a trouvé la muqueuse du vagin et de la matrice d'une teinte rouge, brunâtre, tirant sur le noir, très-friable, et renfermant un liquide visqueux, brun, et très-fétide. Le plan musculaire était aussi rouge brunâtre et épaissi. Le péritoine qui entoure la matrice, était rouge et arborisé (couvert de vaisseaux); un liquide séro-sanguinolent assez abondant était renfermé dans le sac péritonéal, les muscles des membres postérieurs étaient, dans l'un des cadavres, plus flasques que d'ordinaire, ce qui provenait sans doute de la paraplégie qui datait déjà de quelque temps.

En résumé, les caractères anatomiques de la gangrène sont les suivants: les tissus présentent des plaques d'une teinte grise ou noirâtre; ces plaques peuvent être plus ou moins étendues, et quelquefois elles occupent une partie de l'épaisseur des parois. Lorsqu'elles sont bornées à la muqueuse, elles ont quelquefois au début une teinte blanche, mais au bout d'un peu de temps, elles deviennent brunes ou noirâtres. Les parties gangrenées sont gonflées, ramollies, très-faciles à écraser entre les doigts, et infiltrées de gaz et de liquides putrides, troubles, brunâtres. Cette infiltration de gaz dans les tissus voisins produit, lorsqu'on les presse, une crépitation particulière, comme dans l'emphysème sous-cutané. Enfin il y a une odeur fétide et propre à la gangrène.

On distinguera à ces caractères les escarres gangreneuses des fausses membranes adhérentes aux tissus;

celles-ci peuvent être détachées, et au-dessous on retrouve le tissu normal avec les caractères qu'il offre
habituellement. On distinguera aussi la gangrène de
ces maladies que j'ai désignées sous le nom de maladie
de sang ; dans ces dernières, le sang est uniformément
infiltré dans tout le tissu de l'organe, qui offre partout
cette teinte brune des ecchymoses; le tissu est également
ramolli ; mais il ne présente pas des escarres par plaques ; il n'est pas infiltré de ces liquides troubles, brunâtres; il n'y a pas l'odeur fétide propre à la gangrène,
ni l'infiltration de gaz, et la crépitation qui en résulte;
enfin le ramollissement, la friabilité du tissu ne sont
pas aussi prononcés.

PHLÉBITE UTÉRINE. — Nous ignorons encore si la
métrite et la métro-péritonite sont quelquefois suivies
de phlébite , d'inflammation des veines de l'utérus et
du bassin. Il semblerait à priori que cette maladie dût
être infiniment rare chez nos femelles, à cause de la
disposition de leurs vaisseaux. Les veines , chez elles ,
ne forment pas ces grands sinus veineux qu'on trouve
dans l'utérus de la femme; elles ne s'ouvrent pas à
l'extérieur par des orifices béants qui restent ouverts
après l'accouchement et en contact avec le sang et le
pus de la matrice.

M. Moiroud a cependant rapporté (dans le *Recueil
de médecine vétérinaire* , t. 5 , p. 233) un fait que j'ai
observé dans les hôpitaux de l'école vétérinaire de
Lyon , en octobre 1827 , et qui semblerait prouver sa

possibilité, au moins dans les femelles à placenta unique, adhérant à l'utérus par de nombreuses houppes
vasculaires. Une ânesse, âgée de quatre ans, en bon
état de santé, fut attaquée, vers le onzième mois de la
gestation, par un gros bull-dogue qui lui fit des morsures nombreuses et profondes aux mamelles et aux
lèvres de la vulve. Pendant qu'on faisait des sutures
pour réunir plusieurs de ces plaies à lambeaux, le
travail du part commença; il fut pénible, un des pieds
étant retenu, et la tête renversée sur l'épaule gauche.
On parvint à extraire l'ânon, qui était mort. Quelque
temps après la délivrance, il se manifesta des signes
d'entéro-péritonite qui furent combattus par la saignée
et les autres moyens appropriés. La bête tomba dans
un état d'adynamie des plus complets et périt le troisième jour. — A l'autopsie, on trouva les parois de la
matrice épaissies, la muqueuse rouge, et une matière
sanieuse et purulente en assez grande abondance dans
sa cavité; le péritoine est fortement injecté; un liquide
séreux roussâtre, peu abondant, épanché dans l'abdomen. Parmi les autres viscères de l'abdomen, ce fut
le foie qui attira mon attention, à raison de l'augmentation de son volume, de la mollesse de son tissu et de
sa teinte blanchâtre. L'examen du sang qui s'écoula des
veines jugulaires et des veines caves a fait croire à la
phlébite, dont on n'a noté aucune autre lésion anatomique dans les veines elles-mêmes, ce qui était l'important. Ce sang dans l'éprouvette s'est divisé en deux

couches, une blanche qui surnageait l'autre et qui offrait
à sa surface une légère pellicule ; on crut y apercevoir du
pus. Il avait une teinte rouge pâle tirant sur le jaune.
Sa consistance n'avait pas sensiblement diminué. Dans
toutes les cavités où il s'était naturellement accumulé,
on le voyait se coaguler au bout de quelques instants,
comme dans les circonstances ordinaires. Mais le caill-
lot, au lieu de nager simplement dans une sérosité
roussâtre, était recouvert d'une couche blanche laiteuse, assez épaisse pour masquer entièrement le coa-
gulum qui était au dessous.

La partie de cette couche blanche qui surnageait le
sang de cette ânesse, mélangée à un peu de sérum et
de matière colorante, continua à surnager les autres
parties, après que le sang eut été mis dans une assiette
et dans un bocal pour le soumettre à l'action des
réactifs. Mais les recherches de M. Moiroud,
dans le but de découvrir la nature de cette matière
blanche que nous pensions être due au lait, ne purent
lui apprendre s'il avait affaire à du lait ou à du pus.

M. Donné rapporte que M. Recamier ayant obtenu,
en saignant un homme atteint d'un accès de goutte remontée du sang tout-à-fait blanc et ayant l'aspect du
pus, le soumit à l'examen microscopique et n'y trouva
pas un seul globule purulent. Cette liqueur blanche, dit-
il, était remplie de globules entièrement semblables par
leur aspect et par leur solubilité dans l'éther à ceux
du chyle. Ainsi, la question du passage du pus dans le

sang de cette ânesse est restée indécise par les recherches chimiques et microscopiques. L'état de la matrice
de l'ânesse, la couleur blanchâtre et le commencement de ramollissement de son foie sont seuls une
présomption en faveur de l'existence de la phlébite
utérine.

Mais de pareils renseignements sont bien vagues et
bien peu anatomiques pour faire croire à phlébite. Il
aurait fallu examiner les veines qui partent de l'utérus et
celles du bassin ; voir si leurs parois étaient épaissies,
ramollies, rouges, ulcérées ; si leur canal était oblitéré par des caillots de sang, par du pus ; si dans l'intérieur des caillots eux-mêmes on trouvait du pus ; si
le tissu cellulaire qui entoure les veines étaient enflammé, offrait de petites collections de pus. Voilà ce
qui eût caractérisé la phlébite ; puis les abcès du poumon, du foie, qui commencent par de petits noyaux
rouges, indurés, lesquels se ramollissent, et finissent
par se transformer en petits abcès très multipliés. Ils
sont produits par les molécules du pus qui s'arrêtent
dans le système capillaire des organes.

Métro - péritonite épizootique. — Cette maladie
prend quelquefois la forme épizootique. Ainsi, en certains temps et dans certaines localités de préférence,
on la voit attaquer beaucoup de vaches récemment vê-
lées et en faire périr le plus grand nombre. Il est inutile de dire que c'est pour l'ordinaire au printemps
qu'elle se montre, puisque c'est là l'époque à laquelle

le part s'opère chez le plus grand nombre des femelles. Des praticiens consciencieux assurent l'avoir vue naître dans des étables propres et bien tenues , comme dans celles où régnaient la malpropreté et la misère ; chez les génisses comme chez les vaches âgées , chez des vaches bien nourries et grasses comme chez celles qui étaient amaigries. Il faut donc admettre pour cette maladie une mauvaise disposition générale, développée sous l'influence d'une constitution atmosphérique encore inappréciée.

M. Clément, vétérinaire belge, en a observé une épizootique en 1843 ; du 12 avril au 28 mai, il en eut quatorze cas à traiter. Le début en était rapide ; la durée de six à huit jours, lorsque la maladie se terminait par la guérison ; de deux, trois, quatre jours au plus, lorsque la mort survenait, et alors c'était le plus souvent avec gangrène de l'utérus. Les symptômes étaient ceux que j'ai déjà indiqués à propos de l'état sporadique ; seulement, ils se succédaient avec plus de violence et de rapidité. L'auteur du mémoire donne pour caractères anatomiques observés sur trois vaches : l'inflammation des organes sexuels d'un bout à l'autre, la couleur rouge brunâtre , tirant sur le noir, du vagin et de l'utérus ; la friabilité de leur muqueuse, la présence d'un fluide visqueux brun très fétide ; la couleur rouge brune et l'épaississement des autres membranes de ces organes ; la rougeur du péritoine d'enveloppe, sa vascularité ; la présence d'un liquide séro-

sanguinolent assez abondant dans l'abdomen; les muscles des membres postérieurs, flasques, paralysés. Il
insiste spécialement sur la thérapeutique. Le moyen
qu'il vante de préférence, c'est l'emploi des préparations mercurielles, et c'est d'après M. Trousseau qu'il
raisonne leur manière d'agir. Il y fut conduit, dit-il,
par les insuccès qu'il avait obtenus en employant le
traitement antiphlogistique pur, que jusqu'à lui presque tous les vétérinaires avaient opposé à cette maladie, et par les résultats qu'obtint de ce mode de traitement un de ses confrères du Brabant, M. Van den
Eide.

Il enveloppe en commençant le ventre de la vache
de couvertures de laine que l'on arrose constamment
avec de l'eau tiède, fait frictionner les membres avec
du vinaigre chaud. Deux heures après, il saigne
dit-il, à la veine abdominale, administre le calomel à la dose de quatre gros unis à deux gros d'extrait aqueux d'opium, en six doses, d'heure en heure,
dans un mucilage de gomme arabique ; tient la vache
à l'usage des boissons émollientes tièdes nitrées et
donne des lavements de même nature.

Le lendemain, il répète la saignée et la même dose
de calomel, qu'il associe quelquefois avec l'extrait de
belladone; continue les fomentations et les lavements.
Il lui arrive de saigner le même jour moins abondamment et de répéter la dose du calomel, diminuée de
moitié, jusqu'à ce que vers le troisième ou le quatrième

jour le pouls soit moins accéléré, la respiration plus régulière, la bouche écumeuse; en un mot, comme il le dit, jusqu'à saturation hydrargyrique. Par ce traitement, M. Clément assure avoir guéri, du 12 avril jusqu'au 28 mai 1843, onze vaches sur quatorze qu'il a eu à traiter de cette maladie. Voici, au surplus, la seule observation qu'il ait fournie :

Une vache noire, de race hollandaise, de forte stature, en bon état de chairs, âgée de cinq ans, vêlée depuis trois jours, est reconnue malade le 12 avril. Elle refuse la nourriture, tremble; son lait est supprimé. Vers onze heures, elle se couche et ne peut plus se relever. A trois heures après midi, elle est couchée sur le côté droit, les membres et la tête étendus, poussant de temps en temps des gémissements plaintifs, relevant de temps en temps la tête et regardant son flanc; regard vif, hagard, exprimant la souffrance; peau, oreilles et membres froids; ventre ballonné; mufle sec; poul serré, accéléré; respiration fréquente, plaintive; lombes sensibles; vulve et vagin rouges, secs et chauds. (Couvertures sur le corps, humectées avec l'eau tiède, friction des membres avec le vinaigre chaud. Large saignée à la veine abdominale gauche; calomel (quatre gros), extrait d'opium (deux gros) en six fois, donnés d'heure en heure dans un mucilage de gomme. Boissons émollientes tièdes nitrées, lavements de même nature.)

Deuxième jour : la vache est plus calme, ne fait plus

de gémissements; sa respiration est plus régulière, moins vive, le ventre moins ballonné, pouls plus grand, toujours accéléré. Continuation du refroidissement des extrémités du corps, urines rares, noirceur des matières fécales. On la tourne sur le côté gauche pour lui changer la litière. (Large saignée à l'abdominale droite, quatre gros de calomel, mêmes bains et lavements. Le soir, petite saignée. Calomel, deux gros, à donner pendant la nuit.)

Troisième jour : nuit calme, urines plus abondantes et plus claires, excréments toujours rares et durs, pouls moins fréquent, respiration se régularisant, bouche écumeuse (saturation hydrargyrique), peau chaude, moite, flexion des membres antérieurs. (On suspend l'emploi du calomel, lotions de la bouche avec l'eau acidulée par l'acide sulfurique. Mêmes fomentations, boissons et lavements.)

Quatrième jour : nuit calme, flexion des quatre membres. La malade prend beaucoup de boissons, urines abondantes, fécès moins rares, moins consistantes; pouls plus calme, plus souple, salivation abondante, la sécrétion du lait se rétablit. (Continuation des fomentations et des gargarismes, boissons plus alimentaires.)

Cinquième jour : mieux marqué, la vache se lève en l'aidant, et quoique chancelante, elle reste debout. Défécation libre, écoulement vaginal muqueux, salivation moindre, amélioration de l'état de la bouche.

(Fomentations remplacées par des frictions et la couverture sèches. On commence à traire et à fournir à la vache quelque peu de trèfle et des boissons alimentaires.)

Sixième jour : la malade se lève seule en l'excitant tant soit peu. (Même traitement et régime.)

Huitième jour : pleine convalescence. (Un litre de bière par jour; deux repas.)

Guérison complète au quinzième jour.

Ce traitement a besoin encore d'être sanctionné par l'expérience, puisque d'autres vétérinaires l'ont employé sans succès.

MÉTRITE TYPHOÏDE.—M. Lafore, professeur de l'école vétérinaire de Toulouse, auteur d'un bon traité des maladies des grands ruminants, vient de donner ce nom aux métrites qui s'accompagnent d'adynamie et de fétidité des matières excrétées. Les causes de l'adynamie seraient la résorption des fluides altérés, contenus dans la matrice, des débris du placenta ou du corps du fœtus, dont la putréfaction s'est emparée.

Il a trouvé à l'autopsie la muqueuse de la matrice ramollie et couverte de pétéchies, c'est-à-dire de taches sanguines de diverses grandeurs. Ces deux symptômes ont aussi fait admettre à M. Lafore la coexistence de la gangrène.

S'il y a eu véritablement gangrène, comme on ne peut en douter, puisque M. Lafore, qui est un homme fort instruit, l'assure; cela ne suffirait-il pas à expli-

quer l'existence de l'adynamie et des excrétions fétides?
Et n'y aurait-il pas là tout simplement une de ces ré-
sorptions putrides qui accompagnent nécessairement
tous les cas de gangrène? En effet, les fluides et les gaz
qui sont le produit de la décomposition des tissus, séjournant au milieu de ces mêmes tissus, sont inévita-
blement absorbés par les veines et les lymphathiques
qui les parcourent.

MALADIES PAR ALTÉRATION DU SANG , COMPLIQUANT LES SUITES DU PART.

MALADIE DU SANG. — En médecine vétérinaire , on
est dans l'usage de désigner sous ce nom deux états
congestionnels qui surviennent au printemps chez les
animaux qui vivent en troupes. Tous les deux se montrent à l'époque où les pâturages fournissent au bétail
une ample nourriture d'où résultent un engraissement
rapide et une pléthore sanguine.

Le premier de ces états commence pendant l'hiver,
lorsque les troupeaux ont reçu une nourriture sèche ,
abondante , en même temps qu'ils font peu d'exercice.
Il est commun dans les troupeaux des riches habitants de la Beauce; et c'est de là qu'il a pris son nom de
maladie folle de la Beauce. On l'appelle folle , parce
que les moutons frappés de congestion cérébrale
périssent rapidement dans les convulsions.

Le deuxième est désigné aussi par le nom du pays
où il se développe le plus souvent; c'est le mal rouge,

la maladie de sang des moutons de la Sologne ; maladie que les bœufs contractent aussi quelquefois. L'état pléthorique général qui y dispose n'est pas, comme dans le premier cas , le résultat d'une alimentation trop abondante pendant l'hiver ; au contraire, il naît au printemps, avec le retour de la végétation, chez des animaux qui avaient souffert du manque de nourriture pendant l'hiver , et qui, conduits ensuite au pâturage, passent tout d'un coup de la maigreur à l'embonpoint. Sous de pareilles influences , les congestions et l'hémorragie qui les suit n'ont pas le même caractère d'acuité que dans la maladie de la Beauce. La marche est toujours lente.

On comprend que la gestation qui a aussi pour effet de développer la pléthore , favorise la production des maladies précédentes ; et qu'à leur tour les maladies, en amenant des congestions sur l'utérus , entraînent l'avortement. C'est ce que Flandrin , Chabert et Fromage ont parfaitement indiqué. Ou bien lorsqu'elles surviennent à l'époque du part , elles amènent les congestions utérines caractérisées par l'infiltration des tissus , leur teinte brunâtre , leur friabilité, de nombreuses ecchymoses, lésions cadavériques qu'on a souvent confondues avec la gangrène. Je suis convaincu que c'est à ces maladies qu'il faut le plus souvent attribuer les avortements et les métrites suites du part qui se présente sous une forme épizootique.

Sang de rate. — Le sang de rate est encore un de

ces états congestionnels qui, chez les vaches , rendent les suites du vêlage si funestes. Cette maladie, désignée par les vétérinaires sous le nom de fièvre charbonneuse, a été avec plus juste raison rangée par M. Guersent parmi le typhus des animaux. La rate n'est pas pourtant le siége exclusif des congestions sanguines ; le cerveau , la muqueuse gastro-intestinale en sont aussi atteints. Des exanthêmes qu'on appelle charbons blancs , des infiltrations de fluides analogues au suc de groseilles s'établissent dans le tissu cellulaire sous-cutané comme aussi dans divers organes. Tout ce qui concerne l'étiologie et la nature de ces maladies ainsi que leur traitement a été dit avec détail dans mon *Traité de pathologie et de thérapeutique générales.*

M. Bragard a observé plusieurs fois cette maladie dans les environs de Grenoble. Les vaches jeunes , grasses, vigoureuses , en sont plus particulièrement affectées. La maladie débute le deuxième ou le troisième jour après un vêlage des plus heureux et alors qu'elles paraissent dans l'état le plus satisfaisant.

D'abord , la tête devient lourde , s'abaisse presque jusqu'à terre; la vache tâche de l'appuyer sur la crèche; la paupière supérieure se tuméfie et couvre le globe oculaire. La respiration devient bientôt difficile , bruyante et plaintive ; les extrémités du corps et la bouche sont brûlantes ; la colonne épinière chaude et sensible; le pouls fort et fréquent. Une heure après que cette congestion cérébrale a commencé , le corps se refroidit brusquement , le pouls devient intermittent et presque insensible, la respiration très-laborieuse. S'il avait apparu quelque exanthème , quelque infiltration , ils disparaissent ; la vache chancelle , lutte contre sa propre pesanteur , tombe et meurt dans des convulsions qui simulent la rage.

La durée de cette maladie est à peine d'un jour. L'autopsie fait découvrir des infiltrations sanguines et séreuses dans les principaux organes et les principales cavités ; les vaisseaux capillaires , les viscères sont engorgés de sang , les tissus ainsi congestionnés ont une couleur brune ou violacée qui ressemble à la gangrène.

Les causes de cette maladie sont , d'après M. Bragard, l'altération de l'air des étables que, dans ces localités, on tient fermées, avec soin , après le part ; les fumigations de baies de genièvre qu'on y pratique pour purifier l'air, et qui ne font au contraire que le rendre plus impur ; la quantité de couvertures dont on couvre les vaches pour les tenir bien chaudes ; la privation de boissons à laquelle on les soumet pendant les deux ou trois premiers jours qui suivent la mise bas , et l'usage des rôties de pain imbibées d'huile d'olive qu'on leur donne. J'avoue que je ne comprends pas très-bien en quoi l'huile d'olive peut faire mal aux femelles ; quant aux autres causes, leur action funeste est facile à comprendre. La chaleur, la privation des boissons, l'air chaud peu oxigéné , sont des causes qui doivent mettre les animaux dans le même état que les fatigues excessives , les marches forcées par les chaleurs. Or, ces dernières circonstances qu'on rencontre dans les animaux qui ont été surmenés sont précisément celles sous l'influence desquelles se développe la fièvre charbonneuse qui présente une foule d'analogies avec la maladie de sang décrite par **M. Bragard**.

Quant à la terminaison de cette maladie ; elle est généralement funeste. **M. Bragard** dit n'avoir obtenu qu'une seule guérison.

Traitement. — 1° *Métrite simple.* — Nous avons à l'étudier avant le part, après cette fonction; lorsqu'elle est d'une intensité moyenne, ou lorsqu'elle atteint à sa force la plus grave. Etudions la métrite d'une acuité modérée. Elle réclame , comme toutes les inflammations, le traitement antiphlogistique , qui se compose des évacuations sanguines , des émollients et des narcotiques à l'intérieur et à l'extérieur, des médicaments qui, en agissant sur d'autres tissus et en excitant d'autres fontions, contribuent à détourner du siège de la maladie.

Les soins hygiéniques sont simples : laisser la femelle dans l'habitation , lui éviter la marche , l'empêcher d'aller au pâturage ; mais la laisser libre dans son écurie, pour qu'elle ait la facilité de changer de place, de se promener, de se distraire de ses douleurs. Seulement on la surveillera attentivement, si elle est pleine, de peur d'un avortement ou d'un part prématuré.

La saignée est en première ligne. On la fait à la jugulaire ; mais le préjugé populaire, qui attribue à la saignée de causer l'avortement, empêche souvent que le vétérinaire ne puisse avoir recours à cette médication, pendant les derniers temps de la gestation. Si l'on réfléchit pourtant que la métrite est une circonstance bien plus favorable à l'avortement que la saignée, on fera peut-être comprendre au propriétaire la nécessité de laisser faire la saignée. Il est bien entendu que, dans tous les cas, on la proportionnera à la taille de la femelle, à son degré de forces, et surtout à l'intensité des douleurs qu'elle ressent.

On fournira en abondance des boissons émollientes, les décoctions de mauve, de guimauve, d'orge, auxquelles on ajoute une poignée de son pour exciter la femelle à la boire. Le petit lait forme une boisson rafraîchissante et laxative en même temps ; la truie surtout s'en accommode bien. La chèvre, la chienne et la chatte prennent le lait coupé avec de l'eau ; on peut aussi fournir aux deux dernières du bouillon fait avec des boyaux de volaille ou de veau. Quant au miel dont on se sert pour édulcorer les boissons, il convient surtout à la jument qui en est friande. La décoction de laitue, à cause de ses propriétés calmantes, convient pour toutes les femelles.

Quant à l'appétit, il ne faut pas l'exciter en fournissant à la femelle des aliments qu'elle recherche avec
plaisir; il faut diminuer son régime et le rendre aussi
adoucissant que possible. Si la panse des ruminants
est engouée d'aliments, si surtout elle est ballonnée
par suite du dégagement de gaz, on fera bien d'ajouter aux boissons une petite quantité de sel de cuisine
ou bien de donner l'infusion de fleurs de tilleul, ou
celle de camomille. On a conseillé aussi l'eau de chaux
qui absorbe le gaz acide carbonique. Il est rare qu'on
soit obligé de pratiquer la ponction de la panse, bien
que cela ne soit pas sans exemple et qu'il y ait des cas
de succès complet. On ne doit y avoir recours qu'à la
dernière extrémité.

Il est nécessaire d'entretenir la liberté du ventre.
Les lavements sont utiles chez toutes les femelles, si
elles éprouvent de la constipation. La consistance, la
couleur noirâtre des fécès, dans la vache, est déjà un
état anormal. S'il y a du mucus épaissi ou des stries de
sang mélangés aux matières fécales, on se bornera aux
lavements simples; dans le cas contraire, on pourra
les rendre plus laxatifs par l'addition du miel, de petites quantités de sel de cuisine, ou de décoction de
tabac.

Quant aux topiques propres à combattre la métrite,
ce sont les cataplasmes, les fomentations, les onctions
et les injections. Les cataplasmes et les fomentations
s'appliquent sur les lombes et sur l'abdomen, de même

que les onctions. Les onctions se font avec l'huile
chaude, simple ou bien camphrée, opiacée. On se rappellera en prescrivant les préparations camphrées
la vertu antilaiteuse qu'on leur attribue dans les campagnes. Les cataplasmes avec les feuilles de mauve,
de morelle, de belladone, avec la laitue, la tête de pavot, seules ou cuites avec du pain, du son, de la farine
de lin, etc. Les fomentations se font avec les mêmes
plantes qu'on fait bouillir, et avec la décoction desquelles on maintient mouillés les lombes ou le ventre
par l'intermédiaire d'une couverture en laine. On peut
employer aussi les fumigations sous le ventre, mais
pas trop chaudes. Quant aux injections vaginales, elles
se font aussi avec les décoctions des mêmes plantes ;
elles doivent être poussées avec une lenteur extrême
et renouvelées seulement deux fois par jour ; trop
chaudes ou poussées avec trop de force, elles augmen-
teraient la douleur de l'utérus, au lieu de la calmer.
Le bain tiède convient très-bien pour la chienne.

Lorsque la métrite survient après le part, ce sont
encore les mêmes soins hygiéniques, et le même traitement. On s'assurera d'abord si la délivrance a été
complètement opérée ; la putréfaction de quelques portions des annexes du fœtus qui auraient été retenues
dans l'utérus suffit à y faire naître l'inflammation.
L'introduction de la main donnera tous les renseignements nécessaires. On peut présumer le séjour de quelques portions de l'arrière-faix lorsqu'il y a un écou-

lement vaginal brunâtre et sanguinolent, et l'on en a la
certitude lorsqu'en même temps quelques portions du
placenta sont rendues.

La saignée est aussi nécessaire après qu'avant le
part; elle est même plus indiquée à cause de l'état momentané de pléthore où se trouve l'organisation après
l'accouchement. Mais le préjugé qui proscrit la saignée
est encore plus fort lorsqu'il s'agit d'une femelle qui
vient de mettre bas Les propriétaires craignent, et
avec quelque raison , que l'évacuation du sang n'empêche ou au moins ne retarde l'établissement de la sécrétion du lait. Mais, comme je le disais plus haut, il
vaut encore mieux se passer de lait que perdre la femelle.

Je n'ajouterai rien à ce que j'ai dit du traitement,
si ce n'est que , après le part , il est important de surveiller l'état des mamelles et de les traire avec ménagement, mais tous les jours et plusieurs fois par jour,
si l'on veut éviter l'engorgement laiteux, entretenir la
sécrétion et l'empêcher de tarir; c'est, du reste, un
bon moyen de dérivation qu'il ne faut pas négliger. Il
est d'autant plus important de s'occuper de ce soin, que
les femelles, devenues indifférentes , négligent leurs
petits ou même les empêchent de téter.

Lorsque la métrite est très-aiguë, elle est caractérisée
par la prostration rapide des forces , la chute sur le sol,
et l'impossibilité de se lever. C'est alors que la saignée
ne doit pas être différée, si l'on veut obtenir la guéri-

son. On se guide ici sur la dureté du pouls, sans s'en laisser imposer par l'état apparent de faiblesse de la femelle. On reviendra à la saignée, si le soir ou le lendemain le même état du pouls persiste. Tant que la tête est chaude, lourde, que les vaisseaux de la conjonctive sont injectés, que la respiration est plaintive, les lombes chaudes et douloureuses, on peut revenir à la saignée.

A la saignée on joindra tous les moyens précédemment indiqués ; mais de plus on aura recours à d'autres agents. On essaiera de révulser sur le tube digestif et les voies urinaires. Du côté du tube digestif on emploiera les purgatifs, les sulfates de soude et de potasse, le tartrate acidule de potasse, à la dose de soixante-quatre à cent vingt-huit grammes et plus (deux à quatre onces) pour la vache et la jument, de six à douze grammes (un et demi à trois gros) pour la brebis et la chèvre. On aura soin de les étendre dans une grande quantité d'eau, d'en faire boire toutes les heures, et d'en continuer l'usage pendant deux ou trois jours.

Du côté des voies urinaires, la sécrétion est nécessairement augmentée par le seul fait des boissons abondantes ; on pourra néanmoins l'activer en faisant dissoudre du nitrate de potasse ou du bicarbonate de soude dans les boissons que la malade prend d'elle-même, à la dose de trente-deux à soixante-quatre grammes pour les grandes femelles, et de quatre à huit grammes pour les petites.

Le traitement sera continué jusqu'à ce que le mieux se manifeste ; on le reconnaît lorsque du cinquième au septième jour on voit la vache se lever, se secouer, rechercher les aliments ; lorsque ses bouses prennent les caractères de la santé, que le ventre cesse d'être douloureux, et que les mamelles reprennent un peu de volume. Chez toutes les femelles, le retour de l'appétit, des mouvements. des forces, des sentiments affectifs sont les signes certains de la diminution de la phlegmasie.

2° *Métro-péritonite.* — La marche de cette maladie étant excessivement rapide et la mortalité très-considérable ; je rappellerai, outre ce que j'ai déjà dit à ce dernier égard, que le vétérinaire Vigney qui a souvent l'occasion d'observer cette maladie dans la localité où il exerce, assure qu'on voit périr les trois cinquièmes des vaches affectées de métro-péritonite. Le traitement a donc besoin d'être très-actif et très-énergique, et malheureusement le vétérinaire n'est souvent appelé qu'après que le mal a déjà fait des progrès qu'il n'est souvent plus possible d'arrêter.

La saignée est le premier moyen auquel on doive avoir recours ; on la fait d'abord à la jugulaire, plus ou moins abondante ; on la répète tant que le ventre est vivement douloureux à la pression, que le pouls est dur, les lombes chaudes et sensibles : lorsque ces symptômes sont notablement diminués, mais que la sensibilité du ventre persiste encore, on fait des saignées locales aux veines sous-cutanées du ventre et aux veines mammaires ; si l'on peut employer les ventouses, c'est à cette époque aussi qu'elles sont avantageuses ; on les appliquera sur les diverses régions de l'abdomen et de préférence à la région hypogastrique , parce que la péritonite occupe surtout le bassin.

On aura recours à tous les autres moyens locaux et généraux que j'ai indiqués déjà.

S'il s'est fait un épanchement , ce qu'on reconnaît à la matité que donne l'abdomen à la percussion , à la forme du ventre qui est arrondie en bas , aux sueurs froides , visqueuses et d'une odeur de lait aigri, on ne doit pas encore désespérer de la guérison. Les purgatifs conviennent bien alors; les sels neutres , l'huile de ricin , l'émétique en lavage , c'est-à-dire étendu dans une très-grande quantité d'eau. On donnera en même temps des diurétiques ; on appellera à la peau par des trochisques au fanon , des sétons aux fesses et aux fanons. Tous ces moyens agissent de deux façons ; ils révulsent, c'est-à-dire produisent une irritation sur un organe autre que celui qui est malade et détournent ainsi la maladie primitive ; et en outre ils désemplissent le système vasculaire en produisant des sécrétions nouvelles ; de là augmentation de l'absorption et tendance à la disparition de l'épanchement.

Est-il utile d'agir sur la sécrétion cutanée, sur la

sueur ? Cette méthode a deux inconvénients : 1° les sudorifiques sont peu actifs chez les animaux ; 2° ils produisent une accélération de la circulation qui est nuisible dans les inflammations étendues et douloureuses. Aussi est-il plus prudent de n'exciter les fonctions de la peau que par des moyens externes , par l'emploi du bouchon , de la brosse, de l'étrille , de la carde , en ayant soin de ménager les parties endolories ; par l'usage de couvertures , de fumigations chaudes.

Si la métrite se termine par gangrène , c'est un cas le plus souvent mortel , lorsque cette gangrène n'est pas produite par une cause externe , qu'elle ne reste pas localisée. Aussi faut-il par un traitement énergique chercher à prévenir cette fatale terminaison. Lorsque la gangrène est de cause externe et purement locale , elle se guérit souvent. Si la partie malade est située à l'extérieur , comme dans le cas de renversement de l'utérus , on découvre des taches violacées ou noirâtres, limitées par un cercle rougeâtre. On fait sur les tissus malades des scarifications , des lotions avec les décoctions d'écorce de saule, de chêne , avec celles de gentiane , de quinquina , simples ou mêlées d'alcool , de camphre, les solutions de chlorure de soude ou de chaux.

Mais lorsque la gangrène se déclare dans le col ou le corps de l'utérus après qu'ils ont repris leur place , il n'est plus possible, au moins pour le corps, de constater directement cet état et d'y porter des topiques. Les symptômes rationnels seuls peuvent alors nous guider ; et on ne pourra combattre la maladie que par des injections faites avec les liquides dont j'ai parlé tout-à-l'heure.

Telle est la méthode la plus générale d'après laquelle on traite la métrite et la métro-péritonite. Mais comme cette dernière maladie est fort grave , on a dû chercher des moyens particuliers, des spécifiques qui puissent la combattre plus avantageusement. Ils ont été empruntés la plupart à la médecine humaine; je vais les indiquer successivement.

A l'imitation des médecins , on a proposé les mercuriaux à haute dose , tant à l'intérieur qu'à l'extérieur. Les mercuriaux à forte dose agissent , comme on le sait , et sur le sang qu'ils rendent plus fluide et sur le système nerveux dont ils affaiblissent l'action. Pour le sang ils dissolvent la fibrine ; or, comme c'est la fibrine qui constitue la couenne inflammatoire et les fausses membranes , ils les empêchent de se former. Ils purgent , lorsqu'on les donne sous la forme de calomel ; et sous toutes les formes ils excitent l'absorption. A petites doses ils sont excitants ; tandis qu'en grande quantité ils diminuent l'activité du système nerveux; de même qu'un homme s'excite par un exercice modéré et s'épuise par un exercice trop fort et trop prolongé. Lors donc qu'on voudra donner les mercuriaux avec avantage , il faudra les employer à grandes doses .

Un vétérinaire belge , M. Van den Eide, a essayé
cette méthode qu'il dit lui avoir réussi : il débutait par
une large saignée faite à la veine sous-cutanée abdominale ; puis faisait tous les jours des frictions sur le
ventre avec l'onguent mercuriel. Ce vétérinaire n'indique pas le nombre des frictions à faire chaque jour.

A l'intérieur , il donnait de quatre en quatre heures
huit grammes de calomel uni à une égale quantité
d'extrait de belladone; comme moyens auxiliaires, des
fomentations émollientes sur le ventre et les lombes ,
des lavements émollients , et de la tisane de graine
de lin nitrée. On fera bien de ne pas l'imiter dans
l'emploi du nitre concurremment avec le calomel ;
on sait que ces deux agents sont incompatibles, qu'ils
se décomposent et que le calomel est transformé en
sublimé corrosif, c'est-à-dire que le protochlorure de
mercure est changé en deutochlore. Or, ce deuxième
médicament a une action fort différente du premier.

Le mémoire dans lequel M. Van den Eide rapporte
ces faits se trouve dans le cahier de mars 1843 du
Journal de médecine vétérinaire de Belgique (page 114).
Il comprend six observations, dont quatre suivies de
guérison. La convalescence commença vers le troisième jour, et la guérison fut obtenue en douze jours.
Une des deux premières vaches fut guérie deux années
de suite de la même maladie. Quant aux deux autres
observations, l'une mentionne une complication insolite, l'engorgement très-douloureux du membre de der-

rière gauche, qui décida le propriétaire à faire abattre la vache, persuadé que la maladie était incurable. La dernière enfin offre un cas de récidive de la paraplégie postérieure, alors que la convalescence semblait commencer , et qui décida aussi à faire tuer la vache.

M. Clément a rapporté une observation de métropéritonite traitée par l'administration du calomel à l'intérieur à la dose de quatre gros, associé à l'extrait aqueux d'opium dans un mucilage de gomme adragante, ou à l'extrait de belladone, à la dose de deux gros donnée en six fois et d'heure en heure jusqu'à ce que la salivation survienne et que les symptômes s'amendent notablement ; et comme moyens auxiliaires les fomentations et les lavements émollients, les boissons nitrées; même reproche à faire à ces dernières. La guérison de la vache était complète le huitième jour et la convalescence achevée le quinzième. Ce praticien dit cependant que la convalescence est longue après l'emploi des mercuriaux et il conseille, pour la hâter , l'usage des toniques , la bière, la décoction de houblon , l'infusion d'absinthe, les ferrugineux.

M. Lafore , de Toulouse , recommande les sinapismes sous le ventre, comme exerçant une révulsion avantageuse. D'autres ont conseillé les bains généraux. Mais ce moyen ne peut guère être employé pour les grands animaux. Les Allemands ont eu recours à une foule de médicaments, dont il n'est pas facile de bien apprécier l'influence sur la nature de la métro-

péritonite. Dieterichs, de Berlin , conseille l'huile de térébenthine, déjà vantée à tort par les médecins anglais,
comme un spécifique dans la métro-péritonite des femmes en couches : Viborg, l'arnica montana et l'ellébore ; Reychner , de Berne , l'élixir de vitriol (éther
sulfurique) et l'essence éthérée de valériane , dans
une infusion de plantes aromatiques. J'ai essayé une
fois l'éther avec un insuccès complet.

Quelques vétérinaires, MM. Carrère , Festal père et
Barraud ont signalé , il est vrai, les inconvénients de
l'emploi du mercure ; le premier , dans le *Journal des
vétérinaires du Midi* ; le deuxième , dans le *Journal de
Toulouse* ; le troisième , dans la *Clinique* ; il ne s'agissait pas de proto-chlorure (calomel) administré à l'intérieur pour rémédier à la métro-péritonite ou en frictions sur le ventre , mais de la pommade ou onguent
mercuriel , employé à titre de fondant pour certaines
tumeurs ou contre des maladies cutanées. C'est en se
léchant que les animaux ayant introduit ce médicament dans leurs voies digestives, ils en éprouvèrent des
accidents fâcheux.

FIÈVRE VITULAIRE.

On appelle ainsi une maladie qui survient après le
part, dans certaines circonstances spécialement, et qui
n'offre aucun des caractères anatomiques de la métrite
ou de la métro-péritonite. Ce nom de fièvre vitulaire
qui correspond à celui de fièvre puerpérale pour la mé-

decine humaine, lui vient de ce qu'elle n'a été observée encore que sur des vaches. Cette maladie étant encore peu connue, je vais présenter les principaux
faits et les principales opinions qui ont été émises à
son sujet et je les résumerai à la fin.

J'ai été trois fois à même de l'observer sur des vaches
laitières des environs de Lyon, mais je ne fus pas appelé au début même de la maladie. Ces trois cas portaient sur des vaches jeunes, vigoureuses, grasses ou
au moins dans un état satisfaisant de chairs, le deuxième ou le troisième jour après un vêlage qui s'était
opéré sans aucune difficulté, à terme, et qui *avait
eu la durée d'un part ordinaire*. D'après les renseignements que je pris auprès des gens qui soignaient les
vaches pour lesquelles j'avais été appelé, la maladie
aurait débuté d'une manière brusque et sans avoir été
précédée par aucun symptôme appréciable.

Voici le résumé de l'histoire de mes trois malades :
Les vaches cessent tout-à-coup de boire et de manger;
sont prises d'un affaiblissement qui s'accroît avec une
grande rapidité ; la tête est basse, les yeux fermés, le
corps chancelant ; la bête tombe plutôt qu'elle ne se
couche. Elle n'a plus la force de tenir sa tête levée et
l'appuie par le menton sur la litière ; elle est plongée
dans le coma, ne voyant et n'entendant rien et comme
paralysée ; elle ne fait aucun mouvement de ses membres, aucun effort pour se lever ; elle cède à tous les
mouvements qu'on lui imprime sans opposer la moin-

résistance, se laisse prendre les cornes et remuer la tête. La sensibilité générale est détruite au point que la femelle ne témoigne aucune souffrance si on la frappe. Le pouls est d'abord grand et un peu fréquent, comme après le vêlage ; la respiration lente, peu étendue, embarrassée.

Cet état de coma est tel, que des vaches qui paraissaient encore avoir assez de vie se sont laissé traîner hors de l'étable et égorger sans faire aucun mouvement.

Favre, de Genève, a observé neuf cas de ce genre en quarante années de pratique, ce qui prouve que cette maladie n'est pas très commune dans le canton de Genève. Il donne à cette maladie le nom de collapsus du part, c'est-à-dire d'anéantissement des forces après le part.

M. Bragard, de Grenoble, qui a eu souvent l'occasion de voir cette maladie, la rapporte à la congestion cérébrale, attendu que c'est là la lésion cadavérique qu'il a trouvée dans toutes ses autopsies.

Marche, durée, terminaison. — Un ou deux jours sont la plus longue durée de cette maladie dont la marche est aussi rapide que l'invasion est brusque. Le pouls devient de plus en plus petit et concentré, la respiration est stertoreuse ; la peau se refroidit ainsi que l'air expiré, bien que le sommet de la tête conserve un peu de chaleur. Il survient un état d'anxiété de peu de durée et qui est annoncé par le balancement de la tête dont le menton reste appuyé sur le sol ; quelques légers mouvements convulsifs des lèvres et des yeux, parfois des membres ; puis le corps qui est d'abord posé sur le sternum, les coudes et le ventre, se renverse sur le côté, l'animal s'étend et meurt.

La mort est la terminaison ordinaire. Elle a eu lieu dans les trois cas pour lesquels j'ai été appelé en consultation ; Favre a obtenu deux guérisons sur sept morts.

Sur les deux cas de guérison, il ne cite que le suivant : « Une vache de forte taille et en bonne viande, qui avait fait un veau le jour précédent avec assez de facilité et qui paraissait bien, refusa, le lendemain après-midi, de boire et de manger, sans cause connue, et parut faible. Cet état s'aggrava si rapidement qu'on vint me demander dans la soirée, malgré la neige et le froid excessif. Je trouvai la vache levée, mais faible et chancelante, la tête basse, sans autres symptômes que l'affaissement et l'atonie généraux. Cependant le pouls était celui d'un lendemain de vêlage, un peu accéléré, plein sans être dur ; il serait probablement devenu vif, serré quelques heures plus tard. Une saignée au cou (jugulaire) ; de fortes frictions sur tout le corps ; des douches d'eau froide entre les cornes et sur le front ; deux poignées de gentiane en poudre, données en quatre bouteilles, faites au moyen d'eau chaude et d'un peu de farine ; cinq à six bouteilles d'infusion d'anis vert et de gentiane légèrement vinaigrée, et tenant en dissolution deux onces de sulfate de soude et environ trois qnarts d'once de nitre. En moins de quatre heures, la malade avait repris l'apparence de la santé ; je la quittai quelque temps après, et le lendemain on vint me dire avec joie qu'elle était guérie. On donna pendant six jours quelque attention au régime; il n'y eut pas de rechute. »

Favre ne dit rien de l'autre malade qu'il a guérie ; à l'égard de celles qu'il a perdues, chez deux, la maladie avait tellement empiré, après une demi-journée de médication, qu'elles durent être abattues. Cinq autres étaient si faibles dès la première visite, qu'à peine restait-il assez de temps pour prévenir la mort par l'abattage afin de tirer parti de la viande.

Diagnostic différentiel. — Cette maladie a été en général confondue avec la métrite et la métro-péritonite, suivie de paralysie du train de derrière. Elle en diffère par quelques caractères bien tranchés.

MÉTRO-PÉRITONITE.	FIÈVRE VITULAIRE.
Sensibilité extrême du ventre à la pression, tension, météorisme. — Puis épanchement et matité à la percussion.	Rien de particulier du côté de l'abdomen.
La tête et le regard sont constamment portés vers le ventre, siége du mal.	Tête abaissée, appuyée par le menton sur la litière.
Quoique les forces soient brisées, elles ne le sont pas au même point. Le mouvement et le sentiment se conservent jusqu'aux approches de la mort.	Anéantissement brusque et rapide des forces. — Perte du mouvement et du sentiment, dès que la bête est tombée sur la litière.

Plaintes, anxiété, mouvements fréquents pour se soustraire à la vivacité des douleurs.	Décubitus sur le sternum et le ventre ou sur le côté ; immobilité ; ni plaintes, ni mouvements.
Chaleur, soif.	Refroidissement brusque. — Absence de soif.

M. Fischer a publié dans le *Journal vétérinaire belge* (1845, p. 159), un mémoire sur cette même maladie; il en trace l'histoire suivante : Elle apparaît du premier au troisième jour après le vêlage, d'une manière subite et violente, et atteint en une heure sa plus haute intensité; le pouls est petit et accéléré et s'affaiblit de plus en plus jusqu'à ce qu'il devienne imperceptible. La respiration est ralentie et a lieu d'une manière saccadée, *plaintive*. Prostration et insensibilité extraordinaires; ou peut toucher le globe de l'œil sans déterminer le moindre mouvement : si on lève la tête, elle retombe, comme une masse inerte. Cinq fois sur douze, il a observé le larmoiement noté par les auteurs allemands. Le décubitus est caractéristique; l'animal est couché sur un côté; il tient la tête appuyée à terre et recourbée vers une des épaules; la bouche est pleine de salive visqueuse. La durée de la maladie est d'un à trois jours.

Je ferai remarquer qu'il est bien étonnant de trouver une respiration saccadée et plaintive là où il y a paralysie générale du système musculaire. L'expression de stertoreuse employée par Bragard, Favre et moi, me paraît bien mieux représenter le véritable état de la respiration.

Anatomie pathologique. — M. Bragard , de Grenoble, a constamment trouvé dans ses autopsies l'injection du cerveau et des méninges. M. Fischer n'a trouvé comme lésion anatomique constante que la sécheresse des aliments contenus dans le feuillet , lésion qu'il n'a vu manquer que deux fois et qui lui paraît établir une analogie remarquable de cette maladie avec le typhus. Quelquefois il a trouvé des points ou des lignes rouges, ecchymotiques à la matrice ou sur le péritoine ; jamais rien dans les centres nerveux.

Causes. — Il est un certain nombre de circonstances relatives à l'étiologie et sur lesquelles tous les auteurs sont d'accord : toutes les vaches affectées sont jeunes , grasses , ou au moins dans un bon état de chairs ; le part s'est effectué avec facilité ; la maladie débute de un à trois jours après qu'il a eu lieu. M. Fischer, de même que le vétérinaire Bell , ne l'a jamais vue que chez des primipares , ayant vêlé vite , avec facilité et qui sont bonnes laitières. Ces circonstances ont fait naître chez tous les auteurs la même idée, à savoir que la maladie tenait au passage brusque de l'état de plénitude à l'état qui suit le part , chez des femelles plus ou moins pléthoriques.

Une foule d'autres causes ont été citées encore, dont le mode d'action se fait en partie de la même manière : les vaches après le part sont renfermées dans des étables trop chaudes, où l'on ne renouvelle point l'air, où cet air s'altère par conséquent ; elles sont condamnées à une immobilité presque absolue. On les a souvent nourries très abondamment dans les derniers temps de la gestation et à la suite du part, et cela dans le but d'obtenir d'elles une abondante sécrétion de lait. Toutes ces causes produisent aussi la pléthore.

Quant à l'huile dont on est dans l'usage d'arroser les rôties de pain qu'on donne aux vaches après le part dans le Dauphiné, elle ne peut pas produire les mauvais effets que M. Bragard lui avait d'abord attribués. MM. Gluge et Thiernesse, membres de l'Académie de médecine de Belgique, ont fait des expériences sur l'introduction des huiles d'olive et de morue dans l'estomac et dans les veines des chiens. Il ne s'est manifesté aucun phénomène qui ressemble à ceux qui constituent cette maladie; les animaux qui n'en prennent que des quantités minimes et égales chaque jour, continuent à jouir d'une bonne santé; des doses fortes, continuées quelque temps, finissent par se retrouver dans le poumon, le foie et les reins.

M. Fischer fait remarquer avec raison qu'il y a, outre les causes précédentes, quelque chose de particulier qui se reproduit dans des circonstances inconnues et qu'on appelle une constitution médicale. Il y a des années et des saisons où cette maladie est commune; d'autres où on ne l'observe pas. Je rappellerai à ce sujet ce que j'ai dit ailleurs de la morve chronique. C'est que le principe contagieux, quoique existant toujours, sa pénétration chez d'autres animaux et la reproduc-

30

tion de la maladie ne se voient cependant que dans certaines circonstances. Il en est de même de cette maladie qui réclame pour son développement des conditions spéciales qui nous sont encore inconnues.

Nature de la maladie. — Est-elle une congestion cérébrale violente avec suspension de toutes les fonctions? C'est ce qu'on peut présumer, d'après les autopsies de M. Bragard. Il n'en serait pas ainsi d'après M. Fischer, et les Allemands qui n'auraient rien trouvé du côté du cerveau. Il faut en appeler encore à de nouvelles recherches cadavériques. On ignore quel est l'état du sang.

On ne peut méconnaître l'analogie de cette maladie avec les cas graves de fièvre puerpérale qu'on observe dans l'espèce humaine, sans coïncidence de métrite, de métro-péritonite ou de phlébite utérine; il est de ces cas où les malades paraissent comme foudroyées et succombent en quelques heures, en une demi-journée, une journée au plus. C'est en Angleterre qu'on en a surtout observé. On ne méconnaîtra pas non plus l'analogie entre cette fièvre vitulaire si promptement mortelle et les morts si rapides, si instantanées, qui surviennent dans la première période des épizooties de typhus, des épidémies de choléra. L'esprit est invinciblement porté à admettre dans tous ces cas un principe particulier qui pénètre dans le corps, sans doute par le sang, et qui produit comme un empoisonnement à marche rapide.

Mais défions-nous de ces analogies souvent trompeuses. Invitons les praticiens qui seront à même d'observer cette maladie, à noter avec le plus grand soin l'état de tous les organes et du sang ; à étudier d'une manière minutieuse les causes et les symptômes, et la lumière naîtra sans doute de toutes ces circonstances; avouons en attendant que donner à cette maladie le nom de fièvre nerveuse torpide, de fièvre essentielle ou tout autre de ce genre, c'est ne servir en rien la science. Une fièvre essentielle est une fièvre dont la nature est inconnue ; croire qu'on a fait quelque chose quand on a employé cette expression, c'est se payer de mots. Aussi vaut-il bien mieux employer l'expression de fièvre vitulaire qui correspond à celle de fièvre puerpérale et qui ne préjuge rien sur la nature de la maladie.

Traitement. — Je ne reproduirai pas ici celui de M. Favre. Ce mélange d'antiphlogistiques et de toniques doit être essayé de nouveau, puisqu'il a réussi une fois, et que nous sommes dans l'incertitude sur la nature de cette maladie.

M. Bragard avoue qu'il fut très-embarrassé pour fixer le traitement d'une maladie qu'il avait vu jusque-là se terminer rapidement par la mort. Voici ce qu'il mit en usage : Assa fœtida en poudre trois onces (quatre-vingt-seize grammes), camphre demi-once (seize gram_mes), poudre de racine d'impératoire trois onces. Le tout bien mêlé et divisé en cinq paquets. Chacun de ces paquets est étendu dans une bouteille de vin tiède et donné d'heure en heure. La potion est administrée à quatre heures après-midi, la vache est presque sans mouvements, son pouls faible et intermittent, les piqûres avec la lancette ne sont pas senties ; elle est couchée sur le côté droit, la tête appuyée sur la litière. On prescrit des frictions avec l'alcool cantharidé sur tout le corps et l'on place trois sétons dont deux aux fesses ; le troisième au fanon. Le lendemain, à quatre heures du matin, le pouls est dans le même état, la malade sent un peu les piqûres de la lancette et l'application du doigt sur la cornée ; un peu de chaleur se montre à la peau. On prescrit un litre d'infusion de camomille tiède et un gros (quatre grammes) d'éther sulfurique à donner de deux en deux heures et dans l'intervalle un litre d'eau blanchie par la farine. A onze heures, même état ; on applique sur les lombes un cataplasme chaud composé d'orties cuites dans le vin. A quatre heures du soir, la vache meut et lève la tête, son pouls a pris de la force. Le lendemain elle se lève étant aidée, recherche son veau et mange avec appétit.

En sorte que cette grave maladie, qui avait commencé le 16 août avec les symptômes les plus alarmants, était presque entièrement terminée le 20 du même mois.

M. Fischer a employé les antiphlogistiques associés aux mercuriaux ; puis les divers traitements conseillés par les auteurs , mais sans succès , sauf dans un cas où il donna six grammes de poudre de noix vomique toutes les deux heures , pendant douze heures , chaque fois dans un litre d'infusion de camomille. La convalescence a été de quinze jours , pendant lesquels le train de derrière était excessivement faible. On a combattu cette faiblesse par des frictions irritantes le long de la colonne vertébrale. Trois fois depuis, le même traitement a échoué. Gisker et Pilger conseillent les antispasmodiques ; Bell, le tartre stibié dans une infusion de menthe poivrée. Villeroy recommande de ne jamais perdre trop de temps à un traitement presque toujours inutile et de se hâter de tirer profit de la viande.

FIÈVRE VITULAIRE AVEC DES CONGESTIONS SANGUINES DANS LA PLUPART DES VISCÈRES ET L'APPARITION DE CHARBONS BLANCS.

Ne sera-t-il pas permis de rapprocher de la maladie précédente une affection singulière qui survient aussi après le part, dans des circonstances analogues aux précédentes, mais qui en diffère par des caractères bien distincts et qui la rapprochent des maladies que j'ai décrites dans ma *Pathologie générale* sous le nom de *maladie du sang.*

C'est à M. Bragard, de Grenoble, qu'on doit la première description de cette maladie.

Symptômes et marche. — Après un part des plus heureux, du deuxième au troisième jour on voit se déclarer, chez les vaches jeunes et grasses, une maladie caractérisée par la pesanteur de la tête et son abaissement jusqu'à terre ; la bête cherche à appuyer cette partie sur sa crèche ; ses paupières se tuméfient, et couvrent bientôt tout le globe oculaire. Il y a peu d'appétit et absence de soif. Le pouls est élevé, fréquent ; la respiration difficile, bruyante. La tête, la bouche et toute la peau sont très-chaudes, la colonne épinière très-sensible. En un mot, il y a une fièvre violente avec congestion cérébrale.

Dans cette première période, il se développe quelquefois de ces tumeurs appelées charbon blanc, et qui sont constituées par l'infiltration dans le tissu cellulaire sous-cutané d'un liquide gélatineux, plus ou moins semblable au suc de groseilles, ou qui a une teinte jaunâtre louche. Ces tumeurs disparaissent après avoir duré quelque temps, et leur disparition coïncide avec la deuxième période de la maladie. Le plus souvent les exanthèmes manquent et la deuxième période succède à la première sans transition.

Tout le corps se refroidit brusquement, le pouls s'affaisse, devient petit et intermittent ; la respiration s'embarrasse, la vache chancelle sur ses jambes, lutte quelque temps contre sa propre pesanteur ; elle tombe et éprouve des convulsions violentes, analogues à celles de la rage, et elle meurt en rendant du sang par les naseaux.

Terminaison.—Durée. — La première période dure environ une heure , et la maladie toute entière à peine une journée. La terminaison est presque toujours mortelle. M. Bragard ne cite qu'un seul cas de guérison.

Autopsie. — On trouve la plupart des tissus infiltrés de sang et de sérosité ; les cavités splanchniques offrent des épanchements de même nature ; les veines, la rate sont gorgées de sang ; les muqueuses du tube digestif et de l'utérus sont tuméfiées , colorées en rouge brun et offrent çà et là des ecchymoses. Souvent aussi on trouverait en même temps des traces d'une violente inflammation de l'utérus et du péritoine.

Les infiltrations sanguines établissent une analogie bien remarquable entre cette espèce de fièvre vitulaire et les maladies de sang dont j'ai parlé à propos de la métro-péritonite. Le cerveau éprouve les congestions sanguines comme tous les autres organes , et de là ces symptômes cérébraux qui donnent à la maladie une physionomie particulière. Or, le cerveau n'étant pas plus affecté, anatomiquement parlant , que les autres tissus, on ne peut considérer la maladie comme une congestion cérébrale pure.

Causes. — La chaleur étouffante des étables, chaleur qu'on augmente même en brûlant dans leur intérieur des baies de genièvre , sous prétexte de les assainir ; l'habitude de couvrir les vaches de couvertures trop chaudes. J'ajouterai qu'il y a eu sans doute aussi une nourriture trop excitante et trop abondante donnée avant et après le part dans le but d'obtenir une grande quantité de lait.

C'est là, en effet, la cause principale sous laquelle se développent les maladies du sang qui offrent tant d'analogie avec la maladie actuelle. Une nourriture trop abondante produit une pléthore qui se déclare tout d'un coup sous l'influence des chaleurs du printemps, de la chaleur des habitations, de la raréfaction de l'air et du méphytisme qui s'y joint nécessairement.

Traitement. — La saignée convient tout-à-fait au début de la maladie; en même temps les évacuants du tube digestif, les diurétiques, c'est-à-dire les moyens propres à désemplir le système sanguin et à faciliter l'absorption du sang épanché. Puis des révulsifs appliqués à la peau, loin de la tête, en même temps qu'on fera des affusions froides sur cette dernière partie. On renouvellera et on rafraîchira l'air des étables.

La saignée est plus nuisible qu'utile à mesure que les symptômes de la deuxième période se prononcent davantage. Elle ne fait qu'augmenter le refroidissement général et la concentration à l'intérieur. Alors les excitants diffusibles, le vin, l'eau-de-vie camphrée, les décoctions aromatiques chaudes, les révulsifs cutanés de toute espèce sont les agents qui paraissent le mieux convenir.

On trouve dans le *Traité de pathologie bovine* de

M. Gellé une observation qui vient à l'appui de l'analogie que j'ai cherché à établir entre cette maladie que M. Bragard a décrite et les maladies du sang : une vache, âgée de six ans , appartenant à un nourrisseur de Toulouse, met bas sans difficulté ; le lendemain matin elle refuse le boire et le manger et cesse de ruminer , tombè sur sa litière et fait de vains efforts pour se relever , son train de derrière s'y refuse. On n'appelle M. Gellé qu'à cinq heures du soir , il trouve la vache couchée sur le côté droit sans mouvements , le ventre est ballonné , les cornes et les oreilles froides ; la bête est insensible à toute espèce d'excitation , la vue est perdue , le pouls presque insensible , à peine s'aperçoit-on qu'elle respire ; on diagnostique une métrite suraiguë avec congestion cérébrale.

Pour complaire au propriétaire, on saigne l'animal, le sang se coagule rapidement , et fournit un caillot rouge-brun sans sérosité. (Il n'y a point de sérosité au moment où le caillot se prend , elle n'est exprimée que plus tard.)

Une heure après surviennent quelques mouvements convulsifs ; la bête râle ; à onze heures du soir, il y a des évacuations involontaires de fécès et d'urines et peu après elle meurt.

L'autopsie est faite treize heures après la mort. Le péritoine est coloré en rouge vif dans la portion qui entoure l'utérus , dont la muqueuse est aussi fortement injectée de sang, principalement le col qui a une coloration brune et qui est recouvert en dedans d'une couche de fausses membranes, d'une teinte jaune, striée de sang et très-peu adhérente à la muqueuse. En écorchant la peau, on trouve les vaisseaux du tissu cellulaire sous-cutané fortement injectés sur presque toute la surface du corps; le tissu cellulaire intermusculaire offre des ecchymoses dans les régions du garrot et de l'épaule opposées à celles qui reposaient sur le sol, de façon à ce qu'on ne puisse pas supposer que ces ecchymoses ont été produites par la position. Les enveloppes du cerveau étaient aussi injectées : la substance cérébrale d'une teinte jaune et pointillée; on trouve de la sérosité rougeâtre dans les grands ventricules dont les plexus choroïdes sont aussi injectés. Il en est de même des vaisseaux de la moelle épinière dont la substance cendrée est rouge et peu consistante, surtout à la racine des nerfs lombaires et sacrés ; le fluide rachidien est rougeâtre et paraît plus abondant.

RÉSUMÉ DE L'HISTOIRE DES FIÈVRES APRÈS LE PART.

Si nous cherchons à résumer en peu de mots l'histoire des différentes maladies qui surviennent après le part, dans l'état actuel de l'anatomie pathologique, nous les rangerons en trois clases :

1° Nous rangerons là toutes les formes de maladies dans lesquelles la mort survient rapidement et dans lesquelles on ne trouve aucune lésion cadavérique, au rapport des vétérinaires allemands. C'est là, du reste, un point à revoir. Nous ferons correspondre ces cas à ces formes graves de la fièvre puerpérale de la femme dans lesquelles la mort arrive rapidement et sans qu'on trouve de lésions capables de l'expliquer. Quelle est la cause et la nature de la maladie ? qu'est-ce qui anéantit si brusquement les fonctions du système nerveux ? on l'ignore encore. Ces cas ressemblent encore à ceux qu'on observe au début des grandes épizooties de typhus où la mort survient en quelques heures sans lésions de tissus. (Voir ma *Pathologie générale.*)

2° Dans la deuxième classe, je placerai ces formes qui ressemblent aux maladies de sang qui se présentent sous la forme de pléthore générale , avec infiltration sanguine dans un grand nombre de tissus. Les symptômes de la congestion cérébrale dominent , et sont expliqués par l'infiltration sanguine du cerveau, lequel se trouve ainsi dans un état de compression ; de là le coma , la paralysie de la sensibilité et du mouvement. Dans cette forme il peut se développer aussi plus ou moins de métro-péritonite. On retrouve là les causes ordinaires des maladies de sang.

3° La troisième classe comprend les métrites et les métro-péritonites franches , plus ou moins aiguës, plus ou moins rapides. J'en ai tracé les caractères anatomiques et le diagnostic différentiel.

ARTICLE 6.

Maladies du système nerveux.

Les principales maladies du système nerveux, qu'on observe à la suite du part, sont, du côté du cerveau, différentes formes de congestions cérébrales, et du côté de la moelle, des inflammations des enveloppes, ou du tissu médullaire, à la suite desquelles se montre la paraplégie.

Les premières ne se présentent pas pures, isolées de toute autre affection; au contraire nous les avons vues associées, soit à une pléthore générale qui ressemble à la maladie de sang; ou bien à la métrite ou la métro-péritonite; j'ai donc dû les étudier dans l'article consacré à la fièvre vitulaire.

Quant à la méningite rachidienne ou à la myélite, ces maladies sont le plus souvent la cause de la paraplégie postérieure; mais comme cette paraplégie peut tenir aussi à d'autres causes, et que du reste son anatomie pathologique a été incomplétement traitée, j'ai dû en parler à part. J'aurai donc à traiter dans cet article des inflammations de la moelle, et de la paraplégie.

MÉNINGITE RACHIDIENNE.

On trouve dans le n° d'avril 1844 du *Journal des Vétérinaires du Midi*, un fort bon mémoire sur une maladie des vaches qui viennent de vêler, mémoire dû à M. le vétérinaire Brilhouel, de Galgon (Gironde). Il considère cette maladie comme particulière aux vaches des races bretonnes et gatinaises, ou plutôt comme beaucoup plus commune chez elles.

Symptômes, marche, durée.—Elle commence environ vingt-quatre heures après le part, et se termine généralement par la mort en deux jours au plus.

Dès le début, la vache a une démarche mal assurée, chancelante ; ses jambes de derrière se croisent d'un côté à l'autre du corps ; l'appétit est perdu, la vue se trouble, la marche devient impossible ; la bête tombe sur sa litière en proie à des mouvements convulsifs continuels de la tête et des membres ; les lombes sont douloureuses au toucher. M. Brilhouel compare cet état au vertige du cheval.

Malheureusement il ne donne aucun détail cadavérique, ce qui ne permet pas d'établir un diagnostic absolument certain sur la nature de cette maladie que, d'après les symptômes, on peut cependant ranger parmi les méningites rachidiennes.

Chez une de ces femelles de petite taille, de l'âge de dix ans, qu'il eut l'occasion de traiter avec succès le 29 mai, le vêlage s'était opéré sans difficulté la veille au soir. Elle fut trouvée à une heure après-midi, couchée et dans l'état d'agitation convulsive qui vient d'être dit. La température du corps était élevée ; il y avait douleur des lombes, et la sensibilité semblait être diminuée sur les autres parties du corps ; le mufle

est sec, la vue affaiblie, la respiration fréquente, plaintive; le pouls plein, dur, embarrassé; les excrétions
sont nulles, le lait est conservé. (Saignée de quatre
kilog.; tisanes et lavements émollients, anodins, administrés de deux en deux heures; frictions sèches sur
le corps, frictions avec le vinaigre sur les membres.)
Trois heures après, les convulsions sont plus vives, la
sensibilité de la peau s'amoindrit, les yeux sont chas-
sieux, les paupières immobiles ainsi que le globe; la vue
nulle. (Deuxième saignée de quatre kilog., mêmes tisanes avec addition de camphre.) A dix heures du
soir, la conjonctive est sèche, la cornée terne, l'agitation est la même; le pouls a perdu un peu de sa dureté.
(Troisième saignée, de deux kilog. de sang; mêmes tisanes camphrées, trochisque au fanon.)

30 mai au matin. — Cessation des convulsions; nul
autre mouvement du corps que ceux de la respiration;
la peau est moins sensible, la cornée lucide, sèche,
ridée; la vie semble abandonner la malade. Néanmoins, saignée de deux kilog. et demi. A midi, la sensibilité se réveille, la peau devient impressionnable à
la piqûre des mouches; il y a quelques mouvements
de la tête. (Saignée de deux kilog. et demi; le sang
est encore fortement couenneux; le sérum reste uni
au caillot près de six heures.) On ajoute au trochisque
du bi-chlorure de mercure (sublimé corrosif). Le soir
mieux sensible; les mouvements de la tête plus libres,
la bête se lève, la cornée reprend sa lucidité; il y a

réveil de l'appétit. (Continuation des frictions et des lavements ; même tisane ; eau blanchie par la farine.)

31 mai au matin —On trouve la vache levée, cherchant à manger ; la peau a repris sa sensibilité, les sens une partie de leur activité, les mouvements leur liberté ; seulement ceux des lombes encore douloureuses restent embarrassés, et par conséquent le train de derrière. (Même tisane, eau farineuse pour boisson ordinaire.)

Le 1er juin.—On commence à donner à manger le quart de la quantité de vivres que reçoit une vache ordinaire; on l'augmente progressivement jusqu'au 6, où l'on fournit la ration entière. On continue l'usage de la boisson farineuse et les frictions d'alcool camphré, sur les lombes qui restent douloureuses et la marche embarrassée.

Vers le 10 du même mois, la douleur des lombes n'est pas encore dissipée; ce n'est que douze jours après que la marche est tout-à-fait libre et la guérison complète.

En résumé rien de bien précis sur la méningite, la myélite, sur la congestion de la moelle; je ferai remarquer seulement que ces maladies doivent être cependant communes. Lorsque dans les généralités que j'ai exposées relativement aux changements physiologiques qui surviennent après le part, j'ai dit que des congestions avaient beaucoup de tendance à se faire sur les parties postérieures du corps, y compris la moelle, j'étais certainement dans le vrai. Ce phénomène morbide est si constant que toutes les fois que la métrite même simple se montre après le part, il se déclare la paralysie temporaire ou persistante de l'extrémité postérieure du corps. Evidemment cette paralysie reconnaît pour cause une maladie quelconque de la moelle, une congestion sanguine simple, ou une inflammation des méninges ou de la substance médullaire.

PARAPLÉGIE.

C'est un des accidents fréquents qu'on observe à la suite du vêlage de la vache ; elle est fort peu commune chez les autres femelles. Nous l'avons vu commencer un ou deux jours avant le part, se présenter pendant le travail, s'il est difficile ; coïncider avec la métrite simple ou avec la métro-péritonite, quelques jours après le part le plus heureux. On voit même cette paraplégie survenir plus tard, le huitième, le quinzième jour, si on laisse les vaches fréquenter les lieux élevés et découverts, exposés au souffle d'un vent froid, ou les pâturages pendant des temps froids et humides.

Les jeunes vaches fortes et vigoureuses y sont sujettes comme celles qui sont avancées en âge, ou amaigries par une nourriture insuffisante ou de mauvaise qualité. On a remarqué que les vaches bien nourries ou qui ne sont ni trop jeunes, ni trop âgées, sont celles qui guérissent le mieux.

Première forme. — Chez elles, et dans la forme qui guérit le mieux, on trouve les symptômes suivants : Chaleur des régions dorsale et lombaire, quelquefois sensibilité en même temps ; ou bien, état d'engourdissement. Les membres sont contracturés pendant que la bête reste couchée.

Quand le sentiment et le mouvement sont perdus à la fois, il faut craindre que la paralysie ne se généralise, à moins que la mort ne survienne auparavant.

Autopsie. — M. Gellé en a cité un cas (*Journal pratique*, 1826, p. 530) : « Renflement lombaire, rouge à sa partie supérieure surtout ; injection sanguine de la substance grise des faisceaux supérieurs ; teinte jaune des faisceaux inférieurs ; infiltration de toute l'étendue de la moelle épinière. D'autres praticiens ont trouvé une hémorragie cérébrale ; épanchement de sang dans les ventricules, injection des veines, ecchymoses des séreuses d'enveloppe ; vers le renflement lombo-sacré et à l'origine des nerfs des membres postérieurs, changement de couleur de la moelle ; infiltrations séreuse et sanguine dans le canal vertébral, au-dessus de l'enveloppe fibreuse (méninge) et sous le feuillet viscéral de l'arachnoïde. Dans quelques cas rares, on a cru avoir trouvé un peu de ramollissement rouge dans la substance grise ; le plus souvent la consistance est restée la même, quelquefois elle a paru augmentée.

31

Deuxième forme. — Chez les vaches âgées, maigres et faibles, la paraplégie, suite du part, se déclare moins promptement, commence par la faiblesse du train de derrière, et va progressivement en augmentant pendant sept à huit jours, au bout desquels la bête tombe sur sa litière. La paralysie persiste presque toujours, quel que soit le traitement employé, surtout quand on ne l'a pas entrepris dès le début, alors qu'il n'y a encore que faiblesse des lombes et embarras des mouvements.

Les praticiens pensent que la faiblesse et la paralysie du train de derrière des vaches âgées, maigres et faibles, dépend beaucoup moins d'une maladie de la moelle, que du défaut d'élasticité et de souplesse des symphyses du bassin, de l'articulation sacro-lombaire et de la rigidité des parties molles qui couvrent ces parties. Ces raisons n'ont absolument aucun sens. Toute paralysie tient nécessairement à une maladie, soit des cordons nerveux qui se distribuent à la partie paralysée, soit de la portion des centres nerveux à laquelle ils aboutissent.

Or, comme la paralysie commence quelquefois par un seul des deux membres de derrière, on peut croire qu'elle tient à la contusion des nerfs du plexus sciatique et peut-être du grand nerf sciatique, à son passage sur le ligament sciatique.

Traitement. — La paraplégie étant un accident presque inséparable de la métrite aiguë et de la métro-péritonite, s'amende et disparaît sous l'influence du traitement par lequel on combat la maladie principale.

Mais ce n'est pas de cette paraplégie-là qu'il s'agit ici ; je n'ai à m'occuper que de celle qui tient à une maladie des nerfs du bassin de la moelle épinière ou du cerveau.

Si elle coïncide avec la métrite ou la péritonite, le traitement est le même ; si elle se présente sans elle, elle peut dépendre d'une congestion ou d'une inflammation cérébro-spinale; on la combattra par la saignée, les affusions d'eau froide sur la tête et les lombes ; les sinapismes aux fesses et sur les lombes ; les vésicatoires et les révulsifs sur le tube digestif et les reins, c'est-à-dire les purgatifs et les diurétiques.

Lorsque par suite du traitement précédent on a fait disparaître les symptômes aigus de l'inflammation de la moelle, la chaleur, la sensibilité des lombes, la pesanteur de tête, etc., la maladie est arrivée à sa deuxième période, où il y a paralysie sans symptômes inflammatoires locaux du côté de la moelle et sans fièvre. Cette période qui est la deuxième chez les vaches jeunes et fortes, est la première chez les vaches maigres et faibles ; ce qui veut dire simplement que chez ces dernières l'inflammation commence d'une manière lente, sans symptômes généraux et locaux bien apparents, à l'exception de la paralysie qui s'établit peu à peu.

Les révulsifs à la peau et autour des lombes consti-

tuent la médication la plus employée et la plus rationnelle dans cette deuxième période de la paraplégie, les ventouses scarifiées, les sinapismes, les vésicatoires, surtout les moxas, le fer rouge ; la cautérisation avec le fer rouge doit être faite aussi tout le long des membres postérieurs, successivement et à diverses reprises; on fait concurremment des frictions irritantes à la peau avec des liniments camphrés, ammoniacaux, cantharidés. Au bout de quelque temps de l'emploi de ces moyens, on donne à l'intérieur la teinture de noix vomique, pour exciter la moelle épinière et y réveiller les mouvements, en commençant par deux ou quatre grammes jusqu'à seize et trente-deux grammes. On la suspendra si elle ne produit pas d'effets ou si elle donne des contractions trop violentes, trop énergiques. Quelques personnes ont conseillé la teinture de camphre à la place de la noix vomique, mais l'effet n'en est pas le même.

En même temps on révulsera sur le tube digestif, par l'usage des sels neutres; ce qui sera d'autant plus nécessaire qu'il y aura plus de difficultés dans l'excrétion des matières fécales. Comme la vessie participe souvent à l'état de paralysie, on aura soin de sonder les femelles pour évacuer l'urine.

Quand, après quinze ou vingt jours de ce traitement, on n'a pu ramener la chaleur et la sensibilité des membres et provoquer quelques mouvements, on doit le cesser dans l'intérêt du propriétaire et lui conseiller

de vendre la bête au boucher. Je dirai d'une manière
générale que toute vache âgée, qui est atteinte de paraplégie après le part, doit être abattue, sans qu'on
essaie de traitement. Il échoue le plus souvent.

Quelques vétérinaires ont conseillé, contre la paraplégie, l'éther et le camphre à l'intérieur. Ce sont des
excitants qui ne valent pas la noix vomique.

CHAPITRE XIV.

MALADIES DES JEUNES ANIMAUX JUSQU'AU SEVRAGE.

MALADIES DU TUBE DIGESTIF.

Imperforation de l'anus. — Ce vice de conformation n'est pas excessivement rare. Je l'ai observé plusieurs fois chez le jeune porc et chez le poulain. Demoussy et Favre en font mention.

L'imperforation de l'anus peut exister à des degrés très-différents : il peut y avoir simplement une membrane qui couvre et ferme l'anus; ou bien les deux bords de l'anus peuvent être adhérents dans une petite étendue ; ou bien le rectum lui-même peut manquer dans une étendue plus ou moins considérable; enfin le rectum peut s'ouvrir dans un point du trajet des organes génito-urinaires.

Toutes les fois que l'anus est fermé et que les fèces ne peuvent couler, il en résulte pour le jeune animal un état de souffrance caractérisé par les symptômes suivants : dès le deuxième ou le troisième jour il éprouve des coliques assez vives, perd l'appétit et re-

fuse de téter sa mère , prend de la fièvre ; il fait des
efforts expulsifs , se campe souvent , mais sans rendre
de matières fécales. Tant que l'obstacle persiste , il
continue à souffrir, à se plaindre , à faire des efforts ,
à se tourmenter , et il finit par périr si on ne donne
pas issue aux matières.

Averti par les symptômes , le vétérinaire examine
l'anus et constate la nature de l'obstacle.

1° S'il n'y a qu'une simple membrane qui oblitère
l'anus , cette membrane est repoussée, tendue par les
matières de l'intestin qui sont chassées par les contractions intestinales , et qui lui font faire une saillie
plus ou moins proéminente. Cette membrane, qui n'est
autre que la peau , a une teinte rouge, un peu foncée ;
elle est molle , mince , très-peu résistante. La saillie
qu'elle forme est molle ; elle disparaît facilement sous
la pression du doigt , et se reproduit immédiatement
après.

Le traitement consiste à inciser cette membrane et
à empêcher la cicatrisation de la plaie. On se sert
d'un bistouri long, étroit et pointu, qu'on tient de la
main droite comme une plume à écrire , le tranchant
regardant en dessous. Après avoir bien reconnu l'entrée du rectum à la saillie, à la réductibilité de la tumeur, on place l'index gauche sur un des point de la
marge de l'anus, au dessus ou au-dessous ; on tend la
membrane avec le doigt , puis, le bistouri glissant sur
l'ongle de l'index, on ponctionne la membrane , en

ayant soin d'enfoncer peu profondément le bistouri ;
il vaut mieux achever l'incision sur une sonde cannelée que de s'exposer à blesser les parois de l'intestin.
A peine a-t-on fait la ponction que le méconium ,
pressé par les parois intestinales , s'échappe à travers
l'ouverture comme à travers une filière. Après cette
ponction on introduit par l'ouverture une sonde cannelée, sur laquelle on achève de couper la membrane.
Faut-il se borner à une simple incision longitudinale
ou vaut-il mieux faire une incision cruciale? On préfère généralement cette dernière , qui donne un orifice plus large et moins exposé à se clore. Aussi ,
après avoir fait l'incision longitudinale, on fendra
d'un coup de ciseau la partie moyenne de chacun des
deux lambeaux. Après l'opération, il est bien d'introduire l'index aussi avant que possible dans l'intestin
pour s'assurer qu'il n'y a pas de membranes, de val-
vules à une certaine profondeur. Pour empêcher que
cette plaie ne se cicatrise, il faut placer dans l'anus
une tente de linge, d'étoupes ou de filasse, en forme
de cône, et assez grosse pour remplir l'ouverture. On
enduit cette tente de graisse, de beurre, de cérat. On
la renouvelle chaque fois qu'elle est rejetée en dehors
à la suite d'une défécation, et cela pendant un ou deux
jours. M. Demoussy, au lieu de la tente, conseille un
bouchon, formé par une portion de boyau de mouton
dont on aurait lié les deux extrémités , après l'avoir
remplie d'eau. Si, après l'opération, le méconium ,

trop épaissi, avait peine à sortir, on ferait quelques injections d'eau tiède simple ou miellée.

2° Si au lieu d'une membrane il y a adhérence des bords même de l'intestin, les symptômes sont à peu près les mêmes; seulement la saillie formée à l'extérieur est bien moins apparente. L'opération est un peu plus difficile.

On commence par reconnaître la direction du raphé périnéal sur le trajet duquel devrait se trouver l'anus; on palpe avec soin la région dans le but de sentir plus ou moins profondément la saillie formée par le bout de l'intestin. Si on la trouve, on fait à la peau, sur la partie moyenne, une incision de deux à trois centimètres de longueur, incision qui ne comprend que la peau. La peau étant ouverte, on glisse le doigt entre les lèvres de la peau, et avec le bistouri on divise les adhérences en se guidant sur le doigt; on tombe bientôt dans l'intestin dont le méconium s'échappe en dehors.

On emploie les mêmes moyens que ci-dessus pour empêcher le resserrement de la plaie; ce qui est fort difficile à prévenir. Malgré tous les efforts, la plaie se rétrécit peu à peu à la longue, par la nature même du tissu inodulaire. De ce rétrécissement résultent des coliques, des constipations suivies de diarrhées, des gastro-entérites, des péritonites, des ruptures intestinales. Aussi, je conseillerai de détacher la portion inférieure de l'intestin dans toute sa circonférence extérieure, en disséquant tout autour avec le bistouri ; une portion de l'intestin étant ainsi devenue libre , on l'attirerait en arrière et on la fixerait , par des points de suture, au contour de l'anus artificiel qu'on a créé. Une fois que l'intestin aurait contracté des adhérences, la plaie ne pourrait plus se rétrécir.

On remarquera que , dans le cas actuel , comme on a fait une dissection plus ou moins profonde, le sphincter anal est détruit, et les fécès sont expulsées involontairement sans que l'animal puisse les retenir.

3° Le rectum peut manquer dans une étendue plus ou moins considérable. — Il peut manquer dans l'étendue d'un à plusieurs pouces. — On comprend que dans ce cas on ne peut obtenir aucune espèce de renseignement sur le point où le rectum se termine en cul-de-sac. Quelque soin que l'on mette à palper le périnée , on ne sent nulle part de saillie, de bosselure , qui, repoussée pendant les efforts de défécation, vienne soulever la peau et dénoncer la présence de l'intestin et des fécès.

Ce vice de conformation est presque constamment mortel lorsqu'on ne pratique pas d'opération, et l'opération même est le plus souvent, ou impossible , si le rectum se termine à une trop grande distance du périnée , ou sans succès à cause des accidents inflammatoires qui la suivent. Cependant je crois avoir constaté, dans certains cas, que la nature se suffit quelquefois à elle-même pour la guérison. Le cul-de-sac , formé par le rectum, se déchire par la violence des efforts expulsifs. Les matières fécales s'échappent par cette ouverture, pénètrent dans le tissu cellulaire, y amènent de la suppuration; la peau s'ulcère; l'abcès s'ouvre à l'extérieur, et il se forme à la suite un trajet fistuleux qui fait communiquer le rectum avec l'extérieur. En faisant l'autopsie de deux jeunes chevaux, âgés de trois et de quatre ans, morts d'une violente entérite, j'ai trouvé, dans toute la longueur du bassin, un canal cellulo-fibreux très-différent par sa composition anatomique du reste du rectum, et qui était bien certainement le résultat d'une formation secondaire ou analogue à celle dont je viens de parler.

Cette partie du rectum, de nouvelle formation, plus large que le rectum de formation primitive, semblait composée dans ses parois d'une seule couche de tissu. La face interne ne paraissait pas uniformément tapissée par la membrane muqueuse. Celle-ci ne régnait qu'en certains points; là elle se faisait remarquer par sa couleur rosée et son velouté; mais elle présentait cela de fort remarquable qu'elle était comme éraillée et ces éraillures remplies par un tissu blanc fibreux qui formait à lui seul la plus grande partie du tube rectal.

Ces deux chevaux éprouvaient habituellement de la constipation; ce n'était pour ainsi dire qu'après l'accumulation des matières fécales dans le renflement sacciforme de l'intestin et par leur trop plein que ces matières étaient poussées au-dehors.

Une terminaison aussi heureuse est bien rare ; j'ai dit que la mort survenait le plus souvent. M. Rossignol, vétérinaire à Pierre, a adressé dernièrement à l'École une observation sur l'absence du rectum. Un veau, né dans la journée, ne présentait aucune trace de l'anus ; M. Rossignol, espérant que le cul-de-sac formé par le rectum ne serait pas trop éloigné du périnée, et qu'il pourrait le sentir lorsque le veau ferait des efforts de défécation , lui administra un mélange d'huiles d'amandes douces et de ricin. Quelques heures après, de violentes coliques furent ressenties ; rien ne put les calmer ; aucune saillie n'apparut au périnée, et la mort survint au bout de quelques heures. — A l'autopsie, faite le lendemain, on trouva le rectum complètement absent ; le colon se terminait par un renflement gros comme un œuf de poule, à la hauteur du rein gauche ; de là partait un prolongement ligamenteux, transparent, de cinq à six millimètres de largeur qui venait s'attacher au commencement du sacrum. Le colon était rouge, rempli d'une grande quantité de gaz, et le méconium exhalait une odeur infecte.

Lorsque le rectum manque , l'opération qu'on pratique pour aller à sa recherche est donc fort incertaine dans ses résultats, suivant la profondeur à laquelle on est obligé de pénétrer pour le rencontrer. On commence par faire une incision au périnée dans le lieu que devrait occuper l'anus ; la peau divisée , on coupe

couche par couche le tissu cellulaire en se maintenant
rapproché du sacrum ; on introduit de temps en temps
le doigt pour chercher à reconnaître la saillie de l'intestin ; lorsqu'on sera arrivé à trois ou quatre centimètres, on se servira d'un trocart qu'on plongera à
trois ou quatre centimètres de profondeur en suivant
une direction parallèle au sacrum ; puis, retirant la
tige, on attendra que le méconium s'écoule. Si rien
n'est obtenu, on peut continuer à fonctionner plus
profondément ; mais on agit alors avec trop d'incertitude pour espérer le succès.

Si on avait trouvé le rectum, on agrandirait avec le
bistouri l'ouverture faite par le trocart ; on la dilaterait
avec une tente, avec de l'éponge préparée, un morceau
de racine de gentiane, etc. On pourrait mettre, tenir
une canule métallique à demeure pendant quelques
jours ; mais quoi qu'on fasse, il est probable que ce trajet nouveau se rétrécira et amènera plus tard des coliques, des entérites comme dans les cas que j'ai cités.

COMMUNICATION DU RECTUM AVEC LE VAGIN.

Chez les jeunes femelles où le rectum manque, il
arrive quelquefois que l'intestin s'ouvre dans le vagin ;
les fécès sortent alors par cette ouverture. J'ai vu ce
vice de conformation chez plusieurs jeunes femelles,
et je me rappelle qu'une portée de truie m'a offert
quatre petits, tant mâles que femelles, chez lesquels
l'anus manquait. Il importe donc de s'assurer chez les

jeunes femelles privées d'anus, si le méconium s'é-
chappe ou non par la vulve.

Dans le tome Ier, page 95, du *Journal vétérinaire
belge*, on trouve un fait de cette nature, recueilli sur
une vêle âgée d'un jour et demi, par M. Landel, vétérinaire à Fulligen : en examinant un veau du sexe
féminin, il trouva que l'anus était oblitéré et que le
vagin contenait des excréments liquides qui y avaient
pénétré par une ouverture étroite et un canal commu-
niquant avec le rectum. M. Landel se décida à créer
un anus artificiel; il fit au périnée une incision de
six centimètres de profondeur (deux pouces et demi).
Les fécès sortirent par cette plaie. Les jours suivants,
des lavements furent administrés; les bords de la plaie
se tuméfièrent légèrement; l'orifice recto-vaginal s'o-
blitéra, et le jeune animal se rétablit parfaitement.

Pour trouver plus sûrement le rectum et éviter des
tâtonnements, M. Landel aurait dû introduire par le
vagin une sonde dans le rectum, sonde qu'il aurait pu
reconnaître par le toucher, après l'incision de la peau
du périnée. Voici le manuel opératoire que j'emploie
en pareil cas : comme le point du vagin qui communique avec le rectum n'est jamais bien profond, on
se servira d'une sonde recourbée sur elle-même en
moitié d'S. Une des extrémités étant introduite par le
trajet anormal est poussée du côté du rectum jusqu'à
ce qu'elle soit arrêtée par son cul-de-sac. L'opérateur,
armé d'un bistouri droit à lame étroite et longue,

fait une incision à la place que devrait occuper l'anus. La peau divisée ainsi que le tissu cellulaire sous-cutané, il se sert de l'index gauche qu'il fait pénétrer dans la plaie pour aller à la recherche de la sonde courbée qu'on a engagée dans le rectum. Lorsqu'il l'a rencontrée, il confie la sonde à un aide, glisse sur l'ongle de l'index la lame du bistouri jusque sur l'intestin qu'il ouvre ; l'index est alors plongé dans cette nouvelle ouverture et sert de nouveau à conduire le bistouri avec lequel on l'agrandit autant qu'il est nécessaire. Après qu'on a incisé la peau et le tissu cellulaire sous-cutané, au lieu de continuer à se servir du bistouri, on pourrait employer un trocart d'une grosseur relative à l'espèce sur laquelle on opère.

HERNIE OMBILICALE.

La hernie ombilicale ou exomphale est une maladie qui n'est pas très-rare dans toutes les espèces d'animaux. Tantôt elle est congéniale, tantôt elle se forme après la naissance ; elle est congéniale, lorsque, par une cause quelconque d'arrêt de formation, une partie des intestins qui sont dans les premiers temps de la vie logés hors du ventre, au lieu de rentrer dans cette cavité, reste engagée dans le cordon ombilical. Elle est accidentelle, lorsque, après que l'ouverture du ventre s'est cicatrisée, cette cicatrice n'étant pas assez forte ou étant incomplète, cède dans un point, le plus souvent sur les côtés, quelquefois même au centre de l'ombilic et qu'il se fait là une tumeur herniaire.

On comprend que dans le premier cas, on pourra retrouver dans la tumeur l'ouraque et les vaisseaux ombilicaux ; c'est, en effet, ce que M. le vétérinaire Bénard a constaté dans quelques cas ; en quoi il a été contredit à tort, ce me semble, par M. Girard qui prétend que cela est impossible. Sans doute, M. Girard n'aura rencontré aucun fait de hernie ombilicale congéniale, tandis que le contraire est arrivé à M. Bénard qui a bien pu trouver alors des débris de la vie fœtale dans l'ouraque et les vaisseaux du cordon. Voici les réflexions que M. Girard fait à ce sujet ; on voit qu'elles lui sont inspirées par l'idée que la hernie ombilicale est toujours accidentelle : « La hernie ombilicale dans le cheval est toujours formée par l'intestin ; l'épiploon même ne peut pas être rencontré. La complication de cette hernie par l'ouraque et la veine ombilicale paraît une chose fort extraordinaire. La peau distendue par la tumeur herniaire doit nécessairement entraîner et allonger les débris du cordon, parce que l'extrémité de ces débris lui est intimément unie ; mais il est difficile de concevoir que l'ouraque et la veine ombilicale soient susceptibles de déplacement et puissent se prolonger dans le sac herniaire. Il faudrait pour cela admettre le renversement des parois abdominales par l'anneau ombilical, et nous n'avons pas d'exemple d'un pareil accident qui paraît d'ailleurs impossible. »

M. Lancelot a cité des faits qui confirment pleinement ceux de M. Bénard , et s'expliquent de la même manière. Ce vétérinaire a trouvé l'ouraque et la veine ombilicale dans une exomphale : tous les deux ont constaté que la tumeur herniaire était en partie réductible; c'était l'intestin qu'on faisait rentrer par le taxis ; et en partie irréductible , c'était l'ouraque et la veine ombilicale qui restaient dans la tumeur. M. Gay , vétérinaire à Roanne , a même vu , dans une hernie de ce genre , la veine ombilicale enflammée; la phlébite était caractérisée, entre autres caractères, par la présence d'un caillot fibrineux qui oblitérait son conduit.

Symptômes et marche.—L'exomphale apparaît en général dans les premiers jours qui suivent la naissance. Elle a une forme ovoïde, et son grand diamètre est parallèle à l'axe du corps dans le poulain et les ruminants ; elle est ronde , sphéroïde dans le chien.

La peau qui la recouvre est dépourvue de poils; elle a une consistance molle ; le taxis en amène facilement la réduction, mais elle se reproduit aussitôt qu'on cesse la compression. Du reste, elle offre tous les autres symptômes des hernies intestinales ; les changements de volume de la tumeur suivant que l'animal est à jeun ou vient de manger ; tantôt la matité lorsque l'intestin est plein d'aliments, tantôt la sonorité lorsqu'il y a des gaz : la main appliquée y sent des borborygmes , ces bruits que produisent les liquides et les gaz chassés par la contractilité de l'intestin. Cette tumeur a quelque chose de plus rénitent, de plus élastique qu'une hernie constituée par l'épiploon ou par la graisse. Dans ces derniers cas, la tumeur est molle, pâteuse ; son volume reste toujours le même ; pas de borborygmes ni de sonorité ; elle est toujours mate.

L'exomphale est presque toujours formée par l'intestin grêle surtout dans les premiers temps qui suivent la naissance, car alors cet intestin est très-rapproché du plan inférieur de l'abdomen ; plus tard, les grosses portions du colon et du cœcum venant à prendre cette place par leur poids, l'intestin grêle viendra se placer plus haut dans le flanc droit. Cette variété de situation anatomique, suivant l'âge des animaux, explique pourquoi, parmi les vétérinaires, les uns ont rencontré l'intestin grêle, d'autres le colon et le cœcum ; ce que M. Girard nie formellement.

La hernie ombilicale guérit quelquefois spontanément à mesure que le poulain avance en âge, par le fait du changement de position des intestins que je viens de signaler. Elle persiste généralement pendant tout le temps que le petit tette sa mère et lorsqu'elle guérit spontanément, ce n'est qu'après le sevrage. Elle cause rarement des coliques pendant l'allaitement, tant que le petit ne prend que peu d'aliments solides. Aussi à cette époque de la vie doit-on se borner à empêcher la hernie de devenir plus volumineuse.

Plus tard on devra s'occuper de la guérir. Les divers moyens chirurgicaux qu'on a proposés sont la compression par les casseaux, la suture, la ligature circulaire. Ces procédés étant décrits dans tous les ouvrages de chirurgie, je n'en donnerai pas ici la description. Je dirai seulement que M. Bordonnat emploie un instrument particulier pour cette opération ; c'est un casseau, une espèce de pince en fer portant à la rive interne de chacune de ses jumelles des pointes aiguës, en forme de dents de rat, qui s'engrènent de façon à ce que les dents d'une branche entrent dans les enfoncements de l'autre et réciproquement, et s'opposent au déplacement et à la chute de l'instrument. Ces pinces agissent à la fois comme corps comprimant, et par le moyen des pointes comme agent irritant destiné à produire plus rapidement l'inflammation adhésive du sac herniaire. On commence par réduire les viscères herniés, on fait un pli à la portion de peau qui formait l'enveloppe externe, et on place les branches de la pince à la base de ce pli ; puis on les serre au moyen de deux écrous à oreilles qui se meuvent sur deux petites tiges terminales. Après avoir serré modérément, on laisse l'instrument en place, soutenu par un bandage de corps ; on augmente la pression si cela est nécessaire, et on n'enlève la pince qu'au bout de cinq ou six jours, ou même elle se détache avec le pli de la peau qu'elle a mortifié.

CORPS ÉTRANGERS DANS LE TUBE DIGESTIF. LARVES.

Une maladie, dit Brugnone, qui est fréquente non-seulement chez les poulains qui tètent, mais encore chez ceux qui sont âgés d'un an et plus, qu'on observe même sur les juments qui allaitent est due à la présence des larves de l'insecte appelé vulgairement *tarme*. C'est à cette cause que Valisnéri attribue l'épizootie qui régna en 1713, en Italie, dans les environs de Padoue, de Vérone et de Mantoue. Cet insecte est l'*œstrus cabalis* de Linnée.

Peu connu à cette époque, il a été ensuite étudié par les naturalistes et les vétérinaires sous le rapport de ses caractères physiques et de ses mœurs. On en distingue deux espèces principales, une qui pénètre dans l'estomac, l'autre dans le rectum. Cette dernière même finit quelquefois par passer du rectum dans le reste des intestins et dans l'estomac même, comme j'en ai observé un cas fort curieux.

L'œstre de l'estomac dépose ses œufs ou lentes sur les parties du corps du poulain qui peuvent être atteintes par la langue et les léchements de l'animal : ces œufs qui sont enduits d'un mucus visqueux, s'attachent à la langue, pénètrent dans la bouche et dans l'estomac par la déglutition. Arrivés dans l'estomac, ils se transforment en larves qui s'implantent dans la muqueuse au moyen de crochets, s'y développent et sont ensuite expulsées pour accomplir

au dehors du corps leur dernière métamorphose. Eu
égard à son siége dans l'estomac , cette espéce d'œstre
a reçu le nom de gastricole. L'autre espéce qu'on appelle l'œstre hémorroïdal , pond ses œufs sur les plis
de la muqueuse du rectum , lorsque dans l'acte de
la défécation cette membrane vient faire saillie à
l'extérieur. La chaleur de l'intestin fait éclore ces œufs;
les larves, qui sont également armées de crochets ,
s'implantent aussi dans la muqueuse, et après un séjour de dix à onze mois, comme celles de l'œstre gastricole , la quittent , se laissent entraîner par les fècès et vont subir au dehors leurs derniers changements.

L'œstre hémorroïdal peut arriver jusque dans l'estomac. J'ai recueilli une observation qui me semble mettre hors de doute ce fait qui avait été signalé par les
premiers naturalistes. Un cheval maigre et faible me
fut amené de la campagne et mourut le même jour,
après nous avoir offert les symptômes d'une entérite
chronique. A l'autopsie, je trouvai dans l'estomac six
larves d'œstre parvenues à la moitié de leur volume
ordinaire et qui commençaient à blanchir. L'intestin ,
ouvert dans toute sa longueur, nous en offrit un grand
nombre qui avaient toutes leur tête dirigée du côté de
l'estomac; le volume de leur corps présentait des différences suivant leur siége ; elles étaient de plus en plus
grosses , à mesure qu'on se rapprochait de l'estomac ;
dans l'intestin grêle , elles n'avaient plus de rouge que

le devant du corps ou même la tête, pour les plus rapprochées ; elles étaient rouges sur une plus grande partie de leur corps, à mesure qu'on les. trouvait plus près du rectum ; enfin, celles du rectum étaient à la fois entièrement rouges et très petites. Ces dernières semblaient n'être sorties de l'œuf que depuis fort peu de temps. J'affirme que tous les détails précédents sont de la plus exacte vérité et ont été constatés par moi-même, en présence de plusieurs élèves. Il me semble qu'ils ne peuvent guère laisser de doute sur l'origine et le développement de ces œstres. Je ne veux pas en conclure cependant que les œstres de l'estomac commencent ordinairement à paraître dans le rectum.

LARVES GASTRICOLES. — Presque tous les chevaux jeunes ou vieux qui vivent dans la campagne, portent ainsi un certain nombre de ces larves, sans que le plus souvent leur santé en paraisse troublée. Mais chez les jeunes poulains, les jeunes chevaux dont les viscères sont plus sensibles et plus irritables, lorsque les larves sont nombreuses, il en résulte des troubles plus ou moins marqués, des accidents nerveux, le dépérissement et quelquefois même la mort. Ces accidents sont bien plus prononcés lorsque les larves occupent l'estomac et surtout la région pylorique.

Relativement à la quantité de ces larves, je ferai remarquer qu'elle est plus considérable en certaines années et sous certaines constitutions atmosphériques que dans d'autres ; au point qu'on les voit quelquefois en grand nombre, causant de véritables épizooties ou au moins compliquant d'une manière fâcheuse des maladies régnantes. Valisnieri a soutenu la première opinion.

Symptômes. — Suivant ce célèbre médecin, la présence d'œstres nombreux dans l'estomac cause les symptômes suivants : la perte d'appétit, la rétraction du ventre, la voussure en arc du dos, des mouvements continuels de la langue, des convulsions, des torsions étranges de tout le corps, le larmoiement et le trouble des tumeurs de l'œil, la sécheresse et la rigidité du poil. Cet état de souffrances vives, de perte d'appétit, conduisait rapidement les animaux à une excessive maigreur et les faisait périr en peu de temps.

J'ai eu souvent l'occasion d'observer les accidents causés par les œstres ; les plus saillants sont des phénomènes convulsifs généraux, semblables à ceux de l'épilepsie, et dont les retours n'ont rien de régulier, ni de constant; c'est-à-dire, la chute du corps, la suspension des sens, l'agitation convulsive des membres, celle des globes oculaires, etc.; la mort peut survenir dans les convulsions, pendant les premiers accès, ou bien après une durée indéterminée, qui ne présente absolument rien de fixe ; l'animal maigrit de plus en plus, et meurt dans le marasme. D'autres fois avec la maigreur se montrent des infiltrations séreuses sous le ventre, dans les bourses et aux membres.

M. Demoussy a décrit à peu près les mêmes symptômes ; des mouvements convulsifs des mâchoires qu'on désigne en hippiatrique par l'expression de *faire ses forces*; la dilatation de la pupille, l'éclat et le brillant du regard se développant par moments et contrastant avec sa langueur habituelle, des trépignements, la direction de la tête vers le flanc gauche, le décubitus sur le même côté, avec la tête étendue sur l'encolure et la queue soulevée, un calme momentané troublé de temps en temps par de vives douleurs, qui portent le malade à se frapper le ventre avec un de ses pieds de derrière ; mais il ne se roule pas à terre, comme dans le cas de coliques ; une petite toux sèche, profonde, comme arrachée du fond de la poitrine.

Anatomie pathologique. — Les larves sont en quantité plus ou moins grande, implantées dans la muqueuse, arrangées l'une à côté de l'autre, de la même manière que les grains de maïs, suivant la comparaison de Valisniéri, ou comme les grains d'une grenade, d'après le docteur Gaspart. Malgré cette énorme masse de larves, malgré les perforations qu'elles ont faites à la membrane interne et même à la moyenne, ces tissus ne se montrent pas enflammés, si ce n'est l'enveloppe péritonéale qui est quelquefois rouge. Les perforations sont parfois telles que les parois du viscère sont complètement percées et que des larves d'œstre se sont répandues dans le péritoine à la faveur de ces ouvertures. J'ai observé plusieurs fois ce fait sur des poulains de la Camargue ; Brugnone dit l'avoir vu aussi.

Relativement au siége, c'est lorsque les œstres occupent surtout la région pylorique, où l'épithélium est le plus mince, que les phénomènes nerveux sont le plus marqués. Je l'ai vérifié plusieurs fois par l'autopsie.

LARVES HÉMORRHOÏDALES. — Elles sont moins grosses que celles de l'estomac, et n'ont guère que onze à douze anneaux, tandis que les autres en ont de treize à quatorze. Mais leurs crochets sont plus longs, plus acérés et s'implantent avec plus de force dans la muqueuse, parce qu'elles doivent résister aux contractions plus énergiques du rectum et au passage des matières fécales.

Le poulain qui en est affecté, agite souvent sa queue et fait des efforts de constriction de l'anus; quand il ne remue pas sa queue, il la tient relevée et écartée de l'orifice anal, signe constant de l'irritation du rectum. Il ressent des cuissons qui le portent à frotter son derrière contre les corps qui sont à sa portée, les arbres, les murs, les stalles des écuries. D'après ces indices, on peut introduire la main dans le rectum et on reconnaîtra une certaine quantité de ces parasites implantés dans la muqueuse, qu'ils tapissent tout autour; on en trouve quelquefois d'implantés sur le bord de l'anus; ou bien on les aperçoit lorsque le poulain fiente et que le bout de l'intestin se renverse au dehors.

Les souffrances que les poulains éprouvent sont loin d'être comparables à celles que produit l'œstre gastricole. Mais il arrive qu'il y en a dans l'estomac et dans le rectum à la fois. La mort n'est jamais produite par l'œstre hémorroïdal seul; et la gravité des symptômes est en rapport avec le nombre des insectes et l'âge du sujet.

Traitement.—La première chose à faire est d'éloigner des animaux les œstres des deux espèces; il faut donc connaître leurs caractères; celle de l'estomac a deux ailes tachetées de noir, son corselet a une teinte d'un jaune brun, qui se change en jaune orangé, à la partie postérieure; le dessous du ventre est d'une couleur grise; son corps, recourbé en forme de C, se termine par un petit étui brun qui se replie sous le ventre. La mouche dont les larves habitent le rectum a une belle couleur orangée, un corps droit, un derrière mousse et obtus. Cette dernière mouche est moins commune que la première; toutes deux se trouvent dans le voisinage des bois, dans les mois les plus chauds, en juillet et en août; c'est alors qu'elles attaquent les animaux et pondent sur eux, aux heures les plus chaudes de la journée. Bien que ces mouches ne vivent que quelques jours, puisqu'elles n'ont pas de bouche et qu'elles ne peuvent pas se nourrir, elles ont néanmoins le temps de répandre une grande quantité d'œufs. Les premières gelées font périr celles de ces mouches qui se sont développées tardivement.

Pour en préserver les animaux, il faudrait ne conduire ceux-ci au pâturage que pendant les heures les moins chaudes, le matin et le soir, ou la nuit. On peut aussi oindre le corps des poulains avec des substances dont l'odeur les repousse; l'huile de laurier, que Brugnone a proposée, ou toute autre matière fétide ; ainsi on peut frotter la peau avec les feuilles de persicaire, de persil, de galega, de sureau, d'hiéble, de noyer, de plantes de la famille des cucurbitacées. Enfin pour diminuer le nombre de ces mouches, on conseille de rechercher les larves dans les crottins et de les détruire à mesure ; ce qui ne peut guère se faire que pour les animaux qui vivent à l'écurie.

Quant aux remèdes propres à les détruire dans le corps, c'étaient, pour les anciens vétérinaires, les mêmes qu'on emploie contre les vers intestinaux. Mais on comprend qu'ils doivent être peu utiles ; puisque ces larves, au lieu de vivre dans l'intestin des liquides qui y circulent, sont implantées dans la muqueuse où elles puisent leur nourriture; aussi le calomel proposé par Brugnone, la suie de cheminée mêlée au lait, par Lafosse, sont le plus souvent impuissants pour les détruire. J'ai même vu un poulain atteint de convulsions par suite de larves d'œstre au pylore, en être violemment irrité et succomber.

M. Demoussy admet que les larves gastriques se plaçant de préférence à la partie supérieure de l'estomac, ne peuvent être atteintes par les médicaments;

ceux qui sont solides reposent sur le plancher inférieur
du viscère ; ceux qui sont liquides, occupent aussi le
bas-fond, et ne peuvent s'élever au niveau des œstres,
à moins qu'ils ne soient en grande quantité. Cette erreur tient à ce que M. Demoussy considère l'estomac
comme un vase creux qui a toujours la même capacité;
mais ce réservoir membraneux, lorsqu'il ne contient
pas de corps qui écartent ses parois, est partout en contact
avec lui-même, comprimé qu'il est par la pression
atmosphérique qui s'exerce au'our du corps, et par
la contractilité des parois de l'abdomen. Lorsque des
substances solides ou liquides, y sont contenues, les parois s'écartent graduellement, mais ces corps se mettent en contact avec toute la surface interne de l'estomac, la supérieure aussi bien que l'inférieure.

Ce qui rend ces vers difficiles à être attaqués par les
remèdes, c'est leur enveloppe coriace, et l'implantation de leur tête dans la muqueuse; aussi les remèdes
qui pénètrent par absorption conviennent-ils chez eux :
on pourrait donc essayer le calomel à petites doses
continuées, pendant deux, trois semaines, de manière
à en saturer l'économie; mais ce qui paraît avoir le
mieux réussi, c'est l'huile empyreumatique unie à l'éther.
L'huile et l'éther se donnent à dose égale, une demi-
cuillerée de chaque pour les poulains de un à cinq
mois; une cuillerée à bouche, de cinq mois à quinze ou
vingt ; une cuillerée et demie, à partir de vingt mois.
Ils se donnent dans une décoction mucilagineuse de

guimauve, de graines de lin, dans l'huile, un jaune d'œuf, du miel, de la gomme arabique dissoute dans l'eau, etc. On les répète en laissant de temps en temps un jour ou deux de repos, lorsque l'estomac et les intestins paraissent souffrir, ce qu'on reconnaît aux symptômes suivants : tristesse, battement des flancs, brisement des forces, d'où décubitus avec immobilité, convulsions plus fortes; on cesse alors le remède, on emploie les boissons, les lavements, les fomentations émollientes et narcotiques, puis au bout de quelque temps, on reprend l'usage de l'huile et de l'éther. On pourrait employer aussi alternativement la suie de cheminée dans le lait, comme le faisait Lafosse.

Quant aux larves d'œstres qui habitent le rectum, on leur opposera les lavements faits avec des décoctions de plantes vermifuges dans lesquelles on fera entrer une ou deux cuillerées d'huile empyreumatique et d'éther. Il est un excellent moyen plus sûr encore, et surtout plus rapide que le précédent, c'est de les enlever directement avec la main.

MUGUET.

Cette maladie a reçu aussi les noms de *blanchet*, de *stomatite granuleuse*; M. Andral la désigne chez les enfants sous le nom de *stomatite crémeuse*, ou *pultacée*. C'est *l'aphtha lactamen* de Sauvages (aphthe de la lactation). Les agneaux sont les seuls animaux chez lesquels on l'observe.

Tessier (*Instructions sur les bêtes à laine*, page 220) est, je crois, le premier qui l'ait signalée; il la définit une éruption de papules d'une forme arrondie, se faisant sur la muqueuse buccale, tourmentant beaucoup les agneaux, les empêchant de téter et les faisant quelquefois périr. D'après Hurtrel, le muguet commence par la rougeur de la muqueuse buccale, et le développement des papilles qui se hérissent et se durcissent : puis il se fait une éruption de petits boutons miliaires, serrés, occupant d'abord toutes les gencives, puis la commissure des lèvres, la face interne des joues, la langue, le voile du palais, le pharynx. Pour lui le muguet n'est que le symptôme d'une gastro-entérite. On reconnaît le disciple de Broussais.

Le muguet n'est pas une éruption de papules ou de boutons miliaires; c'est une éruption de fausses membranes. Ces prétendus boutons ne sont que de petits grains pseudo-membraneux, demi-transparents; ils sont sécrétés par la membrane muqueuse rouge et enflammée. Séparés d'abord, isolés au milieu de cette surface muqueuse rouge, ces points se rapprochent et s'étendent parce que de nouvelles sécrétions s'en font constamment qui s'ajoutent aux anciennes, et les transforment ainsi en plaques plus ou moins étendues; ils finissent même par former une couche continue qui recouvre toute la surface de la langue et de la bouche, et quelquefois s'avance jusqu'au pharynx, et même à l'œsophage.

Si les fausses membranes restent à l'état de granulations, isolées les unes des autres, on dit que le muguet est *discret*; par contre, il est *confluent* lorsque les fausses membranes forment des plaques étendues qui recouvrent une grande partie des parois de la bouche.

Dans les premiers temps de la maladie, la bouche, qui est douloureuse, exerce difficilement la succion; elle ne presse pas assez le trayon pour en exprimer le lait. Plus la maladie fait des progrès, plus l'allaitement est difficile; les jeunes animaux maigrissent donc plus ou moins.

Nous savons peu de chose sur la marche et les terminaisons de cette maladie. Tessier paraît être le seul qui l'ait observée et il ne donne que peu de renseignements. Si le mal dure quelque temps, dit cet auteur, l'agneau meurt faute de nourriture. Il est probable qu'il se passe chez les animaux quelque chose d'analogue à ce qu'on voit chez les enfants. L'inflammation qui coïncide avec la sécrétion de fausses membranes, peut suivre les diverses terminaisons de l'inflammation: 1° Elle peut se terminer par des ulcérations, sur les gencives, au palais, aux amygdales; 2° elle peut s'étendre au tube digestif, de là une gastro-entérite, ou au larynx et aux bronches; de là diverses inflammations et même la pneumonie. La mort peut en être la suite.

Dans la terminaison par guérison, les fausses membranes, diposées en granulations ou en plaques, se détachent par lambeaux ou par flocons; de nouvelles se reproduisent après huit, douze, quinze jours, pendant lesquels cette chute et cette reproduction peuvent continuer; l'inflammation cesse et disparaît peu à peu avec cette sécrétion pseudo-membraneuse qui la compliquait.

Causes. — Tessier n'en parle pas. On peut admettre que les lieux bas et humides, les bergeries malpropres, mal aérées, renfermant un trop grand nombre d'individus; une alimentation de mauvaise qualité, ou insuffisante; l'usage pour les jeunes animaux de végétaux trop secs, trop coriaces, qui irritent la bouche par un travail de mastication trop pénible; surtout l'usage d'eau croupie, d'étangs, de mares.

Quant à la question de contagion, voici ce qu'en pensait Tessier : « On ne peut regarder cette maladie comme contagieuse à un haut degré, car les mères ne la gagnent pas de leurs petits qui l'ont pendant qu'ils tétent. Peut-être se communique-t-elle entre les agneaux ? La similitude d'âge et de faiblesse pourrait les rendre également susceptibles de la prendre les uns des autres : s'il en était ainsi, il y aurait des contagions relatives et des contagions absolues. Je hasarde cette idée dont quelqu'un saura profiter. » Ainsi, Tessier n'a aucune preuve de contagion. Mais il pense que la maladie qui n'est pas contagieuse d'une manière absolue, puisque les mères ne la gagnent pas de leurs petits, peut bien l'être d'une manière relative, s'il est vrai que les agneaux se la communiquent entre eux, prédisposés qu'ils sont à la contracter par l'état de leur organisation.

Hurtrel ne croit à aucune espèce de contagion. L'auteur de l'article Muguet, de la *Maison Rustique*, ne s'occupe pas de cette question qui ne manquait cependant pas d'intérêt.

Traitement. — Il est préservatif et curatif. Le premier consiste à prévenir et à combattre les causes du muguet. Le berger doit donc veiller à la nourriture des femelles qui nourrissent, leur éviter la faim, ou les végétaux de mauvaise qualité; si leur lait est insuffisant, il faut nourrir l'agneau avec du lait d'une autre femelle, avec celui de chèvre ou de vache. Il tiendra les bergeries propres, y renouvellera l'air, évitera l'entassement des animaux, etc. On soustraira autant que possible les animaux à l'humidité, surtout au froid humide. Si le muguet arrive à l'époque du sevrage, on devra ménager la bouche, en fournissant aux jeunes animaux des aliments cuits et faciles à manger.

Quant aux agents propres à combattre directement la maladie, ils sont difficiles à appliquer lorsqu'un grand nombre d'agneaux sont affectés à la fois. On séparera les agneaux malades et on les placera dans un ou plusieurs triquets. Comme les petits tettent difficilement, on exprimera le lait de leur mère dans leur bouche plusieurs fois par jour. On portera avec grand avantage certains liquides dans la bouche. Les bergers

employaient autrefois un mélange de poivre , de sel
et de vinaigre , dans lequel ils trempaient un petit
tampon de linge attaché au bout d'un bâtonnet qu'ils
promenaient sur toutes les surfaces malades. A part le
poivre , cette recette n'est pas trop mauvaise. On peut
se servir comme collutoire de vinaigre délayé dans du
miel , ou bien d'acide chlorhydrique , d'alun en
poudre.

Comme boissons, on leur donnera avec avantage du
petit lait , des décoctions mucilagineuses et diurétiques.

INDIGESTION.

Elle est rare chez le poulain et les jeunes carnivores , à tel point que les auteurs n'en parlent pas
chez eux. Elle est plus fréquente chez le veau et chez
l'agneau.

Les causes , d'après M. Delafond , sont les mêmes
que celles de la diarrhée , c'est-à-dire , un lait trop riche du côté de la mère, lait tel que sa qualité trop nutritive fatiguerait les organes digestifs. Je crois qu'on
peut dire d'une manière plus générale, que tous les
changements brusques qu'on introduit dans la nourriture des veaux sont chez eux une cause plus ou moins
prédisposante d'indigestion. Ainsi , le lait auquel on
ajoute du sel, du riz crevé, du pain, de la farine, des
œufs, même avec leur coquille ; comme aussi celui
qu'on écrême et qui est difficile à digérer , précisé-

ment parce qu'il est peu nourrissant, ce sont là autant de causes d'indigestions.

La quantité agit de la même façon que la qualité. Les veaux qui tettent leur mère éprouvent rarement des indigestions. Elles sont fréquentes , au contraire, chez ceux qu'on élève artificiellement, parce qu'on les gorge de trop de lait, de trop de nourriture , dans le but de les engraisser et de leur donner un plus grand volume. La voracité des jeunes animaux produit le même effet ; ou bien une mauvaise disposition naturelle de l'estomac qui rend les digestions plus difficiles.

Symptômes. — Le jeune animal a le regard triste et souffrant, bientôt il refuse le lait , de temps en temps il survient des nausées et des mouvements de régurgitation qu'il manifeste en relevant la tête sur l'encolure; le ventre est tendu, ballonné; la pression exercée dans la partie supérieure et droite du ventre développe de la douleur, ainsi que celle exercée le long du bord cartilagineux des côtes, à cause du voisinage de l'estomac. A ces derniers symptômes , j'en ajouterai deux caractéristiques , ce sont les borborygmes et l'expulsion fréquente de vents par l'anus.

Marche. — Elle se divise en deux périodes : 1° les phénomènes sont bornés à l'estomac. Il y a surcharge d'aliments , impossibilité de digérer ; douleur stomacale , brisement des forces, tristesse et tous les autres symptômes que j'ai indiqués. Cette première période ne peut être confondue avec aucune autre maladie.

En effet , elle se distingue de la gastro-entérite par l'absence des symptômes généraux de la fièvre ; il n'y a pas le nez sec , la bouche chaude , les conjonctives injectées et rouges , le pouls plus fréquent.

Dans la deuxième période , l'estomac se débarrasse par ses contractions des matières qui le remplissaient ; ces matières plus ou moins altérées passent dans les intestins , y causent des phénomènes analogues , et enfin sont rejetées à l'extérieur en diarrhée. C'est dans cette deuxième période qu'il y a surtout des borborygmes et des vents. Comment distinguer la diarrhée de l'indigestion de la diarrhée de l'entérite ? cela est très-facile ; par les symptômes qui ont précédé , si l'on peut avoir des renseignements.

INDIGESTION.	ENTÉRITE.
Courte durée. — Deux, trois ou quatre jours. Pas d'amaigrissement, ventre ballonné, tendu.	Durée plus longue. — Deux, trois semaines et plus. Maigreur plus ou moins marquée, ventre retiré, levretté.
Pas de fièvre.	Fièvre continue ou à certaines heures.
Matières rendues en abondance et plusieurs fois de suite, avec expulsion de gaz fétides ; et rendues liquides par une grande quantité de sérosité intestinale et plus ou moins de bile.	Matières en petite quantité. C'est surtout du mucus, des glaires, des pseudo-membranes, ou bien de la bile plus ou moins jaune mêlée au mucus.
Si la diarrhée se prolonge au-delà de quelques jours, c'est qu'il s'est développé une entérite, et alors on a les symptômes de cette maladie.	

La marche de l'indigestion est rapide chez le veau ; deux ou trois jours sont souvent toute la durée.

Anatomie pathologique. — La caillette renferme un ou plusieurs forts grumeaux de lait, blanchâtres, consistants et rapprochés de l'orifice pylorique. La muqueuse gastrique, celle de l'intestin grêle sont rouges, *gonflées* et *ramollies*. Celle du gros intestin est au contraire pâle ; sa cavité est remplie de matières liquides.

M. Delafond se demande si l'inflammation qu'indique la rougeur de la muqueuse est la cause ou l'effet de l'indigestion. Il n'ose se prononcer. Cependant il y a de fortes raisons de croire que l'inflammation n'est que le résultat de l'indigestion, si, tant est que cette inflammation ne soit pas une simple congestion sanguine : si l'inflammation était primitive, on aurait eu d'abord la perte brusque et complète de l'appétit, la fièvre et les symptômes généraux, le malaise anxieux que causent les gastrites vives ; or, rien de cela n'a lieu dans l'indigestion.

Terminaisons. — L'indigestion est un accident fort grave chez le veau. Elle peut le faire périr en quelques jours : comme elle tient souvent à des causes qui continuent plus ou moins longtemps leur action, elle est sujette à se reproduire ; et alors l'estomac et surtout l'intestin grêle finissent par s'enflammer et il se déclare une entérite avec diarrhée. Lors même que cette terminaison n'a pas lieu, l'indigestion a toujours cela de fàcheux qu'elle fait maigrir le veau et qu'elle retarde son engraissement.

Traitement. — On préviendra l'indigestion en privant de nourriture les veaux dès qu'ils montrent des signes de *satiété*, c'est-à-dire, le dégoût, un peu de gonflement du ventre, une sorte de torpeur et d'inaction du système locomoteur, la gêne de la respiration, l'état muqueux de la langue, l'odeur acide de l'haleine, un commencement de diarrhée jaunâtre et fétide. Cet état de réplétion de la caillette par le lait est désigné par les Italiens sous la dénomination de *Illacinato* (*Storia e cura delle più essenziali malattie interne di buoi, Francesco Toggia*, t. II, p. 198). Cet état est désigné par les médecins sous le nom d'*embarras gastrique*. On leur donnera alors de l'eau de gruau ou des bouillons de viandes jusqu'à ce qu'il soit venu un peu de dévoiement ; et s'il dure, on le guérira facilement avec une cuillerée de présure. (Grognier, *Multiplication des animaux dom.*, 351.)

Lorsque l'indigestion est bien établie, qu'il est survenu de la diarrhée, on donnera un purgatif pour évacuer les matières qui peuvent séjourner dans les intestins : manne grasse, huit à seize grammes fondue dans un mélange de une verrée de lait et une verrée d'eau. M. Barthélemi, en 1821, a publié dans le compterendu de l'école d'Alfort, les résultats de cette méthode qui a fort bien réussi chez les agneaux. M. Delafond en a ensuite obtenu les mêmes succès contre l'indigestion des veaux. La manne, dit-il, par sa propriété émolliente fait cesser l'inflammation de l'estomac, opère la dissolution des caillots caséo-graisseux qu'il contient, et provoque une douce purgation d'où suit le rétablissement de la santé.

Beaucoup de praticiens ont envisagé autrement le traitement de l'indigestion, et considérant que soit primitivement, soit consécutivement, les fonctions de l'estomac sont troublées de telle façon que la digestion ne peut plus s'exécuter, ils ont été conduits à employer des excitants. M. Félix Villeroy conseille le vin coupé de moitié d'eau et donné froid ; d'autres emploient le sel de cuisine dans une infusion excitante, aromatique ; Favre, de Genève, ordonne l'extrait de genièvre ou toute préparation amère et aromatique, à la dose de quatre grammes dans un verre d'eau froide. Ce qui lui a procuré le plus d'avantages, c'est l'eau de chaux de un à deux grands verres par jour (cette solution se prépare en faisant dissoudre de la chaux dans l'eau jusqu'à ce qu'elle soit devenue claire et limpide, alors on transvase) ; et surtout la poudre très-fine de charbon végétal à la dose d'une cuillerée, mélangée à un œuf, délayée dans l'eau. On répète cette dose deux fois par jour et on la continue pendant deux ou trois jours.

Si la maladie persiste, il faut avoir recours à la magnésie calcinée, aux eaux alcalines, aux amers. Les alcalis agissent sans doute de deux manières, comme excitants de la digestion et aussi comme moyens propres à absorber les acides qui sont peut-être sécrétés en excès et sont la cause de l'indigestion. La présence des acides expliquerait cette rougeur et cette mollesse de la muqueuse de l'estomac, et le bon effet des alcalis qui bien certainement ne conviendraient pas s'il n'y avait qu'une inflammation, ou si cette inflammation n'était pas produite et entretenue par une cause que les alcalis enlèvent. Si la diarrhée du veau dépend de ce qu'il a puisé dans la mamelle de sa mère un lait échauffé par le travail, on doit ne lui permettre de téter que quelques heures après la rentrée à l'étable de la mère et lorsqu'elle aura pris du repos.

Lorsque la diarrhée de ce jeune animal se montre rebelle, et que l'on soupçonne quelque mauvaise qualité du lait, on doit donner une autre nourriture au veau. (Grognier, ouvrage déjà cité.)

DIARRHÉE.

Suivant Brugnone, la diarrhée est une des maladies qui font le plus de ravages parmi les poulains des haras. M. Bénard est je crois le seul auteur français qui en ait parlé. Les autres n'ont étudié la diarrhée que chez les veaux.

DIARRHÉE DES POULAINS. — « Elle commence deux ou trois jours après la naissance ou un peu plus tard ; le poulain rejette des matières fluides, jaunes, âcres,

quelquefois comme purulentes; il maigrit à vue d'œil,
reste presque toujours couché ; il est faible , sa démarche est chancelante, il tette peu ou cesse même de
le faire , et tombe enfin dans un marasme complet.
Pendant la première période , il n'est pas rare de voir
survenir une ophthalmie générale ; les humeurs de
l'œil se troublent et blanchissent , les yeux sont douloureux , les larmes coulent continuellement ; enfin,
le globe s'enfonce , il s'atrophie et la vue semble se
perdre. » (Brugnone.)

M. Bénard donne à cette maladie le nom de diarrhée grise à cause de la couleur grise des matières alvines qui sont évacuées. Le premier symptôme qui
éveille l'attention est la malpropreté de la queue aux
crins de laquelle s'attachent les matières qui sortent de
l'intestin. L'appétit diminue , le regard est triste et indique la souffrance. Les progrés de la maladie sont
marqués par l'augmentation et la fréquence des éva.
cuations, la sécheresse de la peau , le hérissement du
poil , la faiblesse générale. Le pouls devient plus fort
et plus fréquent du cinquième au neuvième jour de la
maladie.

La terminaison la plus ordinaire est la guérison ,
d'après Brugnone ; à mesure que le diarrhée diminue
on voit les yeux s'éclaircir et revenir à leur premier
état , sans qu'on ait employé aucun traitement local.
Lorsque la mort survient, elle est précédée de l'amaigrissement continu et du marasme.

Anatomie pathologique et diagnostic. — M. Bénard est le seul qui ait donné quelques détails cadavériques. Cet habile praticien a trouvé l'intestin grêle rouge et enflammé, la muqueuse ramollie, se déchirant avec la plus grande facilité, sa face interne tapissée de flocons muqueux d'une odeur très-fétide et ressemblant pour leur texture aux fausses membranes des plèvres. Ainsi M. Bénard aurait eu affaire à une entérite couenneuse et pseudo-membraneuse.

On se demande si Brugnone et M. Bénard ont observé la même maladie ? La teinte jaune des fècès, et l'état des yeux, dans les cas cités par Brugnone, sont des signes de gastro-entérite. Les fècès, dans les cas rapportés par M. Bénard, avaient une teinte grise, le trouble des humeurs de l'œil n'est pas noté. Les autopsies ont prouvé que la maladie était aussi une entérite, mais compliquée de sécrétion de fausses membranes. Ces deux maladies se rapprochent l'une de l'autre par leur siége; mais elles diffèrent par leurs complications.

J'ai observé des diarrhées grises chez les poulains, qui ne me paraissent pas se rattacher à l'entérite, mais bien à l'inflammation du colon et du rectum.

Symptômes. — Vers le huitième ou le neuvième jour, si la maladie ne s'amende pas ou qu'elle ne soit pas arrêtée par le traitement, deux terminaisons fàcheuses sont possibles; tantôt une violente inflammation du poumon se déclare avec suppression de la diarrhée ; la mort survient presque constamment ; tantôt la diarrhée continue , les déjections deviennent plus fréquentes ; les matières sont lancées au loin, deviennent fétides ; la faiblesse et la maigreur font des progrès rapides, l'anus se dilate, comme s'il était paralysé ; l'air pénètre avec bruit dans la partie inférieure du rectum et la mort arrive dans un état adynamique des plus complets.

La diarrhée peut ne tenir ni à une inflammation de l'intestin grêle , ni à une inflammation du colon , mais à une simple hypersécrétion de ces conduits plus ou moins accompagnée de congestions sanguines. Les évacuations sont grises ou jaunes, suivant que le siége principal est dans le foie et l'intestin grêle ou le colon ; elles sont plus ou moins fréquentes , s'accompagnent à peine de douleur ; l'appétit se conserve , le poulain continue à téter , il n'y a pas de fièvre , le ventre n'est pas douloureux à la pression.

DIARRHÉE SIMPLE.	ENTÉRITE AVEC DIARRHÉE.	COLITE AVEC DIARRHÉE.
Ventre non douloureux.	Douleurs vives de tout le ventre.	Douleurs vives du flanc droit plus particulièrement.
Matières séro-muqueuses blanchâtres ou grises.	Couleur jaunâtre des matières excrétées.	Couleur grisâtre de ces matières.
Ventre affaissé , mou.	Ventre tendu, peu développé , flancs creux.	Ballonnement , météorisme.

Conservation des forces.	Coliques peu vives, ténesme, déjections moins fréquentes, brisement des forces physiques plus marqué.	Coliques vives, fécès lancées au loin, efforts douloureux pour les rendre, contractions de l'anus fréquentes ; puis paralysie du sphincter de l'anus qui reste dilaté.
De l'appétit. Point de fièvre.	Perte de l'appétit, fièvre.	*Idem.*
	Trouble et blancheur de l'humeur aqueuse de l'œil, larmoiement.	*Idem.*
	Enfoncement de l'œil, presque perte de la vue.	Peu ou point.
Guérison facile et prompte.	Fréquemment mort	Guérison lente, parfois mort.

Causes.—Brugnone en fait quatre classes : 1° l'existence chez la mère de maladies qui altèrent le lait, comme la gale, les crevasses aux jambes, la mélanose et les diverses maladies de la peau ; 2° l'usage des herbes prises dans des pâturages humides et marécageux ou qui ont été exposés à la gelée, aux inondations, à la grêle; 3° les chaleurs excessives, les irritations causées par les insectes qui se développent sous leur influence; 4° enfin, des états particuliers de l'atmosphère encore inconnus et qu'on appelle constitutions médicales. Ces quatre ordres de causes agissent à la fois sur la jument et sur le poulain.

M. Bénard assigne à la diarrhée qu'il a observée une origine catarrhale et rhumatismale, ce qui signifie

qu'elle est due à l'influence des temps frais et humides
qui sont la cause des catarrhes et des rhumatismes. Il
considère la maladie comme communiquée de la mère
au nourrisson par le lait, comme se montrant plus
fréquemment lorsque les mères restent à l'écurie que
lorsqu'elles vont au pâturage. (*Recueil de méd. vétér.*,
1828, p. 148.)

Traitement. — Combattre d'abord les causes : si la
mère a quelque maladie incurable, avoir recours, pour
le poulain, à une autre nourrice ou à l'allaitement artificiel ; si les pâturages sont altérés, changer de pâturages ou nourrir à l'écurie, comme aussi dans les
grandes chaleurs où on ne laissera sortir les femelles
et les jeunes animaux que le soir.

Quant aux moyens propres à combattre la diarrhée,
ils varient suivant l'espèce de la maladie : 1° *diarrhée
simple*, la décoction de riz simple avec de la tête de
pavot, de l'opium ; les lavements de son et d'amidon
simples ou associés aux narcotiques, le carbonate de
chaux en poudre impalpable ; la poudre d'yeux d'é-
crevisses ou de corail, comme dit Brugnone ; l'eau gé-
latineuse, les astringents, la décoction de plantain,
de grande consoude, de ronces, de roses de provins,
d'écorce de chêne; puis les astringents plus énergiques,
si la maladie résiste, l'alun, l'acétate de plomb, le sulfate de fer, seuls ou associés à l'opium, à la tête de
pavot; on y joint les amers, la gentiane, l'écorce de saule,
auxquels on ajoute de la poudre de guimauve, de la

gomme commune. Enfin, on évite avec soin les impressions de l'air froid ou humide du matin et du soir surtout.

2° *Diarrhée avec inflammation des intestins.* — Des évacuations sanguines locales aux veines du ventre, si l'inflammation est très-intense ; des cataplasmes sur les lombes , des fomentations sous le ventre ; de petites quantités de lavements émollients et narcotiques ; des boissons gélatineuses, mucilagineuses. On laissera moins téter , et on pourra donner à la place un peu de farine dans l'eau.

Je ferai remarquer que dans les diarrhées épizootiques surtout de celles qui sont liées à une colite , à une colo-rectite , une foule de moyens très-opposés peuvent réussir : les purgatifs , comme le font les Allemands et les Anglais, l'infusion d'ipécacuanha, celle de rhubarbe trente grammes unie à quinze grammes de crême de tartre (thaër), le calomel, l'huile de ricin, l'opium et ses diverses préparations; les astringents, le nitrate d'argent en lavement, etc.

Quant à l'opium , M. Bénard dit qu'il convient lorsque la matière évacuée est encore peu épaisse et sans mauvaise odeur; plus tard , au contraire ,il accélère la terminaison fatale. C'est alors le cas d'employer les astringents.

Lorsque la constipation survient après la diarrhée , M. Bénard purge avec huit ou seize grammes de crême de tartre. Ce purgatif réveille l'appétit et la santé se rétablit rapidement.

DIARRHÉE DES VEAUX. — Elle commence du dixième au quinzième jour après la naissance , par conséquent après l'expulsion du méconium qui cesse du
troisième au quatrième jour. Le veau devient triste ,
cesse de téter et même de boire, il a des borborygmes,
son ventre se retire ; les matières alvines sont d'abord
glaireuses , jaunâtres , puis au bout de quelques jours
verdâtres, mousseuses, puis brunâtres ; des vents très-
fétides sont expulsés. Des fausses membranes sont
souvent mélangées à ces matières. Le nombre des évacuations est d'abord de cinq à six par jour, puis il
augmente jusqu'à quinze, vingt.

La durée de cette affection est de cinq à douze jours,
mais elle se prolonge souvent au delà. Si la guérison
a lieu , les évacuations diminuent de nombre , elles
deviennent plus épaisses, moins glaireuses , la fétidité
des fécès et des vents diminue , l'appétit revient, etc.
Si la maladie s'aggrave et marche à une terminaison
funeste, le ventre se retire de plus en plus, le nombre
des défécations reste le même ou augmente , ainsi que
leur état glaireux et leur fétidité ; la peau devient sèche et se refroidit , l'humeur aqueuse se trouble , devient blanche comme du lait , l'œil est larmoyant, les
yeux s'enfoncent , la vue se perd , les forces s'épuisent à mesure que l'amaigrissement fait des progrès ;
l'animal reste couché sans pouvoir se relever et finit
par mourir.

Anatomie pathologique. — Les chairs sont décolorées,

la muqueuse du cœcum et du colon enflammée et ulcérée. Ces ulcères sont à bords rouges et taillés à pic ,
et ne dépassent pas l'épaisseur de la muqueuse ; les
ganglions lymphatiques correspondants aux intestins
malades sont volumineux , rouges et infiltrés d'un li
quide rougeâtre.

On sera frappé de voir que les observateurs n'ont
trouvé pour les veaux de lésions que dans les gros intestins , tandis que M. Bénard n'en a trouvé chez les
poulains que dans l'intestin grêle; cela prouve la justesse
des observations que j'ai émises , en disant que la diarrhée peut être une simple sécrétion muqueuse ou bien
tenir à une entérite , ou à une inflammation des gros
intestins. Seulement les observations et les autopsies
n'ont pas été assez multipliées pour qu'on ait bien étudié
ses formes diverses. Invitons les praticiens à combler
cette lacune de la science par de bonnes descriptions
des symptômes et des lésions cadavériques.

Causes. — M. Delafond qui a recueilli tout ce que
les éleveurs du Gatinois savent à ce sujet , admet l'alimentation trop nourrissante des mères, l'usage de
matières azotées, les vesces, les gesces , les pois,
l'orge, puis le trèfle sec ou vert, s'il a été mal récolté
et les végétaux avariés ; du côté du veau l'usage du
riz peu cuit, à peine crevé, le pain trempé dans le lait,
donnés en trop grand quantité.

Traitement. — Combattre d'abord les causes. Pour
le régime du petit , faire téter peu à la fois et souvent,

comme pour le poulain : quant aux agents thérapeutiques, ce sont les mêmes que pour le poulain. Si la diarrhée du veau , dit Toggia, tient à la mauvaise qualité du lait de la vache , il est fort difficile d'y remédier ; on ne pourra guérir ce flux que si on fournit au jeune animal du meilleur lait, et pour cela il convient de le faire allaiter par une vache qui soit saine. Si la diarrhée dépend d'un lait échauffé, il faut cesser de faire travailler la vache ou ne faire téter le veau que quelques heures après le travail.

Toggia , comme les vétérinaires de son temps , attribuait la diarrhée tantôt à l'acidité , tantôt à l'alcalinité des sucs des voies digestives sous l'action desquels le lait se coagulait ou s'altérait. Il n'est plus possible de nos jours de formuler des indications positives sur cette doctrine. Les sels de magnésie , les carbonates de chaux étaient administrés dans le premier cas ; la rhubarbe , l'ipécacuanha , la décoction de chicorée , les boissons tempérantes dans lesquelles on faisait entrer la crème de tartre, etc., dans le second état, caractérisé, suivant eux, par une forte fièvre, le développement de la chaleur du corps et des déjections fétides, phénomènes, comme on voit, tout-à-fait inflammatoires.

CONSTIPATION.

La constipation qu'on observe chez les jeunes animaux et plus particulièrement chez les poulains tient à la rétention prolongée du méconium ; sans doute cela est plus fréquent chez ceux qu'on prive du premier lait de la mère, ou colostrum.

Causes. — La constipation s'observe généralement chez les poulains dont les mères ont fait, pendant l'hiver, un usage presque exclusif de fourrages secs, sans mélange de racines cuites ou crues ; qui naissent en février ou en mars, avant que les mères aient fait usage de l'herbe nouvelle ; surtout si ces femelles ont travaillé jusqu'à une époque rapprochée du part. Le lait des nourrices, dans ces cas, manque des qualités purgatives nécessaires. Les veaux sont quelquefois dans le même cas quand les vaches ont été nourries pendant tout l'hiver à l'étable avec des fourrages secs, surtout si on les a privés du premier lait de leur mère, ou si elles ont trop travaillé. Cela devrait engager les éleveurs à faire saillir leurs juments ou vaches de façon à obtenir les petits au printemps.

Symptômes. — Un ou deux jours après la naissance, le poulain est dans un état de malaise, refuse de téter, a des épreintes, fait des efforts de défécation, ressent des coliques, se roule à terre, regarde souvent son ventre ; l'urine est retenue par suite de la douleur et surtout de la compression du commencement de l'urètre ; le pouls est fréquent, la respiration pressée, les yeux s'injectent, quelques mouvements convulsifs des mâchoires se montrent. Enfin, les intestins s'enflamment et la mort survient dans les coliques et les convulsions, si les évacuations ne se font pas. Dans les mêmes circonstances, le veau éprouve un resserrement considérable du ventre, celui-ci se tend ; il éprouve de l'inquiétude, s'agite, sa respiration se presse, ses extrémités se refroidissent ; il reste couché, se plaint constamment et refuse de téter.

Traitement. — Introduire dans l'anus l'index bien graissé, et extraire le plus qu'on peut de ce méconium durci, puis mettre un suppositoire de savon taillé en cône. Au lieu de suppositoire, on peut se servir d'une seringue et injecter de l'eau de mauve simple ou mélangée d'huile ; en même temps on donne à la mère des boissons abondantes, rendues légèrement laxatives par un peu de crème de tartre, de sulfate de soude pour rendre son lait plus purgatif.

Si la constipation résiste à ces premiers moyens, on donnera des purgatifs ; la manne à trente, soixante grammes avec addition de sulfate de soude ou d'aloës de soixante-quinze centigrammes à un gramme. On peut répéter une seconde fois ce purgatif, mais sans y ajouter d'aloës, ou bien donner des lavements de décoction de séné. Lorsque le veau éprouve la constipation, on conseille de donner à la mère des boissons délayantes avec abondance et, si la saison le permet, de la mettre au pâturage, de lui laisser manger l'herbe tendre des prés.

A l'égard du veau, on prescrit aussi d'extraire, avec le doigt, le plus que l'on peut et de temps en temps, les matières dures et contenues dans son rectum , d'y faire des injections avec l'huile d'olive et le savon ; lorsque ces moyens sont insuffisants, de lui faire prendre un breuvage émollient de trois onces de miel chaque fois, de le purger ensuite avec quatre onces de conserve de casse et une once d'électuaire d'aloës composé, ou bien encore une once de poudre de séné dans un litre d'eau d'orge (Toggia).

La constipation peut quelquefois survenir pendant la durée de l'allaitement artificiel. M. Félix Villeroy l'attribue alors à l'usage de la farine donnée en trop grande quantité. Une alimentation trop abondante peut produire la constipation chez les animaux forts et vigoureux, comme aussi elle peut amener l'inflammation du tube digestif et la diarrhée. La diminution des aliments trop nourrissants , le lait coupé d'eau d'orge, les purgatifs indiqués plus haut, les sels neutres remédient à cet état.

La constipation est produite par l'affaiblissement de la contractilité intestinale , chez les jeunes animaux qui prennent trop de nourriture et distendent ainsi l'intestin, par l'accumulation des résidus de la nutrition qui sont trop abondants, et par une diminution de la sécrétion intestinale, ce qui rend les fécès plus consistantes.

ENTÉRITE AVEC INVAGINATION.

La diarrhée surtout et quelquefois même la constipation sont liées à une entérite plus ou moins prononcée. Mais cette inflammation se montre quelquefois avec une complication redoutable, l'invagination des intestins. Cette dernière n'est pas facile à distinguer pendant la vie d'une entérite violente.

Causes.— L'invagination est attribuée aux sauts, aux bonds des poulains. Elle est le plus souvent précédée d'une entérite contractée sous l'influence de l'humidité des prairies au milieu desquelles se couchent les poulains, et de toutes les causes citées à propos de la diarrhée et de la constipation.

Symptômes.—D'après M. Demoussy, coliques violentes et répétées; le poulain écarte ses pieds et étend violemment son corps (ce qui semble extraordinaire, puisque dans cette position, il doit augmenter ses douleurs, en tiraillant l'intestin), il se roule sur le sol, se met sur le dos, en écartant ses membres; son regard est dirigé tantôt sur un côté du ventre, tantôt sur l'autre; il éprouve des mouvements convulsifs des mâchoires désignés sous le nom de faire ses forces : une bave écumeuse s'écoule de la bouche.

Aucun de ces symptômes n'est caractéristique de l'invagination; le toucher n'apprend rien ; les vomissements qui appartiennent à tous les étranglements intestinaux manquent chez le poulain.

Il n'est qu'un cas où l'invagination pourrait être diagnostiquée avec quelque probabilité, c'est lorsqu'elle occupe la partie postérieure, parce qu'alors aux symptômes précédents se joint le signe plus important qui se tire de l'absence des évacuations alvines. **M.** Demoussy nie que l'invagination puisse avoir lieu dans le gros intestin du poulain. C'est une erreur; j'ai vu le cœcum complétement invaginé dans la fin de l'iléum; **M.** Bouley jeune a vu le même cas; d'autres vétérinaires ont vu l'invagination du colon.

L'invagination est un accident toujours mortel. **M.** Demoussy assure en avoir guéri une chez un étalon; mais son observation manque de certitude.

Traitement.—On préviendra l'action des causes que j'ai indiquées. Quand la maladie aura éclaté, on la traitera comme une entérite grave; et la mort surviendra à peu près constamment, s'il y a eu réellement invagination, ce qu'on ne peut pas reconnaître avec certitude pendant la vie.

Il parait qu'Hénon et quelques autres vétérinaires ont eu la témérité d'ouvrir un des flancs, pour aller à la recherche des intestins invaginés ou pelotonnés. On ignore quel en a été le résultat; et je n'ose conseiller une pareille méthode, parce qu'on ne peut pas reconnaître ces accidents d'une manière sûre.

ENTOZOAIRES.

Les vers intestinaux se développent assez fréquemment chez les jeunes animaux; cependant c'est moins pendant l'allaitement qu'on l'observe, qu'un peu plus tard, quand ils commencent à se nourrir des aliments dont ils continueront à faire usage le reste de leur vie.

Chez le poulain , le veau, l'agneau, le chien et le chat, les vers que l'on rencontre le plus communément sont les strangles, les ascarides ou filaires, les tœnias. La chèvre et le porc, d'après Desmaret, ne seraient guère pourvus que de strongles, d'ascarides et d'echinorhynques.

Le gros bétail y est moins sujet que les chevaux. Les jeunes animaux, à tempérament lymphatique, de constitution faible, mal nourris, qui habitent des lieux bas et humides, y sont plus exposés que les autres, surtout pendant les saisons humides et pluvieuses.

Les entozoaires du tube digestif se développent spontanément dans l'intérieur de ce canal ; ils n'y arrivent point de l'extérieur, par les boissons ou les aliments, comme on l'avait cru ; mais ils naissent par une génération spontanée.

Les *symptômes* qui annoncent leur présence sont fort équivoques ; le seul qui ne laisse pas de doute, c'est l'expulsion de vers. Quoiqu'il en soit, les symptômes sont les suivants : amaigrissement sans cause appréciable, poil piqué et sec, appétit irrégulier, tantôt vif, tantôt nul ; langue saburrale, haleine acide ou d'une odeur désagréable ; un peu de salivation, bout du nez froid et sec ; le jeune animal lèche la crèche, les murailles ; bâillements fréquents , dilatation des pupilles, convulsions partielles, quelquefois générales et comme épileptiques ; toux sèche, borborymes ; le ventre se ballonne, quelques coliques, un peu de diarrhée ; des mucosités d'un blanc roussâtre s'écoulent par l'anus et s'y dessèchent ; l'anus est le siége de démangeaisons qui font que le jeune animal se frotte contre les corps qui sont à sa portée.

L'état vermineux, c'est à dire, cette disposition particulière du tube digestif qui lui fait produire des vers, peut se prolonger plus ou moins longtemps, se renouveler, après avoir disparu ; mais il est rare qu'il amène la mort, à moins de convulsions violentes ou de congestion cérébrale. Labéreblaine a vu des chiens succomber dans cet état. Hors ces deux cas, la mort, si elle survient, doit être attribuée à une inflammation du tube digestif, que les vers peuvent avoir contribué à exaspérer. On n'oubliera pas que les gastro-entérites peuvent donner presque tous les symptômes que nous avons attribués aux vers, et sans qu'il en existe aucun.

Le *traitement* a été déjà en partie indiqué en parlant des larves d'œstres développées dans l'estomac et le rectum. Je rappellerai, avant tout, que chez les herbivores jeunes ou âgés il suffit souvent d'un changement apporté dans le régime, pour que l'expulsion des vers s'opère, par exemple, la mise au vert des animaux qui ont passé l'hiver dans les étables suffit au bout d'un jour ou deux pour que ces animaux rendent des quantités d'entozoaires ; il suffit même de changer la nourriture, tout en gardant les animaux à l'écurie, d'ajouter à leurs aliments du sel de cuisine, des amers.

J'ai déjà dit que le proto-chlorure de mercure, la suie de cheminée, l'huile empyreumatique , étaient d'excellents vermifuges. Il existe une foule de recettes qui réussissent bien aussi contre les vers : chaque auteur a la sienne ; voici quelques-unes de celles qu'on a conseillées. Favre (*Vétér. camp.*) prescrit, pour le poulain et le veau, l'huile essentielle de térébenthine à la dose de un ou deux grammes mêlée à une quantité double d'huile ordinaire ; les animaux sont mis à la demi-ration, composée de lait, de fourrages et de grains concassés ; on donne à boire de l'eau farineuse ; le même jour ou le lendemain, un lavement avec quinze grammes de tabac infusé dans un litre d'eau, après avoir pris soin de vider l'intestin, avec la main, ou un lavement ordinaire; même traitement pour l'agneau et le chevreau, en proportionnant les doses.

Chez les gorets, dit Viborg, comme chez le porc âgé, il est dangereux de faire passer les vermifuges sous forme liquide, dans les voies digestives, à cause de la facilité avec laquelle ils pénètrent dans la trachée artère. On leur donne donc la limaille d'étain, à la dose d'un à deux grammes pour chacun ; on la mêle au son ou à quelque autre aliment solide, que ces animaux mangent facilement, et on en continue l'usage pendant trois ou quatre jours; pendant ce temps-là, on ajoute à leur boisson ou même à du petit lait une décoction amère d'absinthe ou de tanaisie et on la sale. Il prescrit en outre le calomélas, l'aloès, la suie de cheminée, et le sel marin mêlés à de la farine et de l'eau, pour être mis sous forme de masses, que l'on fait prendre le matin, à jeun ; en même temps qu'on continue l'usage des décoctions amères ; l'huile de térébenthine, l'huile empyreumatique cuites avec du son, peuvent être aussi données.

Labéreblaine donne aux jeunes chiens la limaille de fer, à la dose de deux drachmes qu'on mélangera avec la poudre qu'il emploie contre la maladie des chiens, et dont je n'ai pu retrouver la formule. Cette dose est prise par 1|4 en quatre jours, puis il purge avec le mercure doux. Je dois déclarer que j'ai toujours vu ce vermifuge fatiguer beaucoup les jeunes chiens; l'huile de ricin m'a paru tout aussi avantageuse contre l'ascaride lombricoïde. Ces deux médicaments échouent le plus souvent contre le tœnia ; aussi vaut-il mieux donner alors l'huile de térébenthine à la dose de deux drachmes incorporée dans un jaune d'œuf et répétée pendant quelques jours.

Il est fort difficile de faire avaler aux chiens des médicaments sous forme pilulaire; ils les rejettent constamment. Si on leur ferme la gueule et qu'on attache les mâchoires avec un lien, on retouve encore au bout de plusieurs heures les pilules intactes sur les côtés des joues. C'est donc sous forme liquide qu'il convient de médicamenter le chien. M. Delaguette, le traducteur de Labéreblaine, a bien indiqué aussi cette difficulté.

MALADIES DE L'APPAREIL GÉNITO-URINAIRE.

PERSISTANCE DE L'OURAQUE. — Cette maladie que je trouve mentionnée pour la première fois dans l'intéressant *Traité des races* de Brugnone, a fait ensuite le sujet de divers mémoires. **M.** Lancelot (*Compte-rendu de l'école de Lyon*, 1822); **M.** Bénard (*Recueil vétérinaire*, tome 5); **M.** Gay, de Roanne (*Maladies des veaux*, brochure, 1844).

La persistance de l'ouraque est reconnue très-peu de temps après la naissance au symptôme suivant : chez les jeunes mâles, par la sortie des urines, sous forme de jet saccadé, par l'ouverture du nombril ; quelquefois chez eux, mais surtout chez les femelles, par le suintement du liquide qui n'est pas projeté. Chez ces dernières, l'urètre plus court et plus large livre un passage plus facile à l'urine qui s'écoule en partie par cette voie. Le suintement par le nombril se fait à peu près comme par une fistule urinaire ; les poils sont humides, agglutinés et exhalent une odeur désagréable.

Cette infirmité peut guérir spontanément ; c'est l'ordinaire chez les femelles ; cela est moins commun chez les mâles. Dans le premier cas, les urines passent de plus en plus par l'urètre ; l'ouraque diminue de volume et finit par s'atrophier ; l'ombilic se ferme ou bien il se fait une exomphale. Mais après une ou deux semaines, lorsque l'urine continue de couler par l'ouraque et

de sortir par le nombril , il se forme en ce dernier
point une tumeur qui ressemble à l'exomphale ou hernie ombilicale. Cette tumeur est produite par la dilatation du bout de l'ouraque; elle acquiert quelquefois
un volume de huit à neuf centimètres de longueur et
cinq à six de largeur , et elle est d'autant plus forte
que l'animal avance en âge (Lancelot). Au reste , elle
n'est pas toujours exclusivement formée par l'ouraque;
car on y a trouvé des portions d'intestin et d'épiploon. On comprend très-bien que l'ombilic restant
ouvert , les viscères abdominaux y sont poussés , s'y
engagent et forment une hernie qui s'ajoute à la dilatation de l'ouraque.

Au commencement, l'urine qui sort par le nombril
n'a éprouvé aucune altération apparente ; plus tard ,
à mesure que la maladie vieillit et que l'ouraque se dilate davantage , elle devient épaisse , huileuse, et plus
ou moins sédimenteuse.

Des accidents généraux se développent progressivement ; la santé s'altère sous l'influence de la résorption urineuse ; le jeune animal perd ses forces , sa
vivacité diminue ; lenteur et nonchalance des mouvements , tristesse du regard , diminution et perte de
l'appétit, le poil devient terne et sec ; les muqueuses
apparentes se décolorent ; l'amaigrissement fait des
progrès, le pouls s'affaiblit sans devenir pour cela
plus fréquent ; enfin, l'affaiblissement continuant à
faire des progrès , le jeune animal a de la peine à

se tenir debout; il se couche souvent, la fièvre hectique finit par s'établir et dure jusqu'à la mort.

La durée de cet état n'a pas été déterminée d'une manière fixe. M. Lancelot dit que les veaux et les chevreaux sur lesquels il a observé ce vice de conformation n'ont succombé qu'après l'allaitement, alors qu'ils ont commencé à faire usage d'aliments solides.

Cette maladie est grave, car, abandonnée à elle-même, elle se termine généralement par la mort chez les mâles. Chez les femelles, nous avons vu que la disposition de l'urètre faisait que l'urine s'écoulait avec facilité par cette voie.

Voici ce que l'*Anatomie pathologique* a appris : M. Lancelot a trouvé l'ouraque dilaté en une poche placée sous la peau s'ouvrant à l'ombilic et renfermant généralement environ un décilitre d'urine et une matière fétide, sédimenteuse, blanchâtre, ayant la consistance et l'aspect granuleux de l'huile d'olive figée. Les artères ombilicales ont acquis le double au moins de leur volume ordinaire, et ressemblent à une plume à écrire ; mais la veine ombilicale est encore plus remarquable par l'augmentation de son volume qui est bien supérieur à celui qu'elle avait dans le fœtus, ce qui a fait dire à quelques nourrisseurs que c'est un boyau qui ronge le foie (Lancelot). M. Gaya autopsié quatre sujets ; au lieu de la cicatrice qu'on trouve à l'ombilic, il a trouvé un orifice étroit où

l'ouraque non obstrué faisait une légère saillie ; à côté
et en avant de cet orifice existait une petite masse noirâtre, formée de couches fibrineuses ramollies et qui
correspondaient à l'ouverture encore béante de la veine
ombilicale ; elle était même ramollie et comme dé-
sorganisée. Ouverte dans toute l'étendue de ses divisions et de ses anastomoses , sa tunique interne offrait une rougeur uniforme et d'espace en espace
des taches brunâtres qu'on a pu suivre jusqu'aux divisions de la veine porte et de la veine cave , dans l'intérieur du cœur et des gros vaisseaux qui en partent.
La muqueuse du tube digestif était plus épaisse que
dans l'état normal et parsemée de taches rouges ;
les ganglions mésentériques étaient engorgés et indurés.

Ces lésions cadavériques annoncent évidemment
qu'il a existé une phlébite de la veine ombilicale ,
et que c'est cet accident qui a causé la mort dans les
quatre cas. En est-il toujours ainsi , c'est ce que les
observations ultérieures viendront apprendre.

Les *causes* sont peu connues : suivant Brugnone ,
l'introduction de l'air dans la partie du cordon restée
adhérente au ventre , puis dans l'ouraque qu'il tien-
drait dilaté ; tout cela est hypothétique ; l'existence
de quelque obstacle du côté de l'urètre ou de la vessie
qui empêche les urines de couler par la voie ordinaire:
par exemple, l'imperforation du bout du pénis , l'accumulation du mucus durci dans le canal de l'urètre ,

d'après Brugnone ; celle des matières fécales dans le rectum. M. Bénard parle de l'oblitération du canal qu'il aurait remarquée seulement une fois. M. Gay dans quatre cas a vu les petits être nés de mères âgées , faibles , exténuées.

Le traitement varie suivant que la maladie est récente ou ancienne ; avant de l'entreprendre on s'assurera de la nature de la cause qui l'a produite et on s'attachera à la faire disparaître.

Brugnone, qui croyait à l'obstruction du canal de l'urètre par du mucus épaissi provenant de la vessie , conseille de faire dans ce canal des injections émollientes qui parviendront, suivant lui, à le désobstruer. On essaiera donc l'usage de ce moyen dans lequel j'ai peu de confiance parce que je doute de la réalité de cette cause.

Il importe aussi de s'assurer si la plénitude du rectum , sa dilatation par l'accumulation du méconium n'est pas l'obstacle au passage des urines par leur canal ordinaire , on le videra avec le doigt et par les lavements.

S'il s'agit de l'imperforation de l'orifice de l'urètre , il faudra faire une incision sur le bout du pénis , pénétrer dans l'urètre et , comme il sera dit bientôt , entretenir l'ouverture au moyen d'une bougie ou d'une algalie.

Pour empêcher les urines de continuer à couler par le bout de l'ouraque , il faut nécessairement lier le bout engagé dans la tumeur ombilicale ou bien comprimer la tumeur.

1º *Ligature.* —Elle est suivie généralement de succès quand on la pratique peu de jours après la naissance du jeune animal ; plus tard , elle échoue le plus souvent. Dans ce dernier cas , M. Lancelot propose, pour le veau et le chevreau, un procédé qu'il croit bon , quoiqu'il ne l'ait pas employé. Il consiste à ouvrir la poche formée par le bout de l'ouraque, à la vider de l'urine et du sédiment qu'elle contient, à l'attirer ensuite tout dou cement au dehors de la tumeur herniaire, à poser une ligature sur son pédicule et à maintenir cette partie au niveau des bords de l'anneau ombilical jusqu'à ce que la cicatrisation en soit opérée. Reste à savoir, dit M. Lancelot, si ensuite l'ouraque ne se dilatera pas de nouveau par l'abord des urines au-dessus de la ligature.

Voici le procédé de M. Bénard , en ce qui concerne le poulain : après s'être assuré que le canal de l'urètre est libre, ce qu'on reconnaît lorsqu'une partie des urines sort naturellement par cette voie, et l'autre en même temps par le nombril , ou que dans le cas où elles ne sortent pas spontanément par l'urètre, on parvient à les y faire passer en oblitérant momentanément l'ouraque par la compression ; on couche le poulain sur le côté gauche, le pouce et l'index de la main gauche saisissent le bout de l'ouraque , l'allongent tout doucement en l'éloignant de la paroi de l'abdo-

men , tandis que la main droite est armée d'une forte
aiguille courbe enfilée d'un fil ciré : l'opérateur l'enfonce dans la peau auprès du canal , le contourne en
dessous et la fait revenir de l'autre côté sans traverser
les deux faces de la peau pour revenir ensuite circon-
scrire l'ouraque, de manière à ne comprendre que
trois ou quatre millimètres de peau dans le point de
suture qui sera fermé du côté où l'aiguille a pénétré.

On pourrait tout aussi bien, ce me semble, dans ce
cas comme on le fait dans l'opération de castration du
bélier, dite par suture à point doré, enfoncer l'aiguille de dessus en dessous dans la peau sur l'un des
côtés du point occupé par l'ouraque , la faire passer à
travers l'autre paroi de la tumeur , revenir de dessous
en dessus par l'ouverture qu'elle a faite en sortant , la
passer de l'autre côté de l'ouraque pour revenir très-
près du point par lequel cette aiguille a d'abord pénétré , après quoi approcher les deux bouts du fil et
les lier par nœud et rosette sur un petit bourdonnet qui
sert d'appui et préserve en même temps la peau du
pincement causé par le fil. Par ce procédé , l'ouraque
est pour ainsi dire seul resserré sans compression et
pincement de la peau.

M. Loiset, après que la ligature a été faite, conseille
de recouvrir l'ombilic d'un emplâtre agglutinatif. Il
empêche ainsi le contact de l'air et peut-être évite-t-il
la phlébite.

2° *Compression*. — **M.** Gay , de Roanne , a obtenu quelques guérisons par la simple compression de l'ombilic au moyen de compresses graduées allant en s'élargissant, de manière à figurer une pyramide dont le sommet portait sur l'ombilic : le tout soutenu par un bandage.

Quant au résultat de toutes ces opérations, on peut dire d'une manière générale qu'elles ne pourront réussir que chez les animaux qui ne seront pas trop épuisés. Elles échoueront chez ceux qui sont affaiblis au point de ne pas pouvoir se tenir debout ; il vaut mieux dans ce cas les vendre au boucher et profiter de leur viande.

IMPERFORATION DU PÉNIS.

C'est un cas fort rare chez les animaux. Brugnone le mentionne pourtant comme ayant été observé chez le poulain. Il conseille de pratiquer une ouverture au bout du pénis, dans le lieu, où devrait se trouver l'ouverture normale , et, pour empêcher que cette plaie nouvelle ne se cicatrise, de la maintenir dilatée pendant plusieurs jours avec une algalie , et mieux avec ces sondes creuses en gomme élastique qu'on doit à l'orfèvre Bernard. Pour maintenir la sonde en place, on attache à la portion libre la partie moyenne d'un fil dont les deux extrémités sont ramenées sur les lombes où on les fixe à un bandage ; ou bien on passe un des chefs à travers le ligament suspenseur de la verge et on le lie à l'autre sur un fort bourdonnet.

On comprend que cette opération ne peut réussir que dans le cas où le canal de l'urètre est libre dans toute sa longueur excepté dans son orifice extérieur qui est oblitéré. Si le canal manquait, cette opération ne serait plus possible. Il faudrait alors rechercher la portion restante du canal, y pratiquer une boutonnière, c'est-à-dire une ouverture qui pût donner passage à l'urine.

Le plus souvent quand l'orifice urétral est fermé, on trouve une ouverture dans quelques points du trajet de ce conduit. Lorsque cette ouverture occupe la partie supérieure du canal, elle porte le nom d'épi-spadias ; lorsqu'elle est située à la partie inférieure, on l'appelle hypo-spadias.

J'ai vu plusieurs fois ces vices de conformation chez le chien, le chevreau et l'agneau. Dans ce cas, l'imperforation du bout du pénis est de peu d'importance, au point de vue de l'excrétion des urines, puisque ce liquide est transmis au dehors par une ouverture accidentelle. Si cette ouverture est rapprochée du bout du pénis, l'urine s'écoule dans le fourreau ; on y prend à peine garde. Lorsqu'elle est plus en arrière, entre le scrotum et la courbure ischiatique, l'urine coule alors sur la peau, salit le poil, le rend humide ; la poussière, les débris de la litière s'y agglutinent. La malpropreté qui en résulte, la mauvaise odeur de l'urine qui se décompose à l'air font que ces animaux sont dégoûtants à voir. L'hypo-spadias de cette dernière espèce ne permet pas un libre écoulement aux urines ; c'est un suintement qui s'opère au moyen d'une petite ouverture que j'ai eu bien de la peine à dilater avec l'instrument. Les animaux chez lesquels cette infirmité existe paraissent souffrants, n'engraissent pas.

HÉMATURIE.

Le pissement de sang se montre plus fréquemment dans les premiers jours de la vie sur les muletons que sur les poulains , mais cette maladie n'est pas exclusivement propre aux jeunes animaux qui tettent ; on l'observe encore pendant la deuxième jeunesse.

Causes. — Certaines juments donnent des produits plus sujets que ceux des autres femelles à contracter cette maladie , quoique toutes les mères soient élevées dans les mêmes localités et soumises au même régime. M. Flamens , vétérinaire à Castel-Sarrasin , dont la clientèle renferme plus de deux cents juments employées à la production des muletons, déclare avoir recueilli plus de vingt observations d'hématurie. La plupart des juments , mères de ces muletons , étaient maigres ou atteintes de maladies de la peau.

Suivant M. Carrère , la jument qui porte un fœtus mulet est sujette à l'avortement et au part prématuré, ce qui fait dire aux éleveurs que la copulation du baudet détermine une excitation plus vive de l'utérus que celle du cheval. Il est à remarquer au moins que la jument qui a avorté une fois ou deux, ou a produit un muleton atteint de pissement de sang , porte ensuite les poulains à terme et bien portants.

Les pays montagneux paraissent y disposer , ainsi que les pâturages entourés d'arbres , le séjour habituel au milieu des bois.

Les muletons qu'on achète dans le Poitou vers cinq ou six mois , pour les élever dans les départements voisins des Alpes, contractent le pissement de sang , pendant les longs hivers de ces localités ; alors, il a une marche chronique , il s'affaiblit et disparaît au printemps , lorsqu'il est beau et qu'on peut les mettre au pâturage Les fatigues d'un long voyage , le changement de nourriture, la stabulation prolongée en seraient les principales causes.

Symptômes. — Les premiers symptômes apparaissent quelquefois dès la naissance ; il y a des muletons qui ont à peine pu téter leur mère ; le plus souvent c'est au bout de quelques jours, et alors on peut observer chez ces derniers les symptômes qui restent inaperçus chez les premiers; ce sont : des piétinements des pieds de derrière qui indiquent des douleurs de ventre , des coliques ; ils se couchent , se roulent, se relèvent rapidement , leur faciès exprime la souffrance , ils tettent souvent leur mère , ils ont les oreilles pendantes , la pression exercée avec la main sur les lombes est douloureuse, les pieds sont rapprochés et le dos voûté, et ils se campent ainsi de temps en temps pour uriner avec effort. Il rendent d'abord une petite quantité d'urines, et après quelques gouttes de sang. A mesure que les hémorragies se reproduisent et deviennent plus abondantes, le pouls devient plus serré et plus fréquent, la respiration se presse, les yeux s'injectent, la bouche est brûlante, il y a des horripilations, le poil se hérisse sur le dos, et la colonne épinière se courbe de plus en plus. A cette époque de la maladie, les urines sont rendues plus souvent et avec plus d'abondance, les forces baissent rapidement, le muleton ne peut bientôt plus se tenir debout.

Marche.— Après un ou deux jours de cet état, les forces s'abaissent, la peau devient froide partout et surtout aux extrémités ; la verge est flasque, relâchée, et sort du fourreau ; les lombes qui étaient douloureuses deviennent insensibles, quelques convulsions se montrent et la vie s'éteint. La durée de cette maladie est variable.

Anatomie pathologique. — **MM.** Carrère et Flamens ont constaté les lésions suivantes : la vessie toujours plus ou moins contractée renferme de l'urine colorée en rouge ; la muqueuse de ce viscère et des uretères offre des traces de rougeur. Les vaisseaux sanguins qui rampent sous l'enveloppe péritonéale des reins sont augmentés de volume et injectés de sang. Les reins sont eux-mêmes plus gros et injectés, de teinte brune. Il arrive, quand on les a incisés, qu'on trouve que la substance tubulée, ordinairement pâle, est plus ou moins colorée en rouge brun, les bassinets sont dilatés et renferment des grumeaux de sang, les capsules surrénales sont infiltrées d'une sérosité sanguinolente, le col de la vessie et la dernière portion de l'urètre sont plus rouges. On rencontre souvent, du côté du tube digestif, une injection rouge de la muqueuse de l'intestin grêle, et plus particulièrement du duodénum ; souvent aussi on ne trouve qu'une coloration jaune due à la présence de la bile ; les crottins sont durs, marronnés.

Traitement. Il faut d'abord modifier l'état général des juments qui nourrisent les muletons, puisque c'est d'elles que ces jeunes animaux paraissent avoir reçu le germe de leur maladie : on les nourrira donc avec soin, on évitera de les faire pâturer dans les bois. Quelques éleveurs, pour empêcher le développement de cet état congestionnel des juments qui semble la cause du pissement de sang du muleton, les saignent et ne les nourrissent, pendant les derniers temps de la gestation, qu'avec de la paille et de l'eau farineuse. On n'a pas remarqué que ces soins aient amené les résultats qu'on en attendait (Carrère).

M. Lacoste propose aussi de saigner pendant la gestation les juments qui sont irritables, celles qui sont échauffées, de leur donner, quand elles rentrent du pâturage, de l'eau blanchie par la farine et nitrée. On réformera les juments qui ont de vieilles maladies de la peau. Brugnone a depuis longtemps donné ce conseil.

Quant aux moyens à diriger contre l'hématurie, M. Lacoste propose des saignées de un kilog., répétées jusqu'à trois fois en vingt-quatre heures, des tisanes opiacées, des fumigations émollientes, des cataplasmes de mauve et de pavot sur les lombes. Ce traitement réussit rarement. M. Flamens a suivi à peu près le même traitement et avec aussi peu de succès; des fomentations émollientes, des lavements huileux, des embrocations d'huile opiacée, le lait de la mère coupé d'eau d'orge l'ont constitué.

Je ferai plusieurs reproches à ce traitement : il me paraît dangereux d'enlever deux ou trois kilog. de sang en vingt-quatre heures à un jeune animal, je ne comprends pas qu'on dirige des fomentations chaudes, qu'on applique des cataplasmes chauds sur une région qui est le siège d'une hémorragie : c'est à coup sûr favoriser l'écoulement du sang. Je crois donc qu'il faudrait suivre dans le traitement les règles suivantes : Après avoir donné le lait d'une mère bien portante et dans de bonnes conditions, pratiquer une ou deux petites saignées de deux ou trois cents grammes; appliquer des révulsifs à l'encolure, comme des sétons, des vésicatoires; de la moutarde sur les membres antérieurs; prescrire des lavements presque froids, acidulés et opiacés ; des applications astringentes sur les lombes, comme la terre des couteliers , etc. ; des boissons froides et astringentes ; du côté du tube digestif, un purgatif avec un sel neutre, donné le premier jour au soir, ou le deuxième au matin , dans le but d'opérer une révulsion sur le tube digestif; rendre l'écurie fraîche et la bien aérer.

Le fait de guérison cité par M. Carrère et dont je n'ai pris connaissance qu'après la rédaction de cet article vient à l'appui de ma prescription. Appelé pour donner des soins à une mule née de la veille, qui avait le pissement de sang, et ne pouvant se rendre sur le champ à la campagne où elle était, il se contenta de prescrire pour cette jeune malade deux onces de sulfate de magnésie dans de l'eau tiéde (sans doute par portion d'un litre ou d'un demi-litre à la fois); quelques lavements avec la décoction de graines de lin rendus irritants par une dissolution de savon; des fomentations avec l'eau tiède sur la région lombaire, et une saignée. Celle-ci fut faite aux artères coccygiennes et fournit à peu près un kilog. et demi de sang.

La mule fut tranquille pendant la nuit ; le lendemain les urines qu'elle rendit furent moins rouges et peu à peu (on ne dit pas en combien de temps) revinrent à leur état normal. Le même traitement, plusieurs fois employé depuis, est resté sans effet (*Journal de Toulouse*, t. 5, p. 340).

CALCULS VÉSICAUX.

On trouve dans le *Journal de Médecine vétérinaire de Belgique* un cas fort rare de présence de calculs dans

la vessie d'un poulain âgé de trois mois, rapporté par
M. Clément.

Ce poulain, de race anglo-belge, fut pris le 7 juillet
1844, au matin, de coliques néphrétiques; il se plaçait
souvent pour uriner sans rendre des urines; pendant
ces douleurs, ce jeune animal rendait des matiéres fécales, éprouvait de fréquents balancements de queue;
ses muqueuses apparentes étaient injectées de sang, le
pouls fréquent et serré; des sueurs abondantes avaient
lieu.

On pratique une saignée à la jugulaire, d'un kilog. et
demi, on administre l'opium à la dose de vingt grammes
dans deux litres de décoctum de graines de lin, à faire
prendre en cinq fois; on donne des lavements, des
frictions séches sont faites et on couvre le corps d'une
couverture chaude.

A quatre heures du soir, les coliques ont cessé, le
ventre se ballonne, la respiration est embarrassée, le
pouls faible, les extrémités du corps froides, la mort survient le lendemain, à deux heures du matin.

On trouve à l'autopsie de deux à trois litres de liquide
dans l'abdomen, la vessie est rupturée vers son fond,
elle contient plus de cent calculs de volume variable,
et entr'autres un du volume d'une noisette arrêté au col
de la vessie qu'il ferme complètement. Ce calcul a été,
sans contredit, la cause de la rupture de la vessie et
de la mort.

RÉTENTION D'URINE.

Le poulain est quelquefois pris de rétention d'urine quelques temps après sa naissance, cette rétention coïncide quelquefois avec la constipation, et alors elle reconnaît pour cause la compression qu'exerce le rectum engorgé sur le col de la vessie et le commencement de l'urètre. Brugnone signale une autre cause de rétention d'urine; c'est, dit-il, la présence d'un mucus épais et visqueux qui embarrasse les voies urinaires et en même temps le tube digestif. Les poulains qui sont dans cette espéce d'état muqueux, restent longtemps maigres et souffrants, les mâles plus encore que les femelles, à cause de la longueur et de l'étroitesse du conduit des urines. Brugnone conseille les purgatifs. Voilà sa formule, qui n'a aucun autre avantage que d'être peu irritante :

Huile d'olive vierge et huile d'amandes douces, de chaque cent quatre-vingt-douze grammes, on mélange à ces huiles seize grammes de hiera-picra (ou électuaire composé d'aloës), et quatre-vingt-seize grammes de pulpe de casse; on fait prendre ce breuvage avec le biberon; les anciens se servaient de la corne. La décoction de séné unie à une forte décoction de graine de lin et à un sel neutre produira le même effet et sera bien moins coûteuse.

On fera en même temps des injections émollientes dans le tube digestif.

GALACTOSE.

Il est permis de rattacher les maladies de la mamelle aux maladies de l'appareil génito-urinaire. La seule qui nous offre quelque intérêt est la galactose des femelles récemment nées, c'est-à-dire la production de lait dans les mamelles à une époque de la vie où normalement il ne devrait pas en 'exister. C'est à MM. Mazure et Lecoq, de Bayeux, que nous devons la connaissance de cette maladie (*Société du Calvados,* n° 2).

Lecoq a vu deux pouliches naître avec des mamelles plus volumineuses qu'à l'habitude ; les mamelons étaient aussi plus gros. Ayant essayé de les presser, il en fit sortir du lait. On obtint une demi-verrée de lait, en les trayant chacune. Examiné 6 heures après, ce lait parut de bonne qualité ; il était blanc, d'une saveur sucrée, analogue à celle du lait de jument. Cette sé-crétion cessa au troisième jour ; les pouliches ne manifestèrent aucun trouble dans leur santé.

M. Mazure qui a observé le premier la galactose, trouva sur une pouliche les mamelles du volume des deux poings. Elles étaient dures, chaudes, doulou-reuses ; la peau tendue, luisante ; les mamelons sail-lants. Le lait qu'on en tira parut à la vue et au goût tout-à-fait semblable à celui de la mère. La glande gauche, plus grosse et plus chaude que l'autre, fournissait plus de lait. Cet engorgement des glandes gênait les mouvements des membres de derrière. Cet état dont on s'était aperçu deux ou trois heures après le part, fut combattu par des lotions émollientes que l'on répétait cinq à six fois par jour, ainsi que des onctions avec l'onguent populéum. Mais les choses ne se passèrent pas aussi bien que dans les observations de Lecoq ; cette galactose était accompagnée, dans le cas de M. Mazure d'une inflammation de la mamelle qui se termina par suppuration. Un abcès superficiel se forma dans la mamelle gauche ; on l'ouvrit et il s'en écoula environ un verre et demi d'un liquide blanc, jaunâtre, caillebotté, semblable à du lait trouble. Le tissu cellulaire qui entourait la mamelle se détruisit ; la glande séparée de la peau le fut aussi des parois abdominables par la destruction de ses vaisseaux, et elle se trouvait ainsi en quelque sorte flottante au milieu de la masse du pus. On put l'extraire en agrandissant l'ouverture faite pour l'écoulement du pus. Quinze jours après, la peau s'était recollée, le mamelon, dit M. Mazure, continuait à fournir du lait ; ce qui étonna beaucoup ce praticien qui avait enlevé la glande. Ce prétendu lait n'était autre chose sans doute que du pus sécrété par la surface interne de la capsule fibreuse ou de la peau non encore cicatrisées complètement.

VEAUX QUI SE TETTENT.

Les veaux mâles contractent quelquefois l'habitude de se sucer mutuellement le bout de leur boutri ; c'est cette mauvaise habitude que les éleveurs ont désignée par l'expression de veaux qui se tettent. Cette expression n'est juste qu'appliquée aux jeunes femelles qui sucent réellement la tétine. Cette habitude produit chez les veaux et les vèles de l'affaiblissement, de mauvaises digestions, de la maigreur et à la longue ils tombent dans le marasme et peuvent succomber, si on ne parvient à les contenir.

Il faut séparer ces animaux ; frotter avec du goudron, de l'assa-fœtida ou toute autre substance d'une odeur et d'une saveur repoussante, les parties que les jeunes animaux ont l'habitude de se sucer. Si ces moyens échouaient, M. Gay, de Roanne, a conseillé de mettre à ces animaux une muselière armée de piquants ; la douleur qui en résulte pour les autres fait qu'ils se repoussent.

Maladies des voies respiratoires.

Coryza. — Angine. — Les mêmes influences qui produisent la cachexie aqueuse produisent les deux maladies dont il s'agit.

Le coryza des jeunes animaux, qui porte aussi le nom de gourme, se complique quelquefois d'une angine simple ou accompagnée de collection muqueuse ou purulente dans les trompes d'eustache, affections qui leur sont communes avec les animaux adultes, et qui par conséquent n'offrent rien de bien particulier à noter, quant à leur histoire.

Angine gutturale avec dépôt dans les poches.—M. Mazure a vu chez deux poulains, âgés de quatre mois, tétant encore leur mère, une collection de matière muqueuse ou purulente dans les deux poches chez l'un et seulement dans l'une chez l'autre. Cet engorgement, caractérisé par la tuméfaction et le soulèvement de la glande parotide, amena une respiration bruyante avec menace de suffocation. La résistance de la tumeur fit présumer que la collection était formée par des matières consistantes. La suffocation étant imminente, on se décida à faire pénétrer l'instrument tranchant dans son intérieur pour les évacuer. Voici comment **M.** Mazure opéra : Une incision fut pratiquée sur la peau, dans une étendue de deux à trois centimètres, un peu au-dessous de la veine glosso-faciale (maxillaire interne), ensuite sur l'aponévrose du muscle sous-cutané du cou, puis, disséquant avec le doigt l'extrémité inférieure de la glande parotide en arrière de l'artère parotidienne, et étant parvenu sur l'extrémité inférieure de la poche, il l'incisa avec le bistouri.

Les matières contenues dans cette poche se trouvaient concrètes comme il l'avait prévu, de consistance et d'aspect de la substance cérébrale, mélangées de grumeaux plus consistants du volume du bout du doigt. Il s'y trouvait aussi une petite quantité de fluide de couleur jaunâtre, mêlé à des granulations de même couleur. On put extraire le tout par des pressions réitérées sur les environs de la poche , et par des injections émollientes. On introduisit une légère tente dans l'ouverture extérieure pour la tenir béante; on fit des lotions émollientes, et après, des onctions d'onguent populéum sur les environs de l'ouverture. La partie opérée fut couverte d'une peau d'agneau en poil pour la préserver du contact de l'air. On continua ce traitement jusqu'à la guérison, qui a lieu au bout de vingt jours. On opéra de la même manière du côté opposé avec le même succès, et le second poulain quelque temps après d'un seul côté.

Cette observation, fort intéressante du reste, établit 1° que la suffocation n'était pas imminente, puisqu'on a pu coucher sans danger le poulain, et qu'il eût été plus prudent de l'opérer debout; 2° qu'on avait l'espoir de ramollir les matières contenues dans les poches par l'application de cataplasmes, et de les vider par les naseaux ; 3° qu'à la rigueur, alors une une simple ponction avec le bistouri ou avec le cautère actuel suffisait pour procurer l'évacuation du contenu des poches gutturales.

Mon collègue, M. Prince, m'a rapporté que l'angine gutturale, avec collection muqueuse ou purulente dans les poches de ce nom, est fort commune chez les poulains en Egypte; qu'il est toujours parvenu par la ponction et à l'aide d'une petite cuiller à les vider complètement et avec tout le succès désirable.

Il est une autre de leurs *complications* qui me paraît aussi importante à signaler ; c'est celle qui consiste dans l'apparition, sur divers points du corps, de phlegmons et d'abcès. J'ai vu plusieurs fois de ces phlegmons ; ils se développent rapidement, passent en peu de temps à la suppuration et s'ouvrent à l'extérieur. Ils se succèdent ; les uns se montrent quand les autres entrent en suppuration ou se cicatrisent. Chez les sujets vigoureux, ils fournissent un pus louable, abondant, et un pus clair et séreux chez les sujets faibles.

Lorsque cet état se développe, si le temps et la saison sont défavorables, il faut faire rentrer à l'écurie les poulains et les juments nourrices ; on les soustrait ainsi à ces influences fâcheuses ; mais on a soin de faire sortir les mères dans le jour, quand le temps la permet, pour les faire pâturer dans les lieux les plus secs. En rentrant à l'écurie, les poulains, quand on les aura fait sortir, devront être bien essuyés et couverts d'une couverture chaude. L'habitation aura une température modérée. C'est surtout dans les printemps brumeux et pluvieux que ces soins deviendront nécessaires.

Les jeunes poulains seront mis à l'eau miellée tiède blanchie par la farine, et surtout la farine d'orge. Ils n'ont de fièvre que pendant les premiers jours. On leur place sous l'auge et la gorge une peau d'agneau en poil. L'onguent populéum en onctions, les cataplasmes même sont employés pour calmer les douleurs que causent les tumeurs phlegmoneuses qui se développent autour de la gorge ; puis on les couvre d'onguent basilicum, ou d'huile de laurier, pour y exciter la suppuration.

Ces tumeurs s'abcèdent avec rapidité et s'ouvrent d'elles-mêmes à cette époque de la vie où le tissu cellulaire est abondant et la peau fine et molle. Trois ou quatre jours suffisent pour cela. Si le poulain est faible, que l'abcès tarde à se former, on peut appliquer sur l'induration un cataplasme formé de 1/4 ou de 1/3 de moutarde en poudre mêlée à de l'onguent populéum.

Pour les phlegmons qui se développent autour des articulations, il ne faut pas attendre qu'ils s'ouvrent d'eux-mêmes ; on doit redouter l'inflammation et la perforation de l'articulation ; aussi s'empressera-t-on de les ouvrir avec le bistouri, dès qu'ils seront en suppuration. Quant à ceux des poches gutturales, il ne faut leur donner issue avec le bistouri que quand il y a menace de suffocation ; hors ce cas, il vaut mieux attendre qu'ils se vident d'eux-mêmes.

L'écoulement mucoso-purulent qui se fait par les fosses nasales, ainsi que la suppuration des abcès peuvent être assez abondants pour produire, chez les jeunes animaux, l'affaiblissement et la maigreur. On aura soin de soutenir les forces et de les réparer par une bonne nourriture.

CROUP. — ANGINE COUENNEUSE.

L'angine couenneuse est cette inflamation de la gorge qui s'accompagne de la production de fausses membranes dans cette partie. Lorsque les fausses membranes, au lieu de rester bornées à la gorge, descendent jusque dans le larynx et l'obstruent, à cette époque de la vie où il est étroit, il y a ce qu'on nomme croup.

Les veaux et les agneaux en sont quelquefois atteints; j'en possède plusieurs observations. Cette maladie ne s'est jamais présentée chez eux, sous une forme épizootique, au moins à ma connaissance. Cette maladie ayant été jusqu'à présent au-dessus des ressources de l'art, il faut suivre le conseil de Végèce et sacrifier les malades.

ENTOZOAIRES DANS LES BRONCHES.

Deux vétérinaires suisses ont donné à cette maladie le nom de phthisie vermineuse; ce sont MM. Despalens et Morier, qui, en 1812, adressèrent à l'École de Lyon des observations relatives à une maladie peu connue alors, la présence de vers dans les voies respiratoires (*Mémoires et Observ. chirurgic.* Gohier, t. 2, p. 423). Camper en avait déjà parlé, à propos du cheval (Bloch, *Traité des vers intestinaux*, trad. française. Strasbourg, p. 74. 1783). Pallas, Daubenton, Chabert, Hadler, Carier, Tessier en ont observé dans les chevaux et les moutons. Bloch leur donne le nom de *gordius viviparus* ; Chabert, celui de *crinons*, parce qu'ils ressemblent à un crin blanc; Albidgaard, celui de *gordius équinus*; Linnée les nomme *filaires du cheval* ; ils appartiennent à la classe des entozoaires nématodes de Rudolphi, sous le nom de *strongles filaires*.

Ce vers a le corps allongé, cylindrique; ses extrémités sont presque aussi grosses que le reste du corps; il est élastique et fragile ; plongé dans l'eau, après sa mort, il absorbe ce liquide avec rapidité; se déroule, se gonfle, se raidit, et sa peau éclate. Les filaires sont d'une fécondité prodigieuse ; elles se réunissent en masses du volume d'une noix, d'un œuf de poule et même plus.

Causes. — Le jeune âge y prédispose. C'est pendant l'allaitement, de quatre à six mois, ou peu après le sevrage, qu'on les observe le plus ordinairement. Les pays bas et humides, les saisons pluvieuses, les aliments de mauvaise qualité semblent favoriser leur développement. M. Vigney nie l'influence de cet ordre de causes. Dans la Basse-Normandie, qu'il habite, les vers des bronches se déveioppent pendant les mois les plus chauds, de juillet en octobre, à l'époque où les jeunes animaux ont le plus de force et d'embonpoint. Pallas, dans son *Voyage en Sibérie*, note bien aussi que c'est pendant les grandes chaleurs de l'été qu'on rencontre le plus cet état vermineux, mais il fait remarquer que c'est sur les chevaux qui pâturent dans les bas-fonds humides , et auprès des lacs et des eaux stagnantes. D'un autre côté, Daubenton le vit régner sur plusieurs troupeaux des environs de Montbard , pendant l'hiver de 1768. Chabert l'attribue aussi à l'humidité. Morier et Despalens l'ont observé en juillet; ils parlent d'épizooties qui auraient régné en 1795 et en 1803 dans les environs de Sion, de Berne et de Fribourg.

En général, c'est donc pendant l'été que cet état vermineux apparaît , mais dans les lieux humides , auprès des petits étangs qui en se desséchant ne laissent que des eaux croupies pour la boisson des animaux. C'est ce qui avait fait admettre qu'ils pénétraient avec les boissons dans l'estomac où leurs œufs se développaient et d'où ils passaient ensuite dans les bronches ; c'est une erreur. Ces vers se développent spontanément dans l'économie.

M. Delafond qui a observé cette maladie dans le pays de Bray n'a pas constaté l'influence des eaux de mauvaise qualité; contrairement à l'opinion de M. Vigney il a trouvé que les veaux qni en étaient atteints , étaient d'une mauvaise constitution , qu'ils engraissaient mal , et que c'étaient ceux surtout qu'on avait nourris avec du petit lait. Mais un point sur lequel ils sont d'accord et qui est fort important, c'est que cette maladie attaque ordinairement tous les veaux d'une même étable. Lorsque l'un d'eux en est atteint , tous

les autres, quelque bien portants qu'ils fussent, ceux
mêmes récemment achetés au marché, ne tardent pas
à être atteints.

Symptômes et marche. — Chez le veau à l'engrais, la
maladie commence par une toux légère, mais sonore,
qui se fait entendre surtout pendant l'acte du téter.
Cette toux devient de plus en plus forte et quinteuse,
et est suivie de l'expectoration par les naseaux d'un
mucus filant. L'auscultation fait reconnaître du râle
muqueux comme dans une bronchite ordinaire. A mesure que la toux devient plus quinteuse, le mucus est
rendu en plus grande quantité, jaunâtre, filant et
mêlé de stries de sang. La respiration est gênée en
même temps, il n'y a aucun signe de pneumonie ;
mais seulement des accès de suffocation qui se répètent
plusieurs fois par jour. Alors le veau cesse d'engraisser,
puis commence à dépérir.

Les efforts de toux produisent l'injection des conjonctives et de la pituitaire, la salivation, la fréquence et la largeur du pouls. Le jeune animal, qui
commençait à prendre des aliments solides, éprouve
de l'irrégularité dans l'appétit et la rumination, il
cesse de manger, maigrit ; son poil devient terne et
piqué, il est abattu, porte les oreilles basses, recherche les boissons, les lieux frais ; il reste longtemps
couché, il y a de la constipation.

A mesure que la maladie fait des progrès, les accès
de toux deviennent plus fréquents et plus pénibles ;

le veau éprouve de la suffocation , il allonge le cou , tient la bouche ouverte, tire la langue, et rend abondamment du mucus par la bouche ; il tombe à terre suffoqué dans les violents efforts qu'il fait pour tousser, et périt quelquefois dans un accès de suffocation , d'une manière subite , après avoir rendu ou non du sang par les naseaux.

La *durée* de cette maladie est de deux à trois ou quatre semaines et même plus chez le veau d'engrais; de quatre à huit semaines pour ceux qui sont plus âgés et plus forts. Morier et Despalens ont vu des veaux succomber avant le dernier terme , et même après une année de maladie. Ceux qui guérissent restent malades pendant cinq à six mois. Il est évident que la terminaison plus ou moins rapide de cette maladie dépend de l'âge et de la force des veaux , du nombre des vers et du siége qu'ils occupent plus ou moins profondément dans les bronches , de l'état du poumon qui peut finir par s'enflammer et finit toujours par s'engouer.

Quand la maladie guérit , l'on voit la toux diminuer, les accès de suffocation s'éloigner ; la respiration devient plus facile , mais l'embonpoint est lent à revenir. Si la mort doit survenir , la toux devient de plus en plus rauque , les quintes , la dyspnée , les stries de sang, les hémoptisies augmentent; l'anorexie et la maigreur se prononcent de plus en plus , et les animaux périssent dans le marasme. De là le nom de phthisie vermineuse.

Anatomie pathologique. — M. Vigney a constaté l'emphysème dans les trois quarts du poumon. Morier et Despalens ont signalé l'engouement du poumon par le sang, son induration rouge, la présence de filaires dans le parenchyme de l'organe, des abcès et même de la gangrène, mais peu étendue.

Les filaires sont quelquefois par milliers, formant des pelotons dans les grosses divisions des bronches; on trouve des vers isolés dans les plus petites bronches, dans le larynx et la trachée, dans lesquels elles remontent. Un mucus rougeâtre, épais et visqueux, remplit les bronches et la trachée. Chez les veaux plus âgés ce mucus est spumeux; on trouve du sang chez les animaux qui en ont rendu pendant la vie. On ne trouve pas de rougeur bien marquée de la muqueuse.

La toux est évidemment due à la présence des filaires dans les bronches qu'elles irritent par leurs mouvements. Elles gênent aussi mécaniquement la respiration, à cause des pelotons qu'elles forment. Enfin, l'irritation qu'elles produisent amène cette sécrétion de mucus visqueux qui remplit les bronches et contribue avec la présence des filaires à produire la toux, les accès de suffocation, la dyspnée, et enfin, l'asphyxie à laquelle les veaux succombent souvent.

Traitement. — On ne possède encore aucune méthode de traitement bien active et bien certaine. Les deux praticiens suisses commencèrent par combattre la congestion sanguine des bronches par des saignées et des béchiques. Mais on comprend que cela est peu important et qu'il faut avant tout chercher à évacuer les vers. Dans ce but ils essayèrent les fumigations avec l'assa fœtida, puis du brout de noix brûlé sur de la braise, l'éther sulfurique ; tout cela n'eut pas de succès. Le calomélas et le kermès minéral furent administrés par les voies digestives afin que l'absorption les portât dans la circulation et de là les fit passer dans le mucus des bronches. Ils n'en retirèrent que peu d'avantages.

Je crois qu'il aurait fallu essayer les fumigations avec l'huile empyreumatique.

M. Vigney a cru trouver de l'amendement par l'usage du calomélas donné à la dose de quatre à douze grammes dans une décoction de fougère mâle. Il ne dit pas combien de temps il faut en continuer l'emploi. Relativement à ce mode d'administration du calomel, je ferai remarquer combien il est infidèle ; le calomel étant insoluble se précipite au fond du vase et n'est point avalé : il vaut mieux le donner mélangé avec la poudre de fougère mâle ou tout autre vermifuge dans un électuaire de miel et de poudre de réglisse.

Lorsqu'il y a diarrhée on doit éviter l'emploi du calomel qui l'augmenterait et administrer les moyens dont j'ai parlé à propos de cette maladie jusqu'à ce qu'on l'ait arrêtée.

Au moyen précédent M. Vigney associait les fumi-

gations de vieux cuir sec brûlé sur de la braise plutôt
que sur du charbon dans la crainte d'introduire dans
les bronches l'acide carbonique et l'oxide de carbone.
Ces fumigations se faisaient le matin, avant que les
animaux ne sortissent et avant qu'on ne leur donnât
le breuvage, sur un réchaud placé au milieu de l'habitation qu'on avait soin de fermer hermétiquement.
En outre, il faisait respirer aux animaux les huiles essentielles de lavande et de térébenthine.

Cet auteur conseille l'opération de la trachéotomie
pour extraire les filaires du larynx et de la trachée ;
mais il ne l'a jamais faite.

M. Despalens par sa méthode a guéri vingt-deux
animaux sur quarante-cinq; tandis qu'en 1795, cin-
quante-cinq veaux du même âge (quatre à six mois)
qui pâturaient sur la même montagne du Soladier où
les quarante-cinq premiers furent traités, périren[t]
tous, les uns avant de quitter la montagne, les autres
à leur retour dans les étables. Il en fut de même en
1803 dans les environs de Sion. Quant à M. Vigney,
il ne nous dit pas la proportion de ses morts et de ses
guérisons.

M. Delafond assure que les remèdes capables de détruire les filaires des bronches sont simples, peu dis-
pendieux et réussissent complètement en quatre ou
cinq jours : « Fumigations avec un mélange d'éther
sulfurique et d'essence de térébenthine qu'on place
sous les naseaux des veaux, sur une pelle en fer lé-

gèrement chaude, la tête des animaux étant préalablement entourée d'une couverture pour empêcher la vapeur de s'échapper : administration à l'intérieur de décoction de fougère mâle, 30 gramm., avec 2 ou 4 grammes de calomel.

Il est bien extraordinaire que ce qui a si vite réussi
à M. Delafond ait si bien échoué pour les trois autres
praticiens.

Lorsque la maladie est ancienne , on administre à
l'intérieur des électuaires composés de miel et de poudres de racine de guimauve et de réglisse, auxquelles
on mêle du calomélas , et on place des sétons pour
combattre l'irritation des bronches.

GOÎTRE.

On donne le nom de goitre à l'engorgement de la
glande thyroïde, engorgement qui est produit par des
lésions de natures diverses : 1° Il peut y avoir simple
hypertrophie de la glande, sans altération du tissu ;
2° il peut y avoir sécrétion d'une espèce de mucus qui
s'épanche entre les grains glanduleux ; 3° des kystes,
des dépôts de matière crétacée, des squirrhes, des encéphaloïdes peuvent s'y développer.

Cette maladie ne mérite aucun traitement chez les
animaux que l'on engraisse pour la boucherie , parce
qu'elle ne fait pas assez de progrès pendant le peu de
temps que dure la vie de ces animaux pour qu'elle
puisse leur nuire. Il n'en est pas de même pour ceux
qu'on veut élever.

Chez le poulain , le goître commence peu de temps après la naissance dans certaines localités. Il en est ainsi suivant le rapport de M. Mouly, au haras de Rozière ; mais il est à remarquer que dans l'espèce du cheval cette affection diminue ou disparaît toute seule avec l'âge. Je n'ai observé, dans le cours de ma pratique, que cinq à six goîtres, et sur des chevaux parvenus à l'âge adulte. J'ai pu les suivre pendant plusieurs années, et je n'ai pas constaté que ces engorgements fissent des progrès d'une manière sensible, même chez ceux qu'on soumettait à de rudes travaux.

Le jeune chien est l'animal chez lequel cette maladie est le plus commune. Quelques-uns l'apportent en naissant ; elle leur donne alors la plus grande ressemblance avec les idiots de notre espèce désignés sous le nom de crétins. Leurs pattes sont tordues, ils ont l'air stupide : leur accroissement est lent , leurs moyens de locomotion presque nuls ; ils semblent frappés de mutisme ; le jappement est remplacé par une sorte de mussitation. On détruit ces animaux à cause de leur laideur et de leur inutilité.

MALADIES DES ORGANES DES SENS.

OCCLUSION DES PAUPIÈRES. — Ce vice de conformation a été signalé par Favre, sur les poulains, les veaux et les petits animaux. On ne confondra pas l'adhérence congénitale des paupières avec l'occlusion accidentelle des yeux du chien , du chat et du lapin , les quels ne s'ouvrent que huit ou neuf jours après la naissance.

Une opération seule peut triompher du premier état qui se présente sous deux formes : 1° dans l'une, le bord libre des paupières est seul adhérent, une dissection suffit à les séparer ; 2° dans l'autre, les paupières sont en outre adhérentes au globe oculaire par toute leur surface interne. Ce cas est incurable.

Pour le premier cas, l'opérateur, faisant maintenir la tête du jeune animal, fait soulever la paupière supérieure par un aide qui l'a saisie avec une pince à dissection ; il saisit lui-même la paupière inférieure de la même manière, l'éloigne aussi du globe oculaire ; puis, prenant un bistouri bien pointu de la main droite, il fait une ponction légère entre les bords des paupières, de manière à n'intéresser ni l'un ni l'autre. Il faut éviter d'enfoncer la pointe du bistouri, de crainte de piquer l'œil. Cela fait, il passe une sonde cannelée étroite par cette ouverture et la dirige vers un des angles de l'œil ; sur cette sonde il coupe entre les deux bords des paupières. Après avoir achevé d'un côté, il passe de l'autre où il se comporte de même. Au lieu de bistouri, on peut se servir de ciseaux fins et bien aiguisés pour faire les sections de chaque côté ; dans ce cas, on n'a pas besoin de sonde cannelée. Tout le traitement à la suite de cette opération consiste à graisser le bord des paupières avec un corps gras, et à passer souvent un corps mousse entre les bords des paupières, si elles montraient quelque tendance à se réunir.

Le deuxième cas est incurable, non que la dissection
ne soit facile à faire et qu'on ait bien à craindre de piquer l'œil ; pour l'éviter, on n'a qu'à tourner la pointe
du bistouri du côté de la paupière ; mais c'est que quelque moyen qu'on emploie, les adhérences se reproduisent constamment. Ce cas a fort occupé les chirur-
giens de l'homme qui ont essayé tous les topiques, ou
qui, au lieu de la dissection, ont cherché à détruire
peu à peu ces adhérences lorsqu'elles ne sont pas trop
étendues par des ligatures avec lesquelles ils étran-
glaient les portions de tissu. Tous les moyens ont
échoué, même quand les adhérences étaient partielles;
à plus forte raison quand elles sont générales.

OPHTHALMIE AVEC ULCÉRATION DE LA CORNÉE.

Décrite pour la première fois, en 1785, par le vétérinaire Coquet, qui lui a donné le nom d'albugo ; Huzard père, Soulard, Grognier et M. Delafond, à propos
des maladies des veaux d'engrais du Gâtinais, en ont
parlé et lui ont conservé religieusement son nom d'albugo. Cependant on désigne par cette expression une
tache blanchâtre épaisse, qui est le résultat d'un épanchement de lymphe plastique dans la cornée transparente, ou d'un ulcère de la cornée terminé par la cicatrisation.

Coquet, Grognier, M. Delafond, qui ont observé
cette maladie sur les veaux ; Huzard père, sur les
poules ; Lacueille et Soulard, sur les bœufs adultes,

la décrivent comme une maladie fort grave de l'œil, se terminant par la formation d'un ou de plusieurs points blancs sur la cornée, ou par l'opacité complète de cette membrane.

M. Vatel a donné à cette maladie le nom d'inflammation de la cornée transparente; il la considère comme pouvant se terminer par l'épanchement du pus entre les lames de cette membrane, soit par plaques, soit sur toute la surface, par ramollissement et par ulcération. Favre donne à cette affection complexe le nom de coryza ophthalmique.

Symptômes.—Coquet (*Instr. et Observ. sur les anim. domest.*, t. 4, p. 313) la décrit ainsi : Un œil ou bien les deux yeux sont le siége de douleurs vives, de tuméfaction des paupières, de rougeur des conjonctives, de gonflement et de tension du globe de l'œil, de larmoiement et d'âcreté des larmes, telle que la peau des larmiers est violemment phlogosée et que les poils tombent. La fièvre est violente, l'appétit perdu et la soif vive, la tête abaissée et le malaise général trèsgrand. Coquet ne parle pas de la teinte blanchâtre que prend la cornée.

D'après Soulard, vers le quatrième jour on voit apparaître, vers la grande circonférence de la cornée lucide, une auréole blanchâtre, étroite, qui s'élargit et couvre peu à pen l'œil tout entier de son opacité. D'après Coquet, Favre et M. Delafond, il se forme, au centre de la cornée ou sur un autre point de sa surface, un petit ulcère dont les bords sont taillés à pic et qui semble fait par un emporte-pièce. Coquet le compare au chaton d'une bague. Favre dit qu'il est allongé, à bords saillants et jaunâtres, à surface rugueuse. En même temps les humeurs de l'œil se troublent et même deviennent sanguinolentes. Ces auteurs ne disent pas si l'ulcère est précédé d'un abcès de la cornée ou d'une phlyctène, comme dans la maladie des jeunes chiens.

Marche et terminaison. — La maladie peut se terminer de plusieurs manières : 1° Lorsque l'inflammation de l'œil est très-intense et coïncide avec un coryza grave, l'animal est plongé dans un état ataxo-adynamique, il porte la tête basse et presque à terre, il a de la peine à respirer, il éprouve des tremblements nerveux, des crampes, il râle et meurt. Un élève d'Alfort qui eut, en 1780, à traiter une semblable maladie dans les environs de Lille, parle de la suppuration du globe de l'œil.

2° Il se fait quelquefois des sécrétions pseudo-membraneuses à la surface de la cornée lucide ; ces fausses membranes, d'un blanc jaunâtre et très-consistantes, se déposaient par couches successives ; elles étaient saillantes et se détachaient lorsque, aux approches de la mort, on pressait sur l'œil. La pression faisait en même temps sortir une sanie fétide du globe de l'œil dont le fond était noirâtre et comme gangréné (Huzard père).

3° Terminaison par sécrétion de lymphe-plastique ou de pus entre les lames de la cornée lucide. Tantôt ces produits de sécrétion sont par plaques isolées, ce qui constitue des taches séparées; tantôt la cornée tout entière est infiltrée à la fois. La teinte de l'œil est blanchâtre en général , quelquefois jaunâtre. C'est la forme qu'a observée Soulard.

4° Terminaison par ulcération. J'ai donné les caractères de ces ulcères. Lorsqu'ils guérissent, on les voit se rétrécir peu à peu , le fond s'élève de manière à se mettre au niveau des bords, ils blanchissent, et une cicatrice se forme, épaisse, un peu saillante et d'un blanc qui intercepte complètement le passage de la lumière. Il y a alors albugo : ou bien les ulcères font des progrès, se creusent, perforent l'œil qui se vide, puis s'atrophie pour se réduire en une espèce de moignon auquel les muscles restent attachés et qu'ils peuvent mouvoir. D'après Coquet, la cornée et la conjonctive oculaire se transforment alors en une masse charnue et informe.

Durée. — Dans la forme très-aiguë , la maladie ne durait guère que sept à huit jours et se terminait par la mort. Huzard père , qui paraît avoir constaté une terminaison par gangrène de cette maladie, rapporte qu'elle se terminait par la mort en cinq ou six jours. La durée de la forme ulcérative est de six à huit semaines d'après Coquet. L'œil reprenait peu à peu sa lucidité, la tache blanche s'effaçait même et l'œil recouvrait son intégrité. M. Delafond en a dit autant de l'ophthalmie avec ulcération des veaux du Gàtinais.

Pronostic. — Cette maladie est généralement moins grave chez le veau que chez le bœuf âgé et les poules, puisqu'elle guérit complètement chez lui, ou laisse tout au plus une tache blanche qui est sans importance pour les veaux qu'on ne fait qu'engraisser.

Complications.—Les principales complications sont: 1° des accidents nerveux qui indiquent sans doute une congestion ou une inflammation cérébrales ; 2° un coryza grave ; 3° l'inflammation de la muqueuse des voies respiratoires dans toute l'étendue de cet appareil, depuis la pituitaire jusqu'aux petites bronches. La muqueuse de cet appareil est gonflée, d'un rouge obscur et pointillé ; 4° la maladie aphteuse.

Causes. — Cette maladie se présente en général sous une forme enzootique ou épizootique. Huzard père l'a vue naître au printemps ; Soulard, sous l'influence de changements brusques de la température, du passage de la chaleur au froid humide. Grognier dit, d'après le témoignage des éleveurs de la Haute-Auvergne, qu'elle attaque les veaux qui sortent trop jeunes des étables, et qui, dans les premiers jours de l'estivage, sont exposés à des intempéries. On l'a vue, en Suisse, coïncider avec la maladie aphtheuse, et par conséquent sous l'influence des causes ordinaires de cette dernière.

Traitement. — On doit commencer par soustraire les animaux aux influences des causes précitées. Les Auvergnats, dit Grognier, dès la première apparition de la maladie, font descendre les veaux de la montagne pour les traiter dans les étables. C'est un exemple à imiter.

Quant au traitement proprement dit, ce sera celui des inflammations très-aiguës : la saignée en première ligne. M. Delafond veut qu'on en fasse une ou deux à la veine angulaire de l'œil ; on doit en outre couvrir les yeux d'un bandeau, et placer les animaux dans un lieu sombre dès le commencement du traitement. Ce bandeau, qu'on peut doubler en dedans de coton cardé, d'étoupe ou de linge usé, sera attaché autour de la tête des malades et arrosé souvent d'une eau émolliente tiède ; la décoction de mauve, de guimauve simple ou laudanisée, celle de laitue, de tête de pavot, de morelle. Je préfère le bandeau ou les lotions au cataplasme sur l'œil que conseille Coquet ; il fatigue par son poids. Si cependant on veut l'employer, on pourra se servir avec avantage de la farine de lin, de la mie de pain, des feuilles de mauve et de coquelicot cuites et écrasées ; on l'arrosera avec du laudanum et on l'humectera de temps en temps avec quelque décoction émolliente ou narcotique. Il est important de changer le cataplasme quand il se refroidit et d'empêcher qu'il ne se déplace et qu'il ne blesse l'œil.

Vers le troisième ou le quatrième jour, pour empêcher l'ulcère de se creuser et l'infiltration purulente de faire des progrès, on a recours à des astringents légers que l'on ajoute aux cataplasmes ou à l'eau avec laquelle on arrose le bandeau : la décoction de roses de provins, la solution d'acétate de plomb, et plus tard un peu de décoction de fleurs de sureau.

Dès cette époque aussi, il faut songer aux révulsifs : les sétons placés au fanon, les sels neutres purgatifs, le sel de nitre dans les boissons. On emploiera les sels neutres à la dose de huit ou quinze grammes pour le veau, tous les jours, jusqu'à amélioration. Le nitre ou le bicarbonate de soude, à la dose de quatre ou huit grammes par jour.

Il sera bien de frotter le pourtour de l'œil soir et matin avec un mélange de trois parties d'onguent mercuriel pour une d'extrait de belladone.

Si l'œil tout entier est violemment tendu et enflammé, et produit des symptômes nerveux graves à cause de l'étranglement inflammatoire de tous les tissus contenus dans l'œil, il faut faire une incision à la cornée transparente qui, en permettant l'issue du liquide, préviendra les douleurs excessives.

Le vétérinaire Soulard croit à la contagion de cette maladie ; ce qui semblerait la rapprocher de cette maladie si grave connue dans l'espèce humaine sous le nom d'ophthalmie purulente des nouveau-nés, qui est épidémique et qui cause tant de ravages dans les hospices d'enfants. Nos auteurs n'ont pas donné des descriptions assez exactes pour qu'on puisse comparer ces affections. L'ophthalmie des nouveau-nés est contagieuse par contact du pus ; elle commence par les

paupières qui se gonflent et sécrètent du pus; la cornée
s'enflamme et s'ulcère, l'œil se vide souvent, et la
mort en est la terminaison la plus ordinaire lorsqu'on
n'a pas recours à un traitement convenable. Celui qui
réussit le mieux consiste en lotions, faites avec un pin-
ceau qu'on promène entre les paupières, d'une solution de nitrate d'argent, de quinze à vingt-cinq centigrammes pour trente-deux grammes d'eau ; le jus de
citron, la suie de cheminée ont été vantés aussi.

IMPERFORATION DU CONDUIT AUDITIF.

Ce vice de conformation est beaucoup moins rare
que l'occlusion des paupières. La surdité en est la conséquence obligée, et on ne la reconnaît que longtemps
après la naissance; le mutisme en est aussi un des résultats; on sait que les sourds de naissance sont muets
aussi. Le plus souvent c'est le mutisme, l'absence des
cris qui appelle l'attention sur les oreilles du jeune
animal et fait constater la surdité.

Le symptôme est la présence d'une petite tumeur
proéminente dans le lieu de l'oreille où l'on devrait
trouver l'orifice externe du conduit auditif. Cette espèce de tubercule est peu dure, peu résistante, on la saisit avec les mors d'une pince à dents de rat, on la
ponctionne ensuite avec un bistouri ou une lancette
et on l'incise en croix ; ou mieux on en fait la résec-
tion en enlevant chaque lambeau avec les pinces et le
bistouri ou des ciseaux. Le tubercule enlevé, il sort

du cérumen de couleur grisâtre et on trouve que le
conduit en est obstrué ; on le fait sortir par des pressions, des injections d'eau tiéde, ou au moyen de la
curette.

Pour empêcher la nouvelle ouverture de s'oblitérer,
on met une mèche de linge ou de charpie dans l'o-
reille, on la maintient en place en remplissant l'excavation de charpie molle ou d'étoupe, et on soutient le
tout par un béguin.

Mais chez le chien, sur lequel on observe le plus
souvent ce vice de conformation, quelque soin que l'on
mette à appliquer le bandage, le plus souvent il est à
peine fini que l'animal s'agite avec force, secoue ses
oreilles, les frotte avec les pattes et finit par déranger
ou même par enlever l'appareil.

On n'opère pas les deux oreilles le même jour, il est
d'usage d'attendre que l'une se soit guérie de l'inflammation légère qui suit l'opération pour attaquer l'autre.
Cette recommandation n'est pas cependant d'une haute
importance.

Quant au résultat de cette opération pour l'ouïe, il
est le plus souvent nul ; quoique l'on ait rendu à l'entrée du canal toute sa largeur et qu'on l'ait débarrassé
de son cérumen, la surdité persiste le plus souvent,
sans que l'on sache bien précisément encore à quelle
cause particulière tient cet état. J'ai opéré un grand
nombre de chiens porteurs du vice de conformation
dont je parle et je n'en ai pas vu un seul qui ait cessé
d'être sourd à la suite de l'opération.

TEIGNE.

Viborg a observé sur le jeune porc, pendant qu'il tette, une éruption cutanée à laquelle il trouve de l'analogie avec la teigne des enfants. Rien de semblable ne s'est présenté chez les autres jeunes animaux, et c'est à tort qu'Hurtrel a cru devoir rapprocher cette affection de celle que Tessier et d'autres éleveurs ont désignée sous le nom de *noir museau*, chez les agneaux, et qui semble être la maladie que les médecins ont appelée *herpes labialis*.

Viborg la fait dépendre d'un excès d'alimentation ; ce qu'il en dit comme caractères symptômatiques se réduit à peu de choses. Il s'agit d'une éruption qu'il n'a pas caractérisée à son origine, qui se présente sous forme de croûtes brunâtres autour des yeux et en plusieurs autres endroits du corps. Sous ces croûtes on trouve de petits ulcères. Les yeux se collent, dit-il, dans cette maladie, qui présenterait quelque analogie avec la teigne muqueuse, avec cette différence que l'impetigo ou teigne muqueuse ne s'accompagne que de l'excoriation, et non de l'ulcération de la peau.

L'auteur danois recommande de diminuer la quantité de nourriture du porcelet, de lotionner les régions occupées par les croûtes avec une solution de vitriol bleu dans l'eau ; les yeux seront lavés souvent et lotionnés quelquefois avec une solution de vitriol blanc ; à l'intérieur, quatre grammes par jour de sel de cuisine uni à quatre grammes d'antimoine, on ne sait pendant combien de jours. Tout cela, comme on le voit, est bien vague et bien vieilli. Les renseignements que j'ai demandés à plusieurs vétérinaires qui habitent les pays d'élève du porc ne m'ont rien fourni de satisfaisant concernant cette maladie. On ne la connaît guère, ou même pas du tout en France.

PHTHIRIASE. — (*phtheir*, pou.)

La phthiriase est une maladie caractérisée par le développement d'une quantité plus ou moins considérable de poux, qui se développent spontanément sur la peau. On l'observe dans presque toutes les espèces, et elle est pour elles une cause de souffrances et d'amaigrissement. Brugnone a mentionné la phthiriase du poulain; Boutrolle et Favre, celle du bœuf et du veau; Viborg, celle du porc; Tessier, celle de l'agneau et du mouton.

On voit, dit Brugnone, des poulains qui, sans être atteints de maladies vermineuses et quoiqu'ils reçoivent de leur mère un lait abondant et de bonne qualité, maigrissent tous les jours. Cet état s'observe, non seulement chez ceux qui tettent, mais aussi chez ceux qui sont sevrés depuis quelque temps. Cette maigreur est causée par des poux qui se multiplient dans la crinière, la queue, les poils des jambes et, à la longue, sur tout le corps.

Chez le veau, les poux commencent sur le cou; de

là ils gagnent les épaules, les oreilles, le dos, enfin les poils du fanon. Chez le mouton et l'agneau , ils se développent sur toute la surface du corps, parce qu'ils trouvent partout une laine abondante pour les couvrir.

Chaque espèce animale a son pou particulier, qui diffère des autres par des caractères zoologiques. Son volume n'est pas toujours, comme on pourrait le croire, en rapport avec celui du corps de l'animal qui le nourrit. Le pou du veau, par exemple, est plus gros que celui du bœuf; cependant, les deux espèces de poux se retrouvent quelquefois sur le veau. Dans toutes les espèces, ces poux sont d'un gris plombé, au moins sur le ventre et les pattes ; celui du bœuf est blanc.

Ils se comportent tous de la même manière , lorsqu'ils sont sur le corps des animaux. Ils se cramponnent aux poils au moyen de leurs six pattes, qui, chez quelques uns sont en forme de pinces ; à l'aide d'une trompe écailleuse qu'ils font sortir à volonté, ils sucent le sang en l'implantant dans la peau. Comme ils se reproduisent avec une grande promptitude et une grande abondance, ils deviennent en peu de temps extrêmement nombreux sur le même animal ; et alors de celui-ci, ils passent aux autres de la même espèce par le contact ou par le voisinage ; mais les poux d'une espèce animale ne vivent pas transplantés sur une autre. On a calculé que de deux poux femelles et de leur progéniture il pouvait sortir dix-huit mille poux , dans l'espace de deux mois.

Causes. — On ne connaît pas les causes directes sous l'influence desquelles les poux se développent ; ce qu'il y a de certain, c'est qu'ils peuvent se développer spontanément chez les animaux ; quoique, une fois développés, ils passent de l'un à l'autre par contact ou par voisinage.

Les poux, ou *pediculi*, sont des insectes aptères, pourvus de six pattes ; leur bouche est formée d'un tube inarticulé, composé de deux lèvres d'une nature particulière, et de deux mandibules sans mâchoires ni palpes. Swammerdam, Leuwenhock, de Gur, croient que le mâle est pourvu d'un aiguillon placé au bout de l'abdomen. Il ne subissent pas de tranformation ; ils sont ovipares ; leurs œufs prennent le nom de lentes ; les petits en sortent au bout de six jours et peuvent engendrer huit jours après.

Les causes qui semblent prédisposer à leur développement sont à peu près les mêmes que pour les entozoaires. Le jeune âge, la faiblesse, la disette de vivres, l'usage d'aliments de faible ou de mauvaise qualité, les saisons humides, les temps brumeux, pluvieux, l'insalubrité des lieux. La malpropreté de la peau, la négligence qu'on apporte à l'étriller, à la brosser, à la laver, l'agglomération des animaux, sont des circonstances qui favorisent aussi leur développement et leur propagation. Aussi chez les animaux qui vivent en troupe, le pouilleutement est-il bientôt général, si on ne s'empresse d'y remédier.

Symptômes. — Le jeune animal se gratte , en portant la tête vers l'endroit où la démangeaison existe ; il se frotte contre quelque corps dur, ou bien il se sert de ses dents ou de ses pieds de derrière. Chaque fois que le poulain ou le veau trouve un plan résistant , une stalle , un arbre , etc. , il s'en rapproche et se frotte énergiquement. Ces mouvements font que le poil s'ébouriffe, se dirige irrégulièrement sur une surface plus ou moins étendue ; s'il s'agit de la laine, elle s'écarte et forme des mèches dont une partie tombe. Les lentes des poux forment sur le poil des taches blanches et jaunes , comme s'il avait été brûlé dans les points où on l'examine. Pour peu qu'on écarte les poils, les crins, la laine , on découvre les poux qui fourmillent ; la peau est le siége d'une desquamation furfuracée qui forme une couche à sa surface , de petites ulcérations , d'excoriations encore saignantes , lorsque les animaux viennent de se gratter ; de croûtes quelque temps après. Après qu'ils viennent de se frotter on trouve le sol sali à l'entour et souvent des poux qu'on aperçoit très-distinctement.

Pour rendre les poux bien visibles, on expose les animaux au soleil ; cette chaleur les met en mouvement ; ils s'agitent, escaladent les poils pour se porter à la superficie du corps, de telle sorte qu'ils donnent une teinte noirâtre au pelage blanc, gris ou rougeâtre.

Marche. — La présence des poux occasionne des

démangeaisons d'autant plus vives et d'autant plus pénibles, qu'ils sont plus nombreux; elles vont au point de troubler le sommeil, d'amener l'insomnie, et de donner un état de malaise, d'agitation continuelle. Ces démangeaisons sont en très-grande partie produites par les poux eux-mêmes, mais aussi par l'érythème de la peau, qui s'est développé sous l'influence de l'irritation qu'ils ont causée et qu'ils entretiennent. L'amaigrissement en est aussi une conséquence, et cet amaigrissement peut aller jusqu'au marasme.

Chez l'agneau la phthiriase peut coïncider avec la cochexie aqueuse, ou bien la précéder, et peut-être contribuer à sa production. Ces mêmes rapports se trouvent pour l'espèce canine, entre la phthiriase et la maladie des jeunes chiens. — J'ai vu souvent aussi des convulsions de forme épileptique coïncider avec un développement considérable de poux.

Durée. — On ne peut guère fixer de terme précis à cette maladie. Cependant j'ai remarqué que les animaux qui en ont été affectés pendant les longs hivers passés dans des habitations malsaines, qui ont été mal nourris, se guérissent avec le retour du beau temps, d'une nourriture meilleure et plus abondante, avec le retour de l'embonpoint ou la guérison d'une autre maladie qui coïncidait avec elle. La phthiriase est une maladie qu'il est en général facile de guérir. Il paraîtrait cependant, d'après Viborg, qu'elle est quelquefois fort grave chez le porc. Il aurait vu les poux se frayer un passage sous la peau et sortir ensuite par le nez, la bouche, les yeux, et même par les voies urinaires et intestinales. Le cas serait alors à peu près incurable. — Il est à croire que Viborg s'est trompé, et que les poux se sont développés spontanément dans les lieux où ils auront paru, plutôt qu'ils n'y seront arrivés par des espèces de galeries tracées dans les tissus.

Traitement. — Il consiste d'abord à éloigner les causes prédisposantes de cette maladie et à placer les jeunes animaux dans les meilleures conditions hygiéniques possibles; puis à détruire les insectes. Favre recommande à ce sujet de ne pas les faire disparaître brusquement et sans précaution, s'ils sont très-abondants, s'ils datent de longtemps, de peur que la congestion sanguine qu'ils entretenaient à la peau ne se déplace et ne se porte sur quelque organe intérieur. Ce danger est peu à redouter chez les jeunes animaux, chez lesquels la maladie ne peut pas être bien ancienne.

Pour le poulain, Brugnone prescrit de lotionner deux ou trois fois par jour les parties du corps qu'occupent les poux, avec une décoction tiède de staphysaigre, d'absinthe, de marrons d'Inde ou de marrons communs desséchés au four, de centaurée, ou avec de l'urine. On peut tondre les crins de la crinière et de la queue, s'ils gênent pour faire ces lotions dans ces régions où les poux sont en plus grand nombre; on peut faire des onctions d'onguent mercuriel, quatre grammes à chaque fois, qu'on aura soin de bien faire pénétrer jusqu'à la racine des poils; la décoction de tabac, la pommade sulfureuse simple.

Quel que soit celui de ces remèdes auquel on a recours, il faut y revenir à deux ou trois jours de distance pour détruire les insectes qui auraient pu se développer depuis la première fois. Quelques heures après l'emploi du remède, on fera un lavage avec de l'eau savonneuse tiède de toutes les parties qui ont été touchées par les remèdes ; puis on se servira d'un peigne pour enlever les poux morts et les lentes qui sont déposées le long des poils. Les lavages à l'eau savonneuse doivent aussi précéder l'emploi des remèdes. — Le traitement sera continué jusqu'à ce que les insectes aient complètement disparu.

On doit faire usage des mêmes moyens pour le veau. Le sel commun, le sel ammoniac, l'huile , tous les corps gras peuvent les faire périr chez lui. M. Félix Villeroy dit que le garçon de ferme, dès qu'il s'aperçoit que des poux se développent, doit tremper son doigt dans l'huile de sa lanterne et frotter les parties du corps où il remarque des poux; ce moyen est infaillible. On emploie encore à la campagne l'oignon du Colchique d'automne, l'oignon ordinaire, écrasés et pilés avec un peu d'eau. Le premier sera mis en usage avec ménagement, parce qu'il irrite la peau. L'onguent mercuriel est encore le meilleur topique.

Les poux de l'agneau ne résistent pas même à l'action de l'air ; ils périssent si on tond les agneaux. Les corps gras les détruisent facilement. Gohier employait la décoction d'ellébore avec laquelle il préparait des bains pour les agneaux déjà atteints de pourriture. Ce moyen me semble peu convenable. Buchoz, que cite Gohier, vantait la pédiculaire à fleur purpurine, et celle à fleur jaune, même prise à l'intérieur. — Tessier blâme avec raison l'usage que font les Anglais du sublimé et de l'arsenic pour tuer les poux. Le tabac est moins dangereux ; Jefferson l'employait de la manière suivante : il remplissait un tuyau en ferblanc de tabac, l'adaptait au bout d'un soufflet de cuisine ; allumait ce tabac, et, faisant agir le soufflet, il dirigeait successivement la fumée sur les parties du corps de l'animal qui contenaient des poux.

Viborg emploie pour le porc des lotions avec le vinaigre arsénical (vinaigre, 2 kilogr. ; eau, 1 kilogr.; arsénic, 2 grammes, bouillis ensemble) , à l'intérieur éthiops minéral, 8 grammes; sel marin, de 3 à 6 grammes. Ces remèdes et ces doses sont trop considérables pour le jeune porc.

Au reste, pour tous les animaux la pommade mercurielle est l'agent le plus sûr et le moins dangereux. M. Didry obtient les mêmes succès par l'essence de térébenthine donnée à l'intérieur. La dose varie suivant l'espèce et l'âge de l'animal ; on la répète tous les matins à jeun , pendant cinq à six jours. Il assure que ce moyen lui a réussi dans tous les cas où les autres moyens lui avaient échoué.

NÉVROSES.

Les convulsions qu'on appelle cloniques ne sont pas des accidents rares chez les carnivores. Chez les herbivores, les convulsions à forme tonique , le tétanos , le trismus , les contractures partielles de quelques muscles ou de toute une région se font plus particuliérement remarquer.

Chez les premiers, c'est à l'occasion des maladies vermineuses. J'ai vu cependant plus d'une fois, chez des chattes, tous les petits d'une portée périr de convulsions sans que l'autopsie ait fait découvrir de vers dans les voies digestives , ni la moindre lésion appréciable dans l'appareil cérébro-spinal. Il ne m'a pas plus été possible de découvrir les causes de ces convulsions que d'y apporter quelque remède.

Le tétanos fait périr chaque année un certain nombre de jeunes monodactyles. Je rappellerai qu'on confond sous ce nom toutes les contractures musculaires permanentes un peu étendues ; il serait bien toutefois que dans les observations qu'on nous donne, on distinguât avec soin la forme aiguë ou chronique , le nombre des muscles affectés. On distinguerait ainsi un tétanos général de ces contractures partielles , plus ou moins étendues, qui sont des névroses d'une espèce particulière et qu'on peut désigner sous le nom de *contracture idiopathique des jeunes animaux*. A cette maladie en correspond une autre, c'est la *paralysie idiopathique*, dans laquelle les muscles se paralysent sans lésion appréciable du système nerveux. J'ai observé plusieurs fois ces deux formes sur de jeunes poulains amenés à ma clinique.

Ces maladies frappent quelquefois les poulains presque dès la naissance. Lecoq, de Bayeux (*Société vétérinaire du Calvados*, t. V, p. 39), en cite un cas qui débuta quatorze jours après la naissance. Elles sont encore plus communes chez les muletons. C'est avec l'hématurie le genre d'affection qui en enlève le plus dans les pays d'élève ; mais il cède mieux que cette dernière aux agents de la thérapeutique.

On conseille les narcotiques unis aux purgatifs et aux sudorifiques ; fumigations avec des décoctions de tête de pavot, de morelle, de belladone ; extrait d'opium dans l'eau ou dans le lait de la mère ; lavements avec les décoctions narcotiques, la valériane , l'assa fœtida ; la manne , le séné , les purgatifs salins seuls ou associés à des décoctions mucilagineuses de graines de lin, à l'huile d'olive ou d'amande , à des décoctions de mercuriale , de pariétaire, de laitue, de chicorée ; la température élevée de l'écurie , des couvertures chaudes pour favoriser la transpiration , l'étrillage et le brossage de la peau avec la précaution de la bien essuyer de temps en temps lorsqu'elle est couverte de sueur.

La saignée faite au début n'a jamais produit d'effet avantageux.

Un excellent praticien de nos environs, qui a eu souvent l'occasion d'observer le tétanos sur les petits ânes et les petits mulets de sa localité , M. Schaak est arrivé aux mêmes résultats que moi pour le traitement. Il recommande qu'on les laisse libres dans une écurie peu spacieuse , saine et chaude ; qu'on ne les laisse approcher que d'une personne à laquelle ils soient habitués ; qu'on leur évite les contrariétés et les souffrances de tout genre , et il obtient beaucoup plus de succès que quand il saignait.

APPAREIL LOCOMOTEUR.

Persistance des houppes cornées qui terminent les sabots. — C'est encore Brugnone qui , je crois , a mentionné le premier le cas dont il s'agit. Les poulains en naissant apportent au-dessous de leurs sabots, vers la fourchette, une grosse excroissance cornée, molle, flexible, qui n'est autre chose que la sole primitive repoussée par celle qui se forme à la suite et au-dessus d'elle. Cette excroissance tombe d'elle-même pour l'ordinaire , lorsque le poulain se lève et commence à marcher. Si elle reste trop longtemps adhérente et empêche le jeune animal de marcher librement , on doit en provoquer la chute et la séparation , au moyen d'une spatule ou de tout autre instrument, ou même l'arracher avec la tricoise.

Ce cas est probablement rare et de peu d'importance pratique , puisque les auteurs mod ernes de trai-

lès de haras ne prennent pas la peine de le men-
tionner.

FAIBLESSE DES LOMBES.

Brugnone mentionne encore comme une maladie
du premier âge du poulain un état de faiblesse des
lombes qui l'empêche de se tenir sur ses jambes de derrière. Il recommande des fomentations sur les lombes au moyen d'un sachet contenant des plantes aromatiques , ou l'emplâtre suivant : sang dragon , bol
d'Arménie , mastic, résine de pin , goudron , térébenthine , 96 grammes de chaque. On pulvérise ces
matières qu'on fait fondre ensemble , et après avoir
rasé les lombes du jeune animal, on y applique cet emplâtre encore chaud.

Toute cette vieille pharmacologie peut être rem-
placée par des frictions avec les huiles excitantes de lavande de térébenthine , l'huile camphrée éthérée,
ammoniacale : tous les emplâtres stimulants , de savon et d'eau-de-vie , de camphre , de blanc d'œuf ,
d'eau-de-vie et d'essence de térébenthine , etc.; la
terre glaise , la suie de cheminée délayée dans du vinaigre chaud.

Quant à la nature de cette maladie , Brugnone ne
dit pas en quoi elle consiste.

CONTRACTURE DES TENDONS DES MEMBRES DE DEVANT.

Favre, de Genève, signale chez le poulain une affection congénitale qui consiste dans la courbure

anormale des membres de devant dans le sens de la flexion des genoux, en sorte que les jointures qui se portent en avant font dire en hippiatrique que l'animal est arqué.

J'ai dit, en parlant des positions anormales des jeunes animaux dans la matrice, ce qu'il fallait penser des causes de la contracture des tendons. Ce sont des maladies du système nerveux qui produisent ces rétractions des muscles et par suite de leurs tendons ; je n'y reviendrai pas davantage ; je ferai remarquer seulement qu'en effet ces contractures qui faussent les aplombs des membres, se font remarquer chez les poulains provenant de juments de races fines et distinguées.

L'irrégularité des aplombs est quelquefois telle que le poulain ne peut se soutenir sur ses membres de devant et qu'il faut prendre de lui des soins particuliers pour le faire téter pendant les premiers jours.

Le traitement consiste à redresser les membres par des extensions souvent répétées. Ce moyen produit en peu de temps une amélioration suffisante pour que le poulain se lève et tette, et que la courbure anormale disparaisse peu à peu vers l'âge de deux ans. Voici le procédé que Favre indique pour redresser les membres : Le poulain étant couché, on prend dans le creux de la main le fanon ou partie postérieure de l'articulation du boulet, et dans l'autre main la partie antérieure du genou ; on pousse, en sens contraire, les deux articulations avec une force modérée qu'on augmente peu à peu. On continue les efforts extensifs pendant deux ou trois minutes pour chaque membre, et on fait précéder leur emploi d'une fumigation émolliente sur la face postérieure des membres, là où passent les tendons : on aura soin d'essuyer la peau pour la préserver des refroidissements. On y fait aussi fréquemment des embrocations d'une huile douce, en ayant soin d'enlever chaque couche d'huile avant d'en mettre une autre. Si on n'avait pas soin d'essuyer la peau, de la laver avec du savon, les huiles se ranciraient et amèneraient des érythèmes et la chute des poils.

On continuera ce traitement jusqu'à ce que les membres aient repris leur rectitude.

ARTHRITE.

L'inflammation des articulations a été observée par Brugnone sur des poulains. Après lui, Lecoq, de Bayeux, Bénard, Tessier, Darreau ont écrit sur ce sujet. MM. Delafond et Gay, de Roanne, l'ont étudiée sur les veaux de lait, et M. Chenu sur les agneaux.

Causes. — D'après Brugnone ce serait du huitième au quinzième jour que les poulains en seraient affectés en Piémont. Lecoq, en Normandie, a noté les trois ou quatre premiers mois de la vie comme à peu près également exposés; M. Bénard, les cinq ou six mois que dure l'allaitement; M. Darreau, qui exerce dans le Perche, est du même avis que Lecoq; il dit que cette maladie est d'autant plus fâcheuse que l'on se rapproche plus du moment de la naissance. — Relativement aux saisons, M. Tessier, qui exerce dans le Poitou, parle de l'hiver comme de·l'époque à laquelle elle devient le plus fréquente; or, les poulains ont de cinq à six mois à l'entrée de l'hiver. — Un vétérinaire du midi, M. Goux (*Actes de la Société de Lot-et-Garonne*), qui a écrit sur l'arthrite du porc, ne s'est pas expliqué sur la question de l'âge.

Suivant Brugnone, l'arthrite est une maladie constitutionnelle qui, dans les pays chauds, se présente sous cette forme, et dans les pays froids se présente sous la forme de gourme. — Lecoq croit aussi à une disposition constitutionnelle du poulain, qui lui vient de sa mère : un travail pénible et un régime insuffisant pendant l'hiver, puis tout-à-coup après le part (qui coïncide avec le printemps), le changement et l'abondance de la nourriture, donnent à la mère un état pléthorique qui influe sur les qualités de son lait, le rend trop nutritif, et prédispose ainsi le jeune animal à la pléthore et aux congestions.

M. Tessier nie l'influence des causes dont parle Lecoq. Au contraire, il pense que l'arthrite survient surtout chez les poulains dont les mères travaillent trop et ne mangent pas assez; cela résulte de l'altération du lait. A cette cause s'ajoute celle tirée de la nourriture sèche qu'on donne trop abondamment au poulain, lorsque le lait de la mère diminue ou que le sevrage approche, nourriture qu'on donne dans le but de hâter son développement et de le vendre avec avantage. — M. Darreau, qui a observé cette maladie des poulains dans le Perche (*Recueil vétér.* 1842, p. 457), l'attribue aussi à la mauvaise qualité du lait de la mère. Il croit avoir remarqué qu'elle atteint de préférence ceux que le colostrum n'a pas purgés.

M. Delafond pense que chez les veaux la maladie est héréditaire : que ceux-là surtout sont atteints dont les mères sont affectées de rhumatisme chronique; mais que souvent aussi l'arthrite se développe spontanément, sans que l'on sache à quoi l'attribuer.

En résumé, il paraît, d'après l'avis des vétérinaires précédents, qu'une prédisposition particulière congéniale ou acquise préside au développement de cette affection. Mais des causes occasionnelles doivent contribuer à la faire éclater; ces causes sont sans doute un exercice trop actif, des efforts violents, brusques, des refroidissements, des changements soudains de température, des écuries mal disposées, où règnent des courants d'air.

Symptômes. — Souvent il n'y a aucun symptôme précurseur; tout-à-coup le jeune animal boite, tantôt d'un membre de devant, tantôt d'un de ceux de derrière. Ce premier symptôme est de si fâcheux augure en Normandie, que, d'après Lecoq, les éleveurs de ce pays disent : *Poulain boiteux, poulain perdu.*

Lorsque l'on recherche la cause de cette boiterie, on finit par reconnaître qu'une des articulations des membres est devenue douloureuse; les genoux, les jarrets, les boulets, les rotules, et beaucoup plus rarement une des articulations supérieures. — Au bout d'un ou deux jours un engorgement plus ou moins volumineux se montre sur le siége primitif de la douleur. Dans les articulations profondes, celles qui sont revêtues par des masses musculaires considérables, celle de la cuisse avec le corps, par exemple, le gonflement ne se manifeste qu'après trois ou quatre jours; ce qui rend le diagnostic incertain, à son début, et porte à attribuer la claudication à une contusion ou à un effort.

On dit que ces inflammations sont quelquefois ambulantes, c'est-à-dire qu'elles se déplacent et se portent d'une articulation sur l'autre. Il n'en est rien; seulement plusieurs articulations deviennent successivement malades, et à mesure que l'une d'elles s'engorge, il arrive souvent que les autres diminuent ou guérissent. Les jarrets sont les articulations le plus souvent affectées; mais les engorgements inflammatoires et douloureux se montrent aussi en même temps sur d'autres points du corps; au moins à ce que dit Brugnone.

Marche. — A mesure que l'engorgement augmente, la douleur fait aussi des progrès. Sur les jarrets, la tuméfaction a la forme d'un énorme vésigon. Bientôt l'animal ne peut plus appuyer son membre à terre, il ne se pose que sur les trois autres membres, il est forcé de rester couché s'il souffre des articulations de deux ou de plusieurs membres.

L'appétit ne se perd pas ; l'allaitement continue à se faire, si le jeune animal peut se soutenir pour téter, ou si on le soutient pendant qu'il tette. Cependant il cesse bientôt de brouter l'herbe ; le pouls devient fréquent, la respiration se presse, les muqueuses apparentes s'injectent ; elles se colorent quelquefois en jaune-rougeâtre ; la langue se couvre d'un enduit grisâtre ou jaunâtre.

Les tumeurs développées sur les articulations se terminent de deux manières :

1° *Par la guérison*. — Elles diminuent peu à peu, deviennent de moins en moins douloureuses ; les symptômes généraux s'affaiblissent et disparaissent ; le malade cesse de boiter ; il est guéri.

On comprend que dans cette première terminaison, l'inflammation de l'articulation, le rhumatisme articulaire aigu disparaissent par résolution. L'engorgement et la tumeur dont j'ai parlé, sont produits, et par le gonflement inflammatoire et par un peu d'épanchement de sérosité dans l'articulation, lequel vient soulever la synoviale et faire saillie dans le point où ils se montrent. Le point où les épanchements articulaires viennent soulever la synoviale et former une tumeur à l'extérieur, ce point est celui où l'articulation est le moius protégée et où la séreuse peut se laisser distendre.

2° *Par suppuration.* — Il est plus ordinaire que la suppuration s'y montre. Du quatrième, cinquième jour, jusqu'au vingtième, on voit les douleurs diminuer, ainsi que la rougeur et la dureté ; un empâtement œdémateux se fait ; la tumeur augmente peu à peu de volume ; elle se ramollit et devient fluctuante ; le poil tombe au centre où la peau devient le siége d'un suintement roussâtre, puis s'élève en pointe et s'ulcère. Il s'en écoule un liquide séro-purulent jaunâtre ou safrané, filant, mélangé de grumeaux blanchâtres qu'on croit dus à de la synovie coagulée, mais qui sont plutôt des grumeaux albumino-fibrineux.

Cette ouverture de l'abcès amène un soulagement momentané ; mais l'inflammation n'en continue pas moins à faire des progrès. Sa marche est plus ou moins rapide ; mais toujours l'animal succombe à ses suites. Les surfaces articulaires se dénudent, les cartilages se détachent, les os se carient, une longue suppuration accompagnée d'une vive douleur en est la suite. L'appétit et le sommeil se perdent, l'amaigrissement se prononce de plus en plus, la diarrhée se joint à la fièvre de suppuration (ou fièvre hectique) ; cette diarrhée présente des évacuations d'une matière cendrée, comme argileuse.

Si lorsque la fluctuation devient manifeste dans ces abcès des articulations, on les ouvre avec le bistouri ou de toute autre façon , on hâte les progrès de la maladie, et la mort survient plus rapidement. Lecoq parle d'un de ces abcès très-volumineux, situés sur l'un des jarrêts, qu'il ouvrit et dont il s'écoula cinq litres de pus. En sondant le trajet, il put faire pénétrer sa sonde jusqu'à la hauteur des lombes. Sur tout le trajet, le tissu cellulaire était détruit et la peau décollée. La mort ne tarda pas à survenir.

Lorsque ces inflammations articulaires se terminent par un épanchement de pus dans l'article, la maladie peut se présenter sous trois formes : a) la première, que je viens de décrire, avec ulcération , formation d'un abcès, dénudation, carie des surfaces articulaires, marche rapide de ces accidents, diarrhée et fièvre hectique. Quoique l'articulation soit remplie de pus, l'ulcération n'a pas toujours lieu ; ce pus peut rester plus ou moins longtemps sans s'ouvrir une issue à l'extérieur.

b) Tantôt on voit l'articulation augmenter de volume ; l'engorgement s'étendre tout autour de la partie malade ; puis la chaleur et la rougeur diminuent, sans que la douleur s'appaise. En même temps que l'inflammation locale paraît se calmer, le gonflement articulaire diminue lui-même. La fluctuation qui y était bien sensible ne l'est plus autant. Il semble que la maladie aille se terminer par résolution ; mais on s'aperçoit bientôt que la respiration s'embarrasse, que ses mouvements se pressent, qu'elle devient anxieuse, ou bien que le ventre devient douloureux, qu'une diarrhée grisâtre abondante s'établit, et l'animal meurt.

On disait autrefois, dans des cas de ce genre, qu'il s'était fait une métastase sur les poumons ou sur le ventre, et que c'était là la cause de la mort. Maintenant on sait que, dans la plupart de ces métastases, il s'est développé une phlébite ou une résorption purulente qui ont amené des inflammations mortelles des poumons ou du ventre. Invitons les praticiens à étudier avec soin ce qui se passe chez les jeunes animaux affectés de cette terminaison de l'arthrite purulente.

c) Tantôt la collection purulente articulaire, après avoir duré plus ou moins de temps, s'ouvre ou est ouverte ; mais elle ne suit pas la marche rapide qui constitue la première forme. Des trajets fistuleux s'établissent, par lesquels le pus s'écoule à l'extérieur ; des fongosités se développent dans l'articulation, qui recouvrent toutes les surfaces osseuses dénudées. Après un temps variable, mais toujours long, pendant lequel l'articulation se déforme par la production de végétations osseuses et de fongosités (on appelle ainsi ces gros bourgeons charnus qui se développent à la surface des vieilles plaies), on voit la suppuration diminuer, puis tarir ; les fistules se ferment, les os se cicatrisent. L'articulation conserve une partie de ses mouvements, mais elle reste grosse et difforme.

3° *Epanchement séreux.* — Cette troisième terminaison est loin d'être aussi fâcheuse que la précédente.

L'inflammation articulaire diminue, la douleur disparaît, il reste un engorgement de l'article qui est fluctuant et qui persiste un temps indéfini. Cet engorgement est constitué par un épanchement séreux dans
l'articulation, et forme ce qu'on appelle l'hydarthrose.

4° *Tumeur fongueuse.* — Une quatrième terminaison consiste dans le développement d'une masse
plus ou moins considérable de fongosités sur les surfaces
articulaires. Il en résulte un engorgement qui vient
aussi faire des saillies à l'extérieur de l'articulation.
Ces saillies sont molles et comme fluctuantes; mais on
reconnaît que cette fluctuation n'est qu'apparente,
parce qu'on ne peut pas faire disparaître complètement ces saillies par la pression, comme on le ferait
s'il n'y avait que du liquide, et que la fluctuation qu'on
croit y sentir ne se transmet pas au reste de l'articulation, comme cela devrait avoir lieu si tout était plein
de liquide.

Ces tumeurs fongueuses articulaires peuvent guérir
toutes seules, ou persister longtemps et se terminer
par suppuration.

5° *Abcès sur d'autres parties du corps.* — J'ai dit
qu'il pouvait se développer des abcès sur des parties du
corps autres que les articulations. Ces abcès sont infiniment moins graves que ceux des articles. Ils s'ouvrent ou on les ponctionne, et la guérison ne tarde
pas à s'en obtenir.

Anat. pathol. — Lorsque les articulations ont suppuré et se sont ouvertes, on trouve la peau décollée tout autour, le tissu cellulaire détruit, les tendons et les ligaments mis à nu et comme disséqués. Les surfaces articulaires sont dénudées; les cartilages, ou bien ont complètement disparu, ou bien manquent par places et sont complétement normaux là où ils existent; les os privés de cartilages restent dénudés et fournissent de la suppuration; ils sont plus vasculaires, plus rouges, moins durs; ou bien leur surface s'est recouverte de fongosités qui fournissent aussi du pus. On trouve dans l'article, au milieu de ce pus séreux, des débris de cartilages, des fragments d'os détachés.

Lorsque ces tumeurs n'ont pas suppuré, on trouve, dans les couches cellulaires superficielles, une infiltration de sérosité d'une couleur citrine et de la consistance de la gélatine fondue; tous les tissus qui entourent l'article ont une teinte rouge-pâle; les franges synoviales sont rougeâtres et plus volumineuses que dans l'état normal. L'extrémité articulaire des os présente, sous le cartilage, des arborisations bien visibles et qui sont formées par l'injection des vaisseaux superficiels de l'os. Dans les points où ces vaisseaux sont nombreux, on trouve souvent des destructions partielles des cartilages imitant de petites plaies, de petites perforations faites comme avec l'emporte-pièce. Dans aucun cas je n'ai observé de chute, de destruction particulière des cartilages, sans trouver au-dessous des vaisseaux développés dans les couches superfi-

cielles de l'os. Je n'ai jamais trouvé la moindre altération dans les cartilages, aussi j'adopte exclusivement
l'opinion des anatomistes qui pensent que les cartilages
ne sont pas vivants.

Lorsque ces épanchements articulaires se sont ter-
minés par des accidents du côté de la poitrine et du
ventre, on trouve dans ces cavités les lésions suivantes : Dans la poitrine, un épanchement plus ou moins
considérable de sérosité rougeâtre ; la muqueuse de la
trachée artère et des bronches offre une teinte violacée ; l'intérieur de ces conduits est rempli d'un liquide
spumeux jusque dans les petites divisions bronchiques.
Du côté de l'abdomen, un épanchement dans le péritoine, une teinte rouge diffuse de la muqueuse du sac
droit de l'estomac, et de la partie moyenne de l'intestin grêle ; les ganglions mésentériques correspondants
sont colorés, et, si la maladie a duré assez longtemps,
ils sont comme marbrés.

Pronostic. — Cette maladie est grave. Abandonnée
à elle-même, elle ferait périr dix-huit poulains sur
vingt, au dire de M. Darreau, déjà plusieurs fois
cité. Dans tous les cas, c'est chez le poulain qu'elle
est le plus grave, parce qu'elle lui enlève toute sa valeur ; tandis qu'on peut profiter de la viande du veau
et de l'agneau qu'on s'empresse de vendre dès qu'ils
sont malades.

Traitement. — On commencera par changer l'état
de la mère, suivant qu'elle est trop bien ou trop mal

nourrie, qu'on la fait trop travailler. Si on ne peut modifier son lait, il est plus simple de lui substituer le lait de vache et d'élever artificiellement le poulain. M. Bénard rapporte le cas d'une jument qui, pendant deux années de suite, donna des poulains qu'on perdit des suites de l'arthrite. Le troisième fut élevé artificiellement avec du lait de vache et se développa sans accident. Le quatrième, ayant été allaité par sa mère, contracta une arthrite et mourut le vingt-septième jour après sa naissance.

Si la jument est dans un état de pléthore, on la saignera, on lui donnera des délayants, du sel de nitre, on lui changera sa nourriture. Si elle est mal nourrie, on la nourrira d'aliments plus féculents, etc.

Quant au poulain, on traitera son arthrite comme on traite toutes les inflammations. Des évacuations sanguines suivant l'intensité de l'inflammation ; une, deux, quelquefois trois petites saignées répétées pendant le courant du traitement ; sur les articulations malades, des fomentations ou des cataplasmes émollients et narcotiques, et arrosés d'une solution astringente à mesure que l'état inflammatoire diminue. — Des révulsifs à l'intérieur, des boissons nitrées ; des purgations avec le sulfate de soude, le jalap, répétées tous les deux ou trois jours, jusqu'à ce que l'inflammation soit calmée ; des révulsifs à la peau, sétons, vésicatoires appliqués d'autant plus près du lieu malade que la maladie est moins violente et plus ancienne.

Dans l'emploi des saignées et des purgatifs , on se guidera avec grand soin sur les forces de l'animal ; il ne faut jamais l'épuiser trop profondément, parce qu'il ne peut plus se rétablir et reprendre ses forces, et que la maladie n'en a qu'une marche plus fâcheuse.

Les mêmes moyens conviennent aux veaux, chez lesquels , d'après le conseil de MM. Darreau et Delafond , on insistera surtout sur les purgatifs. M. Gay, de Roanne, assure avoir toujours réussi lorsqu'on peut appliquer le traitement avant que la suppuration ne soit établie. La guérison se fait en dix , douze, quinze jours.

Lorsque la suppuration s'est formée, ce qu'on soupçonne à la vivacité des douleurs qui persistent pendant longtemps, au redoublement de la fièvre, aux frissons qui coïncident avec la suppuration , il ne faut pas ouvrir les tumeurs, d'abord parce qu'on peut se tromper et ouvrir une articulation pleine de sérosité, croyant avoir affaire à une articulation pleine de pus ; ensuite parce que l'ouverture d'une articulation donnant entrée à l'air dans son intérieur est toujours une chose fort dangereuse, et qu'il faut l'abandonner à la nature.

Lorsque des trajets fistuleux sont formés, si on veut essayer de guérir les animaux, on emploiera des topiques émollients et narcotiques s'il y a beaucoup de douleurs , sinon des excitants; la teinture ou le vin d'aloës et autres préparations excitantes dont on arrose les cataplasmes et avec lesquelles on fait des injec-

39

tions dans les trajets fistuleux. On place un séton à une certaine distance de l'articulation ; on révulse de temps en temps sur le tube digestif et les reins par les purgatifs et le sel de nitre.

On a conseillé aussi à l'intérieur l'usage journalier des altérants, tels que le sublimé, l'hydriodate de potasse (iodure de potassium), l'hydrochlorate de baryte, les bicarbonates de soude ou de potasse. Ces moyens sont utiles, mais leur influence est lente à se faire sentir.

HYDARTHROSE.

L'hydarthrose (*Hudòr* , eau ; *arthron*, article) est, ainsi que son nom l'indique, l'épanchement de sérosité dans une articulation. Cette maladie est connue depuis longtemps dans la pratique vétérinaire sous le nom de vésigon, de molette, lorsqu'elle siège sur l'articulation du jarret ou sur celle du boulet. Les praticiens, sans lui donner de nom particulier, la considéraient, dans les autres articulations, comme une suite de rhumatisme et lui conservaient ce nom de rhumatisme. On a bien fait de l'isoler et de lui donner le nom d'hydarthrose, qu'elle porte en médecine humaine.

L'épanchement de sérosité dans les articulations est un vice de sécrétion qui peut survenir à la suite d'une congestion articulaire, comme celle que produisent les contusions, les coups , etc. , ou d'une inflammation, d'une arthrite ; elle constitue alors une des terminaisons de cette dernière maladie ; ou se développer sans être précédée de congestion, d'inflammation, comme un vice de sécrétion pur, ou, comme on disait autrefois, comme une hydropisie essentielle. De plus, lors même qu'elle a succédé à l'inflammation, il arrive un moment où les symptômes inflammatoires disparaissent complètement, et où on n'a plus affaire qu'à l'hydropisie articulaire. Toutes ces raisons expliquent suffisamment pourquoi il convient d'isoler cette maladie de l'arthrite et d'en faire un article à part.

Causes. — Celles des contusions ; les efforts violents des articulations sans inflammation de la synoviale, comme on peut l'observer souvent chez les animaux adultes ; le froid, et surtout le froid humide ; les courants d'air qui règnent dans les habitations ; le séjour prolongé des poulains à l'écurie, pendant l'hiver, et l'usage d'aliments trop abondants et trop nutritifs ; l'inflammation et toutes ses causes. Ainsi, M. Darreau fait bien remarquer que les poulains qui ont résisté à l'arthrite ou chez lesquels la maladie a passé à l'état chronique, en sont quittes pour quelques tumeurs synoviales très-difficiles à résoudre, surtout à l'articulation fémoro-rotulienne.

Symptômes. — Ces tumeurs synoviales sont formées par la membrane séreuse qui, obligée de se hernier par suite de la présence d'une trop grande quantité de liquide dans l'articulation, vient faire une saillie, un

vésigon sur une ou les deux faces latérales, ou même
à la face antérieure du jarret, ou bien une ou deux
molettes sur les faces latérales du boulet (articulation
carpo ou tarso-phalangienne). Ils'en montre quelquefois sur l'un ou les deux côtés de l'articulation femoro-
rotulienne, et on en a vu même sur les faces latérales
de la jointure formée par l'occipital et la première vertèbre de l'encolure.

La présence de la tumeur, la fluctuation, la gêne
des mouvements de l'articulation, par conséquent la
faiblesse du membre et la boiterie, sont les seuls caractères de l'hydarthrose. Lorsqu'elle est précédée
d'arthrite, l'épanchement ne se forme qu'après quelques symptômes de phlegmasie, la douleur et la chaleur de la jointure, un peu de boiterie, le harpement,
quelquefois la fièvre.

Traitement. — Lorsque l'hydarthrose est récente,
elle est plus facile à guérir que lorsqu'elle est ancienne; dans ce dernier cas, elle est souvent incurable.

Si les symptômes inflammatoires commencent la
maladie, on fera le même traitement que dans l'arthrite. M. Texier conseille un exercice modéré pour les
poulains qui deviennent malades par suite du repos prolongé de l'hiver. Cet exercice ne convient qu'après
que la douleur et la chaleur de l'article ont diminué
considérablement. La guérison s'obtient généralement
en cinq ou six semaines.

A mesure que la maladie devient indolente , on passe aux excitants appliqués localement ; le camphre en poudre appliqué sur des sachets faits avec des plantes aromatiques pulvérisées. On arrose plusieurs fois par jour les sachets avec de l'eau-de-vie camphrée. — On peut entourer les articles de ces mêmes sachets que l'on couvre d'un mélange fait au moment même de poudre d'hydrochlorate d'ammoniaque et de poudre de chaux vive ; l'ammoniaque qui se dégage est un excitant puissant. Des douches très-chaudes , avec de l'eau de savon , de l'eau chargée de sulfures alcalins , dont on remplit de grosses seringues ; un aide pousse ce jet avec force sur les parties malades.

Ensuite viennent les pommades avec l'ammoniaque, les cantharides; les vésicatoires volants et ceux qu'on fait suppurer. — L'iodure de mercure en frictions agit quelquefois avec succès sur des gonflements analogues, je veux dire ceux des gaînes synoviales des tendons. Il conviendrait de l'essayer sur les hydarthroses des poulains qui ont résisté aux autres topiques.

En même temps qu'on a recours aux moyens précédents, on tient autour de l'article un bandage compressif avec lequel on serre , mais pas trop énergiquement , de peur de produire de la douleur.

Le dernier moyen à employer est la cautérisation avec le fer rouge, laquelle ne fait pas toujours disparaître la tumeur, et laisse des traces indélébiles de son emploi, qui déprécient considérablement la valeur des poulains.

MALADIES GÉNÉRALES.

CACHEXIE AQUEUSE. — Les jeunes animaux sont sujets comme leurs mères à contracter la cachexie aqueuse, la pourriture ou hydrohémie. Elle se développe chez eux sous les mêmes influences que pour les adultes, et elle est d'autant plus grave qu'ils naissent plus faibles, que les mères ont déjà le germe de la maladie, qu'elles ne leur fournissent qu'un lait peu nourrissant, que leur propre faiblesse ne leur permet pas de lutter longtemps contre les causes du mal.

Le traitement est le même que pour les adultes.

ANASARQUE DES POULAINS.

C'est à M. le vétérinaire Canu que nous en devons la première description. Elle attaque en général les poulains qui habitent les lieux plats et marécageux, et a reçu des habitants le nom de mal de marais. Ce vétérinaire l'a observé aussi sur des poulains élevés sur un sol différent, mais soumis du reste à des conditions générales identiques.

C'est dans le département de la Manche qu'il l'a vue surtout ; aux environs d'Isigny, dans les marais de Caenchy, de Lyégatte ; il y règne habituellement des brouillards ; les végétaux y sont aqueux, l'humidité continuelle : si elle se montre quelquefois sur les coteaux, pendant des années de sécheresse, il faut l'attribuer aux arrêts de transpiration qui dépendent de la brusque transition de la chaleur des jours à la fraîcheur et à l'humidité des nuits, et peut-être à l'usage d'eaux malsaines que les poulains boivent en trop grande quantité. Une circonstance particulière explique la facilité de la suppression de la transpiration chez les poulains. Élevés jusqu'à l'âge de trois ans dans les marais, ils y prennent un poil extrèmement long qui les dispose à la sueur pendant le jour, et qui, restant imprégné de la matière de la transpiration pendant la nuit, contribue au refroidissement de la peau.

Symptômes. — La maladie s'annonce quelque temps par avance par un amaigrissement que rien ne motive; la sécheresse du poil, la diminution de l'appétit, une soif ardente, des matières fécales plus fluides que d'habitude. — Avant qu'aucune enflure ne se soit montrée, on trouve que l'encolure, vers la naissance du garrot, et la croupe, de chaque côté de la queue, sont douloureuses à la pression. C'est sur ces points et dans la partie la plus déclive du ventre que commence à se montrer un œdème qui gagne ensuite les membres et plus particulièrement ceux de derrière.

Quoique ce vétérinaire ne se soit pas expliqué suffisamment sur les caractères de cet œdème, on peut, je crois, assurer qu'il en est de lui comme de celui qui se montre à l'occasion des états muqueux et de la pourriture (cachexie aqueuse). La peau a quelque peu de chaleur dans les premiers temps, ce dont on peut juger par la coloration que conservent alors encore les muqueuses apparentes. Plus tard, elle se refroidit à mesure que l'infiltration gagne son tissu. Et bien que la pression exercée avec les doigts sur les parties œdématiées même au commencement de la maladie laisse une empreinte, c'est surtout lorsque l'infiltration a ramolli le tissu de la peau qu'on la trouve bien marquée.

C'est aussi à cette époque que les crottins sont rendus mous comme pendant la diarrhée, et que les urines sont épaisses et huileuses.

Marche. — Quoique M. Canu n'ait rien dit de la marche et de la durée de cette affection, on doit penser, d'après sa nature, qu'elle parcourt lentement ses périodes, et qu'elle a une durée analogue à celle de la cachexie aqueuse. Peu à peu l'œdème s'étend sur le cou, la croupe, le dessous du ventre. A la partie supérieure de l'encolure, on l'a vue de dix-huit ou vingt-deux centimètres d'épaisseur, et de dix ou douze centimètres sous le ventre. — La peau finit par s'infiltrer elle-même, en même temps que l'œdème gagne le pourtour de l'anus, la vulve, le raphé, le fourreau, les membres postérieurs, etc.

Les forces musculaires s'affaissent d'une manière remarquable quoique l'appétit ne soit pas entièrement perdu. Le poulain devient mou et sue au moindre mouvement; les muqueuses extérieures ne sont pas cependant aussi pâles qu'on pourrait le croire. — Mais les crins s'arrachent facilement; la peau s'excorie au moindre frottement. Chez quelques poulains, il se fait une dépilation générale. — Si l'on fait des mouchetures sur les endroits œdématiés, il s'en écoule une grande quantité de sérosité limpide.

Plus tard le tissu cellulaire devient le siége de phlegmons qui se terminent par suppuration ; des abcès volumineux se forment au pourtour des articulations et dans les régions où les os forment des saillies, où s'exercent des frottements; il s'en fait aussi sous le ventre. Ces abcès décollent la peau et la dénudent dans une grande étendue ; le pus qui en sort est épais, caillebotté, fétide. La peau décollée se détache quelquefois en lambeaux, gangrénée qu'elle est.

Le poulain s'épuise de plus en plus profondément, quoiqu'il conserve un peu d'appétit. Il finit par ne plus pouvoir se lever ; les yeux sont enfoncés, l'anasarque empêche de reconnaître l'amaigrissement dans tous les endroits où elle est développée, le pouls est faible et fréquent ; il y a des battements de cœur assez forts; les urines sont huileuses, les crottins mous et de mauvaise odeur. La mort arrive dans l'épuisement le plus profond.

Quelquefois cependant la mort survient d'une autre façon: il se fait des congestions du côté des grands viscères, du péritoine, des plèvres, des méninges mêmes. Lorsque ces congestions s'opèrent, l'anasarque diminue d'une manière plus ou moins considérable.

Anatomie pathologique. — La peau est plus épaisse

qu'à l'état normal ; les mailles de son tissu sont infiltrées de sérosité ; elle est moins dense, moins résistante. Le tissu cellulaire sous-jacent semble avoir la consistance du tissu adipeux ; ses cellules sont remplies d'une sérosité citrine, limpide, qui s'écoule abondamment lorsqu'on l'incise. On trouve dans certains points de ces vastes foyers purulents irréguliers, contenant des lambeaux de tissu cellulaire mortifié, un pus fétide et grumeleux ; les chairs sont pâles, sans résistance ; le sang que l'on trouve dans le système veineux est peu abondant, privé de sa sérosité, noir et épais.

Traitement. — M. Canu croit que la maladie commence par une inflammation intestinale, qu'il faudrait combattre si l'on pouvait prendre l'affection à son début. C'est aussi l'idée d'Hurtrel d'Arboval, en ce qui concerne la pourriture du mouton et du bœuf, qui a une grande analogie avec l'anasarque dont nous nous occupons. C'est une opinion à vérifier.

Comme l'on n'est pas appelé à temps, on emploie d'abord les soins hygiéniques nécessaires. On retire le poulain des pâturages ; on le tient à l'écurie ; on le nourrit d'aliments secs et fortifiants ; on le promène souvent dans des lieux secs et chauds ; on appelle à la peau par des frictions avec la brosse, le bouchon. Peu de boissons, d'après M. Canu, les rendre farineuses, y ajouter des sels de fer.

Le traitement interne consiste dans l'emploi continu

des toniques, la poudre de racine de gentiane, d'aunée, le sel de cuisine, dont M. Canu ne parle pas, non plus que des baies de genièvre concassées, des feuilles de saule, de la chicorée amère, etc.

Quant aux révulsions à exercer, elle peuvent se faire sur quatre appareils : la peau, le tissu cellulaire sous-cutané, le tube digestif et les reins. Il est bien d'appeler à la peau par les frictions, les fumigations sèches de baies de genièvre ou de plantes aromatiques, faites dans un lieu fermé et sous une couverture dont l'animal est enveloppé; l'exercice dans un lieu sec et chaud, l'animal étant bien couvert et avalant de temps en temps quelque décoction chaude et stimulante ; puis un bouchonnement fait avec soin quand on le rentre à l'écurie et des couvertures sèches remplaçant celles qui sont mouillées.

On comprend d'avance que des révulsions sur le tissu cellulaire ne seraient pas avantageuses, l'expérience l'a prouvé à M. Canu. Les sétons nombreux qui fournissent une sécrétion abondante conduisent plus rapidement les animaux à une terminaison funeste. Ce n'est pas sur le tissu malade qu'il faut appeler encore par des irritations nouvelles.

On emploiera alternativement les diurétiques et les purgatifs ; l'antimoine associé aux diurétiques augmente leur action. On pourra aussi associer les diurétiques et les purgatifs.

Lorsque l'anasarque est considérable, on donne issue

à la sérosité par des mouchetures qu'on pratique à la peau ; on les fait dans les points les plus déclives pour que la sérosité s'écoule plus facilement. On répète cette opération de temps en temps, en évitant autant que possible de piquer les veines sous-cutanées : les moindres pertes de sang sont fâcheuses à cause le l'état de débilité dans lequel se trouvent les malades. On peut remplacer les mouchetures par des cautérisation faites avec des pointes de fer rougies qui ont l'avantage de fournir des plaies qui ne se cicatrisent pas aussi vite que les mouchetures, et procurent en outre une stimulation locale.

Quant aux phlegmons, on cherche à les faire avorter par les astringents ; les cataplasmes de terre de meule, de suie de cheminée délayée avec du vinaigre, de la solution d'extrait de saturne, ou de celle d'alun. Si on ne peut empêcher la suppuration, on lui donne issue de bonne heure et on se sert ensuite de lotions aromatiques chaudes, d'eau vineuse, de teinture d'aloës, de gentiane, pour fortifier la peau et empêcher son décollement.

Lorsqu'on peut arrêter les progrès de cette maladie, les poulains restent longtemps maigres et faibles ; la convalescence est fort longue, la peau se dépouille de tous ses poils chez quelques sujets. M. Canu a vu que la santé parfaite n'était guère retrouvée que quand le poulain a atteint sa deuxième ou sa troisième année. Il a remarqué que pendant la convalescence il était bien d'appliquer quelquefois , à de longs intervalles, un séton au poitrail.

SCROFULES.

Nous désignons sous ce nom le développement des ganglions lymphatiques qui s'enflamment et suppurent sous l'influence de conditions générales d'humidité.

M. Mousis, vétérinaire à Oléron (Hautes-Pyrénées), nous a adressé à ce sujet des observations qui ont été publiées dans le *Compte-rendu* de notre école de 1825. M. Gay, de Roanne, a observé aussi cette maladie sur les veaux (brochure publiée en 1844); d'après lui, elle règne fréquemment sur les jeunes animaux que l'on commence à faire pâturer dans les gorges des montagnes des environs de Chérier, les Moulins, Crémeaux, etc., et même sur ceux qui sont mis avec leurs mères dans des pâturages situés en plaines, mais dans des lieux humides.

Symptômes. — Apparition de.tumeurs , variant depuis le volume d'une noix jusqu'à celui d'un œuf de poule ; elles se développent autour de la gorge , à la base des oreilles, sur les parotides , dans l'écartement des bronches du maxillaire , région qu'on appelle l'*auge* dans le cheval. Toggia a vu ceux du cou chez le porc se développer, et former des traînées en forme de grains de chapelet.

Ces tumeurs sont d'abord presque indolentes , à peine chaudes , sans inflammation de la peau ou du tissu cellulaire voisin. A part un peu de tristesse dans le regard des malades , un peu d'apathie et de mollesse générale , et une légère diminution de l'appétit, ces engorgements ganglionnaires ne causent aucun trouble dans la santé.

Marche. Ils persistent ainsi , un temps plus ou moins long, sans éprouver aucune autre altération que d'augmenter de volume , de perdre leur mobilité, de contracter des adhérences avec le tissu cellulaire. Toggia dit que chez les porcs, les traînées de glandes lymphatiques indurées se développent très-lentement, contractent ainsi des adhérences à l'os maxillaire à mesure qu'elles vieillissent, en même temps qu'elles durcissent au point d'avoir presque la dureté du marbre. Cet auteur assure que cet état n'empêche pas l'engraissement.

Mais chez les veaux la maladie ne suit pas la même marche. Presque toujours elle se termine par l'inflammation et la suppuration, et non par l'induration, comme Toggia l'a vu chez les porcs. On voit donc les glandes lymphatiques augmenter de volume , devenir douloureuses , gêner les mouvements du cou et de la tête , à cause des douleurs qui en résultent : la peau qui les recouvre commence à prendre une teinte rouge ; elle devient chaude et douloureuse , de la glande l'inflammation passe au tissu cellulaire sous-cutané qui devient le siége d'indurations. Ces indurations se ramollissent par points , de petits abcés s'y forment qui s'ouvrent

en un ou plusieurs points à la peau. Le pus qui en
sort est séreux , grumeleux , souvent fétide à cause du
voisinage de la bouche. La peau est amincie , violacée ; elle se décolle , se détruit en quelques endroits
de manière à offrir des bords dentelés , irréguliers ,
non adhérents aux tissus sous-jacents. Le fond des
plaies est formé par le tissu des glandes livide , grumeleux , avec des bourgeons charnus , mollasses ,
gros , saignant facilement ; il y a presque toujours
quelque trajet fistuleux qui fait communiquer avec
l'extérieur quelque glande en suppuration et située
à une certaine distance de l'ouverture de la peau.

A cette époque de la maladie , la santé générale
éprouve du trouble. L'appétit a diminué et l'animal
maigrit ; le poil est sec et ébouriffé.

De nouvelles glandes s'engorgent ; à mesure que
les unes suppurent et s'ulcèrent , d'autres se terminent par induration. On a dit qu'elles devenaient
cancéreuses , squirrheuses ; c'est sans doute une erreur qui tient à ce que la plupart des indurations en
médecine vétérinaire sont désignées sous le nom de
squirrhe et de cancer. Je n'ai jamais vu dans le jeune
âge les squirrhes des glandes lymphatiques dont quelques personnes ont parlé et j'attends pour le croire
qu'un grand nombre de praticiens l'aient constaté
réellement.

Cette maladie se termine par la guérison lorsque
des soins hygiéniques et médicamenteux bien enten-

dus lui sont appliqués, ou spontanément lorsque les glandes malades étaient en petit nombre et les jeunes animaux d'une bonne constitution ; ou par la mort, et alors il se fait des infiltrations œdémateuses dans les parties déclives du corps ; la peau devient blâfarde, la diarrhée s'établit et persiste ; enfin, le jeune animal meurt d'épuisement.

Durée. — D'après M. Gay, cette maladie se déclare quatre à cinq mois après la naissance. Sa durée est longue, comme on le comprend bien, d'après la marche des symptômes que j'ai tracée ; elle n'a rien de fixe ; la guérison, lors même qu'on l'obtient, se fait toujours attendre plusieurs mois.

Causes. — Localités froides et humides; habitations humides, mal aérées, mal éclairées, mal propres, encombrées d'animaux, etc. Aucun travail sérieux n'a été fait sur les causes de cette maladie aussi bien que sur celles d'une foule d'autres où l'on répète ce qui a été dit, au lieu de prendre la nature sur le fait.

Traitement. — Les moyens préservatifs sont d'éloigner les causes de la maladie : assainir les habitations, éviter l'encombrement, empêcher les animaux de rester longtemps exposés à l'humidité et au froid extérieur, de boire de l'eau fraîche lorsqu'ils sortent de l'écurie ou lorsqu'ils sont mouillés de sueur en rentrant du pâturage, surtout tenir la peau bien propre en l'étrillant et en la bouchonnant, en fournissant une

litière abondante , sèche et propre ; les nourrir avec
de bons aliments auxquels on associera du sel de cuisine , de la poudre de gentiane, de l'aunée. Si l'on ne
peut employer ces précautions on s'empressera d'engraisser ceux dont la viande est propre à la consommation et de les vendre. On se gardera d'en tirer race.
Pour ceux dont la viande est inutile, on les traitera
forcément ; qu'on se rappelle que les traitements sont
inefficaces dans les maladies de ce genre , si l'on ne
soustrait , comme je l'ai dit , les jeunes animaux aux
causes qui les ont rendus malades ; si on ne les place
dans des localités élevées qui jouissent d'un air sec
et où les végétaux sont de meilleure qualité.

Quant aux agents médicamenteux, ils n'agissent qu'à
la longue. Je ne conseille pas l'usage des cataplasmes
sur les glandes , et parce qu'ils se refroidissent et
parce qu'ils sont difficiles à maintenir en place , je
préfère des onctions d'onguent populéum simple ou
uni au styrax , et comme bandage un morceau de
peau de mouton avec sa laine; ou un bandage de tête
maintenant sur les tumeurs de l'étoupe , de la laine
en suint , du coton cardé.

Pour faire résoudre les glandes engorgées lorsqu'elles ne sont pas douloureuses , ni rouges, on a
conseillé les pommades d'hydriodate de potasse , d'iodure de mercure ou de plomb ; à l'intérieur l'iode , la
baryte , le calomélas ; les décoctions sudorifiques , les

purgations de temps en temps , les tisanes amères et dépuratives.

Tous ces moyens sont bons , mais il y en a un qui est infiniment préférable , c'est la destruction des glandes avec le cautère actuel ; un bouton de fer rougi est appliqué sur les plus grosses tumeurs ; on l'y enfonce , on le retourne de manière à brûler toute la tumeur ; l'inflammation et la suppuration qui surviennent , achèvent d'enlever ce qui peut rester de tissu non désorganisé et l'on a une plaie de bonne nature qui se cicatrise rapidement. On détruit successivement toutes les glandes par ce moyen , en laissant plusieurs jours d'intervalle, entre chaque séance pendant laquelle on peut en détruire deux, trois, quatre. Ce moyen m'a bien des fois réussi, et j'engage vivement les praticiens à y avoir recours.

Il est bien entendu qu'on ne néglige aucun des moyens hygiéniques ou internes que j'ai rapportés plus haut et parmi lesquels le changement de localités doit être considéré comme fort utile. Sous l'influence de ces moyens salutaires et des changements organiques qu'amène l'âge , on peut espérer la guérison.

J'aurais , certes, pu augmenter la série des maladies qui surviennent chez les animaux pendant leur allaitement , traiter avec plus d'étendue de leurs névroses , du tétanos par exemple ; ou de leurs phlegmasies telles que la pneumonie , l'entéro-péricardite qu'a mentionnée **M.** Duplenne dans le 2ᵉ volume des *Mémoires de la Société vétér. du Calvados*, etc. Mais j'ai cru devoir considérer ces affections comme accidentelles, et non liées aux conditions particulières d'âge et de régime de vie des jeunes animaux. M'écarter de ce plan, ç'aurait été me mettre dans la nécessité de faire un traité complet de pathologie, ouvrage que je réserve pour une autre époque.

TABLE

DES MATIÈRES CONTENUES DANS LE TOME SECOND.

FIN DU TOME SECOND.

9 782329 346557